21世纪高等学校规划教材

JIXIE ZHITU

机械制图

主　编　蔡俊霞

编　写　樊忠和　王雅先　刘文霞

马爱兵　李　茗

主　审　郭克希

中国电力出版社

http://jc.cepp.com.cn

内 容 提 要

本书为21世纪高等学校规划教材。本书共分10章，内容主要包括：制图的基本知识，投影基础，基本立体视图，组合体，轴测图，机件的表达方法，标准件、齿轮和弹簧，零件图，装配图，计算机绘图。本书将传统的工程图学与计算机绘图融为一体，采用最新国家标准，注重手工绘图、读图和计算机绘图的综合能力训练。本书与蔡俊霞主编的《21世纪高等学校规划教材　机械制图习题集》配套使用。

本书可作为高职高专院校机械类、近机类各专业机械制图课程的教材，也可供相关专业工程技术人员参考。

图书在版编目（CIP）数据

机械制图/蔡俊霞主编．—北京：中国电力出版社，2010.7（2017.8重印）

21世纪高等学校规划教材

ISBN 978-7-5123-0404-8

Ⅰ．①机…　Ⅱ．①蔡…　Ⅲ．①机械制图-高等学校-教材　Ⅳ．①TH126

中国版本图书馆CIP数据核字（2010）第097721号

中国电力出版社出版、发行

（北京市东城区北京站西街19号　100005　http：//jc.cepp.com.cn）

北京市同江印刷厂印刷

各地新华书店经售

*

2010年7月第一版　2017年8月北京第三次印刷

787毫米×1092毫米　16开本　19印张　461千字

定价**29.80**元

前　言

本书是根据高职教育特点，以能力培养为基础，注重应用与创新，在总结各院校多年来机械制图课程和计算机绘图教学改革经验和成果的基础上编写的。其指导思想是以培养仪器绘图、徒手绘制草图和计算机绘图能力为基础，以提高学生空间思维能力为核心，以实现学生工程设计表达和分析应用为目标，强化读图能力。作为适应21世纪高等职业技术教育的新教材，本书有以下特点：

(1) 本书贯彻了国家最新《机械制图》标准和《技术制图》标准。

(2) 结构与内容是以形成职业能力为目标，着重提高学生的分析与应用能力，融传统的机械制图内容与计算机绘图内容于一体，融课堂教学与自学于一体。遵循“必须、够用”的原则，选择教学内容。

本书由包头职业技术学院编写，蔡俊霞任主编。具体分工如下：刘文霞（第1、2章和第10章8、9节），蔡俊霞（第3、4章），王雅先（第5、8章），李茗（第6、7章），马爱兵（第9章及附录），樊忠和（第10章1～7节）。

本书由长沙理工大学郭克希教授主审。审稿老师提出了很多宝贵的意见和建议，在此表示衷心的感谢。

由于编者水平所限，书中难免有不妥或疏漏之处，恳请广大读者批评指正。

编　者

2010年4月

目　录

绪　　论

一、图样及其在生产中的用途

工程技术上根据投影方法并遵照国家标准的规定绘制成的用于工程施工或产品制造等用途的图叫做工程图样，简称图样。图样是现代生产中重要的技术文件。诸如机械、冶金、采矿、土建、电子、水利、航空、造船、化工、轻工等部门，进行设计、施工制造、工艺装配、检验、安装、调试、维修等，都要绘制或使用图样。不同性质的生产部门，对图样有不同的要求和名称，如机械图样、建筑图样、水利工程图样等，统称为工程图样或图样。工程图样如同语言、文字、数式一样，是人们借以表达和交流技术思想的工具之一，素有“工程语言”之称。

工程图学是一门研究各种工程图样的理论和应用的学科。机械制图是工程图学的一部分，专门研究绘制机械图样的理论和方法。

机械图样是工程图样的一种。它的主要内容为一组用正投影法绘制成的机件图样，以及加工制造所需的尺寸和技术要求等。

机械图样和其他工程图样一样，是生产中最基本的技术文件，是设计、制造、检验、装配产品的依据，是厂与厂、地区与地区、国家与国家间进行科技交流的工程技术语言。因此，机械图样也是机械工程技术人员必须掌握的重要工具。

二、本课程的任务、内容及学习方法

“机械制图”课程是一门培养工程技术人才的重要技术基础课。在高等职业院校中，本课程的主要任务是培养学生具有一定的绘制和识读机械图样的能力、空间想象和思维的能力以及绘图的实际技能，并通过后继课程的学习，能在工作岗位上从事业务范围内的设计、制图工作。

1. 本课程的主要任务

(1) 学习正投影法的基本原理及其应用。

(2) 培养绘制和识读中等复杂程度机械图样的能力。

(3) 所绘图样要求做到：投影正确，视图选择和配置恰当，尺寸完整、清晰，字体工整，线型标准，符合国家标准《机械制图》的规定，能够按给定的要求标注表面粗糙度、公差与配合等。

(4) 培养对三维形状与相关位置的空间逻辑和形象思维能力。

(5) 培养计算机绘图的能力。

此外，在教学过程中还必须有意识地培养学生的自学能力，分析问题和解决问题的能力，以及认真负责的工作态度和一丝不苟的工作作风。

2. 本课程的主要内容

(1) 投影作图基础：主要学习用正投影法绘制各种形体的三视图，以及利用轴测图读懂形体的三视图。

(2) 表达方法：主要学习较复杂形体的其他绘制方法。

(3) 零件图：主要学习标准件和一般类零件的绘制和识读。

(4) 装配图：主要学习中等复杂程度的装配图的绘制和识读。

(5) 计算机绘图：学习 AutoCAD 绘图软件，能够熟练绘制中等复杂程度的零件图和装配图。

3. 本课程的学习方法

机械制图是一门既有理论又重实践的课程，在学习过程中要坚持理论联系实际。要认真学习投影理论，掌握正投影的基本作图方法及应用，在理解基本概念的基础上，由浅入深地通过一系列的绘图和读图实践，不断地由物画图，由图想物，分析和想象空间形体与图纸上图形之间的对应关系，逐步提高空间想象和空间分析的能力。做习题作业时，应按照正确的方法和步骤作图，遵守《技术制图》、《机械制图》国家标准的有关规定，并学习查阅和使用有关手册及国家标准，通过作业培养绘图和读图能力。

三、我国工程图学发展史

我们伟大的祖国是世界文明古国之一，也是制图历史最为悠久的国家之一。在天文图、地理图、建筑图、机械图等方面都有过杰出的成就，既有文字记载，也有实物考证，受到举世公认。我国比较早记载工程上使用图的文献是《尚书》，书中记述公元前 1059 年，周公曾绘制了一幅建筑区域平面图送给成王作为营造城邑之用。其后见之历代文字记载者甚多，其中最突出的为宋代李诫于 1100 年完成的《营造法式》三十六卷，附图占了六卷，其中有立面图、平面图、剖面图、详图；画法有正投影、轴测投影和透视，充分证明我国在八百多年前的工程制图技术已经达到很高的水平。1977 年在河北省平山县战图中山王墓中出土的一块“兆域图”铜版，长 94cm，宽 48cm，厚 1cm。上面以不同粗细的金、银线镶嵌 439 个字和一幅陵墓的建筑平面图。该图按 1∶500 的比例刻画，符合正投影法和阶梯剖的原理，并附有尺寸说明，完全具备施工图的要求。根据考证，这是公元前四世纪的产物，为我国遗留至今最古老的、也是世界罕见的一幅建筑施工图实物。这说明我们中华民族在工程制图方面早已获得卓越成就。可是，在新中国成立前，我国长期处于封建社会制度下，工业和科学技术不发达，因而工程图学也不可能得到发展。中华人民共和国建立后，1956 年，由原第一机械工业部颁发了我国第一个机械制图标准。在此基础上，于 1959 年由国家科学技术委员会颁布了正式的国家标准《机械制图》，对制图和生产都起了极大的促进作用。此后，又进行了几次必要的修订。近代，随着科学技术的迅猛发展和电子计算机的广泛应用，工程图学的内容更为广泛，包括理论图学、应用图学、计算机图学、制图标准、图学教育等方面，广泛应用于科学技术各个领域。

第1章 制图的基本知识

图样是现代工业生产的重要技术文件，是人们表达设计思想、进行技术交流、组织生产与施工的重要工具之一，是工程技术人员的“语言”。

因此，国家标准对图样的画法、格式和尺寸标注等做出统一规定，近年又参照国际标准（ISO）再次进行修订，使之更加完善、合理和便于国际的技术交流和贸易往来。国家标准《技术制图》（GB/T 14689～14692—2008、GB/T 16675.2—1996）是一项基础技术标准，国家标准《机械制图》（GB/T 4457.4—2002、GB/T 4458.4—2003）是一项机械专业制图标准，它们是图样的绘制与使用的准绳，必须认真学习和遵守。“GB/T”为推荐性国家标准代号，一般可简称“国标”。“14689”、“4457.4”为标准批准顺序号，“1996”、“2002”、“2003”、“2008”表示该标准发布的年号。

1.1 国家标准《技术制图》和《机械制图》的一般规定

本节参照最新的国家标准，将介绍《技术制图》和《机械制图》中的有关规定，如图纸幅面和格式、比例、图线、字体和尺寸等。制图时必须严格遵守。

1.1.1 图纸幅面与格式（GB/T 14689—2008）

1. 图纸幅面

绘制图样时，应优先采用表1-1中规定的图纸幅面。必要时，也允许采用加长幅面，其尺寸是由基本幅面的短边成整数倍增加后得出的，如图1-1所示。

表1-1 图 纸 幅 面 mm

幅面代号	A0	A1	A2	A3	A4
$B \times L$	841×1189	594×841	420×594	297×420	210×297
a	25				
c	10			5	
e	20		10		

2. 图框格式

图框格式分为不留装订边（见图1-2）和留装订边（见图1-3）两种。但同一产品图样只能采用一种格式。无论哪种格式的图纸，其图框线均应采用粗实线绘制。装订时可采用A4幅面竖装或A3、A2幅面横装。

3. 标题栏方位

(1) 每张图样上必须画出标题栏，标题栏的格式和尺寸应符合GB/T 10609.1—2008的规定。标题栏的位置位于图纸的右下角，如图1-2和图1-3所示。

(2) 标题栏的长边置于水平方向并与图纸的长边平行时，则构成X型图纸，如图1－2（a）和图1－3（a）所示。当标题栏的长边与图纸长边方向垂直时，则构成Y型图纸，如图1－2（b）和图1－3（b）所示。

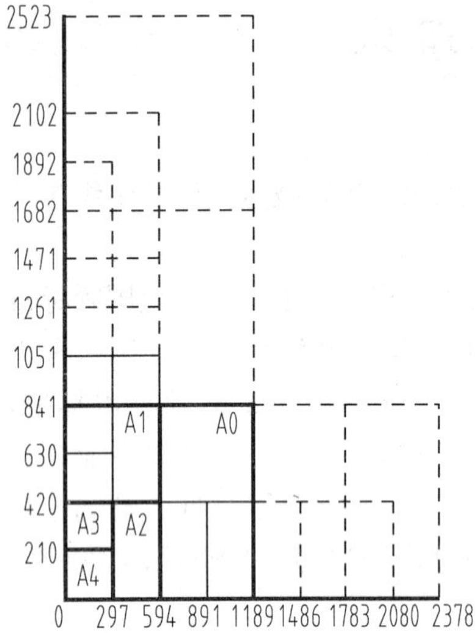

图1－1 图纸幅面

(3) 标题栏中的文字方向与看图方向一致。

(4) 允许将X型图纸按图1－4（a）所示方位使用，将Y型图纸按图1－4（b）所示方位使用。但必须画出方向符号，指示看图方向。

(5) 其他附加符号。为了便于阅读和管理图样，图框线上还可以绘制一些附加符号、剪切符号、图幅分区符号等。它们的画法及含义可查阅GB/T 14689—2008中的有关规定。

(6) 标题栏内容、格式及尺寸。GB/T 10609.1—2008对标题栏的内容、格式与尺寸作了规定。制图作业的标题栏建议采用如图1－5所示的格式，外框线及竖线为粗实线，横线为细实线。

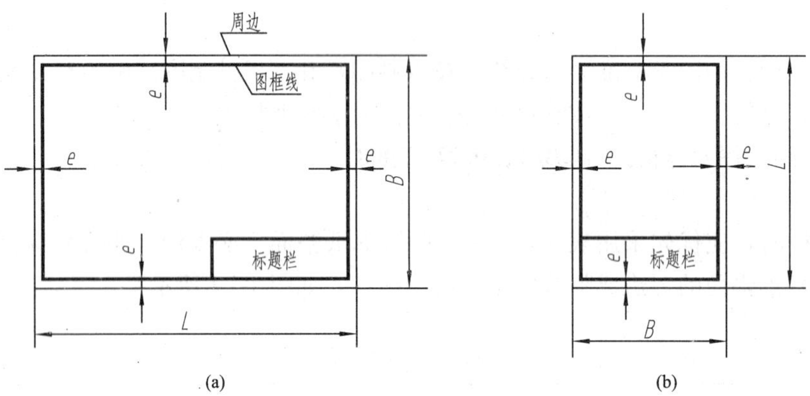

图1－2 不留装订边的图框格式

（a）图纸横放；（b）图纸竖放

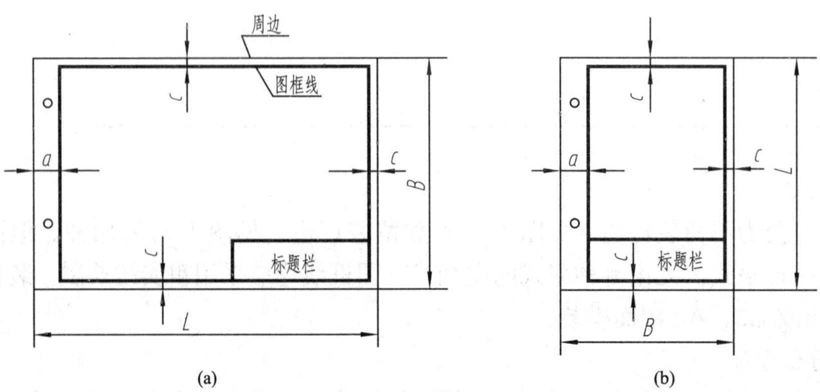

图1－3 留装订边的图框格式

（a）图纸横放；（b）图纸竖放

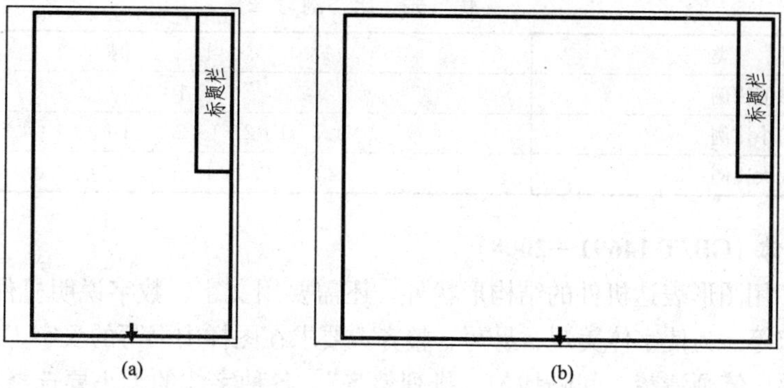

图 1-4 标题栏格式

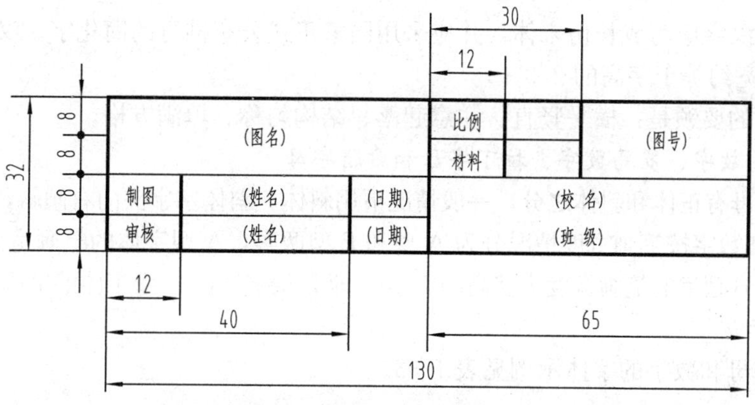

图 1-5 制图作业的标题栏

1.1.2 比例（GB/T 14690—2008）

图样中图形与其实物相应要素的线性尺寸之比称为比例。

比例有三种类型：原值比例、放大比例和缩小比例。比值为 1 的比例，即 1∶1，称为原值比例；比值大于 1 的比例，如 2∶1，称为放大比例；比值小于 1 的比例，如 1∶2，称为缩小比例。但是，不管用哪种比例绘制图形，图中的尺寸均应按照实物的实际大小进行标注。图 1-6 所示为用不同比例绘图的效果。

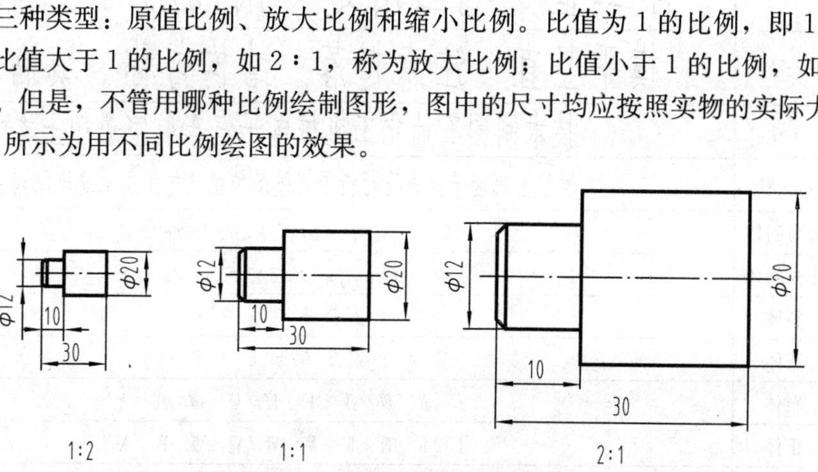

图 1-6 不同比例绘制的图形

国家标准规定了上述各种比例的比例系列。常用优先比例见表 1-2，绘制图样时，可从中选择比例，并在标题栏中比例项内填写。当某个视图需要采用不同比例时，必须另行标注。

表 1-2 **优 先 比 例**

种 类	比 例
原值比例	1∶1
缩小比例	1∶1.5 1∶2 1∶2.5 1∶3 1∶4 1∶5
放大比例	2∶1 2.5∶1 4∶1 5∶1 10∶1

1.1.3 字体（GB/T 14691—2008）

图样中除了用图形表达机件的结构形状外，还需要用文字、数字说明机件的名称、大小、材料和技术要求等。为使字体美观、易写、整齐，要求在图样中书写的汉字、数字、字母必须做到“字体工整、笔画清楚、间隔均匀、排列整齐”。各种字体的大小要选择适当。字体大小分为 20、14、10、7、5、3.5、2.5、1.8 八种号数。字体的号数即字体的高度（单位 mm）。

1. 汉字

图样上的汉字应写成长仿宋体，并应采用国家正式公布推行的简化字。汉字的高度不应小于 3.5，字宽约等于字高的 2/3。

长仿宋字的要领是：横平竖直、注意起落、结构匀称、填满方格。

2. 阿拉伯数字、罗马数字、拉丁字母和希腊字母

数字和字母有正体和斜体之分，一般情况下用斜体。斜体字字头向右倾斜，与水平基准线成 75°。字母和数字按笔画宽度情况分为 A 型和 B 型两类，A 型字体的笔画宽度（d）为字高（h）的 1/14，B 型字的笔画宽度为字高的 1/10，即 B 型字体比 A 型字体的笔画要粗一点。

3. 字体示例

汉字、字母和数字的字体示例见表 1-3。

表 1-3 **字 体 示 例**

字体		示例
长仿宋体汉字	10 号	字体工整 笔画清楚 间隔均匀 排列整齐
	7 号	横平竖直 注意起落 结构匀称 填满方格
	5 号	技术制图石油化工机械电子汽车航空船舶土木
	3.5 号	螺纹齿轮端子接线飞行指导驾驶舱位挖填施工引水通风闸阀
拉丁字母	大写斜体	*ABCDEFGHIJKLMNOPQRSTUVWXYZ*
	小写斜体	*abcdefghijklmnopqrstuvwxyz*
阿拉伯数字	斜体	*0 1 2 3 4 5 6 7 8 9*
	正体	0 1 2 3 4 5 6 7 8 9
罗马数字	斜体	*Ⅰ Ⅱ Ⅲ Ⅳ Ⅴ Ⅵ Ⅶ Ⅷ Ⅸ Ⅹ*
	正体	Ⅰ Ⅱ Ⅲ Ⅳ Ⅴ Ⅵ Ⅶ Ⅷ Ⅸ Ⅹ
字体的应用		$\phi 20^{+0.010}_{-0.023}$ $7^{\circ +1^{\circ}}_{-2^{\circ}}$ $\frac{3}{5}$ 10js5(±0.003) M24-6h $\phi 25\frac{H6}{m5}$ $\frac{\text{Ⅱ}}{2:1}$ $\frac{A}{5:1}$ $\sqrt{Ra\ 6.3}$ $R8$ 5% 3.50

1.1.4 图线（GB/T 17450—1998）

1. 线型及图线尺寸

国家标准《技术制图》中，规定了十五种基本线型。所有线型的图线宽度 d 应按图样的类型和尺寸大小在下列公比为 $1:\sqrt{2}$ 的系数中选择：0.13，0.18，0.25，0.35，0.5，0.7，1，1.4，2mm。

粗线、中粗线和细线的宽度比例为 4：2：1。在同一图样中，同类图线宽度应一致。

在手工绘图时，线素（不连续线的独立部分，如点、长度不同的画线和间隔）的长度应符合表 1-4 的规定。

表 1-4　线素的长度

线　素	名　称	长　度
点	细点画线、粗点画线、细双点画线	$0.5d$
短间隔	虚线、细点画线、粗点画线、细双点画线	$3d$
画	虚线	$12d$
长画	细点画线、粗点画线	$24d$

基本线型和线素的计算公式在 GB/T 14665—1993 中有规定，这些公式也便于使用 CAD 系统绘制各种技术图样。

2. 图线的应用

GB/T 17450—1998《技术制图　图线》规定了工程图样中各种图线的名称，形式及画法如图 1-7 所示。常用图线的形式、名称、宽度以及在图样上的应用见表 1-5。

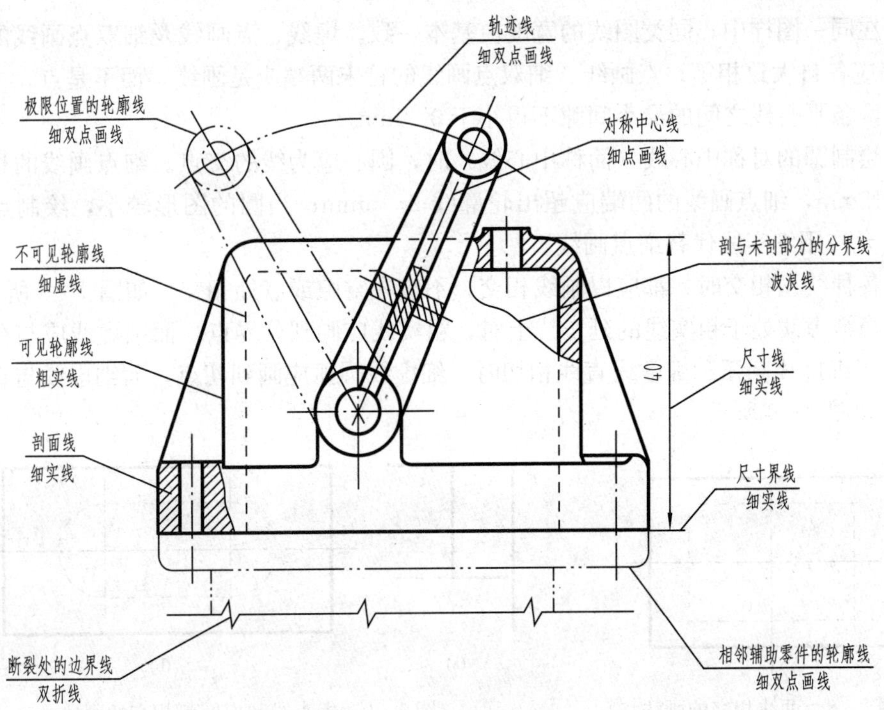

图 1-7　图线应用举例

表 1-5 **机械制图常用图线**

No.	线型		名称	图线宽度	在图样上的应用
01	实线		粗实线	d	可见轮廓线
			细实线	约 $d/2$	1. 尺寸线及尺寸界线； 2. 剖面线； 3. 重合断面的轮廓线； 4. 螺纹的牙底线及齿轮的齿根线； 5. 指引线； 6. 分界线及范围线； 7. 过渡线
			波浪线	约 $d/2$	1. 断裂处的边界线； 2. 剖与未剖部分的分界线
			双折线	约 $d/2$	1. 断裂处的边界线； 2. 局部剖视图中剖与未剖部分的分界线
02			细虚线	约 $d/2$	不可见轮廓线
03			细点画线	约 $d/2$	1. 轴线； 2. 对称线和中心线； 3. 齿轮的分度圆或线
			粗点画线	d	限定范围的表示线
04			细双点画线	约 $d/2$	1. 相邻辅助零件的轮廓线； 2. 极限位置的轮廓线； 3. 假想投影轮廓线； 4. 中断线

3. 图线的画法

(1) 在同一图样中，同类图线的宽度应基本一致。虚线、点画线及细双点画线的线段长度和间隔应各自大致相等；点画线、细双点画线的首末两端应是画线，而不是点。

(2) 两条平行线之间的最小间隙不得小于 0.7mm。

(3) 绘制圆的对称中心线（简称中心线）时，圆心应为线的交点。细点画线的长线长度应为 8～12mm，细点画线的两端应超出轮廓线 2～5mm；当圆的图形较小，绘制点画线有困难时，允许用细实线代替细点画线。

(4) 各种线型相交时，都应以画线相交，不应在空隙或点处相交，如图 1-8 所示。

(5) 当细虚线处于粗实线的延长线上时，粗实线应画到分界点，而细虚线应与粗实线留有空隙。当细虚线圆弧和细虚线直线相切时，细虚线圆弧应画到切点，而细虚线与直线需留有空隙，如图 1-9 所示。

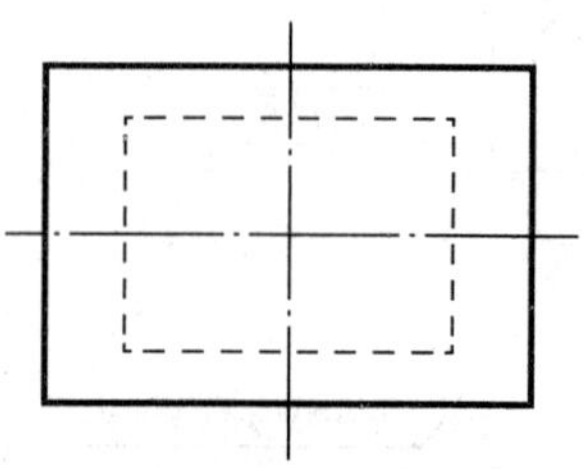

图 1-8 两线相交的画法

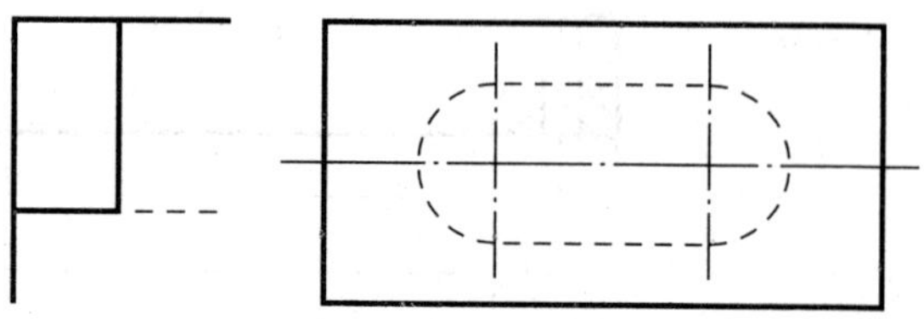

(a) (b)

图 1-9 虚直线和虚圆弧相交的画法

1.1.5 尺寸标注

物体的形状可用图形来表达，但其大小必须依据图样上标注的尺寸来确定，因此尺寸标注是绘制工程图样的一项重要内容。本节主要介绍国家标准《机械制图尺寸注法》（GB/T 4458.4—2003）中的规定画法和《技术制图 简化表示法 第2部分：尺寸注法》（GB/T 16675.2—1996）。这些规定，在画图时必须遵守的，否则会引起混乱，并给生产带来损失。

1. 标注尺寸的基本规则

（1）机件的真实大小应以图样上所注尺寸数值为依据，与图形的大小及绘图的准确度无关。

（2）图样中的尺寸以毫米（mm）为单位时，不需在尺寸数字后面标注计量单位的代号或名称。如果采用其他单位，则必须注明相应计量单位的代号或名称。

（3）图样中所注的尺寸为该图样所示机件的最后完工尺寸，否则应另附说明。

（4）机件的每个尺寸一般只标注一次，且应标注在反映该结构最清晰的图形上。

（5）标注尺寸时，应尽可能使用符号和缩写词。常用符号和缩写词见表1-6。

表1-6 常用符号和缩写词

名称	符号和缩写词	名称	符号和缩写词
直径	ϕ	45°倒角	C
半径	R	深度	↧
球直径	$S\phi$	沉孔或锪平	⌴
球半径	SR	埋头孔	⌵
厚度	t	均布	EQS
正方形边长	□		

（6）若图样中的尺寸全部相同，或某个尺寸和公差占多数时，可在图样空白处作总的说明，如全部倒角 $C1$、其余圆角 $R3$ 等。

（7）同一要素的尺寸应尽量集中标注。

（8）尽可能避免在不可见的轮廓线（虚线）上标注尺寸。

2. 尺寸的组成

一个完整的尺寸应由尺寸界线、尺寸线、尺寸箭头和尺寸数字四个要素组成，如图1-10所示。

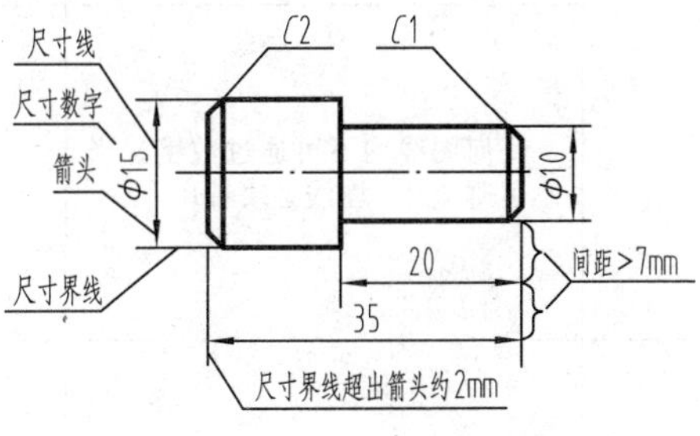

图1-10 尺寸的标注示例

（1）尺寸数字用于表明机件实际尺寸的大小，与图形的大小无关。尺寸数字采用阿拉伯数字书写，且同一张图上的字高要一致。尺寸数字在图中遇到图线时，须将图线断开。如果图线断开影响图形表达时，须调整尺寸标注的位置。具体要求如下：

1）线性尺寸数字的位置，应注写在尺寸线中间部位的上方（水平和倾斜方向尺寸）、左方（竖直方向尺寸）或中断处。

2）线性尺寸数字方向，尺寸线是水平方向时字头朝上，尺寸线是竖直方向时字头朝左，其他倾斜方向时字头要有朝上的趋势。

3）角度的尺寸数字一律写成水平方向，一般注写在尺寸线的中断处，必要时也可以用指引线引出注写。

（2）尺寸线用于表明所注尺寸的度量方向，尺寸线只能用细实线绘制。一般情况下，尺寸线不能用其他图线代替，也不得与其他图线重合或画在其他图线的延长线上。

尺寸线的终端有三种形式：箭头、斜线和圆点。在同一张图中，箭头和斜线只能采用一种，机械制图多采用箭头。同一张图上的箭头（或斜线）大小要一致。箭头尖端应与尺寸界线接触，其画法如图1－11所示。当采用箭头时，在地方不够的情况下，允许用圆点代替箭头。斜线用细实线绘制。

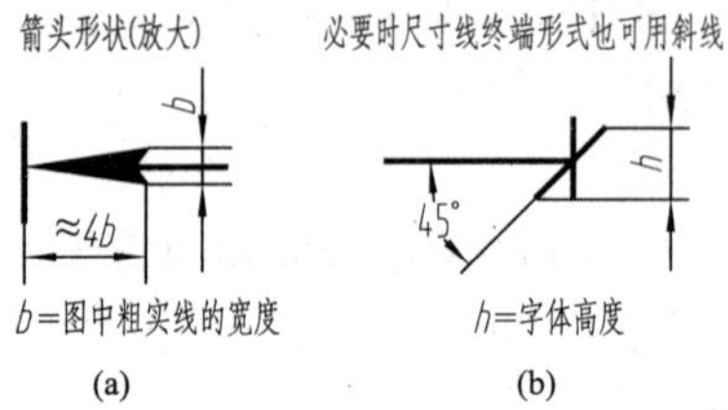

图1－11　尺寸线的终端形式

（3）尺寸界线应自图形的轮廓线、轴线、对称中心线引出。轮廓线、轴线、对称中心线也可作为尺寸界线。

（4）尺寸线与尺寸界线用细实线绘制。

3. 常见尺寸的标注方法

常见尺寸的标注方法见表1－7。

表1－7　　常见尺寸的标注方法

项　目	说　　明	图　　例
尺寸数字	线性尺寸的数字一般标注在尺寸线的上方，也允许填写在尺寸线的中断处	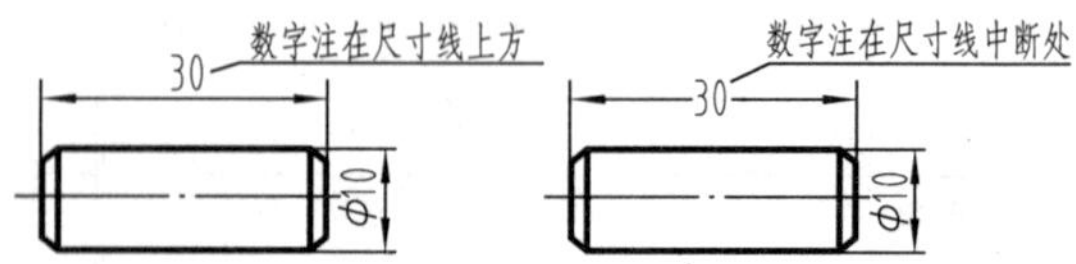
	线性尺寸的数字应按右栏中左图所示的方向填写，并尽量避免在图示30°范围内标注尺寸。竖直方向尺寸数字也可按右栏中右图形式标注	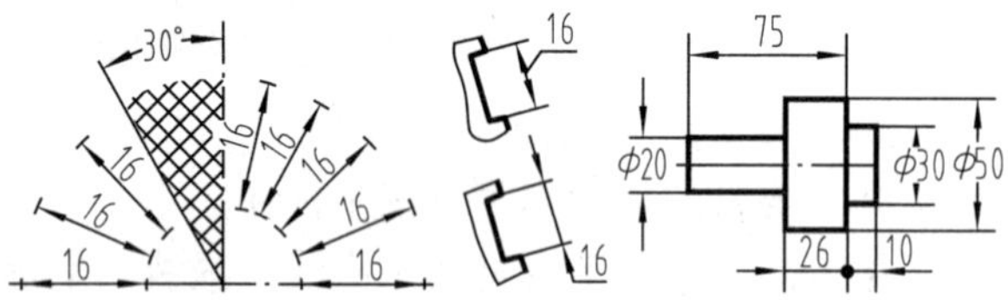
	任何图线均不可通过数字。当不可避免时，图线必须断开	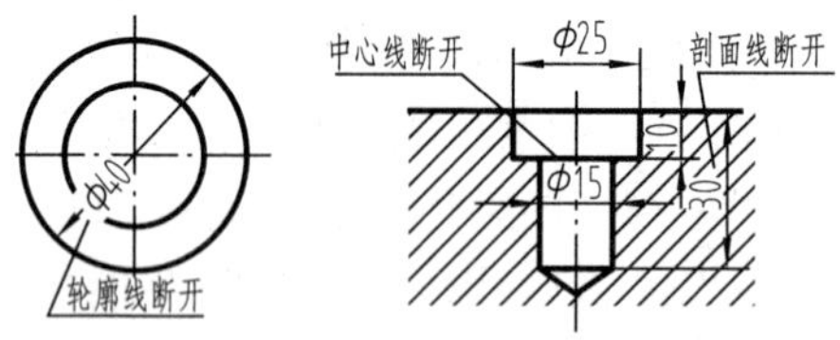
尺寸线	1. 尺寸线必须用细实线单独画出。轮廓线、中心线或它们的延长线均不可作尺寸线使用。 2. 标注线性尺寸，尺寸线必须与所标注的线段平行	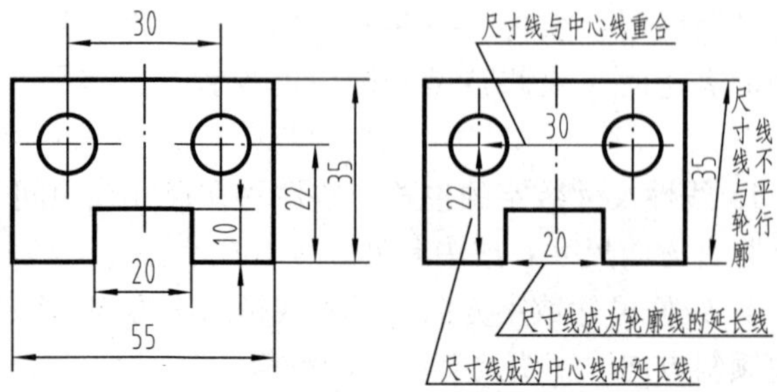 正确　　　　错误

续表

项　目	说　　明	图　　例
尺寸界线	1. 尺寸界线用细实线绘制，也可以利用轮廓线［见图（a）］或中心线［见图（b）］作尺寸界线。 2. 尺寸界线应与尺寸线垂直。当尺寸界线过于贴近轮廓线时，允许倾斜画出［见图（c）］。 3. 在光滑过渡处标注尺寸时，必须用细实线将轮廓线延长，从它们的交点引出尺寸界线［见图（d）］	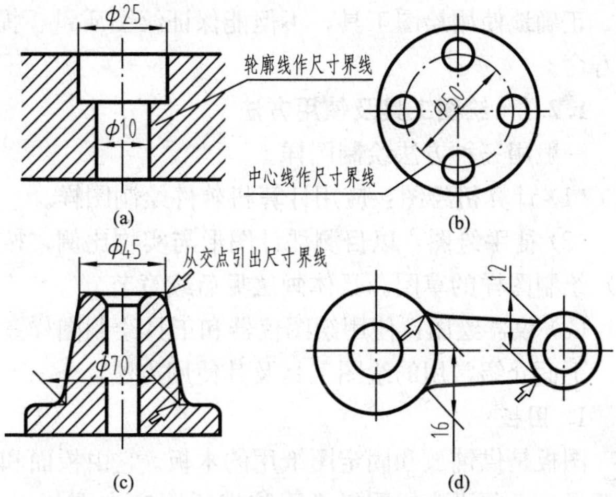
直径与半径	标注直径尺寸时，应在尺寸数字前加注直径符号“φ”，标注半径尺寸时，加注半径符号“R”，尺寸线应通过圆心	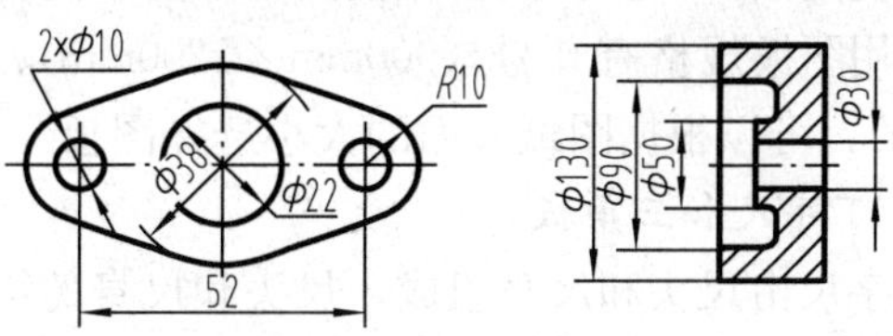
	标注小直径或小半径尺寸时，箭头和数字都可以布置在外面	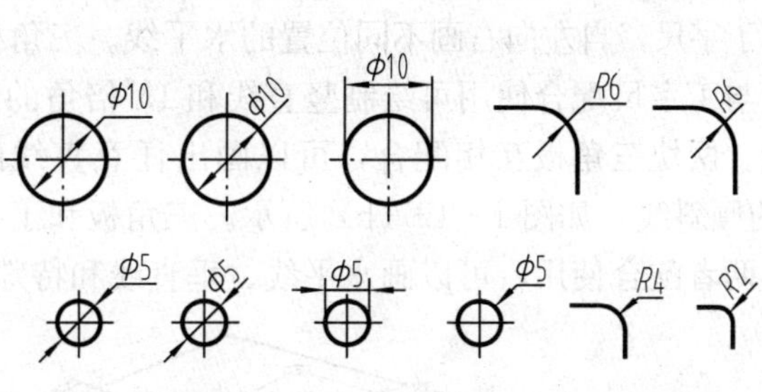
小尺寸的注法	1. 标注一连串的小尺寸时，可用小圆点或斜线代替箭头，但最外两端箭头仍需画出。 2. 小尺寸可按右图标注	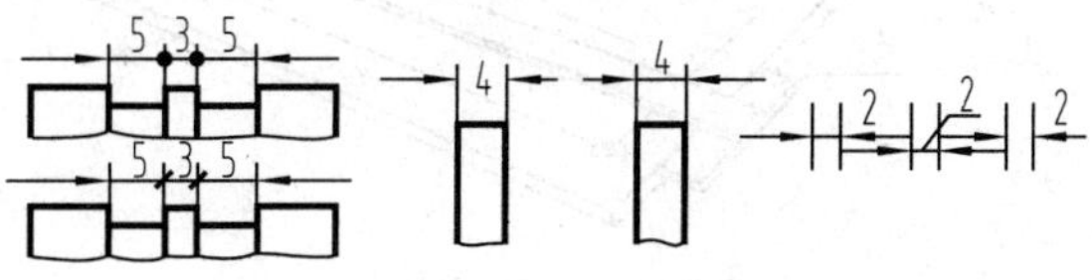
角度	1. 角度的数字一律水平填写。 2. 角度的数字应写在尺寸线的中断处，必要时允许写在外面或引出标注。 3. 角度的尺寸界线必须沿径向引出	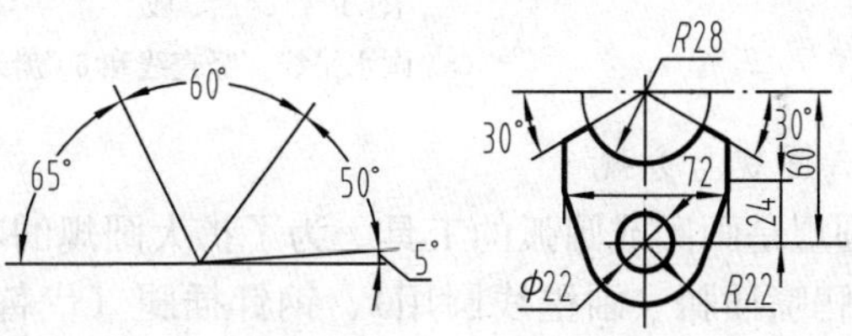

1.2　绘图工具及作图方法

正确地使用绘图工具，不但能保证绘图质量、提高绘图速度，而且能延长绘图工具的使用寿命。

1.2.1　绘图工具及使用方法

一般用三种方法绘制图样。

(1) 计算机绘图：应用计算机软件绘制图样。

(2) 徒手绘图：以目测估计图形与实物比例，按一定画法要求徒手（或部分使用绘图仪器）绘制图样的草图。具体画法见后续章节。

(3) 仪器绘图：使用绘图仪器和工具绘制图样。

下面介绍常用的绘图工具及其使用方法。

1. 图板

图板是供铺放和固定图纸用的木板。它由板面和四周的边框组成，板面应平整光滑，左右两导边必须平直。图纸可用胶带纸固定在图板上，如图 1 - 12 (a) 所示。使用时注意，图板不能受潮，不要在图板上按图钉，更不能在图板上切纸。

常用图板规格有 0 号 (900mm×1200mm)、1 号 (600mm×900mm) 和 2 号 (450mm×600mm)，可以根据图纸幅面的大小选择图板。

2. 丁字尺和三角板

丁字尺由尺头和尺身组成，尺头和尺身的结合处必须牢固，尺头的内侧面必须平直。丁字尺主要用来画水平线。使用时左手把住尺头，靠紧图板左侧导边（不能用其余三边），上下移动丁字尺，自左向右画不同位置的水平线。三角板由 45°和 30° (60°) 两块组成为一副。三角板与丁字尺配合使用可绘制竖直线和 15°倍角的斜线，如 30°、45°、60°，如图 1 - 12 (a) 所示。两块三角板互相配合，可以画出任意直线的平行线和垂线，以及与水平线成 15°或 75°的倾斜线，如图 1 - 12 (b) 所示。三角板和丁字尺要经常用细布揩拭干净。

两者配合使用，可以画水平线、垂直线和特殊角度线，如图 1 - 12 所示。

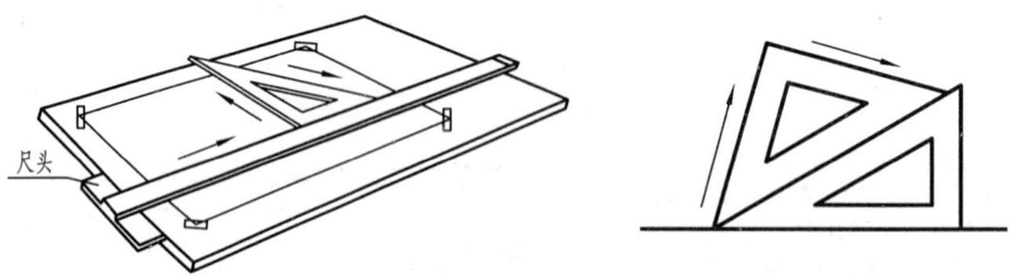

(a)　　(b)

图 1 - 12　图板、丁字尺和三角板的用法

(a) 画水平线、竖直线和 60°斜线；(b) 画 15°、75°斜线

3. 圆规与分规

圆规是画圆或圆弧的工具。为了扩大圆规的功能，圆规一般配有铅笔插腿（画铅笔线圆用）、鸭嘴插腿（画墨线圆用）、钢针插腿（代替分规用）三种插腿和一支延长杆（画大圆用）。圆规钢针有两种不同的针尖。画圆或圆弧时，应使用有台阶的一端，并把它插入图板

中。使用圆规时需注意，圆规的两条腿应该垂直于纸面，如图1-13所示。

分规是等分线段、移置线段及从尺上量取尺寸的工具，如图1-14（a）所示。用分规三等分已知线段AB的等分方法如图1-14（b）所示。首先将分规两针张开，约线段AB的三分之一长，在线段AB上连续量取三次。若分规的终点C落在B点之外，应将张开的两针间距缩短线段BC的三分之一；若终点C落在B点之内，则将张开的两针间距增大线段BC的三分之一，重新量取，直到C点与B点重合为止。此时分规张开的距离即可将线段AB三等分。等分圆弧的方法类似于等分线段的方法。使用分规时需注意：分规的两针尖并拢时应对齐。

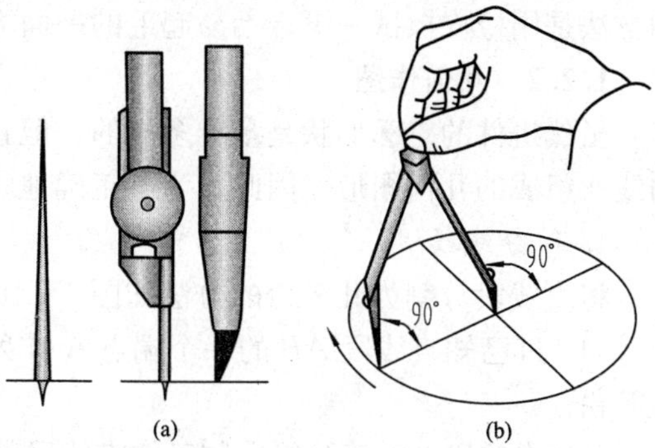

(a) (b)

图1-13 圆规的用法

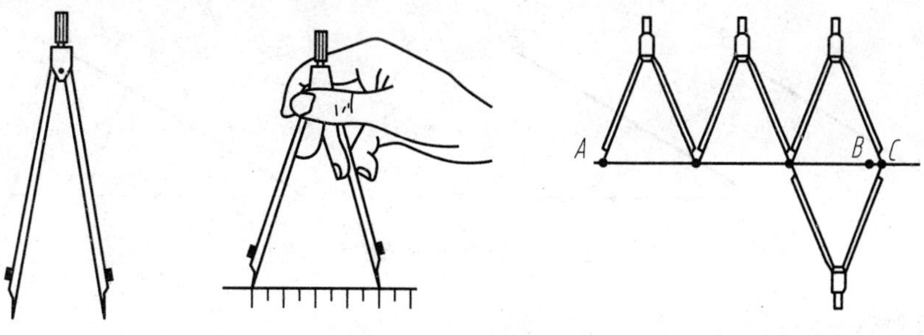

(a) (b)

图1-14 分规的使用方法

（a）量取尺寸；（b）等分线段

4. 曲线板

曲线板主要用来描绘由一系列已知点确定的自由曲线。使用时，从曲线一端开始选择曲线板与曲线相吻合的四个点，用铅笔沿曲线板轮廓画出前三点之间的曲线，留下第三点和第四点之间的曲线不画；下一步再从第三点开始，包括第四点，再选四个点，绘制第二段曲线……直至绘制完整曲线，使绘制的曲线比较光滑。

5. 绘图铅笔

绘制工程图样应使用绘图铅笔。绘图铅笔依笔芯的软硬有2B、B、HB、H等多种标号。B前面的数字越大，表示铅芯越软；H前面的数字越大，表示铅芯越硬；HB标号的铅芯软硬适中。绘图时建议按下列标号选用绘图铅笔。

（1）画粗实线时选用HB或B型铅笔，画粗实线圆时选用2B铅笔。

（2）写字，画箭头、细实线和各类细点画线时选用HB或H型铅笔。

（3）打底稿时用H或2H型铅笔，轻轻绘出。

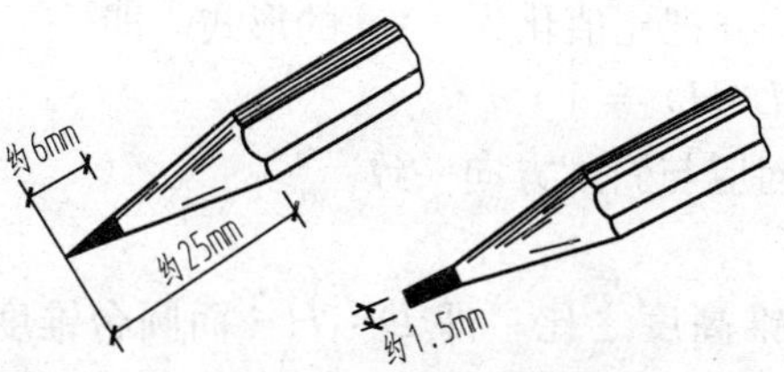

(a) (b)

图1-15 铅芯的长度与形状

（a）锥形；（b）矩形

铅笔的笔芯可磨削成锥形或矩形两种形状，如图1-15所示。锥形用来写字和打底稿，矩形用来加粗和描深。

6. 绘图纸

绘图纸的质地应坚实，用橡皮擦拭时不易起毛。绘图时必须使用图纸的正面，识别正面的方法是用橡皮擦拭一下，不易起毛的一面为正面。

1.2.2 几何作图

虽然机件的轮廓形状是多种多样的，但它们的图样基本上都是由直线、圆弧和其他一些曲线所组成的几何图形。因此，为了正确地画出图样，必须掌握各种几何图形的作图方法。

1. 等分线段

将直线段分割为几等份的方法如图 1-16 所示。步骤如下：

(1) 过已知直线段 AB 的一个端点 A 作射线 AC，由此端点起在射线上以任意长度截取几等份。

(2) 将射线上的等分终点与已知直线段的另一端点连线，并过射线上各等分点作此连线的平行线与已知直线段相交，交点即为所求。

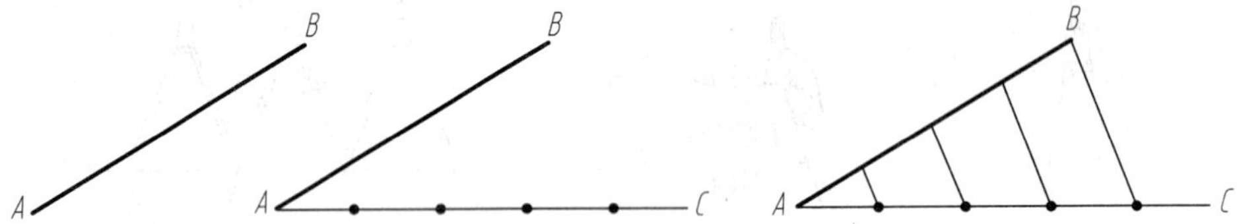

图 1-16 分割直线段 AB 为 4 等份

2. 圆的内接正六边形

用绘图工具作圆内接正六边的方法有两种，如图 1-17 所示。

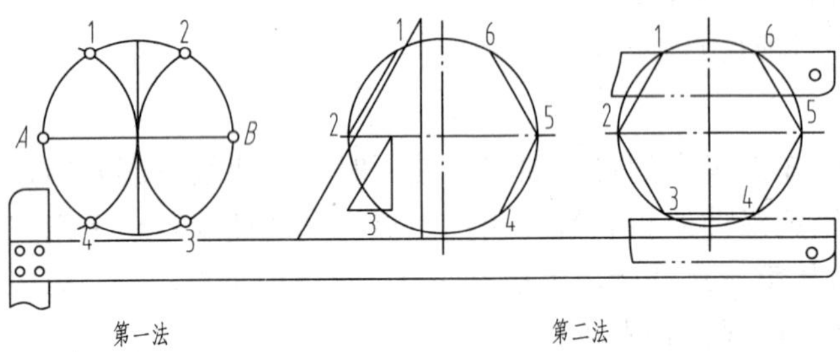

图 1-17 正六边形画法

第一种方法：以点 A、B 为圆心，以原圆的半径为半径画圆弧，截圆于 1、2、3、4，即得圆周六等分点。

第二种方法：用 60°三角板自 2 作弧 21，右移至 5 作弦 45，旋转三角板作弦 2365。用丁字尺连接 16 和 34，即得正六边形。

3. 斜度和锥度

(1) 斜度 S。斜度是一直线对另一直线或一平面对另一平面的倾斜程度。斜度的大小是以它们之间夹角的正切表示，如图 1-18 (a) 所示，并把比值化为 $1:n$ 的形式，即

$$S = \tan\alpha = H : L = 1 : (L/H) = 1 : n$$

斜度符号如图 1-18 (b) 所示，符号的斜度方向应与斜度方向一致。

图 1-18 (c) 所示工字翼缘的斜度为 1∶6。

(2) 锥度 C。锥度是指正圆锥的底圆直径与圆锥高度之比，即 $D:H$。而圆台锥度就是两个底圆直径之差与圆台高度之比，如图 1-19 (a) 所示。即

$$锥度\ C = (D-d)/L = 2\tan(\alpha/2)$$

锥度也转化成 $1:n$ 的形式表示。

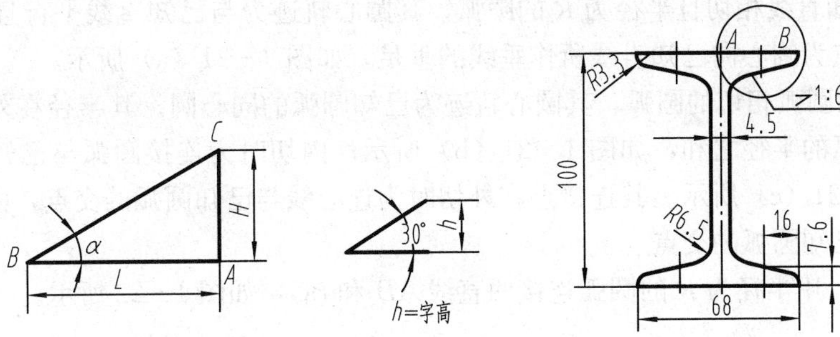

(a) (b) (c)

图 1-18 斜度及其符号

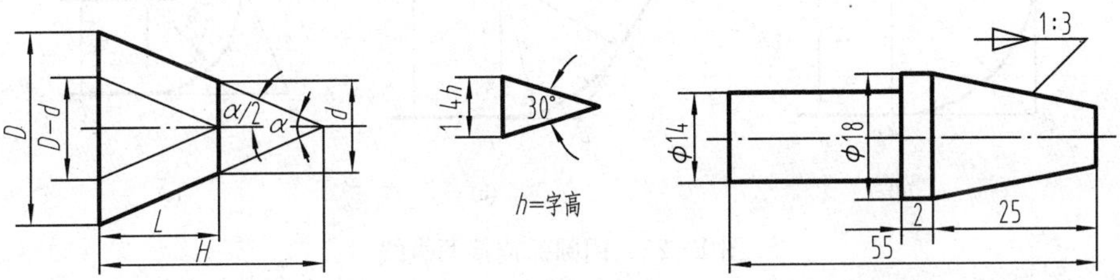

(a) (b) (c)

图 1-19 锥度及其符号

锥度符号按图 1-19（b）绘制，符号方向应与锥度方向一致。

锥度标注在与指引线相连的基准线上，如图 1-19（c）所示。

4. 圆弧连接

在绘制机械图样时，经常需要用一个已知半径的圆弧来光滑连接（即相切）两个已知线段（直线段或曲线段），称为圆弧连接。此圆弧称为连接圆弧，两个切点称为连接点。为了保证光滑连接，必须正确地作出连接弧的圆心和两个连接点，且保证两个被连接的线段都正确地画到连接点为止，如图 1-20 所示。

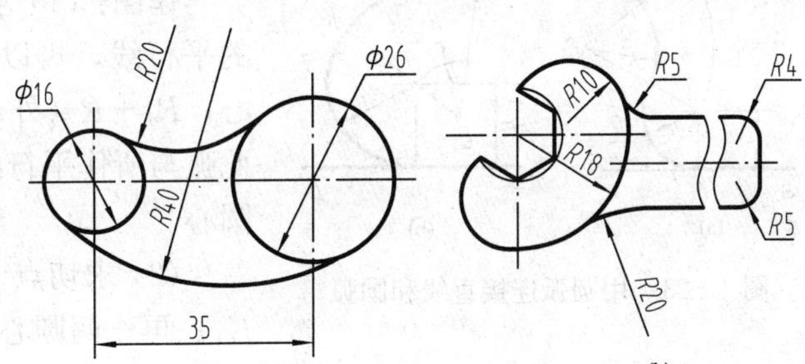

(a) (b)

图 1-20 圆弧连接

画连接弧时，需要用到下面两条平面几何中的原理（见图 1-21）。

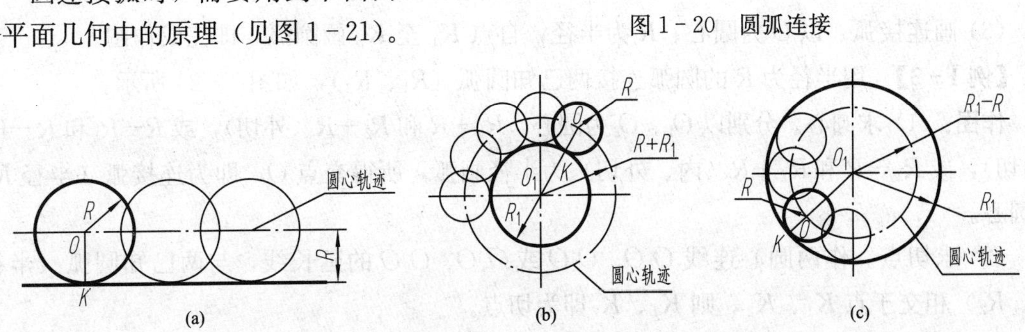

(a) (b) (c)

图 1-21 求连接圆弧的圆心和切点的基本作图原理

（1）与已知直线相切且半径为 R 的圆弧，其圆心轨迹为与已知直线平行且距离为 R 的两直线，连接点为圆心向已知直线所作垂线的垂足，如图 1－21（a）所示。

（2）与已知圆弧相切的圆弧，其圆心轨迹为已知圆弧的同心圆。其半径在外切时为连接圆弧与已知圆弧的半径之和，如图 1－21（b）所示；内切时为连接圆弧与已知圆弧的半径之差，如图 1－21（c）所示。其连接点在外切时为连心线与已知圆弧的交点，内切时为连心线的延长线与已知圆弧的交点。

【例 1－1】 用半径为 R 的圆弧连接两直线 AB 和 BC，如图 1－22 所示。

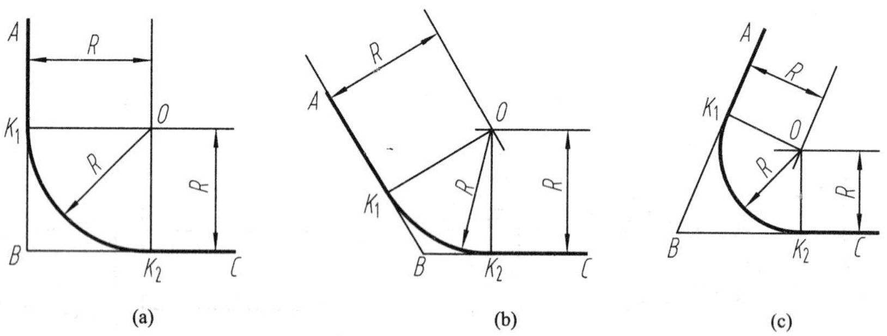

图 1－22 用圆弧连接两直线

作图：（1）求圆心。分别作与已知直线 AB、BC 相距为 R 的平行线，其交点 O 即为连接弧（半径 R）的圆心。

（2）求切点。自点 O 分别向直线 AB 和 BC 作垂线，得到的垂足 K_1 和 K_2 即为切点。

（3）画连接弧。以点 O 为圆心，R 为半径，自点 K_1 至 K_2 画圆弧，即完成作图。

【例 1－2】 用半径为 R 的圆弧连接已知直线 AB 和圆弧（半径 R_1），如图 1－23 所示。

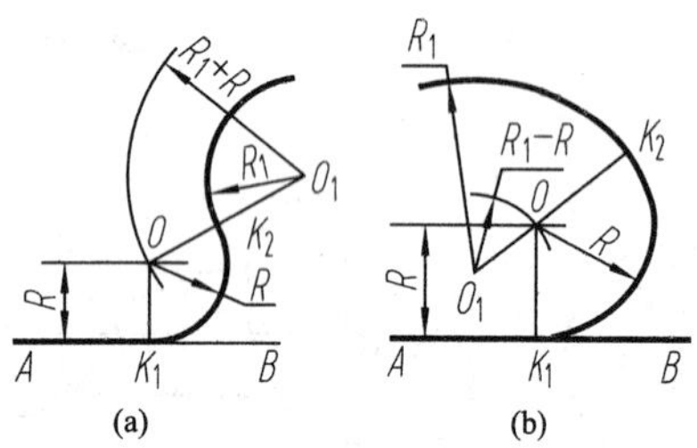

图 1－23 用圆弧连接直线和圆弧

作图：（1）求圆心。作与已知直线 AB 相距为 R 的平行线，再以已知圆弧（半径 R_1）的圆心 O_1 为圆心，R_1+R（外切）或 R_1-R（内切）为半径画弧，此弧与所作平行线的交点 O 即为连接弧（半径 R）的圆心。

（2）求切点。自点 O 向直线 AB 作垂线，得垂足 K_1；再作两圆心连线 O_1O（外切）或两圆心连线 O_1O 的延长线（内切），与已知圆弧（半径 R_1）相交于点 K_2，则 K_1、K_2 即为切点。

（3）画连接弧。以 O 为圆心、R 为半径，自点 K_1 至 K_2 画圆弧，即完成作图。

【例 1－3】 用半径为 R 的圆弧连接两已知圆弧（R_1、R_2），如图 1－24 所示。

作图：（1）求圆心。分别以 O_1、O_2 为圆心，R_1+R 和 R_2+R（外切），或 $R-R_1$ 和 $R-R_2$（内切），或 R_1-R 和 R_2+R（内、外切）为半径画弧，所得交点 O，即为连接弧（半径 R）的圆心。

（2）求切点。作两圆心连线 O_1O、O_2O 或 O_1O、O_2O 的延长线，与两已知圆弧（半径 R_1、R_2）相交于点 K_1、K_2，则 K_1、K_2 即为切点。

（3）画连接弧。以 O 为圆心，R 为半径，自点 K_1 至 K_2 画圆弧，即完成作图。

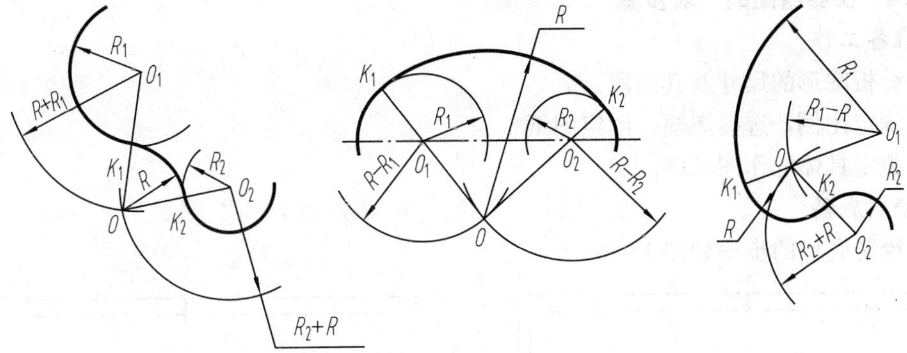

(a)　　　　(b)　　　　(c)

图 1-24　用圆弧连接两圆弧

(a) 外切；(b) 内切；(c) 内、外切

1.2.3　平面图形的分析及作图步骤

平面图形由许多线段连接而成，这些线段之间的相对位置和连接关系靠给定的尺寸确定。绘图时，只有通过分析尺寸和线段间的关系，才能明确该平面图形应从何处着手，按什么顺序作图。

1. 尺寸分析

根据在平面图形中所起的作用，尺寸可分为定形尺寸与定位尺寸两大类。

(1) 定形尺寸。用于确定线段的长度、圆弧的半径（圆的直径）和角度等大小的尺寸称为定形尺寸，见图 1-25 中的 ϕ5、ϕ20、R12、R50 等。

(2) 定位尺寸。用于确定线段在平面图形中所处位置的尺寸称为定位尺寸，见图 1-25 中的尺寸 8、45 等。定位尺寸应从基准出发标注，平面图形中常用的尺寸基准多为图形的对称线、较大圆的中心线或图形的轮廓边线等。定形与定位这两类尺寸在绘制平面图形时经常出现。

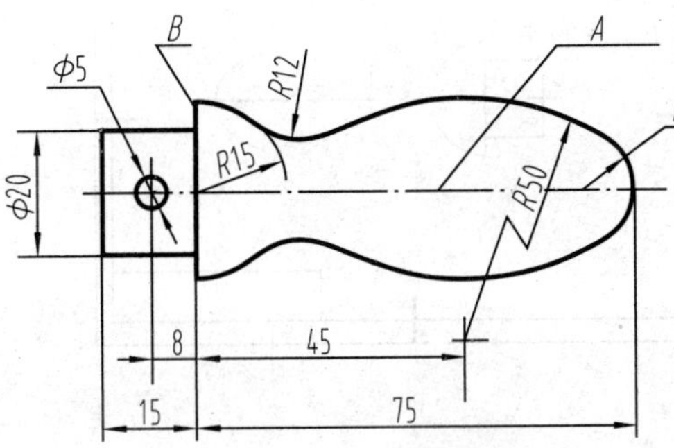

图 1-25　手柄平面图

2. 线段分析

平面图形中的线段经常由直线和圆弧组成，根据定位尺寸完整与否，可分为三类。

(1) 已知线段。定形尺寸和定位尺寸都齐全的线段称为已知线段，如图 1-25 中的尺寸 R15。

(2) 中间线段。只有定形尺寸和一个定位尺寸，而缺少一个定位尺寸的线段称为中间线段，见图 1-25 中的尺寸 R50。

(3) 连接线段。只有定形尺寸而无定位尺寸的线段称为连接线段，见图 1-25 中的尺寸 R12。作图时由于缺少定位尺寸会影响作图，因此平面图形的线段中如果缺少一个定位尺寸，必须同时补充一个连接条件；如果缺少两个定位尺寸，则应同时补充两个连接条件，这样才能作图。

画图时应先画已知线段，再画中间线段，最后画连接线段。

1.2.4 仪器绘图的一般步骤

1. 准备工作

(1) 分析图形的尺寸及其线段。

(2) 确定比例，选择图幅，固定图纸。

(3) 拟定具体的作图顺序。

2. 绘制底稿

(1) 绘制底稿的步骤如图 1-26 所示。

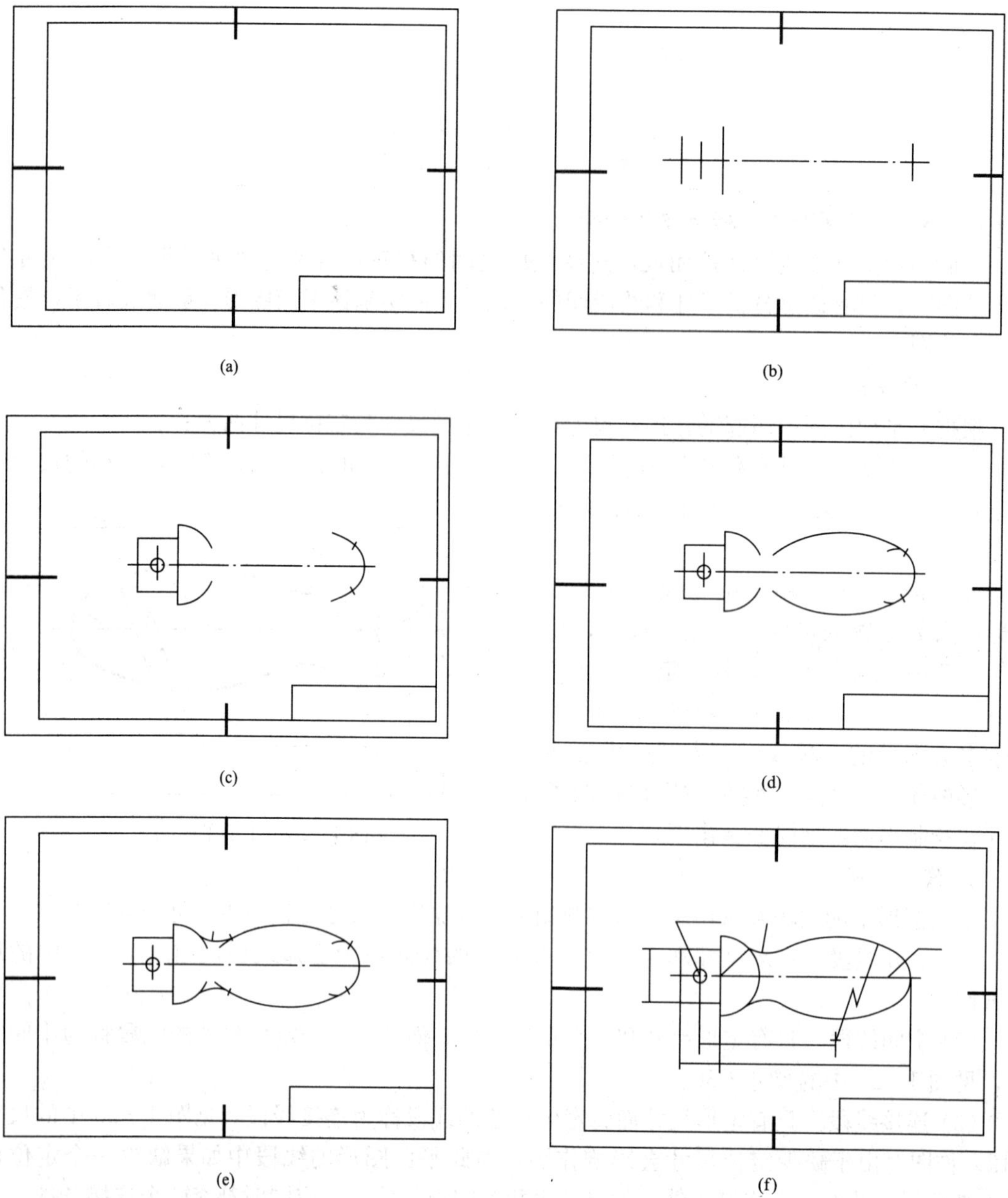

图 1-26 绘制底稿的步骤

(a) 画图框和标题栏；(b) 合理、匀称地布图，画出基准线；(c) 画出已知线段；(d) 画出中间线段；(e) 画出连接线段；(f) 校对修改图形，画尺寸界线、尺寸线

1）画出基准线，并根据各个封闭图形的定位尺寸画出定位线。

2）画出已知线段。

3）画出中间线段。

4）画出连接线段。

（2）画底稿时，应注意以下几点。

1）画底稿用 H 或 2H 铅笔，笔芯应经常修磨以保持尖锐。

2）底稿上，要分清线型，但线型均暂时不分粗细，并要画得很轻很细，作图力求准确。

3）画错的地方，在不影响画图的情况下，可先作记号，待底稿完成后一起擦掉。

（3）铅笔描深底稿。在铅笔描深以前，必须检查底稿，把画错的线条及作图辅助线用软橡皮轻轻擦净。加深后的图纸应整洁、没有错误，线型层次清晰，线条光滑、均匀并浓淡一致。

加深步骤：应先曲后直、先粗后细；先用丁字尺画水平线，后用三角板画竖、斜的直线；最后画箭头、填写尺寸数字、标题栏等。

1.3 徒 手 绘 图

徒手图也称为草图，是用目测来估计物体的大小，不借助绘图工具，徒手绘制的图样。工程技术人员既要掌握仪器绘图的方法，也应具备徒手绘图的能力，以便针对不同的条件，用不同的方式记录产品的图样或表达设计思想。

1.3.1 徒手绘草图的要求

绘制草图时应做到图形清晰、线型分明、比例匀称，并应尽可能使图线光滑、整齐，绘图速度要快，标注尺寸要准确、齐全，字体工整。

初学者最好在方格纸上进行徒手画图，以便控制图线的平直和图形大小。经过一定的训练后，最后达到在白纸上画出匀称、工整的草图的目的。

具体画线方法，如图 1－27 和图 1－28 所示。

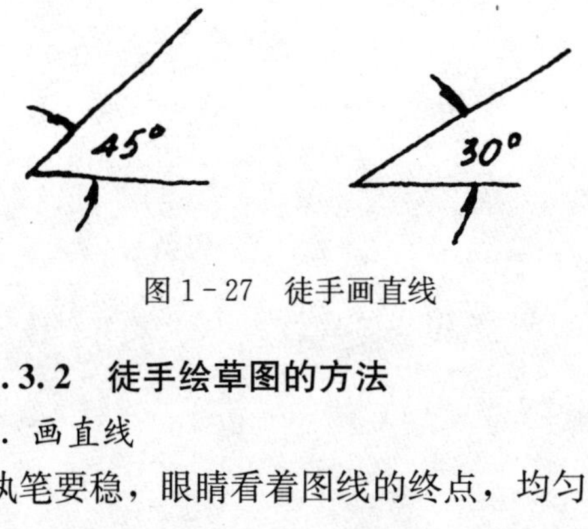

图 1－27 徒手画直线

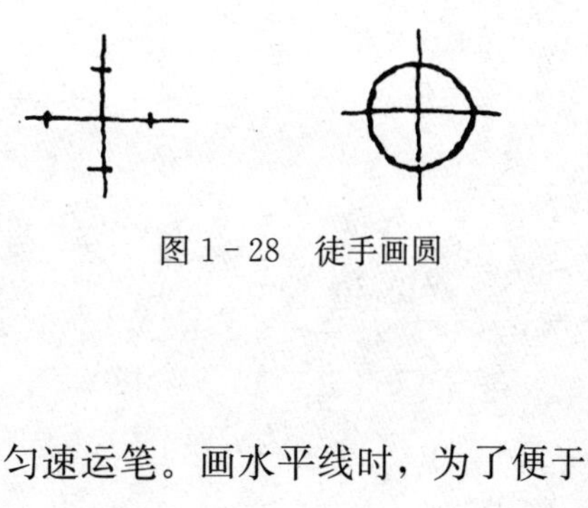

图 1－28 徒手画圆

1.3.2 徒手绘草图的方法

1. 画直线

执笔要稳，眼睛看着图线的终点，均匀用力，匀速运笔。画水平线时，为了便于运笔，可将图纸微微左倾，自左向右画线；画竖直线时，应自上而下运笔画线；画 30°、45°、60°等常见角度的斜线时，可根据两直角边的比例关系，先定出两端点，然后连接两端点即为所画角度线，如图 1-27 所示。

2. 画圆

画圆时，先确定圆心位置，并过圆心画出两条中心线；画小圆时，可在中心线上按半径目测出四点，然后徒手连点；当圆直径较大时，可以通过圆心多画几条不同方向的直线，按半径目测出一些直径端点，再徒手连点画圆，如图 1-28 所示。徒手画图，最重要的是要保持物体各部分的比例关系，确定出长、宽、高的相对比例。画图过程中随时注意将测定线段与参照线段进行比较、修改，避免图形与实物失真太大。对于小的机件，可利用手中的笔来估量各部分的大小；对于大的机件，应取一参照尺度，目测机件各部分与参照尺度的倍数关系。

第2章 投 影 基 础

2.1 投影法的基本知识

2.1.1 投影法的概述及分类

1. 投影法的概念

生活中，物体在光线照射下，就会在地面或墙壁上产生影子。影子在某些方面反映出物体的形状特征，这就是常见的投影现象。人们根据生产活动的需要，对这种现象加以抽象和总结，逐步形成了投影法。

所谓投影法，就是一组投射线通过物体射向某一平面上得到图形的方法。这一平面 P 称为投影面，在 P 面上所得到的图形称为投影，如图 2-1 所示。

2. 投影法的分类

工程上常见的投影法有中心投影法和平行投影法。

(1) 中心投影法。投射线汇交于一点的投影法称为中心投影法，如图 2-1 所示。由图可见，空间四边形 $ABCD$ 比其投影 $abcd$ 四边形小。所以，中心投影法所得到的投影不能反映物体的真实形状和大小，因此在机械图样中很少使用。

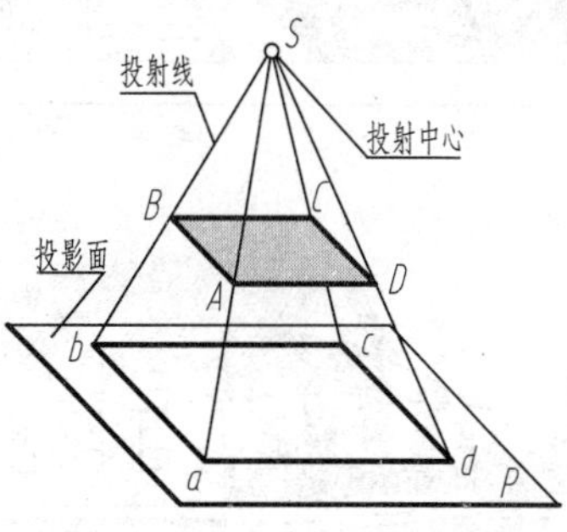

图 2-1 中心投影法

(2) 平行投影法。若将图 2-1 中的投射中心 S 移至无穷远处，则投射线互相平行，如图 2-2 所示。这种投射线互相平行的投影法称为平行投影法。

1) 斜投影法——投射线与投影面斜交。根据斜投影法所得到的图形，称为斜投影或斜投影图（见图 2-2）。

2) 正投影法——投射线与投影面垂直。根据正投影法所得到的图形，称为正投影或正投影图（见图 2-3）。

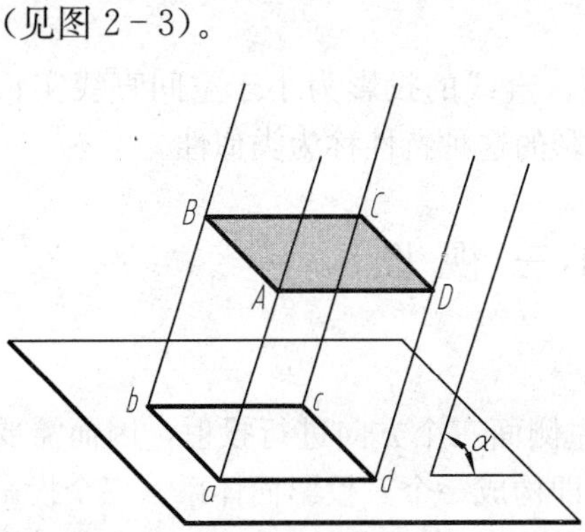

图 2-2 斜投影法

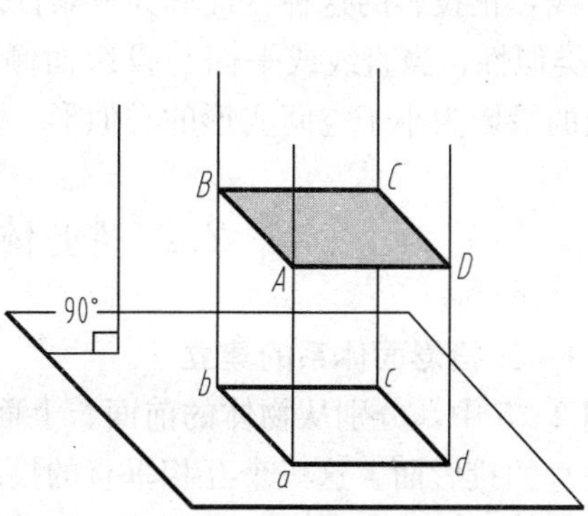

图 2-3 正投影法

由于正投影法的投射线相互平行且垂直于投影面，正投影在投影图上容易如实表达空间物体的形状和大小，作图比较方便，因此绘制机械图样主要采用正投影法，并将正投影简称为投影。

2.1.2 工程上常用的几种投影图

工程图学中常用中心投影法的原理画透视图（见图 2 - 4），平行投影法的原理画视图（见图 2 - 5）。透视图接近于视觉映象，直观性强，是绘制建筑物常用的一种图示方法。但是由于作图复杂且度量性差，故在机械图样中较少采用。视图作图简单，度量性好，是机械图样常用的图示方法。

图 2 - 4 透视图

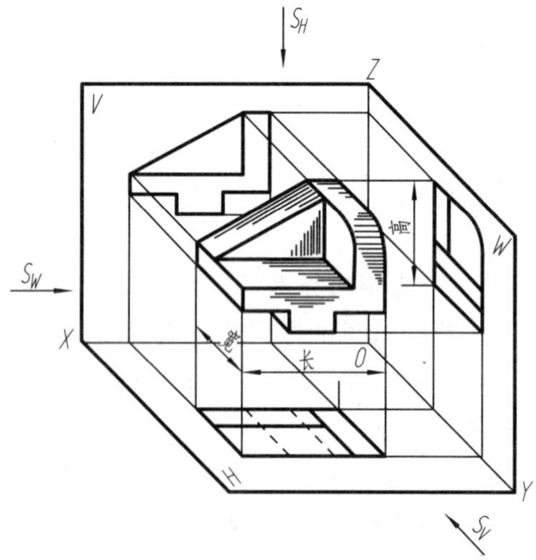

图 2 - 5 物体在三投影面体系中的投影

2.1.3 正投影的基本特征

(1) 真实性。当直线或平面与投影面平行时，直线的投影为反映空间直线实长的直线段，平面投影为反映空间平面实形的图形，正投影这种特性称为真实性。

(2) 积聚性。当直线或平面与投影面垂直时，直线的投影积聚成一点，平面的投影积聚成一条直线，正投影的这种特性称为积聚性。

(3) 类似性。当直线或平面与投影面倾斜时，直线的投影为小于空间直线实长的直线段，平面的投影为小于空间实形的类似形，正投影的这种特性称为类似性。

2.2 物 体 的 三 视 图

2.2.1 三投影面体系的建立

在图 2 - 5 中，分别从物体的前面、上面和左侧面三个方向进行投射，因而需要建立三个互相垂直的投影面。这三个互相垂直的投影面即构成一个三投影面体系。三个投影面分别是：正立投影面，简称正面，用 V 表示；水平投影面，简称水平面，用 H 表示；侧立投影面，简称侧面，用 W 表示。每两个投影面的交线称为投影轴，如 OX、OY 和 OZ，分别简称为 X 轴、Y 轴和 Z 轴。三根投影轴相互垂直，其交点 O 称为原点。

将物体放置在三投影面体系中，按正投影法向各投影面投射，即可分别得到物体的正面投影、水平投影和侧面投影，如图 2-5 所示。

为了画图方便，需将相互垂直的三个投影面摊平在同一个平面上。展开的方法：正立投影面不动，将水平投影面绕 OX 轴向下旋转 90°，将侧立投影面绕 OZ 轴向右旋转 90°，分别重合到正立投影面上，如图 2-6 所示。应注意当水平投影面和侧立投影面旋转时，OY 轴分为两处，分别用 OY_H（在 H 面上）和 OY_W（在 W 面上）表示。这样用正投影法得到的三个投影图称为物体的三视图，即主视图、俯视图和左视图。

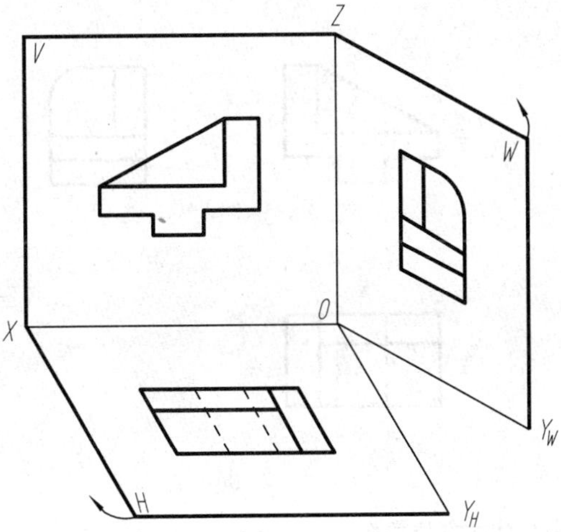

(a)

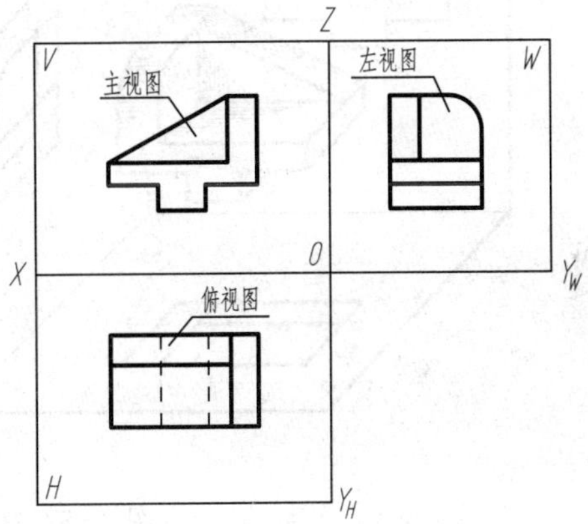

(b)

图 2-6 三投影面的展开

(a) 投影面的展开法；(b) 三投影面摊平在同一平面上

(1) 主视图。物体在正立投影面上的投影，也就是由前向后投射所得的视图，称为主视图。

(2) 俯视图。物体在水平投影面上的投影，也就是由上向下投射所得的视图，称为俯视图。

(3) 左视图。物体在侧立投影面上的投影，也就是由左向右投射所得的视图，称为左视图。

由于投影面的大小与视图无关，所以实际绘图时不必画出投影面的范围，这样也可使三视图更加清晰，如图 2-7 所示。

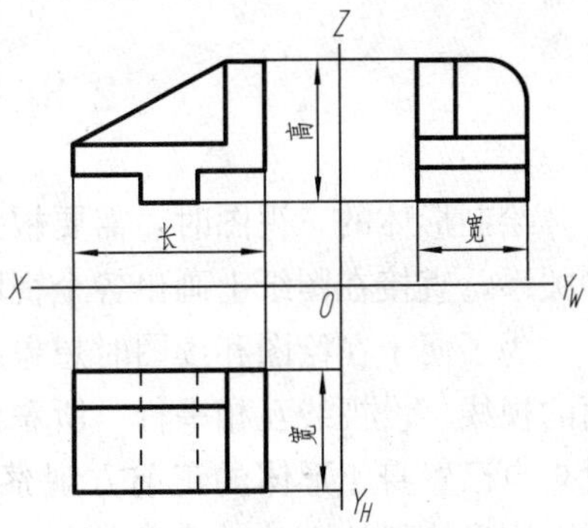

图 2-7 物体的三视图

2.2.2 物体与三视图间的关系

由图 2-6 可知，三个视图分别反映物体在三个不同方向上的形状和大小。若物体和投影面不动，三个视图则相当于是人站在不同的位置去看物体。

1. 视图配置关系

以主视图为准，俯视图在它的正下方，左视图在它的正右方。

2. 物体的长、宽、高在三视图上的对应关系

从三视图的形成过程中，可以看出：主视图反映物体的长度（X）和高度（Z），俯视图反映物体的长度（X）和宽度（Y），左视图反映物体的高度（Z）和宽度（Y）。

由此可归纳出三视图间的“三等”关系（见图 2－7）：主、俯视图——长对正；主、左视图——高平齐；俯、左视图——宽相等。

3．物体的六个方位在三视图中的对应关系

物体在三投影面体系内的位置确定后，它的前后、左右和上下的位置关系也就在三视图上明确地反映出来，如图 2－8 所示。

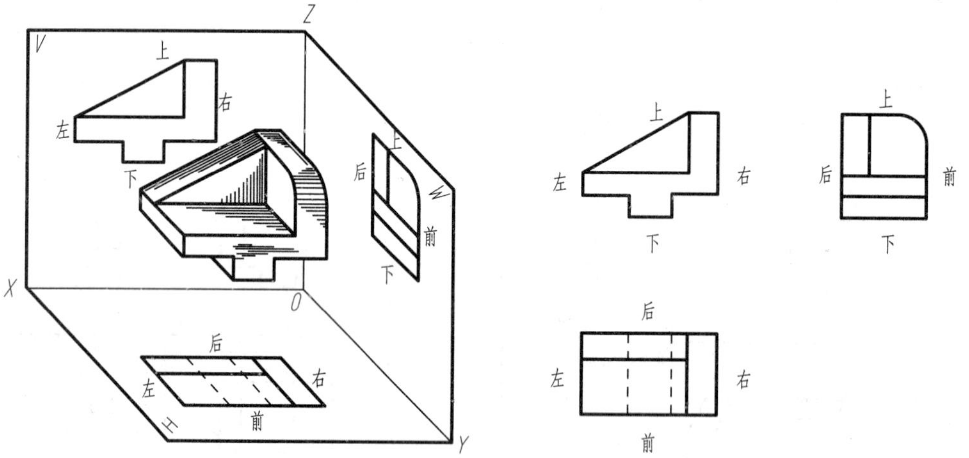

(a) (b)

图 2－8　三视图中物体的方位关系

一般将三视图中的任意两视图组合起来看，才能完全看清物体的上、下、左、右、前、后六个方位的相对位置。其中物体的前后位置在左视图中最容易弄错。左视图中的左、右反映的是物体的后面和前面，不要误认为是物体的左面和右面。

2.3　三视图作图方法及步骤

绘制形体的三视图时，需要根据多面正投影法原理、正投影的投影特性及三视图间的各种关系，直接在图纸上画出各个视图。

为了便于在绘图和读图时想象形体的形状，可以把每一个视图都看做是垂直于相应投影面的视线（设视线互相平行）所看到的形体真实图像。如果要得到形体的主视图，观察者可设想自己置身于形体的正前方观察形体，视线垂直于正立投影面。如果要得到形体的俯视图，则形体保持不动，观察者自上而下地俯视该形体。左视图也可用同样的方法来获得。应用这种方法时也可设想观察者的位置固定不动而改变形体的位置，结果是一样的。

初学者最好根据教学模型来练习画三视图，并注意以下几点。

(1) 首先，应把模型位置放正，同时选定主视图方向。最好将模型上能反映其形状特征的一面选为画主视图的方向，同时尽可能考虑让其余两视图简明易画、虚线较少。

(2) 开始作图前，应先定出各视图的位置，画出作图基准线，如中心线或某些边线。各视图之间的距离应适当。

(3) 作图的线型应按机械制图国家标准的规定。底稿应画得轻而细，以便修改。如果不同的图线恰巧重合在一起，应依粗实线、虚线、细实线、点画线的次序画。例如，粗实线与虚线重合，应画出粗实线。

(4) 分析模型上各部分形体的几何形状和位置关系，并根据其投影特性（真实性、积聚性、类似性等），画出各组部分的投影。注意：着眼点应该为形体的各个表面，而不是看见一个点便画一个点、看见一条线便画一条线。

(5) 要注意作图次序。每个视图一般可以先画四周的轮廓线，有时可逐个视图单独绘制，但一般需要将几个视图配合起来画。应该先画其投影具有真实性或积聚性的那些表面。对于斜面，宜先画出斜线（即该斜面的积聚投影），这样就便于画出斜面在另外两个视图中的类似形投影。

(6) 一般不需要画投影面的边框线和投影轴，采用无轴画法。

作图所需尺寸可以模型上量取，每个尺寸测量一次即可。相邻视图之间相应投影的尺寸关系可用丁字尺来保持高相等，用三角板与丁字尺配合起来保持长相等。而保持宽相等有三种方法，如图 2-9 所示。采用图 2-9（c）所示的斜角线法时，先要定出 P 点，再过 P 点用三角板引 45°斜线即为斜角线。

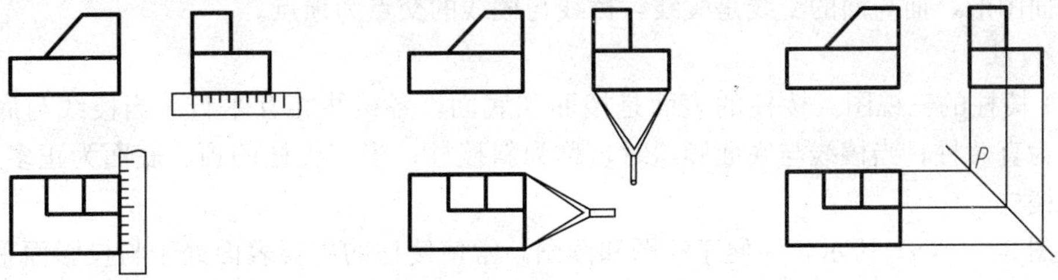

(a) (b) (c)

图 2-9　保持宽度相等的三种方法

(a) 用直尺；(b) 用分规；(c) 用斜角线

模型的三视图举例见图 2-10。

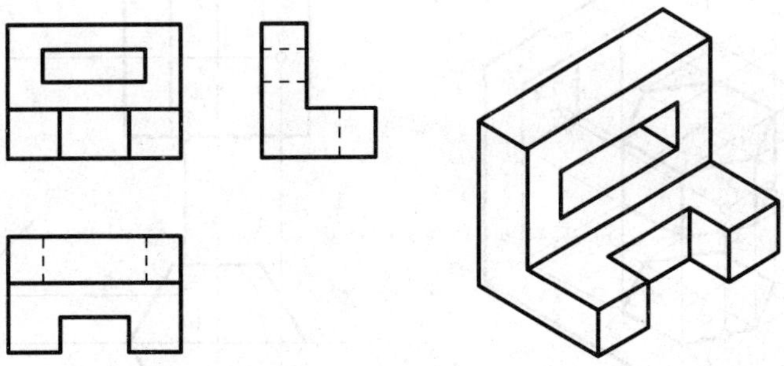

图 2-10　模型的三视图

第3章 基 本 立 体 视 图

机器零件不论其结构形状多么复杂，一般都可以看做是由一些棱柱、棱锥、圆柱、圆锥及圆球等基本几何形体（简称基本立体）经叠加、切割、相交而形成。

3.1 基本立体的三视图

基本立体根据其表面的几何性质可分为平面立体和曲面立体两类。

3.1.1 平面立体的三视图

平面立体是由平面围成的实体，其表面都是平面，如棱柱、棱锥等。平面立体的各表面都是平面图形，面与面的交线是棱线，棱线与棱线的交点为顶点。

1. 棱柱

(1) 棱柱的三视图。棱柱的表面是棱面和底面，各棱线相互平行。当棱线与底面垂直时，称为直棱柱；当棱线与底面倾斜时，称为斜棱柱；当直棱柱的顶、底面为正多边形时，称为正棱柱。

如图 3-1 (a) 所示，为便于绘图和读图，常使棱柱的主要表面处于与投影面平行或垂直的位置。其顶面和底面平行于 H 面，在俯视图上反映实形，前后棱面是正平面，在主视图上反映实形，六棱柱的另外 4 个棱面为铅垂面，6 个棱面在俯视图上积聚成直线并与六边形的边重合。

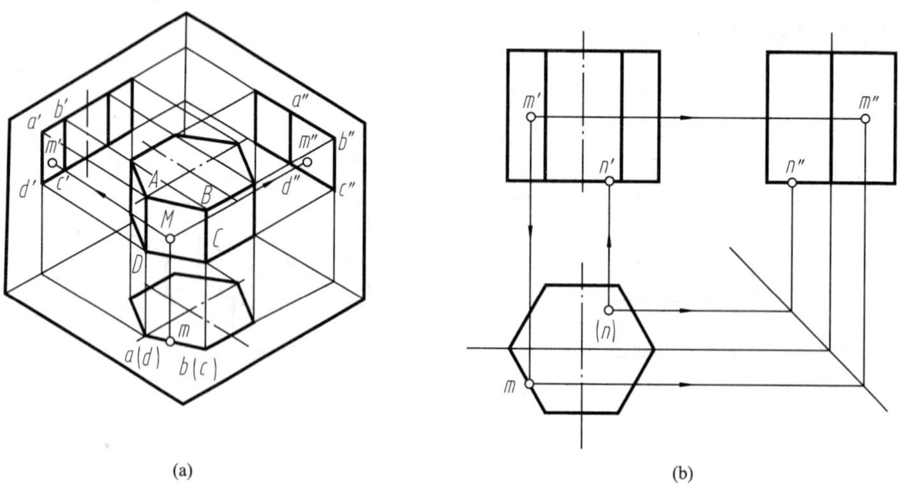

(a)　　(b)

图 3-1　正六棱柱的三视图与表面上的点

(a) 轴测图；(b) 三视图

六棱柱的 6 条棱线为铅垂线，其水平投影积聚在六边形的 6 个顶点上，正面投影和侧面投影都是垂直线。

画棱柱体的三视图时，一般先画反映实形的底面的投影，然后再画棱面的投影，并判断可见性。正六棱柱的画图步骤如下：画对称中心线；画出反映顶、底面实形（正六边形）的水平投影；根据棱柱的高度按三视图的投影关系画出其余两视图，如图 3-1（b）所示。

（2）棱柱表面上的点。平面立体表面上取点与平面上取点的方法相同。首先要根据点的投影位置和可见性确定点在哪个面上，对于特殊位置平面上点的投影可以利用平面的积聚性求出，对于一般位置平面上的点则需用辅助线的方法求出。

【例 3-1】 如图 3-1（b）所示，已知正六棱柱表面上点 M 的正面投影和点 N 的水平投影，求其另两个投影并判断可见性。

分析：由图 3-1 可知，由于 m' 可见，点 M 在左前棱面上，该棱面为铅垂面，水平投影有积聚性，因此点 M 的水平投影 m 可直接求出，由 m 和 m' 即可求出 m''。由于点 N 的水平投影 n 不可见，因此判断点 N 在底面上，该底面的正面投影和侧面投影均积聚成直线段，因此可利用积聚性求出 n' 和 n''。

作图：（1）由 m' 作投影连线求得 m，由 m' 和 m 求得 m''。

（2）由 n 作投影连线求得 n'，由 n 和 n' 求得 n''。

（3）判断可见性。可见性判断原则是：如果点所在面的投影可见（或者有积聚性），则点的投影也可见。由此可知，m' 和 m''、n' 和 n'' 均可见。

2. 棱锥

（1）棱锥的三视图。棱锥的表面有底面和棱面，各条棱线汇交于一点（锥顶），各棱面都是三角形，底面是多边形。正棱锥的底面是正多边形，侧面是等腰三角形。

图 3-2（a）所示为一正三棱锥，它的底面为一正三角形△ABC，三个棱面都是等腰三角形△SBC、△SAB 和△SAC。底面是水平面，在俯视图上反映实形，正面、侧面投影均积聚为直线段；棱面△SAC 为侧垂面，左视图上积聚成直线；其余两棱面为一般位置平面，三面投影都是类似形。

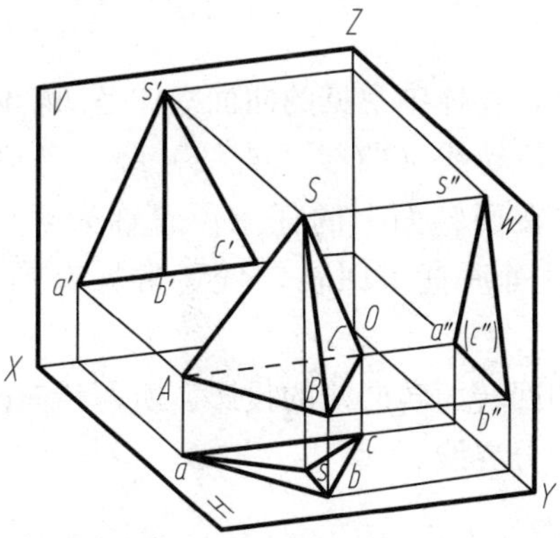

(a)

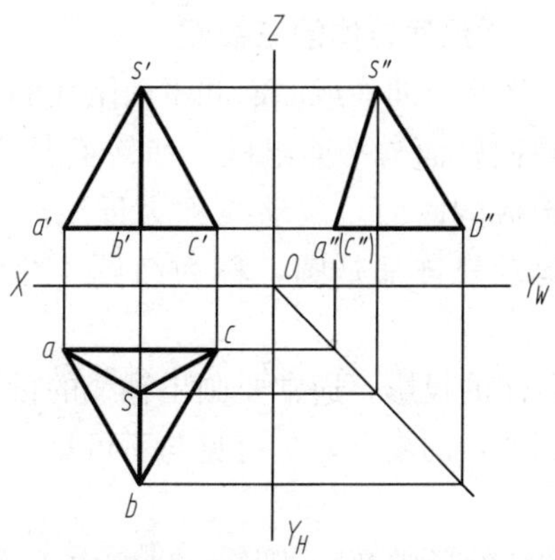

(b)

图 3-2 三棱锥的三视图

画棱锥的三视图时，先画底面和顶点的投影，然后再画出各棱线的投影，并判断可见性，画图步骤如下：画出反映底面实形的水平投影及有积聚性的其他两个投影，并确定顶点 S 的三面投影；画出三条棱线并加深，如图 3-2（b）所示。

(2) 棱锥表面上的点。下面举例说明。

【例 3-2】 如图 3-3 (a) 所示，已知三棱锥表面上两点 M、N 的正面投影，求作 M、N 两点的其余两投影。

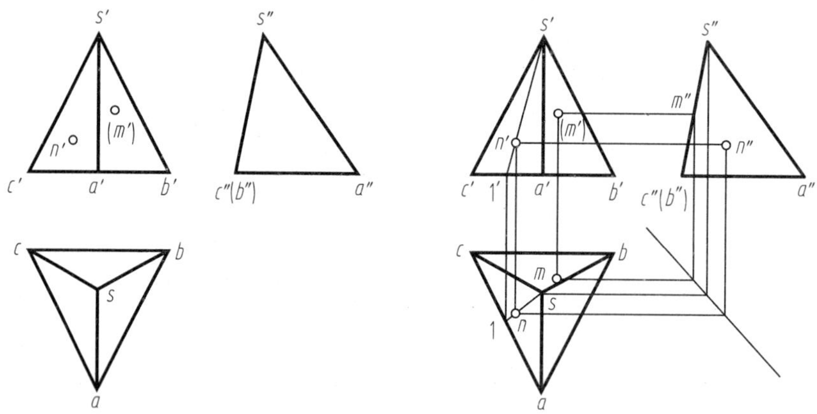

(a) (b)

图 3-3 三棱锥表面上的点

分析： 由于 m' 不可见，可知点 M 在棱面△SBC 上，且平面△SBC 的侧面投影有积聚性，可利用积聚性求 m''，再由 m' 和 m'' 求出 m。点 N 处在△SAC 棱面上，为一般位置平面，需要通过在平面上作辅助线的方法，求出点 N 的其余两投影。

作图： (1) 过 m' 作投影连线求得 m''，由 m' 和 m'' 求得 m。

(2) 过点 N 作辅助线 SⅠ，即连 $s'n'$ 交于底边 $a'c'$ 于 $1'$，并求得 $s1$，由 n' 作投影连线交 $s1$ 上得 n，由 n' 和 n 求得 n''。

(3) 判断可见性，△SBC 水平投影可见，侧面投影有积聚性，所以 m 和 m'' 均可见。棱面△SAC 的三投影均可见，因此点 N 的三面投影也都可见。

3.1.2 常见回转体的三视图

曲面立体是由曲面或曲面和平面围成的实体，物体中常见的曲面立体是回转体。回转体由回转面或回转面与平面组成。回转面是由一条动线（曲线或直线）绕一条固定的轴线旋转一周形成的曲面，该动线称为母线。母线在回转面上的任意位置称为素线；母线上任一点的运动轨迹都是圆，称为纬圆。纬圆平面垂直于回转轴线，常见有圆柱、圆锥、圆球等。

画回转体的投影，通常要画出轴线的投影和回转面转向线的投影。所谓转向线，即投影线与回转面切点的集合，是可见与不可见表面的分界线。

1. 圆柱

(1) 圆柱的形成及三视图。圆柱由上下底面及圆柱面组成。圆柱面可看成是一直线 AA_1，即母线绕与其平行的轴线旋转而成。圆柱面上任意平行于轴线的直线都称为素线，如图 3-4 所示。

当圆柱的轴线垂直于 H 面时，圆柱面上所有素线也都垂直于水平投影面，即圆柱面为铅垂面。圆柱面的俯视图积聚在圆周上，圆柱面在主视图中的轮廓线是圆柱面上最左、最右两条素线的投影，在左视图中的轮廓线是圆柱面上最前、最后两条素线的投影；圆柱体的上

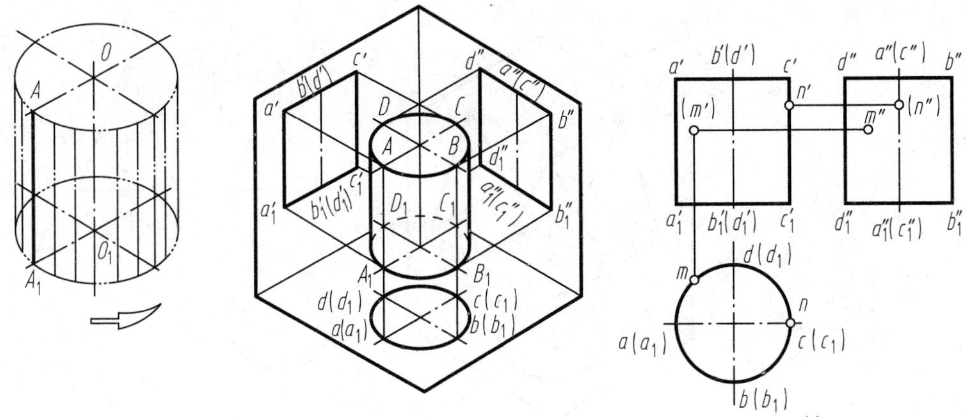

(a)　(b)　(c)

图 3-4　圆柱体的三视图与表面上的点

下底面为水平面，俯视图为圆（实形），主、左视图积聚为直线。由此可见，圆柱的主、左视图为大小相同的矩形，俯视图为圆，如图 3-4（b）所示。

画圆时，先画中心线，再画积聚性投影圆，最后画其余两视图。画图步骤如下：画俯视图的中心线及轴线的正面和侧面投影；画出投影为圆的俯视图；根据圆柱体的高画出另外两个视图，如图 3-4（c）所示。

（2）圆柱表面上取点：由于圆柱面投影有积聚性，可利用积聚性作图。

【例 3-3】 如图 3-4（c）所示，已知圆柱面上 2 点 M、N 的正面投影 m' 和 n'，求水平投影和侧面投影。

分析： 由于圆柱面的水平投影有积聚性，所以圆柱面上两点 M、N 的水平投影也在该圆上，可直接求出 m、n，由 m'、n' 和 m、n 可求出 m''、n''。

作图： （1）从 m'、n' 作投影线与圆周相交得到，由于 m' 不可见，在后半圆柱面上，n' 在最右素线上，求出 m、n。

（2）由点 M、N 的两面投影可求出侧面投影 m'' 和 n''，如图 3-4（c）所示。

（3）可见性判断。点 M 在后左圆柱面上，m'' 可见；点 N 在右半圆柱面上，n'' 不可见，如图 3-4（c）所示。

2. 圆锥

（1）圆锥的形成及三视图。圆锥体由圆锥面与底平面组成。圆锥面可看成是由一条母线 SA 绕与它相交的轴线回转而成的。圆锥面上过锥顶 S 的任一直线称为素线，如图 3-5（a）所示。

如图 3-5（b）所示，当圆锥的轴线垂直于水平投影面时，圆锥的俯视图是圆，该圆既是圆锥面的投影，又是底平面圆的实形投影；主视图为一等腰三角形，三角形的底边是圆锥底平面的积聚投影，两腰是圆锥面上最左、最右两条素线的投影；左视图也是等腰三角形，三角形的底边是圆锥底平面的积聚投影，两腰是圆锥面上最前和最后两素线的投影。

画图时，应先画中心线和轴线，再画投影为圆的视图，最后画锥顶和轮廓线的投影，画图步骤如下：画俯视图的中心线及轴线的正面和侧面投影；画投影为圆的俯视图；根据圆锥体的高画出另两个视图，如图 3-5（c）所示。

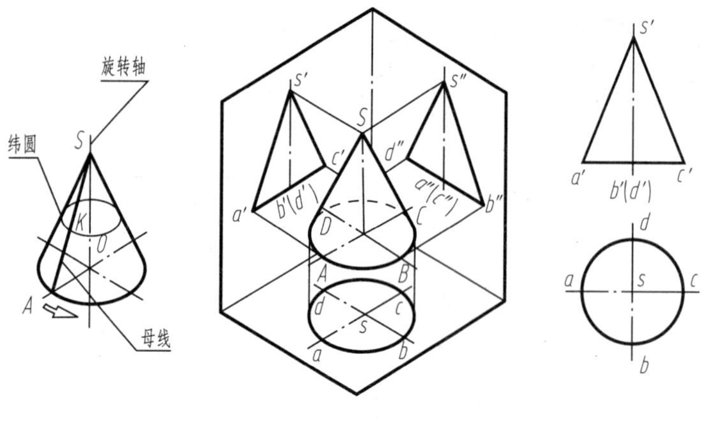

(a) (b) (c)

图 3-5 圆锥体的三视图

(2) 圆锥表面上取点。由于圆锥面投影无积聚性，所以求圆锥表面上的点可用素线法和纬圆法。

【例 3-4】 如图 3-6（a）所示，已知点 M 的正面投影 m' 和点 N 的水平投影 n，求 M、N 两点的其余两投影。

分析： 由于圆锥体三面视图均无积聚性，所以圆锥面上求点方法必须用素线法或纬圆法，求出素线或纬圆的三面投影，然后在线或圆上确定点的投影。

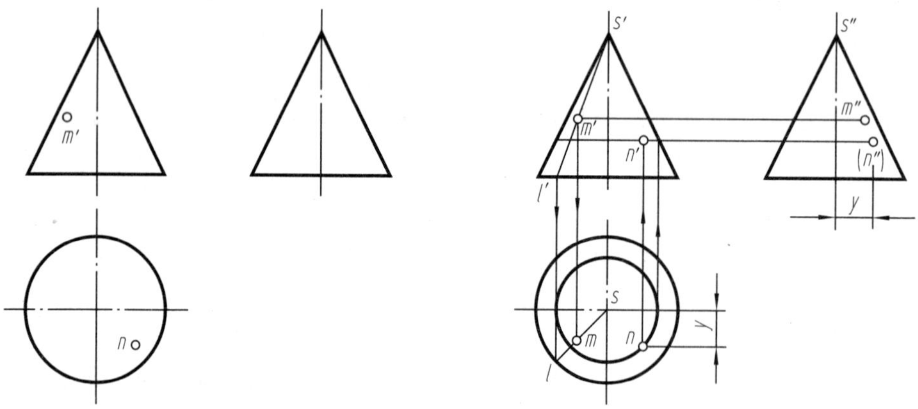

(a) (b)

图 3-6 圆锥体表面上的点

作图： 方法一：用素线法求解。先过 m' 与锥顶 s' 作一辅助素线 $s'1'$，求出 $s1$，再利用直线上点的从属性；求出 m，由 m'、m 可求出 m''。

方法二：用纬线圆法求解。过 n 作纬圆的水平投影，此水平圆与圆锥底平面圆同心。其正面投影和侧面投影为垂直于轴线的直线，长度为纬圆的直径，n'、n''在此线上。

可见性判断：由于点 M 在左前圆锥面上，三面投影均可见；点 N 在右前圆锥面上，所以 n''不可见。

3. 圆球

(1) 圆球的形成及三视图。圆球是球面围成的实体。球面可以看成是由一个圆母线绕其自身的直径即轴线旋转而成，如图 3-7 (a) 所示。

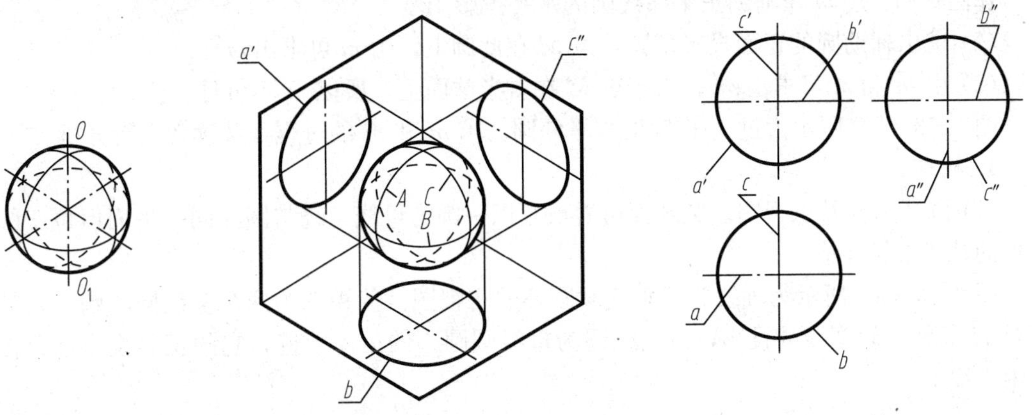

图 3-7 圆球的三视图

圆球从任意方向投影都是圆，因此其三面投影都是直径相同的圆。3 个圆分别是球面在 3 个投影方向上转向轮廓素线圆 A、B、C 的投影，如图 3-7 (b) 所示。A 在主视图中是 a'，它是前后半球可见与不可见的分界圆，在俯视图和左视图中都积聚成直线 a 和 a''，并与中心线重合，不必画出。同理，B 在俯视图上反映为 b，是上下半球可见和不可见的分界圆，其余两个视图为 b' 和 b''，与中心线重合，不必画出；C 在左视图上反映为 c''，它是左右半球可见与不可见的分界圆，其余两个视图为 c 和 c'，与中心线重合，不必画出。

画圆球的三视图时，先画中心线，再画圆球的轮廓线并加深，画图步骤如下：画三个视图的中心线；画出三个直径等于圆球直径的圆，如图 3-7 (c) 所示。

(2) 圆球表面上的点。可以用纬圆法来确定圆球面上的点的投影。圆球面的纬圆可以是平行于 V 面、H 面或 W 面的圆。当点处于圆球的最大圆上时，可以直接求出点的投影。

【例 3-5】 如图 3-8 所示，已知圆球面上点 M 的水平面投影 m，求其他两面投影。

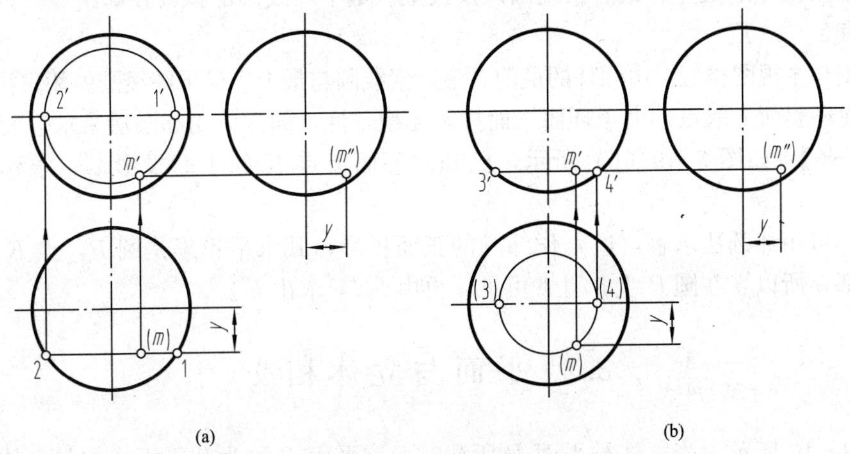

图 3-8 圆球表面上的点

分析：由于圆球面在3个投影面上均没有积聚性，要求点的另两面投影必须在圆球面上作辅助纬线圆，纬线圆为平行于V面、H面或W面的圆。图3-8（a）所示为平行于V面的纬线圆。根据点M的位置和不可见性，可知点M位于圆球的前、右、下部分。

作图：(1) 过m作辅助正平纬线圆的水平投影12。

(2) 求出辅助圆的正面投影即圆，点M在此圆上，由m可求出m'。

(3) 由m'和m可求出m''，由于点M在右半球面上，所以m''不可见。

图3-8（b）所示为过m作辅助水平纬圆。求m''和m'的过程，请读者自行分析。

4. 圆环

(1) 圆环形成及三视图。圆环面可看成是以一圆为母线，绕与圆在同一平面但位于圆周之外的轴线旋转而成。

图3-9（a）所示为轴线为铅垂线时圆环的三视图。俯视图为两个实线同心圆，它是圆环对H面转向轮廓线的投影，点画线圆为母线圆圆心的运动轨迹，它的正面投影重合在水平中心线上。

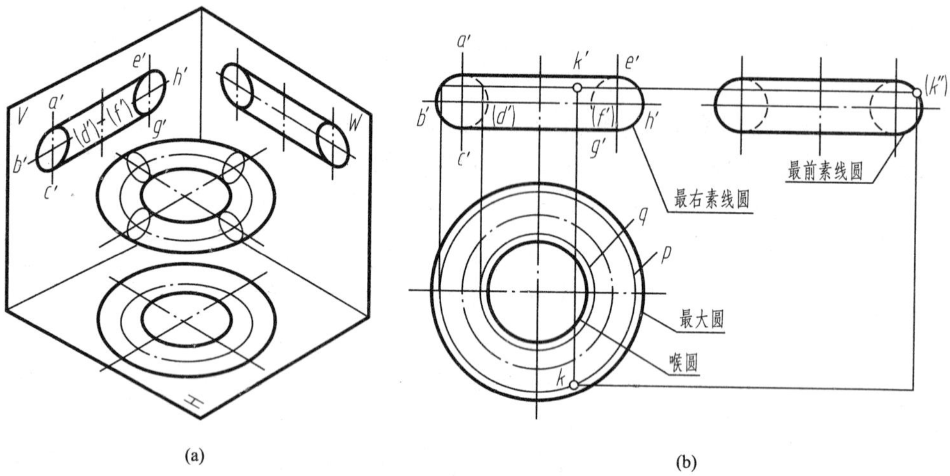

图3-9 圆环及表面上点的投影

主视图由圆环的最左、最右素线圆以及最上、最下纬线圆的积聚投影组成。内环面看不见，画虚线。

左视图与主视图类似，由圆环的最前、最后素线圆与最上、最下纬线圆的积聚投影组成。

(2) 圆环表面上取点。由于环面三面投影无积聚性，同样应用纬圆法来求表面上的点。

【例3-6】 如图3-9（b）所示，已知圆环面上点K的正面投影k'，求作其另两面投影。

分析：可用纬圆法求解，过k'作纬圆的正面投影，其水平投影是圆P，点K在外环面上的上半部，所以k在圆P上，且k可见，再由k、k'求出k''。

3.2 平面与立体相交

如图3-10所示，当立体被平面P所截时，该平面P称为截平面。它与立体表面的交线称为截交线，由截交线所围成的平面图形称为截断面。

截交线的形状取决于立体的形状及截平面与立体的相对位置。截交线具有封闭性和共有性。

(1) 封闭性：由于立体有一定的范围，所以截交线一般是由直线、曲线或者直线和曲线所围成的封闭的平面图形。

(2) 共有性：截交线一般是截平面和立体表面的共有线，是截平面和立体表面共有点的集合。

由截交线的性质可知，求截交线实质上是求截平面与立体表面上的一系列交点，并顺次相连，即得截交线的投影。

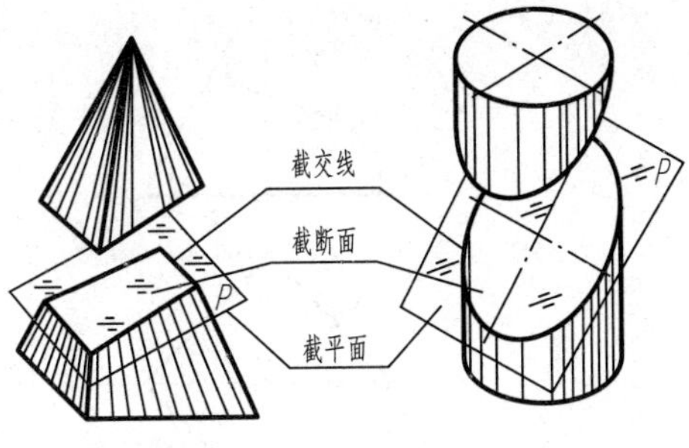

图 3-10 截交的基本概念

3.2.1 平面与平面立体相交

平面与平面立体相交，其截交线是由直线组成的封闭平面多边形，多边形的各条边是截平面与平面立体各表面的交线，多边形的顶点是平面立体各棱线与截平面的交点。因此，作平面立体的截交线，就是求出截平面与平面立体各棱线的交点，然后依次连接各点同面投影，并判断其可见性，即得截交线的投影。

【例 3-7】 如图 3-11 (a) 所示，已知正六棱柱被正垂面截切后的两视图，求其左视图。

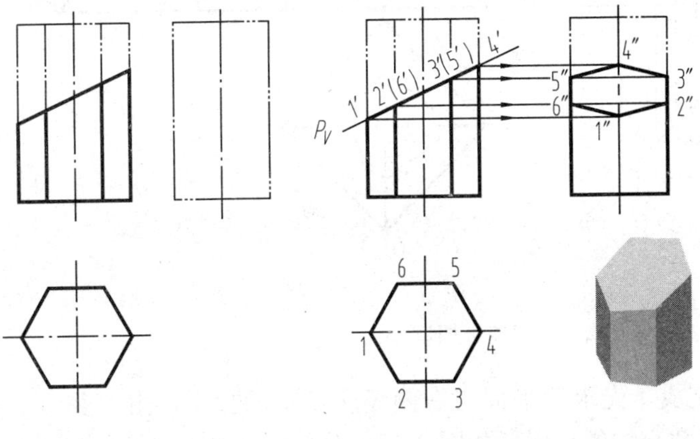

(a) (b)

图 3-11 平面截切六棱柱

分析： 由于截平面与正六棱柱的 6 个棱面相交，所以截交线是六边形，六边形的顶点是正六棱柱的 6 条棱线与截平面的交点。截交线的正面投影积聚在 P_V上，水平投影与正六棱柱投影重合，侧面投影为六边形的类似形。

作图： (1) 先画出没有截切的正六棱柱的左视图。

(2) 求出截平面与各条棱线交点的侧面投影 1″、2″、3″、4″、5″、6″。

(3) 依次连接各交点即得截交线的侧面投影，如图 3-11 (b) 所示。

(4) 擦去多余的线，完成左视图。

【例 3-8】 如图 3-12 (a) 所示，已知正四棱锥切口，试完成三视图。

分析： 正四棱锥的切口是由正垂面与侧平面截切而成的，其截交线应为相连的五边形与三角形。由于正四棱锥的四个棱面均为一般位置平面，没有积聚投影，所以截交线的水平投影与侧面投影均需通过作图求出。

作图： 先画出正四棱锥完整的俯视图与左视图，如图 3-12 (b) 所示。再求切口的投影，两截切面的交线是正垂线，首先求出交线的两面投影，再完成切口的投影。

(1) 求两截平面交线ⅠⅡ的投影。连接锥顶 S 和点Ⅰ交底边于点 A，求出 SA 的投影，即由 $s'a'$→sa→$s''a''$；最后求出ⅠⅡ的投影 1′ (2′)→1、2→1″、2″。

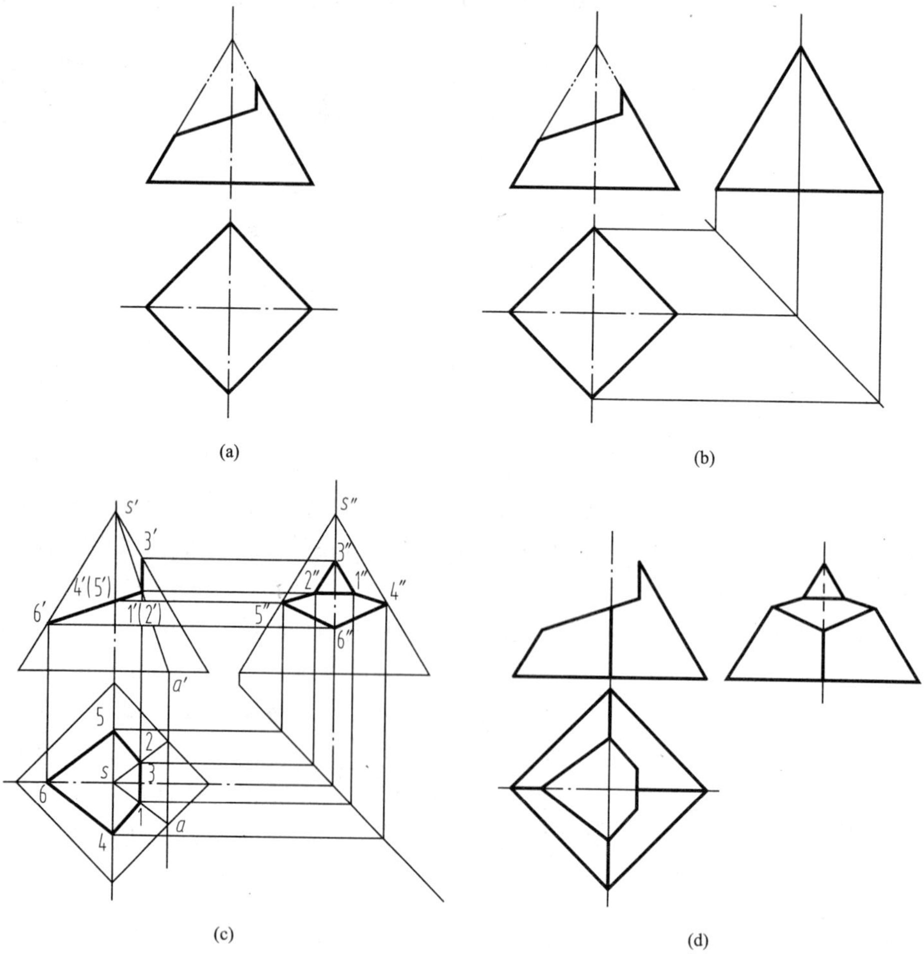

图 3－12　正四棱锥切口

(2) 求侧平面与四棱锥的截交线。先求侧平面与右侧棱交点Ⅲ的投影；由 3′得 3″、3，再连接 1、2、3 和 1″、2″、3″完成截交线的投影，如图 3－12（c）所示。

(3) 求正垂面与四棱锥的截交线。先求正垂面与侧棱交点Ⅳ、Ⅴ、Ⅵ的投影，由 4′、(5′)、6′得 4、5、6 和 4″、5″、6″，再连接 1、2、4、5、6 和 1″、2″、3″、4″、5″、6″完成截交线的投影，如图 3－12（c）所示。

(4) 判断轮廓线的完整性与棱线的可见性。擦去多余线条完成三视图，如图 3－12（d）所示。

【例 3－9】 如图 3－13（a）、（f）所示，已知带方孔的正五棱柱的切口，试完成其三视图。

分析： 带方孔的正五棱柱的切口由正垂面 P 和侧平面 Q 组成，由于正五棱柱外表面及方孔的内表面在水平投影面上的投影有积聚性，可知 P 面截交线形状为八边形，Q 面截交线为两个矩形线框。

作图： (1) 先画出完整的带方孔正五棱柱的左视图，由 P_V 与 Q_V 作出水平线与垂直线，确定 P、Q 两面所产生的截交线范围。

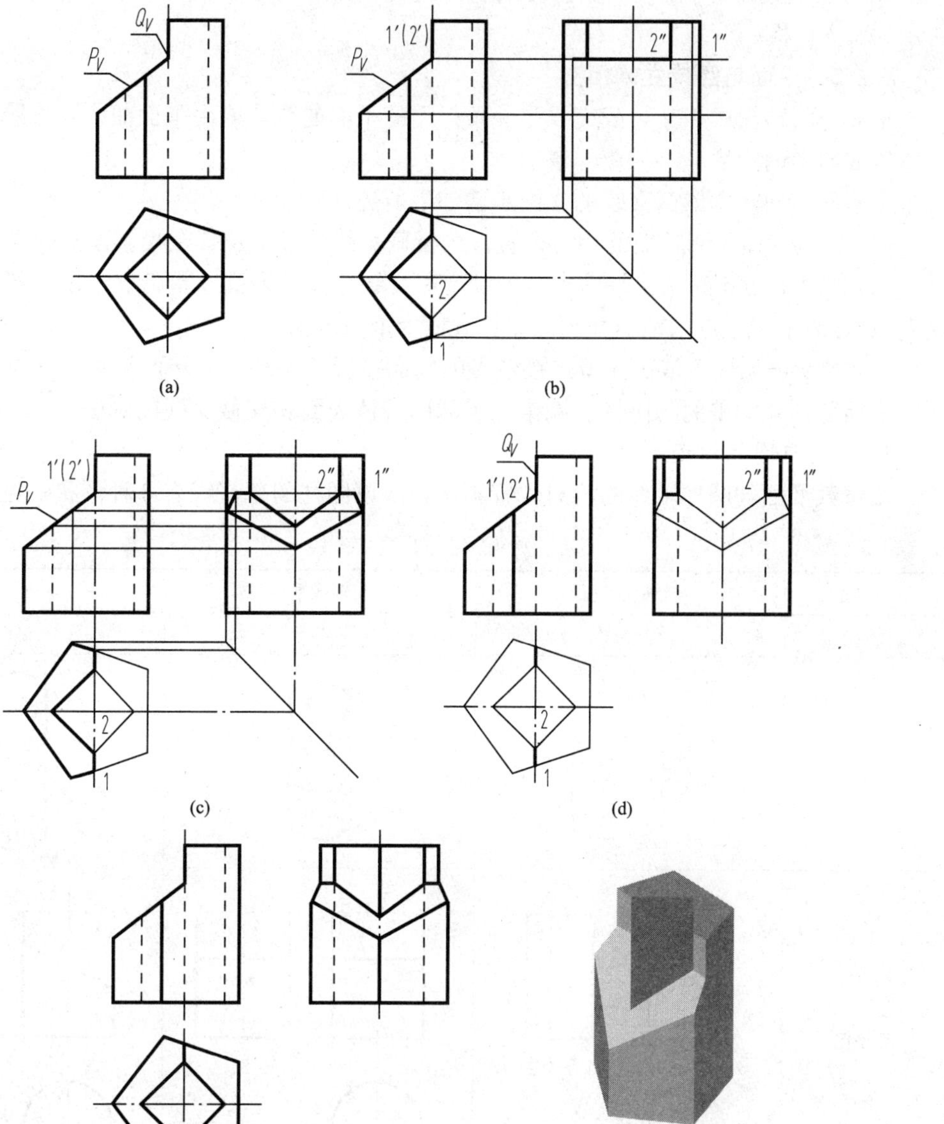

图 3-13 正五棱柱切口

(a) 已知条件；(b) 作出 P 面与 Q 面的交线ⅠⅡ；(c) 作出 P 面所产生的截交线；(d) 作出 Q 面所产生的截交线；(e) 判断可见性，完成全图；(f) 直观图

(2) 求出两截平面的交线，交线是正垂线，由于该物体有内方孔，所以交线分为前后对称的两段。先求出前段ⅠⅡ线（与外表面五棱柱的交点Ⅰ和与内表面正方孔的交点Ⅱ），再由对称性求出后段交线。由 $1'$ $(2')\rightarrow 1$、$2\rightarrow 1''$、$2''$，如图 3-13（b）所示。

(3) 求出各棱线与 P 面的交点，得出 P 面截切带方孔正五棱柱的交线，如图 3-13（c）所示。

(4) 求出 Q 面截切带方孔正五棱柱的交线，如图 3-13（d）所示。

(5) 判断棱线的可见性，擦去多余线，完成全图，如图 3－13 (e) 所示。图 3－13 (f) 所示为其立体图。

3.2.2 平面与回转立体相交

平面与回转立体相交，截交线是一条封闭的平面曲线，或由平面曲线和直线或完全由直线所组成的平面图形。

求平面与回转立体截交线的作图步骤如下所述。

(1) 根据平面与回转面的相对位置，分析截交线的形状及其在投影面上的投影特点。

(2) 求共有点。先求出特殊点（即确定截交线范围的最高、最低、最前、最后、最左和最右点），后求一般点（前面介绍的立体表面上取点方法）。

(3) 判断可见性，依次光滑连接各点的同面投影，并补全回转面轮廓线的投影。

下面分别介绍平面与圆柱、圆锥、圆球回转体表面相交截交线的画法。

1. 平面与圆柱相交

由于截平面与圆柱轴线的相对位置不同，所以圆柱的截交线有 3 种形状，见表 3－1。

表 3－1　　　　圆 柱 的 截 交 线

截平面位置	与轴线平行	与轴线垂直	与轴线倾斜
截交线形状	矩形	圆	椭圆
立体图	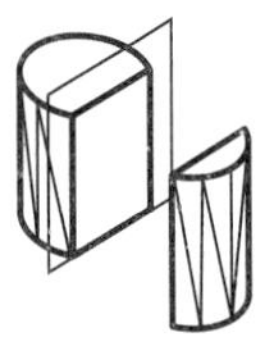	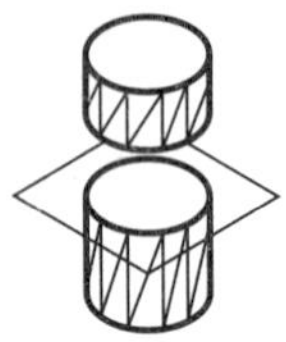	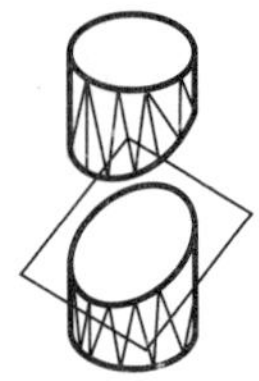
投影图	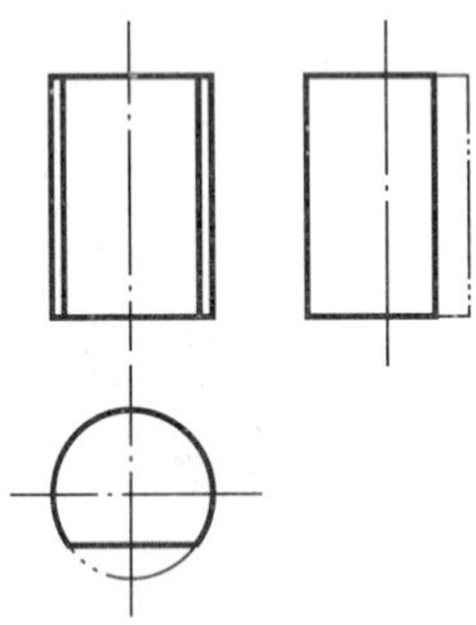	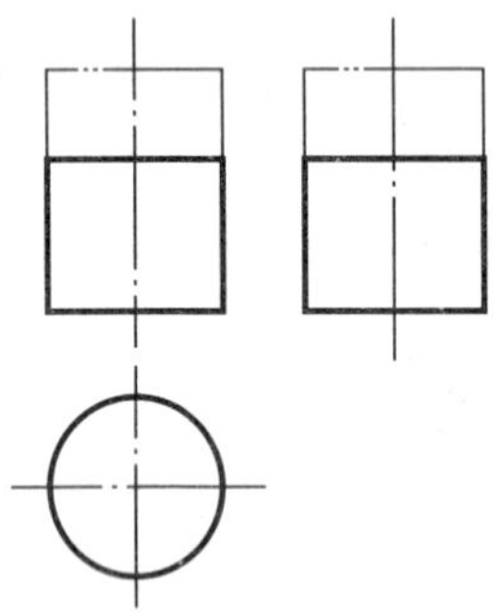	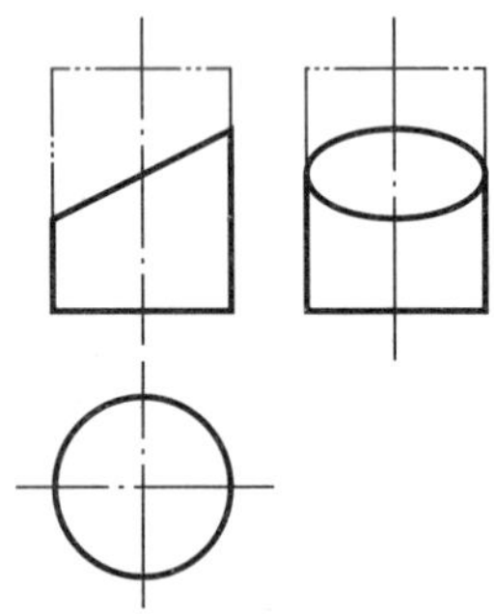

圆柱的截交线求法：圆柱的投影有积聚性，可利用积聚性求出截交线的投影。表 3－1 中的前两种情况，直接按截平面的位置找好投影关系即可得到截交线；第 3 种情况的截交线是椭圆，椭圆的形状和大小随截平面对圆柱轴线的倾斜程度不同而变化，但长短轴中总有一轴与圆柱的直径相等。因此，需先找出系列的特殊点，即截交线上极限位置点、截交线的特征点和回转轮廓线上的点等。再找出一般点，最后光滑连接这些点即得到截交线。

【例 3－10】 如图 3－14 (a) 所示，求圆柱被正垂面斜切的截交线。

分析： 截平面为正垂面斜切圆柱，因此截交线是椭圆。椭圆的正面投影有积聚性，水平投影与圆柱面的投影重合为圆，侧面投影为椭圆。根据投影规律，可由正面和水平投影求出侧面投影。

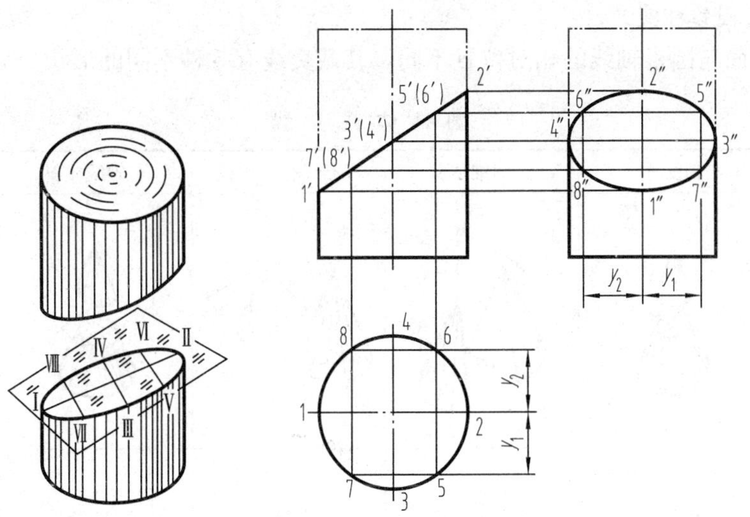

(a) (b)

图 3-14 圆柱被截平面斜切

作图: (1) 先求出截交线上的特殊位置点，即首先求长、短轴 4 个端点的投影。长轴上Ⅰ、Ⅱ点是最低点和最高点，短轴上Ⅲ、Ⅳ点是最前点和最后点。Ⅰ、Ⅱ、Ⅲ、Ⅳ点也在圆柱的最左、最右、最前和最后素线上。根据水平投影 1、2、3、4 和正面投影 1′、2′、3′、4′可求出侧面投影 1″、2″、3″、4″。

(2) 再求截交线上的一般位置点。在截交线上任取Ⅴ、Ⅵ、Ⅶ、Ⅷ点，根据水平投影 5、6、7、8 和正面投影 5′、(6′)、7′、(8′)，可求出侧面投影 5″、6″、7″、8″。

(3) 最后依次光滑连接各点，即可得到截交线的侧面投影。如图 3-14 (b) 所示。

【例 3-11】 如图 3-15 所示，已知开槽圆柱的正面投影，求其水平投影和侧面投影。

分析: 通槽可看做是圆柱被两平行于圆柱轴线的侧平面及一个垂直于圆柱轴线的水平面所截切，两侧平面截切圆柱的截交线为一矩形，水平面截切圆柱为前后各一段圆弧。图 3-16 所示为一圆管开通槽的三视图，作图过程见图 3-15 和图 3-16。

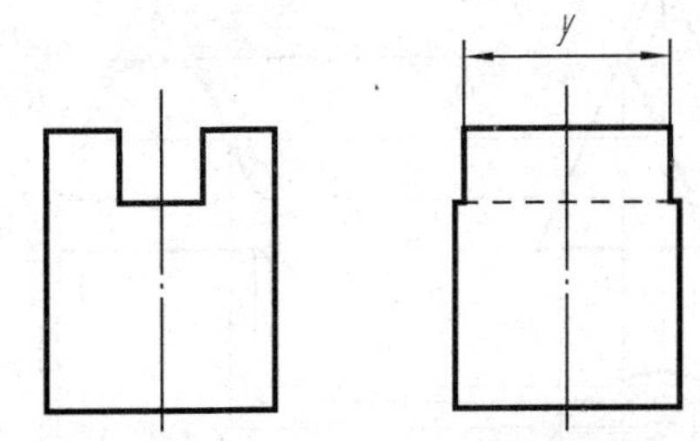

图 3-15 圆柱开通槽

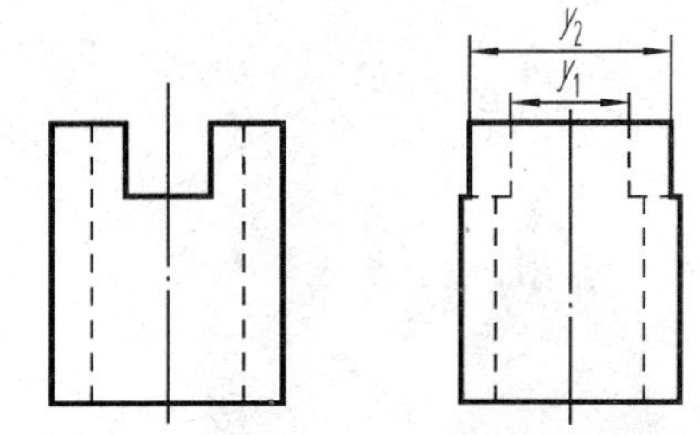

图 3-16 圆管开槽

2. 平面与圆锥相交

由于截平面与圆锥轴线的相对位置不同，其截交线有 5 种不同的形状，见表 3-2。

表 3-2　　圆 锥 体 截 交 线

截平面的位置	与轴线垂直	过圆锥顶点	平行于任一素线	与轴线倾斜	与轴线平行
立体图	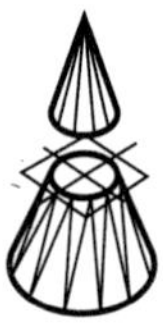	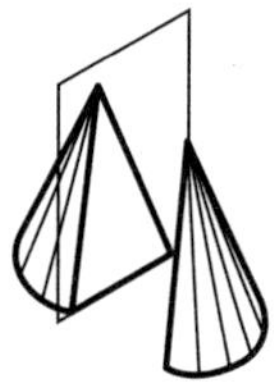	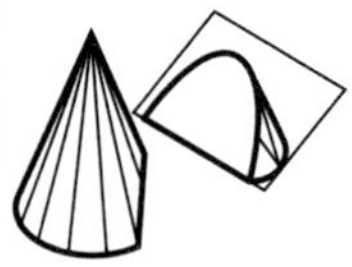		
投影图	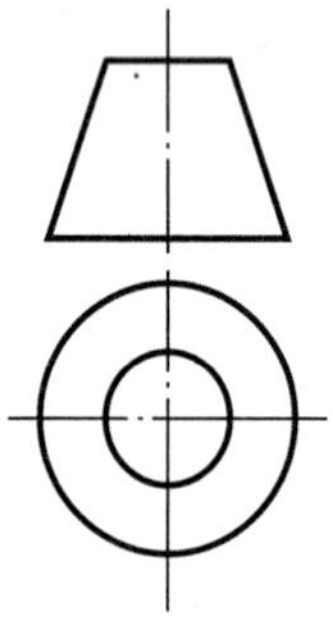	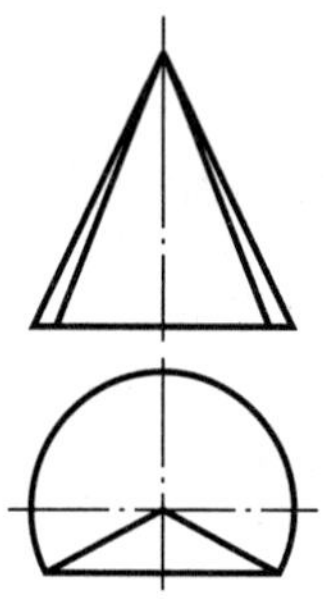	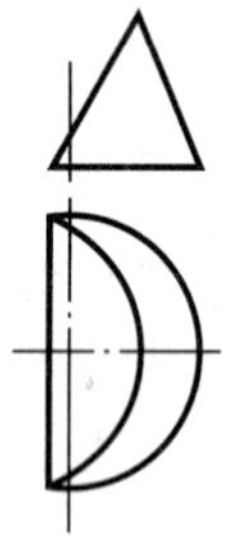	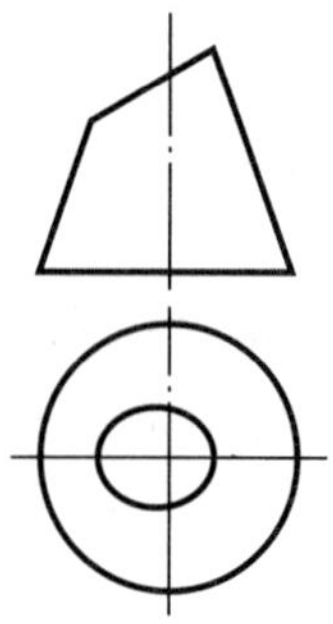	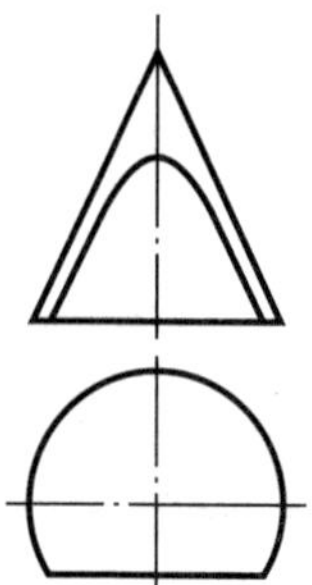
截交线的形状	圆	三角形	抛物线及直线	椭圆	双曲线及直线
截交线求法要点	求圆心及半径	交点为锥顶，另两点在纬圆上	求特殊点，即最高、最低、最前、最后、最左、最右等极限位置点、转向轮廓线上的点及椭圆的长、短轴上的点；求一般点，采用纬圆法可得；判断可见性，光滑连接		

【例 3-12】 如图 3-17 所示，已知主视图，完成俯视图并画出左视图。

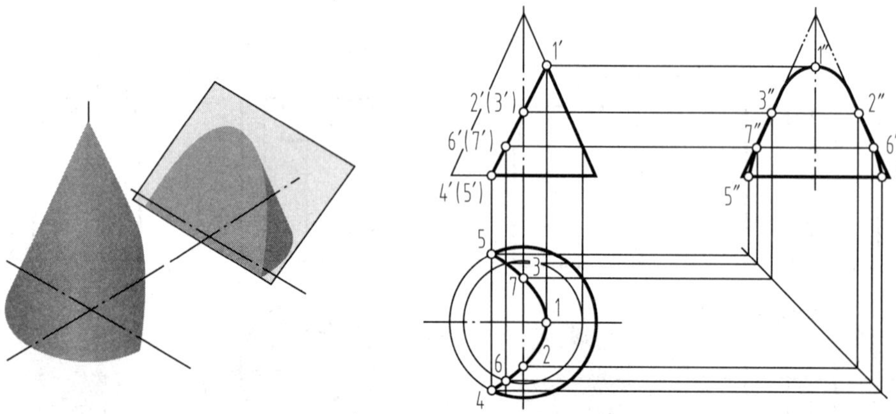

(a)　　(b)

图 3-17　圆锥与平面相交

(a) 立体图；(b) 截交线求法

分析： 截平面是正垂面且与素线平行，截交线形状为抛物线，主视图积聚成与轴线相交的线段，水平投影和侧面投影均为抛物线的类似形。

作图： (1) 求特殊点。抛物线的最高点Ⅰ位于最右素线上，由 1′可求出 1 和 1″。点Ⅱ、Ⅲ位于圆锥的最前、最后素线上，可由 2′、3′得 2″、3″、2、3。点Ⅳ、Ⅴ为最低点，也是位于底圆上的两个点，可直接求出 4、5、4″、5″。

(2) 求一般点可用纬圆法。在截交线的主视图上（直线）过点Ⅵ、Ⅷ作纬线圆，求出纬线圆的水平投影（圆）和侧面投影（直线），可由 6′、7′得 6、7；由 6、7 和 6′、7′求出 6″、7″（此两点也在纬线圆的投影上）。

(3) 依次光滑连接各点即得截交线的另两个投影，如图 3－17（b）所示。

【例 3－13】 如图 3－18 所示，已知主视图，完成俯视图并补画左视图。

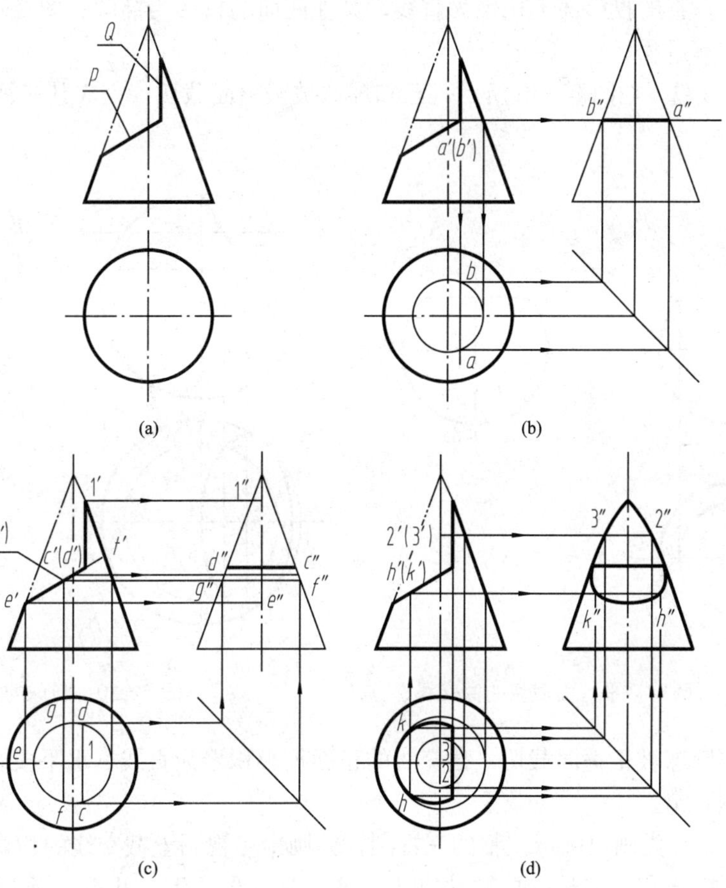

图 3－18 圆锥切口

分析： 截平面是正垂面 P 和侧平面 Q，由 P 面截切圆锥产生的截交线形状为椭圆，水平投影和侧面投影均为椭圆的类似形。

由 Q 面截切圆锥产生的截交线形状为双曲线。水平投影积聚成线，侧面投影为双曲线的实形。

作图： (1) 首先求出 P 面与 Q 面的交线 AB 的投影，A、B 两点可用纬圆法求得，如图 3－18（b）所示。

（2）求特殊点。截平面 P 与圆锥面最左素线的交点 E，与圆锥面最前、最后素线的交点 C、D 的三面投影均可直接求得。椭圆轴上的两端点 F、G 的水平投影 f、g 可用纬圆法或素线法求出。截平面 Q 与圆锥面最右素线交点Ⅰ的投影可直接求得，如图 3-18（c）所示。

（3）求一般点。截交线（椭圆）上的点 H、K 及截交线（双曲线）上的点Ⅲ、Ⅳ，可用纬圆法或素线法求出，如图 3-18（d）所示。

（4）依次光滑连接各点即得截交线的另两个投影。

3. 平面与圆球相交

圆球被任意平面截切，得到的截交线都是圆。当截平面是投影面平行面时，截交线在所平行的投影面上的投影是一个圆，其他两面的投影均为直线；当截平面是投影面垂直面时，截交线在所垂直的投影面上积聚为直线，其他两面的投影为椭圆。图 3-19 所示为球被水平面截切的求解过程。

【例 3-14】 如图 3-20 所示，已知球体被正垂面截切，完成其三视图。

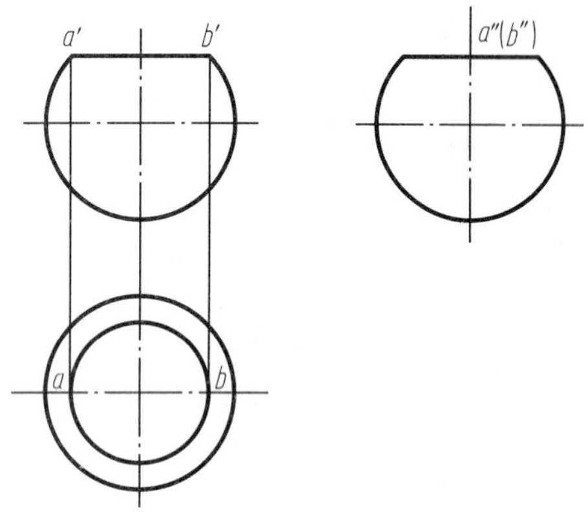

图 3-19　圆球被平行面截切的截交线

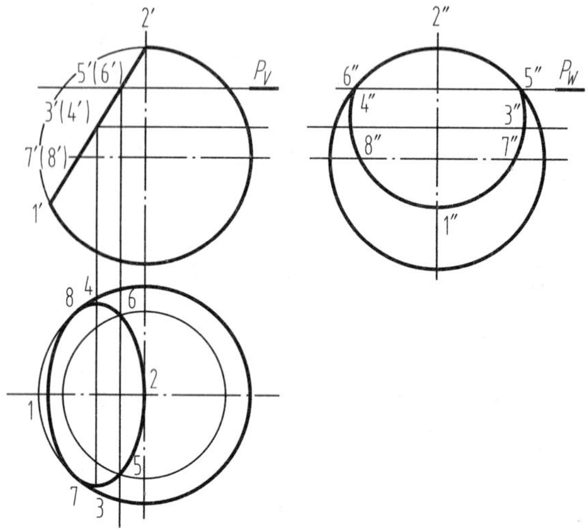

图 3-20　圆球的截交线

分析：圆球被正垂面截切，截交线的正面投影积聚为直线，水平投影与侧面投影均是椭圆，需作图画出。

作图：（1）先画出圆球完整的三视图，并画出主视图上截交线的积聚投影。

（2）求特殊点。求长、短轴端点Ⅰ、Ⅱ、Ⅲ、Ⅳ：Ⅰ、Ⅱ点在前后半球的转向轮廓线上，可直接求得 1、2 和 1″、2″，1′2′应等于截交线圆的直径。1′2′的中点 3′（4′）应是长轴Ⅲ Ⅳ（正垂线）在正面上有积聚性的投影，投影 34 和 3″4″的长度也应等于截交线圆的直径（等于 1′2′）。再求截交线上处于上、下半球分界圆上的点Ⅶ Ⅷ：由 7′（8′）得 7、8 与 7″、8″。

（3）求一般点。作辅助水平纬线圆 P，由 5′（6′）得 5、6 和 5″、6″，根据作图需要，还可求出其他一系列一般位置点。

（4）将同面投影点依次光滑连接，处理圆球轮廓线，完成全图，如图 3-20 所示。

【**例 3-15**】 如图 3-21（a）所示，已知一开槽半圆球的主视图，求其俯视图和左视图。

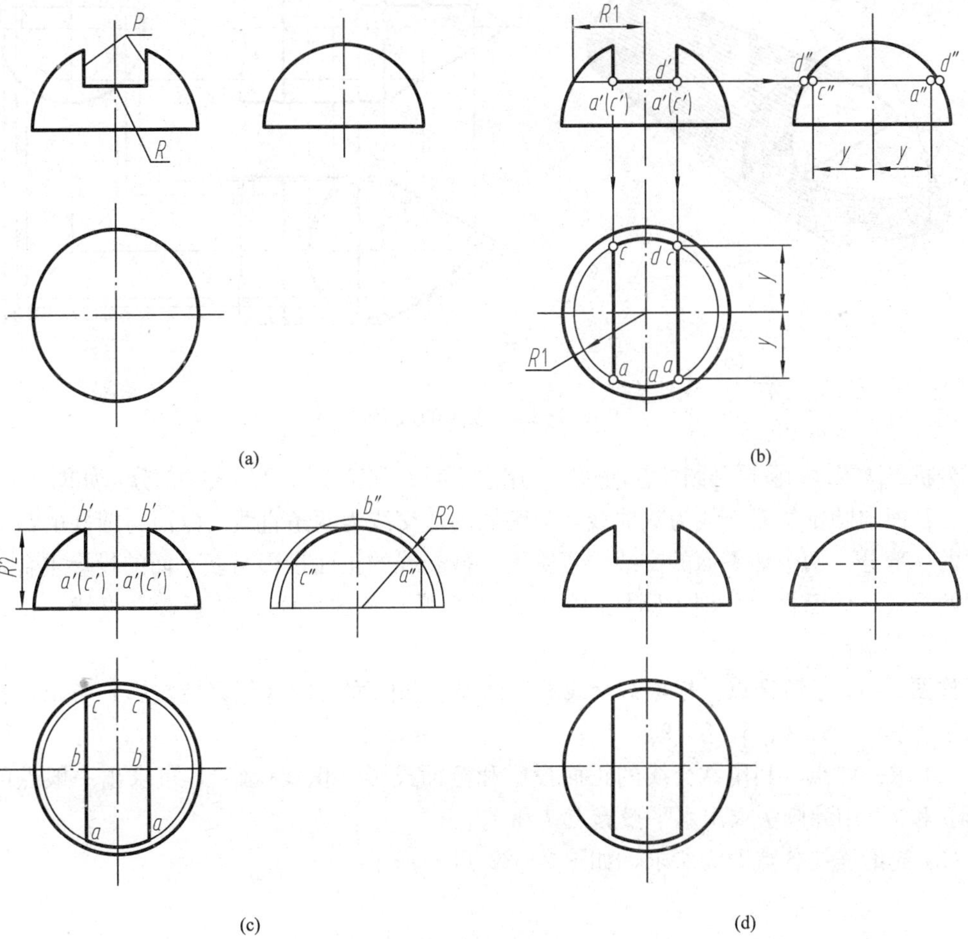

图 3-21 半球开槽

分析：半圆球开槽是由两侧平面 P 与一水平面 R 截切而成的。侧平面 P 与半圆球的截交线在左视图上的投影是圆的一部分，在俯视图上的投影积聚为直线；水平面 R 与半圆球的截交线在俯视图上的投影是圆的一部分，在左视图上的投影积聚为直线；平面 P 与 R 的交线都是正垂线，在左视图上有部分为不可见。注意，左视图中半球的轮廓线在开槽处被截切。

作图：(1) 求出水平面 R 与球面的交线。交线的水平投影为圆弧，侧面投影为直线，如图 3-21（b）所示。

(2) 求侧平面 P 与球面的交线。交线的侧面投影为圆弧，水平投影为直线，如图 3-21（c）所示。

(3) 补全半圆球轮廓线的侧面投影，并作出两截平面的交线的侧面投影（为虚线），完成全图，如图 3-21（d）所示。

【**例 3-16**】 已知如图 3-22（a）所示顶尖的主视图和左视图，完成顶尖的俯视图。

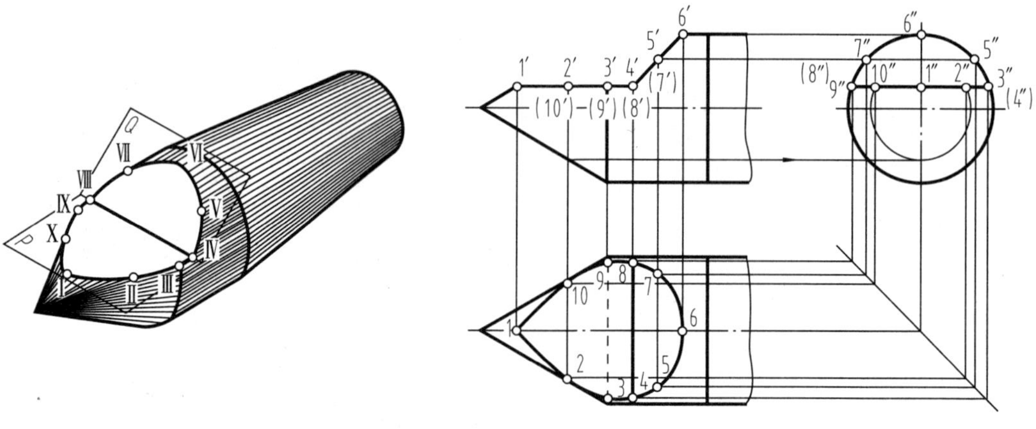

(a)　　(b)

图 3-22　顶尖的截交线

分析： 该零件由圆锥和圆柱叠加而成。用水平面 P 和正垂面 Q 切去一部分，如图 3-22（a）所示。P 面与圆锥的截交线为双曲线，与圆柱的截交线为两条直线。Q 面与圆柱的截交线为椭圆的一部分。两个切平面的交线为正垂线。截交线的正面投影与截平面的投影重合，即积聚为两直线，侧面投影分别为圆柱面的投影（圆弧）及截平面 P 的投影（直线）重合。水平投影需要求出。

作图：（1）求特殊点。根据截交线的正面投影和侧面投影（积聚性投影）可求出特殊点的水平投影 1、3、4、6、8、9。

（2）求一般点。利用截交线的正面投影和侧面投影（积聚投影），可求出一般点的水平投影 5 和 7；用纬圆法求出水平投影点 2 和 10。

（3）光滑连接各点即为所求，如图 3-22（b）所示。

3.3　两曲面立体相交

3.3.1　相贯线的概念及其性质

物体上常有立体表面彼此相交的情况，称为立体相贯。两立体相交在两立体表面所产生的交线称为相贯线，如图 3-23 所示。

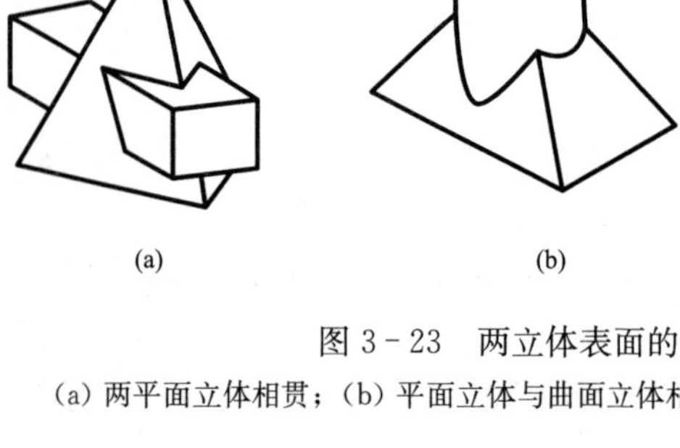

(a)　　(b)　　(c)

图 3-23　两立体表面的交线

（a）两平面立体相贯；（b）平面立体与曲面立体相贯；（c）两曲面立体相贯

两曲面立体的相贯线具有共有性和封闭性

(1) 共有性：相贯线为相交两立体表面所共有，相贯线上的点是两曲面立体表面的共有点。

(2) 封闭性：因为相贯两曲面体表面都是有限的，所以相贯线一般是闭合的空间曲线，特殊情况下是平面曲线、直线或不闭合的相贯线（如两立体部分相贯）。

1. 相贯线的空间形状

(1) 两平面立体相贯，相贯线为空间折线，如图 3-23 (a) 所示。

(2) 平面立体与曲面立体相贯，相贯线为若干平面曲线组合的空间曲线，如图 3-23 (b) 所示。

(3) 两曲面立体相贯，相贯线为空间曲线，如图 3-23 (c) 所示。

上述两立体相交的三种情况，由于前两种情况所产生的交线和平面与立体相交所产生的交线相同，所以本节不作讨论。这里只讨论两曲面立体相贯线的求法。

2. 相贯线的求法

相贯线的求法通常有两种，即积聚法和辅助平面法。

求相贯线时首先应进行空间及投影分析，分析两相交立体的几何形状、相对位置和相对大小，弄清相贯线是空间曲线还是平面曲线或直线。当相贯线为空间曲线时，一般按如下步骤求相贯线。

(1) 求特殊点。包括曲面转向线上的点和极限位置点，即最高、最低、最前、最后、最左、最右的点。

(2) 求一般点。用积聚法、辅助平面法求一般点。

(3) 判断可见性，光滑连接。当相贯线上的点同时处于两立体表面的可见部分时，这些点可见，否则为不可见点。然后，用粗实线或虚线依次光滑连接。

3.3.2 利用积聚性求相贯线

当两相贯立体表面在两个投影面上分别具有积聚性时，相贯线上的点可利用积聚性，在立体表面取点求得。

【例 3-17】 图 3-24 (a) 所示为两圆柱正贯，求其相贯线的投影。

分析： 两圆柱轴线垂直相交，相贯线为前后、左右对称的一条闭合空间曲线。由于大小两圆柱的轴线分别为侧垂线和铅垂线，因此小圆柱的水平投影积聚为圆。由相贯线的共有性可知，相贯线水平投影也在该圆上。同样，大圆柱的侧面投影积聚为圆，相贯线的侧面投影是大圆柱与小圆柱共有部分的侧面投影，即一段圆弧。只需求出相贯线的正面投影。

作图： (1) 求特殊点。如图 3-24 (b) 所示，Ⅰ、Ⅱ为最左及最右点，也是最高点；Ⅲ、Ⅳ是最前及最后点，也是最低点。从侧面投影可知，以上 4 个特殊点均在回转体的转向轮廓线上，由 1、2、3、4 和 1″、2″、3″、4″可直接求得 1′、2′、3′、4′。

(2) 求一般点。根据需要，在特殊点之间作一般点Ⅴ、Ⅵ、Ⅶ、Ⅷ，首先在相贯线的水平投影上取 5、6、7、8，按照投影规律找出 5″、6″、7″、8″，再求出 5′、6′、7′、8′，如图 3-24 (c) 所示。

(3) 将 5′ (7′)、3′ (4′)、6′ (8′) 各点用光滑线连接起来即可得相贯线的投影，如图 3-24 (d) 所示。

必须指出：不仅两实体相贯有相贯线，实体上开有孔或槽等也有相贯线。图 3-25 所示为内外都有相贯线的示例，作图方法与上述相同。

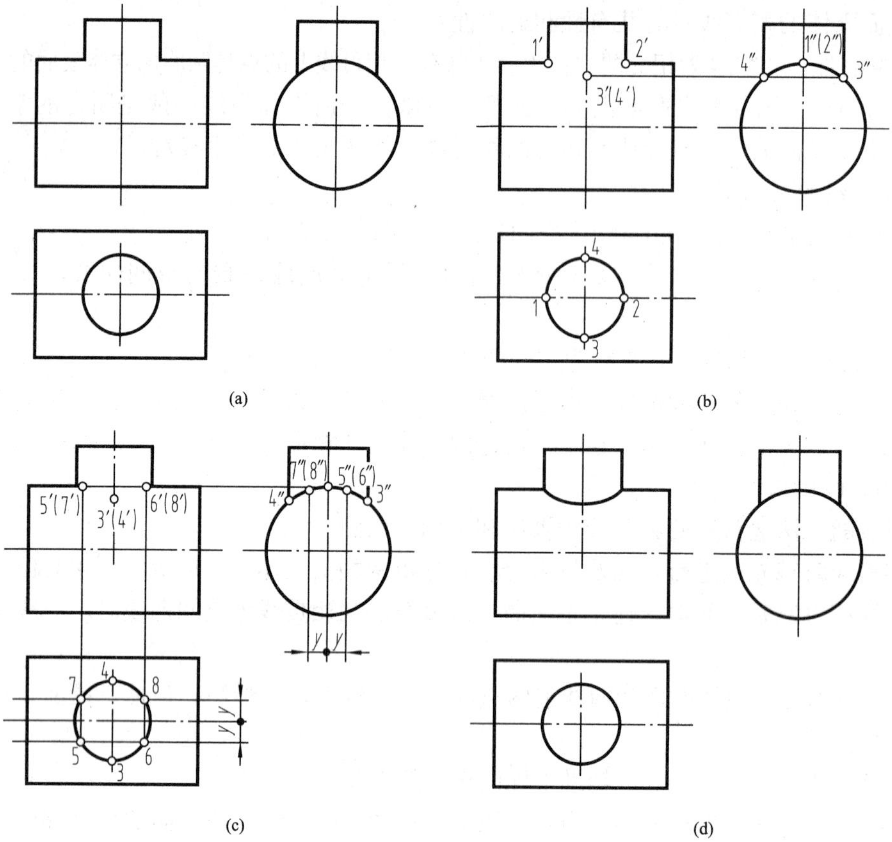

图 3-24　两正交圆柱的相贯线

(a) 题目；(b) 求特殊点；(c) 求一般点；(d) 判断可见性并光滑连接

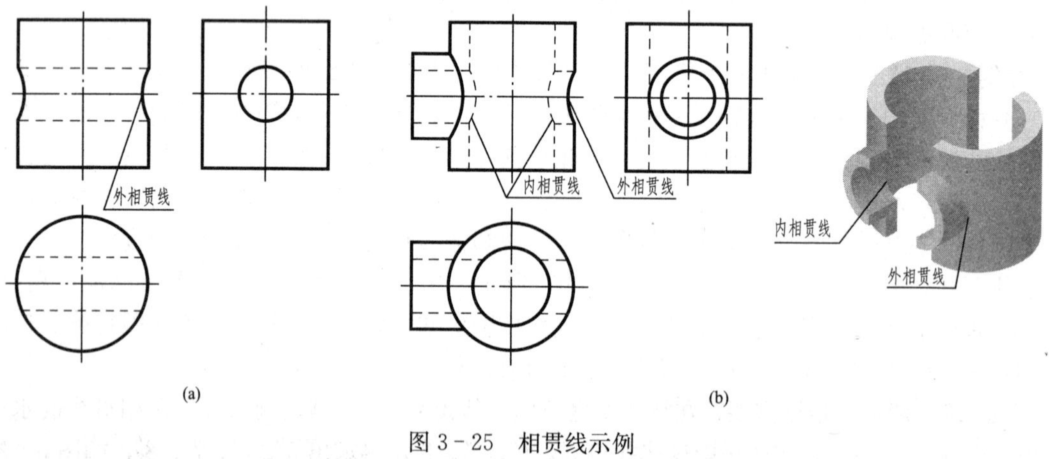

图 3-25　相贯线示例

(a) 圆柱上开孔；(b) 孔与孔相交

3.3.3　利用辅助平面求相贯线

利用辅助平面求相贯线的原理是三面共点，即作一辅助平面分别与两相贯体表面相交，得两条交线，它们的交点是两相贯体表面的共有点，即相贯线上的点。采用辅助平面求相贯线时，应使辅助平面与两相贯体表面的截交线投影是圆或直线，以便作图。一般选择特殊位置平面作为辅助平面。

【例 3-18】 求图 3-26（a）所示圆柱与圆锥相贯的相贯线投影。

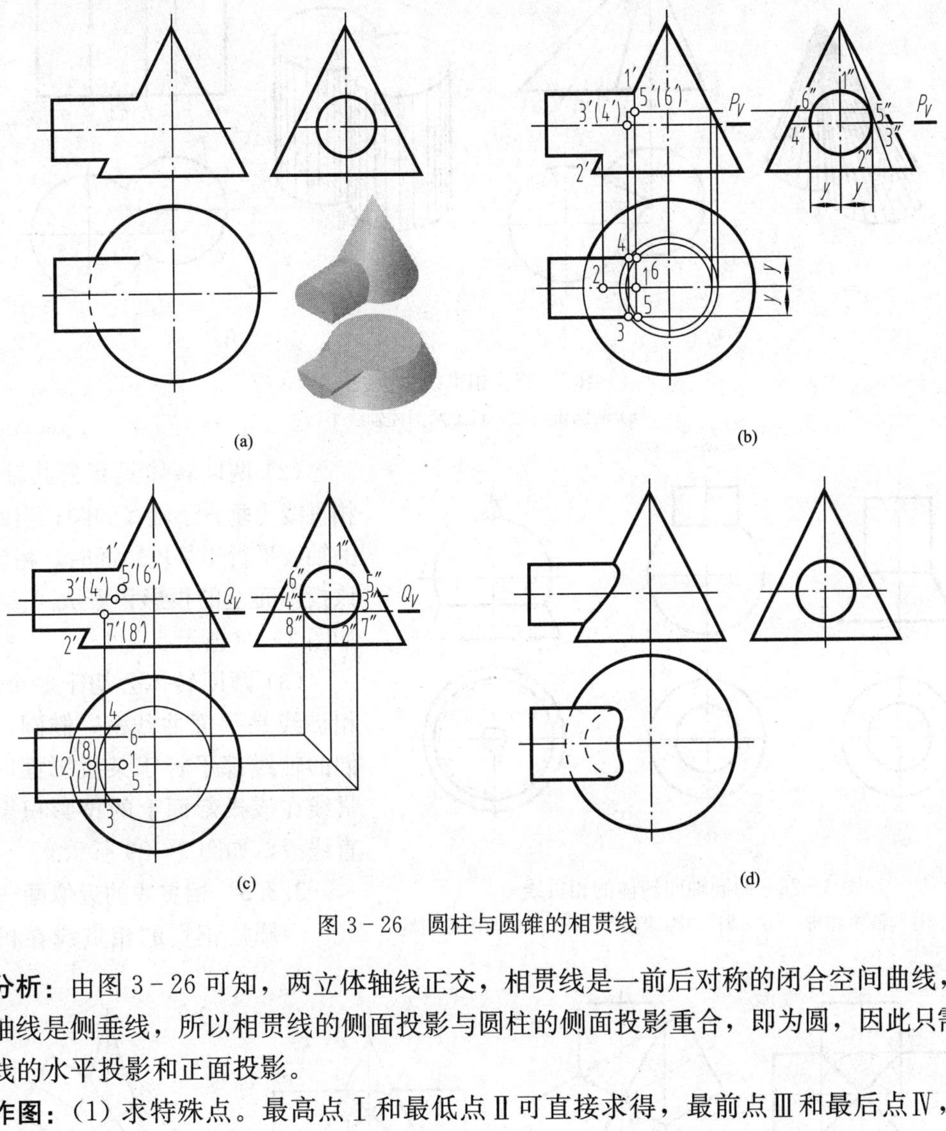

图 3-26 圆柱与圆锥的相贯线

分析：由图 3-26 可知，两立体轴线正交，相贯线是一前后对称的闭合空间曲线，而且圆柱轴线是侧垂线，所以相贯线的侧面投影与圆柱的侧面投影重合，即为圆，因此只需求出相贯线的水平投影和正面投影。

作图：(1) 求特殊点。最高点Ⅰ和最低点Ⅱ可直接求得，最前点Ⅲ和最后点Ⅳ，可过圆柱轴线作水平面 P 求得，Ⅴ、Ⅵ是相贯线最右点，可用纬圆法求出，如图 3-26（b）所示。

(2) 求一般点。作水平面 Q，它截切圆柱时的截交线为两条直素线（平行圆柱轴线），截切圆锥时的截交线为圆。可求出一般点Ⅶ、Ⅷ的三面投影，如图 3-26（c）所示。

(3) 判断可见性，光滑连接各点。由于相贯线前后对称，正面的投影为前后重合的一段曲线；水平投影中Ⅲ、Ⅳ为可见与不可见的分界点，将可见点及不可见点分别用粗实线及虚线顺次光滑连接 2′、7′（8′）、3′（4′）、5′（6′）、1′为相贯线的投影，如图 3-26（d）所示。

3.3.4 相贯线的特殊情况

一般情况下，相贯线是一条封闭的空间曲线，但在特殊情况下，可成为直线或平面曲线。

(1) 两圆柱轴线平行或两圆锥共顶时，相贯线为直线，如图 3-27 所示。

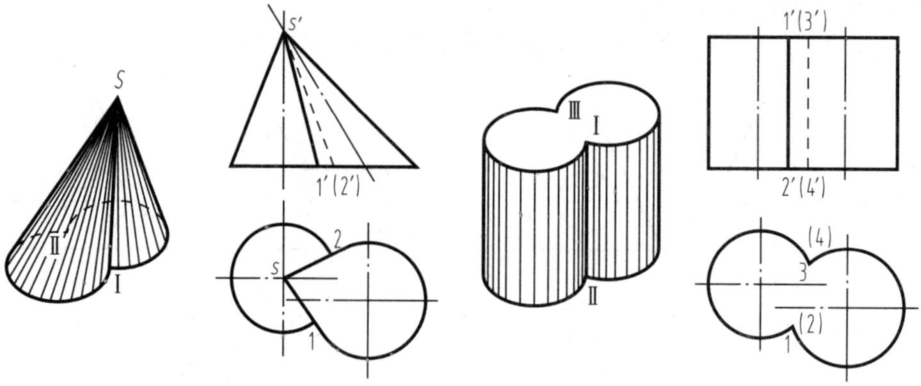

(a) (b)

图 3－27 相贯线为直线

(a) 两圆锥共顶；(b) 两圆柱轴线平行

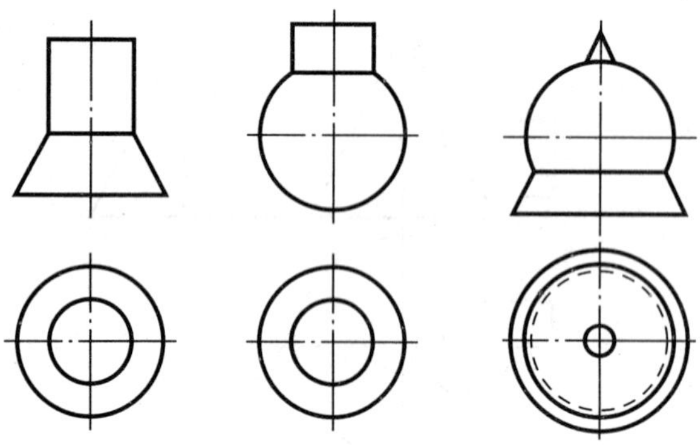

(a) (b) (c)

图 3－28 两同轴回转体的相贯线

(a) 圆柱与圆锥相贯；(b) 圆柱与圆球相贯；(c) 圆球与圆锥相贯

(2) 两回转体具有公共轴线时，相贯线为垂直于轴线的圆；当回转体的轴线平行于某投影面时，相贯线在该投影面上的投影积聚成一直线段，如图 3－28 所示。

(3) 两回转体公切于一个球时，相贯线是平面曲线——椭圆，当它们的轴线都平行于某投影面时，相贯线在该投影面上的投影积聚成一直线段，如图 3－29 所示。

3.3.5 相贯线的近似画法

两圆柱正贯的相贯线在机器零

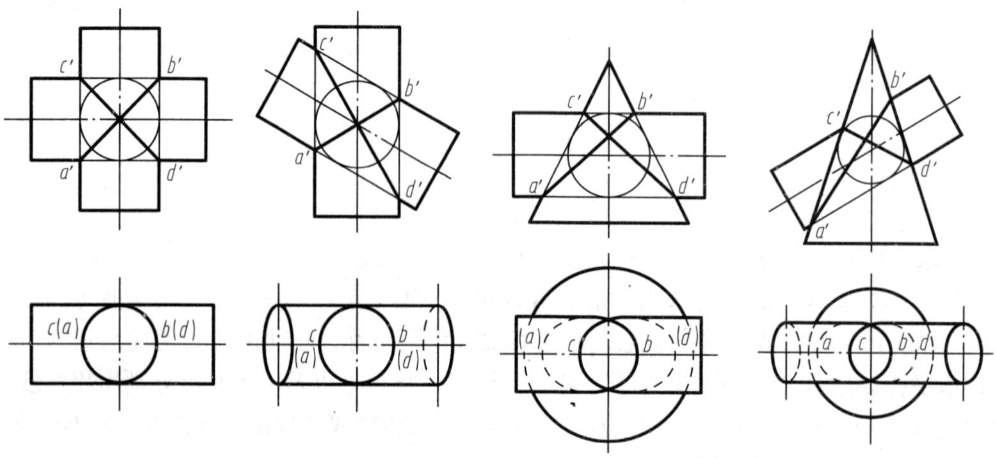

(a) (b) (c) (d)

图 3－29 外切于同一球体的回转体的相贯线

(a)、(b) 两圆柱相贯；(c)、(d) 圆柱与圆锥相贯件中最常见，可以采用近似画法。当两圆柱正贯且直径不相等时，其相贯线可以用圆弧代替，圆弧的半径为大圆柱的半径，圆心在小圆柱体的轴线上，如图 3－30（a）所示。当小圆柱的直径与大圆柱相差很大时，相贯线的正面投影可用直线来代替，如图 3－30（b）所示。也可采用模糊画法表示相贯线，如图 3－30（c）所示。

3.3.6 过渡线

由于设计工艺上的要求，在机件的表面相交处，常常用铸造圆角或锻造圆角进行过渡，而使物体表面的交线变得不明显，这种不明显的交线称为过渡线。为了区别相邻表面，需画出过渡线，它与相贯线形状相同，只是在圆角处断开。国家标准 GB/T 4457.4—2002 规定过渡线用细实线绘制。常见的过渡线及其画法如图 3－31 所示。

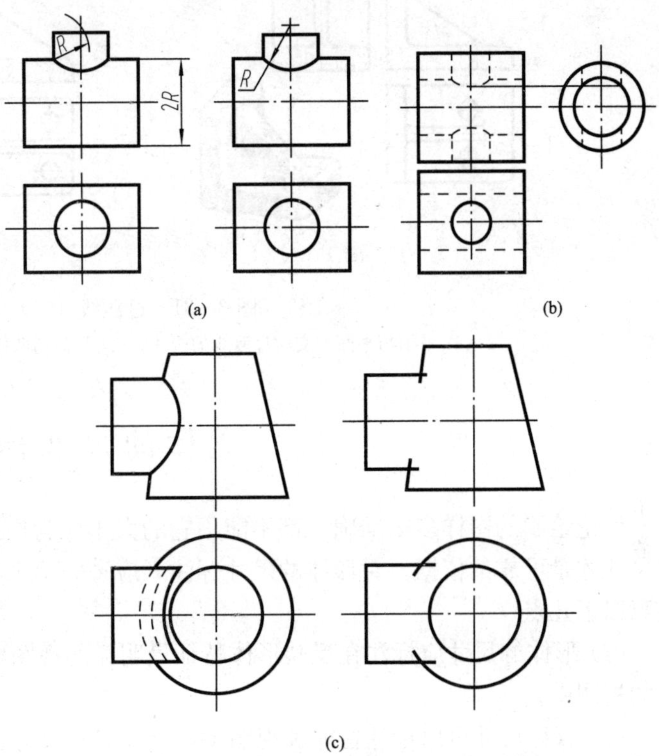

图 3－30 相贯线的近似画法

（a）用圆弧代替相贯线；（b）用直线代替相贯线；（c）相贯线的模糊画法

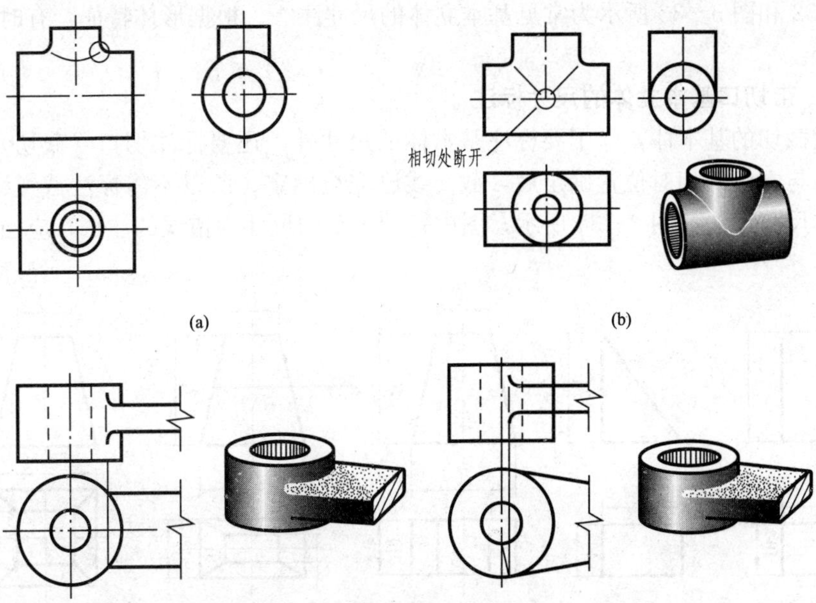

图 3－31 过渡线（一）

（a）两曲面立体相交时过渡线的画法；（b）两曲面立体相切时过渡线的画法；（c）平面与曲面相交时过渡线的画法；（d）平面与曲面相切时过度线的画法

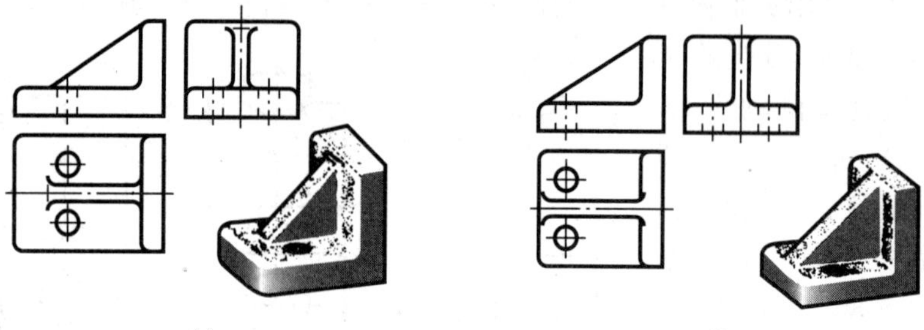

(e) (f)

图 3-31 过渡线（二）

(e) 平面与平面相交时过渡线的画法；(f) 平面与曲面相切时过度线的画法

3.4 立体的尺寸标注

无论绘制的图样多么准确，都不能用它的大小作为加工的尺寸依据，只有标注在图样上的尺寸才是可靠的依据。对形体的尺寸标注，应遵守第 1 章中所述的尺寸标注基本规则，并注意以下几点。

(1) 形体的尺寸应标注在反映形体特征最明显的视图中，半径尺寸一定要标注在反映圆弧的视图中。

(2) 直径尺寸可以标注在非圆视图中，标注时在尺寸数字前加字符“ϕ”。

(3) 标注尺寸不能重复。

3.4.1 基本立体的尺寸标注

图 3-32 和图 3-33 所示为常见基本立体的尺寸注法。根据形体特征，有时标注形式可能有所改变。

3.4.2 带切口基本立体的尺寸标注

对于被截切的基本体，除了要标注基本体的尺寸外，还要标注切口（截切）定位尺寸。因为截平面与立体的相对位置确定后，截交线已完全确定，所以不需标注截交线形状尺寸。常见切割体尺寸注法如图 3-34 所示，图中打“×”的尺寸为错误的注法，应当避免。

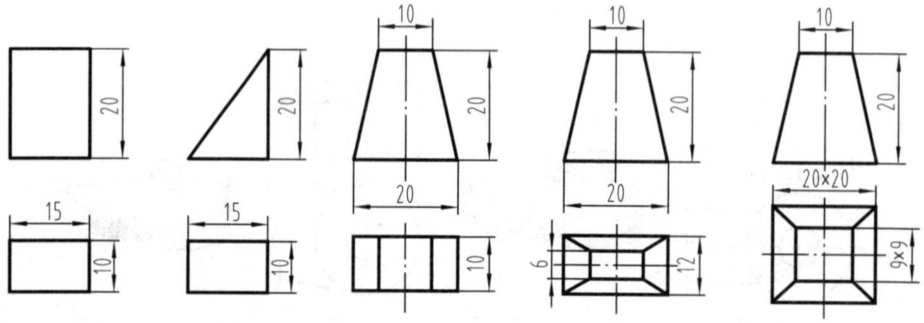

(a) (b) (c) (d) (e)

图 3-32 常见平面立体的尺寸注法（一）

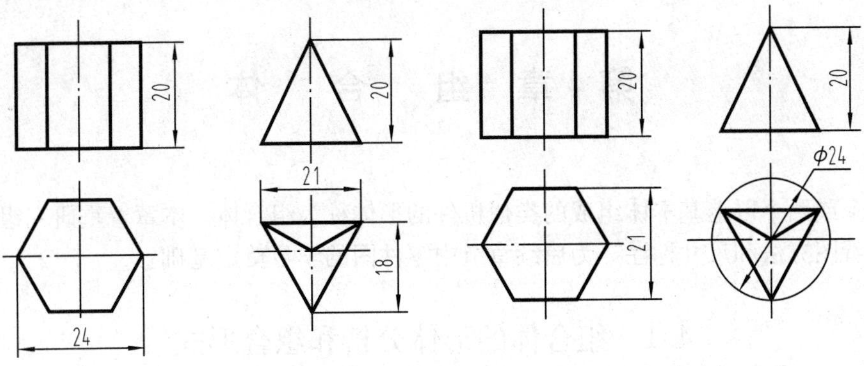

(f) (g) (h) (i)

图 3－32 常见平面立体的尺寸注法（二）

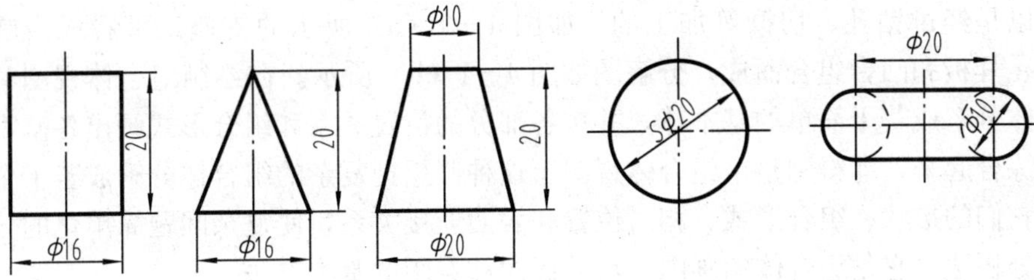

(a) (b) (c) (d) (e)

图 3－33 常见回转立体的尺寸注法

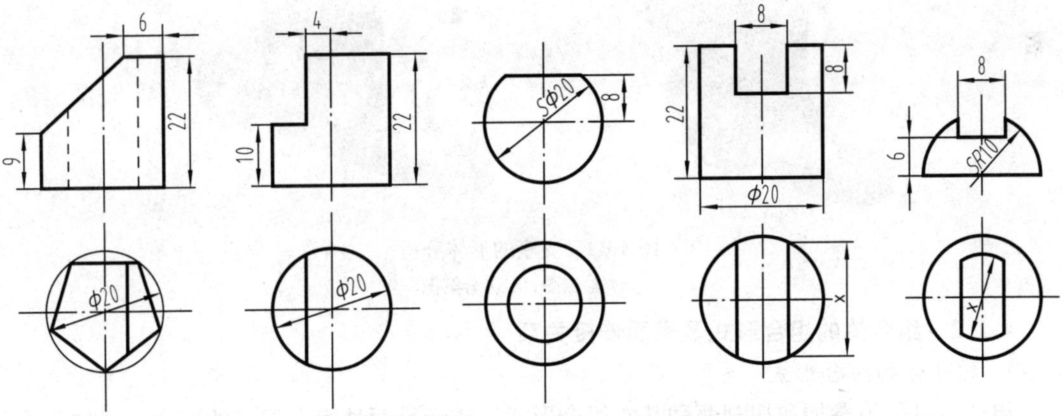

(a) (b) (c) (d) (e)

图 3－34 常见切割体的尺寸注法

第4章　组　合　体

由两个或两个以上基本体组成的类似机件的形体称为组合体。本章着重研究组合体视图的画法、看图方法和尺寸标注，为后续章节中零件图的学习奠定基础。

4.1　组合体的形体分析和组合形式

4.1.1　组合体的形体分析

任何复杂的物体都可以看成是由若干个基本几何体组合而成的。这些基本体可以是完整的，也可以是经过钻孔、切槽等加工的。如图 4-1（a）所示的支座，可看成由圆筒、底板、肋板、耳板和凸台组合而成，分解图如图 4-1（b）所示。在绘制组合体视图时，应首先将组合体分解成若干简单的基本体，并按各部分的位置关系和组合形式画出各基本几何体的投影，综合起来，即得到整个组合体视图。这种假想把复杂的组合体分解成若干个基本形体，分析它们的形状、组合形式、相对位置和表面连接关系，使复杂问题简单化的分析方法称为形体分析法。它是组合体的画图、尺寸标注和看图的基本方法。

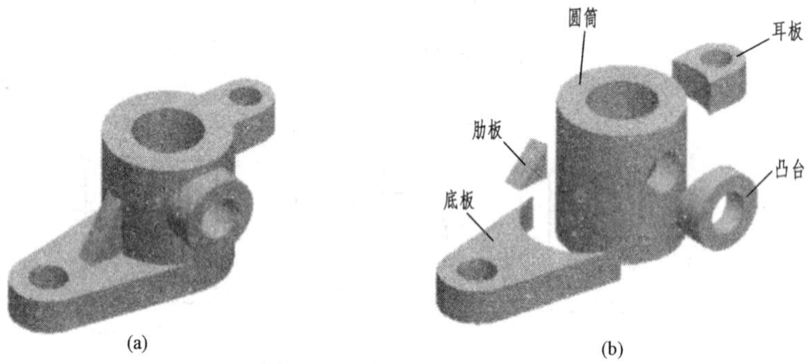

图 4-1　支座的形体分析

（a）轴测图；（b）分解图

4.1.2　组合体的组合形式及表面连接关系

1. 组合体的组合形式

组合体可分为叠加和切割两种基本组合形式，或者是两种组合形式的综合。叠加是将各基本体以平面接触相互堆积、叠加后形成的组合体，如图 4-2（a）所示。切割是在基本体上进行切块、挖槽、穿孔等切割后形成的组合体，如图 4-2（b）所示。图 4-2（c）所示的组合体则是叠加和切割两种形式的综合。

2. 组合体的表面连接关系

组合体表面连接关系有平齐、相交和相切 3 种形式。弄清组合体表面连接关系，对画图和看图都很重要。

（1）当组合体中两基本体的表面平齐（共面）时，在视图中不应画出分界线，如图 4-3 所示。

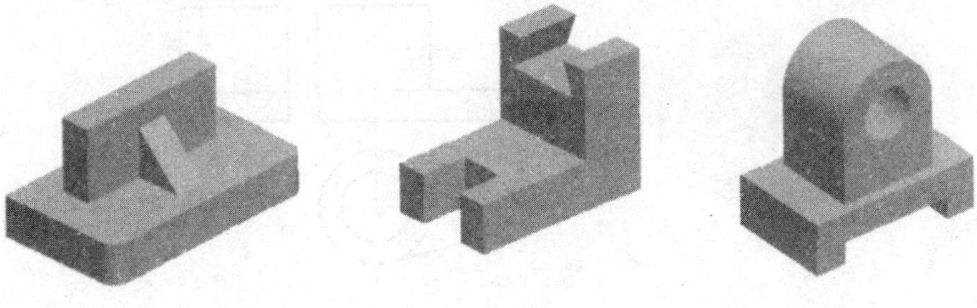

(a) (b) (c)

图 4-2 组合体的组合形式

(a) 叠加式组合体；(b) 切割式组合体；(c) 综合式组合体

(2) 当组合体中两基本体的表面相交时，在视图中的相交处应画出交线，如图 4-4～图 4-6所示。

(3) 当组合体中两基本体的表面相切时，在视图中的相切处不应画线，如图 4-7 所示。

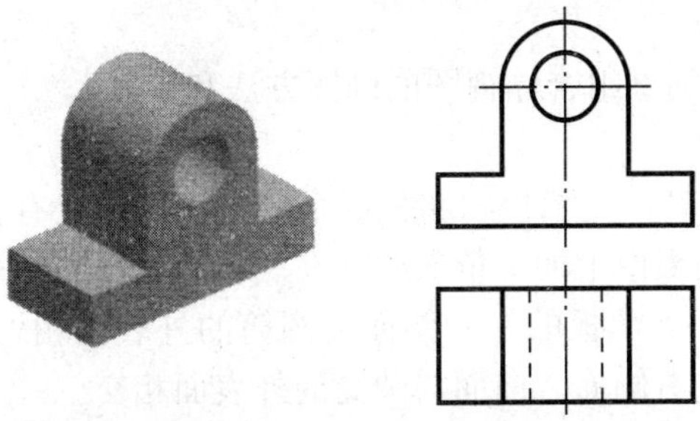

图 4-3 两表面平齐的画法

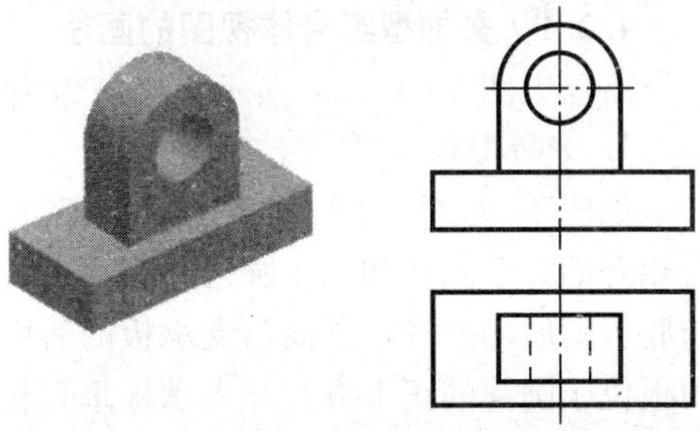

图 4-4 平面与平面相交

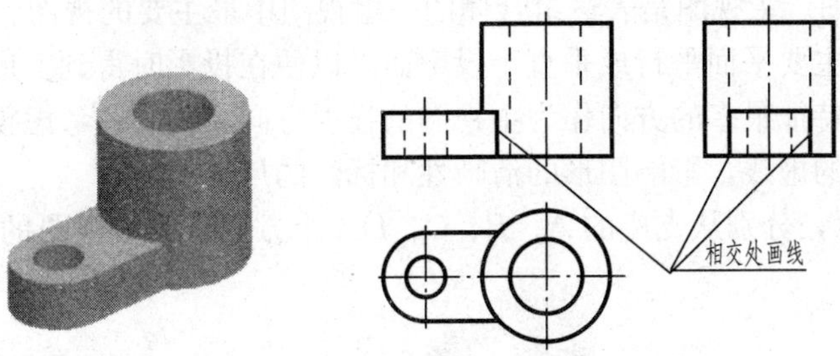

图 4-5 平面与曲面相交

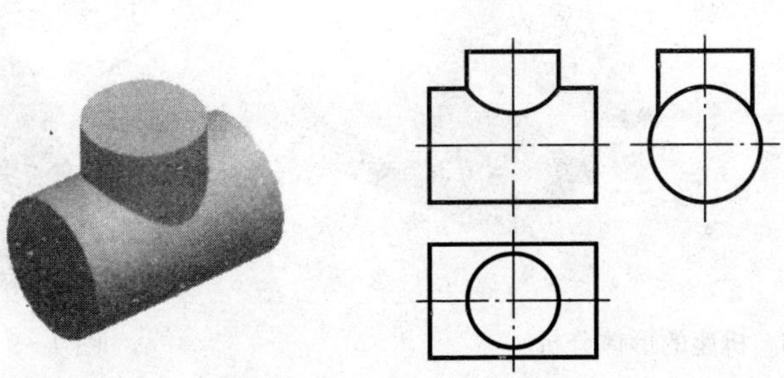

图 4-6 曲面与曲面相交

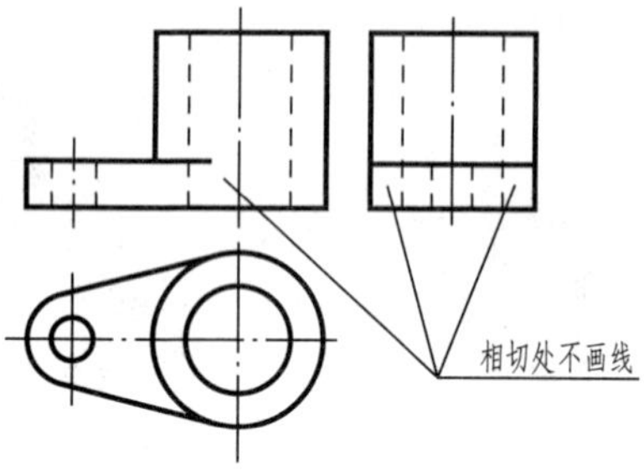

图 4－7　两表面相切的画法

4.2　组合体视图的画法

绘制组合体的视图时，首先要运用形体分析法将组合体合理地分解为若干个基本形体，并按照各基本形体的形状、组合形式、形体间的相对位置和表面连接关系，逐步进行作图。下面结合实例，介绍组合体视图的画法。

4.2.1　叠加型组合体视图的画法

下面以图 4－8（a）所示的机座为例，介绍叠加型组合体视图的画图方法和步骤。

1. 分析形体

如图 4－8（b）所示，机座可分解为底板、圆筒、支承板和肋板四个部分。底板上有直径相等的 2 个圆孔和 1/4 圆角，圆筒、支承板和肋板由上而下依次叠加在底板上面。支承板与底板的后面平齐，圆筒与支承板的后面不平齐，支承板的左右侧面与圆筒的外表面相切，肋板位于圆筒的正下方并与支承板垂直相交，其左右侧面、前面与圆筒的外表面相交。

2. 选择视图

选择视图包括确定主视图的投射方向和采用的视图数量。

（1）选择主视图。主视图是表达组合体的一组视图中最主要的视图。选择主视图时应将组合体放正，使其主要平面平行或垂直于投影面，以便在投影时得到实形。一般应选择形状特征最明显、位置特征最多的方向作为主视图的投射方向，同时应考虑投影作图时避免在其他视图上出现较多的虚线，影响图形的清晰性和标注的尺寸。

如图 4－9 所示，分别从支座的 A、B、C、D 4 个方向作为主视图的投射方向，进行比

(a)　(b)

图 4－8　机座的形体分析

（a）轴测图；（b）分解图

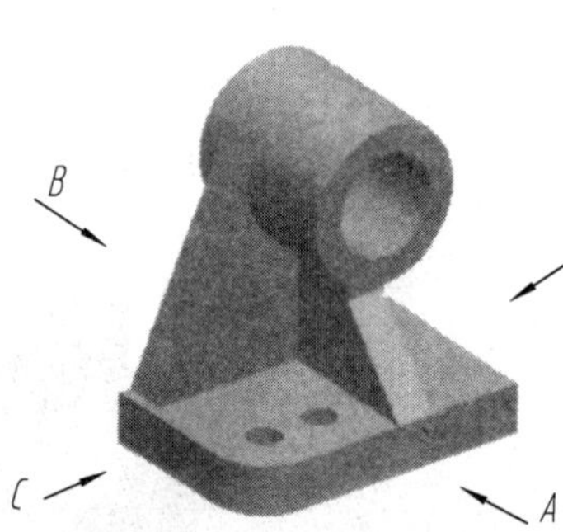

图 4－9　主视图投射方向

照后才能确定主视图。由图 4－10 可以看出，A 向作为投射方向能反映机座各组成部分的主要形状特征和较多的位置特征，符合主视图的要求。

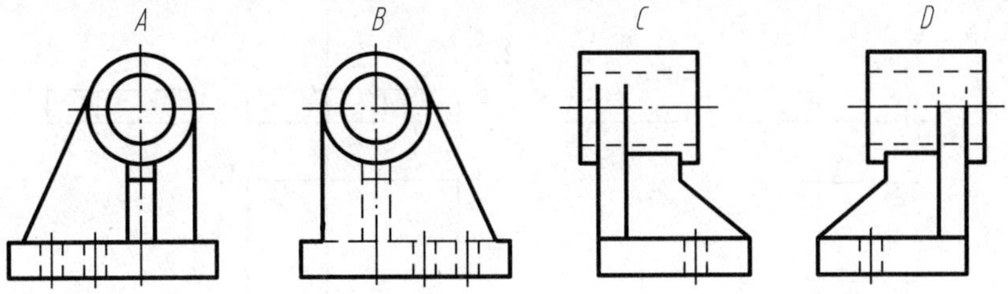

图 4－10 主视投射方向的选择

(2) 确定视图数量。确定其他视图数量的原则是：用最少的视图最清楚地表达组合体各组成部分的形状结构、相对位置和表面连接关系。

因此，主视图投射方向选定后，根据机座的表达需要，确定画出俯视图来表达底板的形状和两孔的相对位置，画出左视图来表达肋板的形状以及支承板和圆筒的宽度。所以，机座需要用主、俯、左三个视图才能表达清楚。

3. 选比例、定图幅

选定视图后，要根据组合体的实际大小，按国标规定选择比例和图幅。一般情况下，应采用 1∶1 的比例作图。选择图幅时，应留有足够的空间标注尺寸。

4. 布置视图

要根据组合体的总长、总宽、总高确定各视图在图框内的具体位置，使视图分布均匀。因此，画图时应首先画出各视图 2 个方向的基准线，常用的基准线是视图的对称线、大圆柱体的轴线以及大的底面或端面。

5. 画底稿

底图中的图线应分出线型，线要画得细而轻淡，以便修改和保持图面整洁。

6. 检查、描深

底稿完成后，要仔细检查全图，改正错误。准确无误后，按国家标准规定的线型加粗、描深。描深时应先画圆或圆弧，后画直线；先画虚线、点画线、细实线，后画粗实线，最后标注尺寸。

绘图具体方法与步骤如图 4－11 所示。

画图时，应运用形体分析法，将组合体的各组成部分从主要部分到次要部分、从大形体到小形体，逐个画出它们的三视图。绘图时，应先画出反映形状特征的视图，再画其他视图，3 个视图应配合画出，各视图注意保持“长对正、高平齐、宽相等”，如图 4－11 (b)～(e) 所示。

在作图过程中，每增加一个组成部分，要特别注意分析该部分与其他部分之间的相对位置关系和表面连接关系，同时注意被遮挡部分应随手改为虚线，避免画图时出错。

4.2.2 切割型组合体视图的画法

下面以图 4－12 所示的组合体为例，介绍切割型组合体视图的画图方法和步骤。

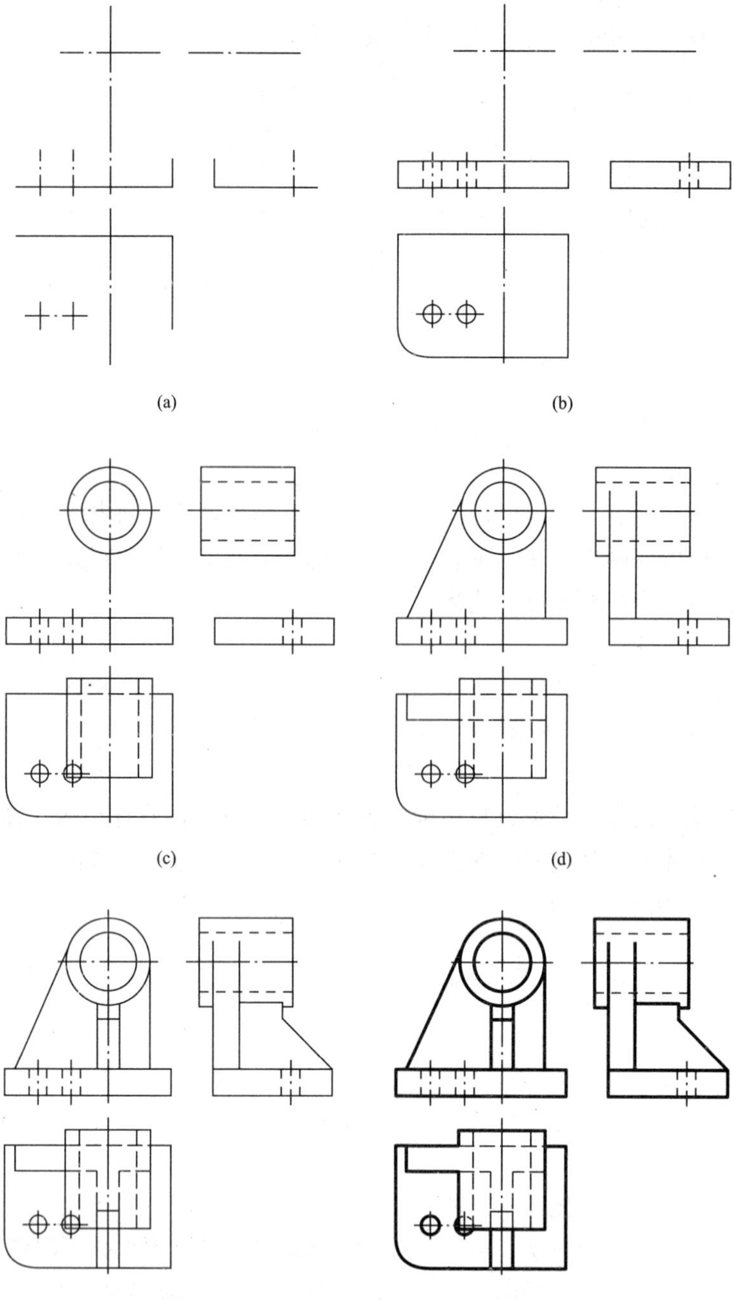

图 4-11 机座的画图方法和步骤

(a) 布图，画各视图的作图基准线；(b) 画底板，先画俯视图；(c) 画圆筒，先画主视图
(d) 画支承板，先画主视图；(e) 画肋板，先画左视图；(f) 检查、描深

1. 形体分析

该组合体的原始形体是四棱柱，在此基础上用不同位置的截平面分别切去形体 1（四棱柱）、形体 2（三棱柱）、形体 3（四棱柱），最后形成切割型组合体，如图 4-12 所示。

2. 画原始形体的三视图

先画基准线，布好图，再画出其原始形体的三视图，如图 4－13（a）、（b）所示。

3. 画截平面的三视图

画各截平面的三视图时，应从各截平面具有积聚性和反映其形状特征的视图开始画起，如图 4－13（c）～（e）所示。

4. 检查、描深

各截平面的投影完成后，仔细检查投影是否正确，是否有缺漏和多余的图线，准确无误后，按国家标准规定的线型加粗、描深，如图 4－13（f）所示。

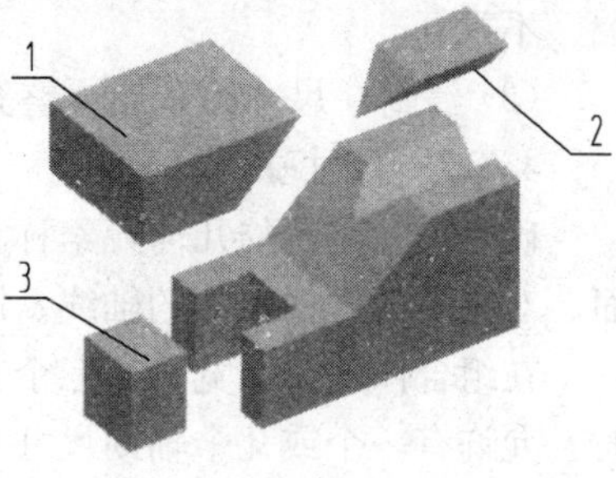

图 4－12　切割型组合体的形体分析

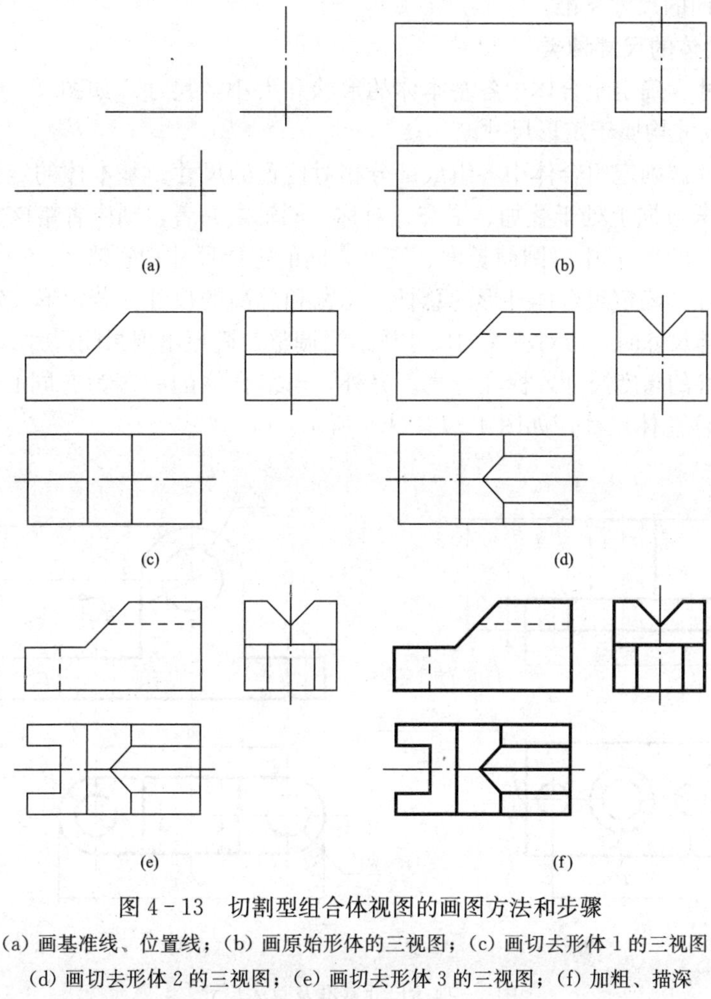

图 4－13　切割型组合体视图的画图方法和步骤

（a）画基准线、位置线；（b）画原始形体的三视图；（c）画切去形体 1 的三视图；（d）画切去形体 2 的三视图；（e）画切去形体 3 的三视图；（f）加粗、描深

4.3　组合体的尺寸标注

4.3.1　尺寸标注的基本要求

（1）正确。标注的尺寸数值应准确无误，标注方法要符合国家标准中有关尺寸注法的基

的本规定。

(2) 完整。标注尺寸必须能唯一确定组合体及各基本形体的大小和相对位置，做到无遗漏、不重复。

(3) 清晰。尺寸的布局要整齐、清晰，便于查找和看图。

4.3.2 尺寸基准

确定尺寸位置的几何元素称为尺寸基准。组合体的尺寸基准，常选用其底面、重要的端面、对称平面、回转体的轴线、圆的中心线等作为尺寸基准。

在组合体的长、宽、高三个方向中，每个方向至少要有一个主要尺寸基准。当形体复杂时，允许有一个或几个辅助尺寸基准。如图 4－14 (a) 所示，以通过圆柱体轴线的侧平面作为长度方向的尺寸基准，以通过圆柱体轴线的正平面作为宽度方向的尺寸基准，以底板的底面作为高度方向的尺寸基准。

4.3.3 组合体的尺寸种类

(1) 定形尺寸。确定组合体中各基本体的形状和大小的尺寸。如图 4－14 (b) 中 $R14$、$2\times\phi10$、$\phi16$ 等尺寸均属于定形尺寸。

(2) 定位尺寸。确定组合体中各组成部分相对位置的尺寸。基本体的定位尺寸最多有 3 个，若基本体在某方向上处于叠加、平齐、对称、同轴之一者，则应省略该方向上的 1 个定位尺寸。如图 4－14 (a) 中，圆筒长度、宽度方向的定位尺寸均省略。

(3) 总体尺寸。确定组合体外形的总长、总宽和总高的尺寸。若定形、定位尺寸已标注完整，在加注总体尺寸时，应对相关的尺寸作适当调整，避免出现封闭尺寸。如图 4－14 (a) 所示，删除小圆柱的高度尺寸，标注总高。另外，当组合体的一端为有同心孔的回转体时，该方向上一般不注总体尺寸，如图 4－14 (b) 所示。

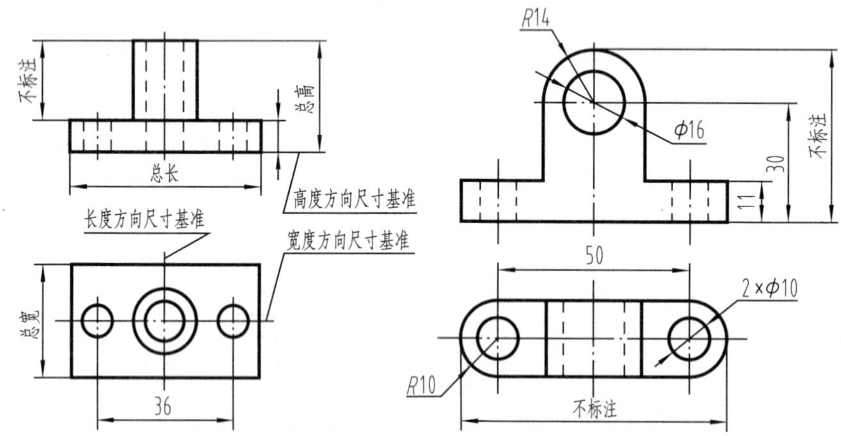

(a) (b)

图 4－14 尺寸基准及总体尺寸

4.3.4 标注组合体尺寸的步骤

标注组合体的尺寸时，首先应运用形体分析法分析形体，找出该组合体长、宽、高三个方向的主要基准，分别注出各基本形体之间的定位尺寸和各基本形体的定形尺寸，再标注总体尺寸并进行调整，最后校对全部尺寸。

现以支座为例，说明标注组合体尺寸的具体步骤。

(1) 对组合体进行形体分析，确定尺寸基准。如图 4-1 和图 4-15 所示，依次确定支座长、宽、高三个方向确定主要基准：以通过圆筒轴线的侧平面作为长方向的主要基准，通过圆筒轴线的正平面作为宽方向的主要基准，底板的底面作为高方向的主要基准，耳板和圆筒顶面作为高度方向的辅助尺寸基准。

(2) 标注定位尺寸。从组合体长、宽、高三个方向的主要基准和辅助基准出发依次注出各基本形体的定位尺寸。如图 4-15 所示，标注出 80、56、52，确定底板和耳板相对于圆筒的左右位置；在宽度和高度方向上标注出 48、28，确定凸台相对于圆筒的前后和上下位置。

(3) 标注定形尺寸。依次标注支座各组成部分的定形尺寸，如图 4-16 所示。

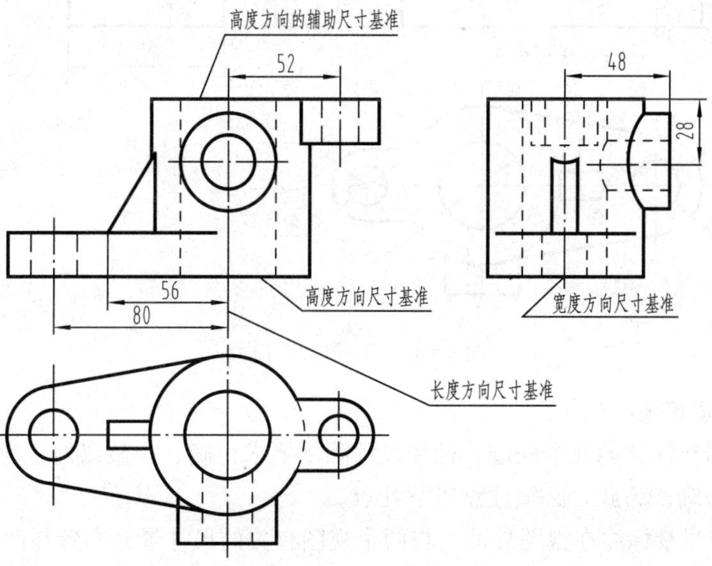

图 4-15 支座的尺寸基准和定位尺寸

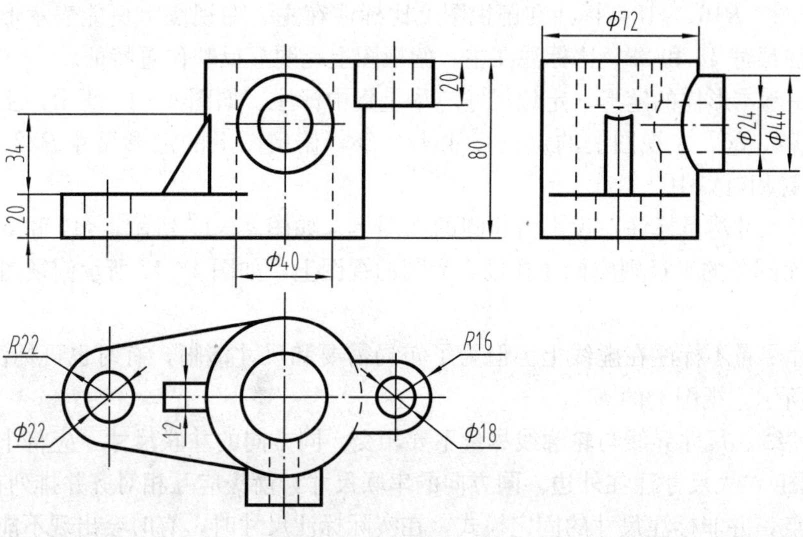

图 4-16 支座的定形尺寸

(4) 标注总体尺寸。为了表示组合体外形的总长、总宽和总高，应标注相应的总体尺寸。如图 4-17 所示，支座的总高尺寸为 80，它也是圆筒的高度尺寸；因为已标注了定位尺寸 80、两圆孔距 52 和 *R*22、*R*16 后，不再标注总长（80+52+22+16=170），左视图上标注了定位尺寸 48 后，不再标注总宽（48+72/2=84）。

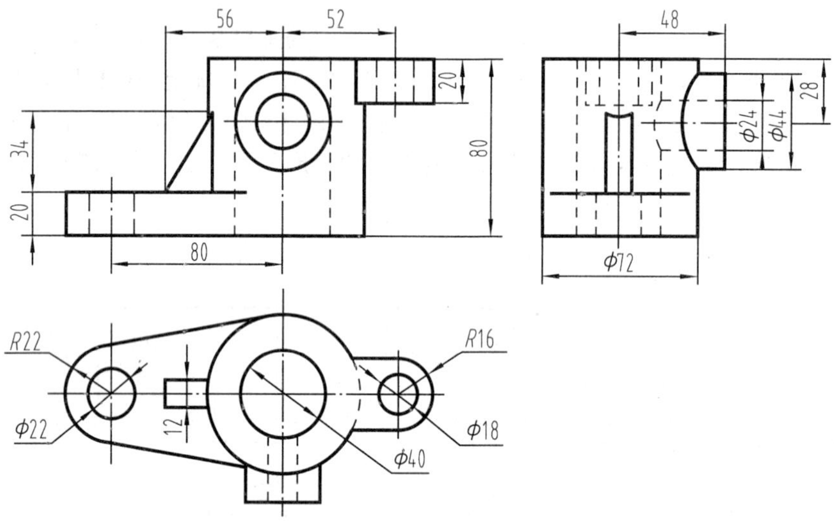

图 4-17　支座的尺寸标注

4.3.5　注意事项

标注尺寸需要注意的几个问题，标注尺寸除了要求正确、完整以外，为了便于看图，还要求所注尺寸清晰。为此，必须注意以下几点。

(1) 尺寸应尽量标注在视图外面，与两个视图有关的尺寸最好布置在两个视图之间。

(2) 定形、定位尺寸尽量标注在反映形状和位置特征的视图上。如图 4-17 所示，底板和耳板的高度 20，标注在主视图上比标注在左视图上要好；表示底板、耳板直径和半径的尺寸 *R*22、ϕ22、*R*16、ϕ18，标注在俯视图上比标注在主、左视图上更能表示形状特征；在左视图上标注尺寸 48 和 28，比标注在主、俯视图上能明显反映位置特征。

(3) 同一基本形体的定形、定位尺寸应尽量集中标注。如图 4-17 所示，主视图上的定位尺寸 56、52、80，左视图上的定位尺寸 48、28，俯视图上的定形尺寸 *R*22、ϕ22、*R*16、ϕ18、ϕ40 等就相对集中。

(4) 直径尺寸尽量标注在投影为非圆的视图上。如图 4-17 所示，ϕ44 和 ϕ24 就标注在左视图上。而圆弧的半径则应标注在投影为圆的视图上，如图 4-17 所示俯视图上的 *R*22 和 *R*16。

(5) 尺寸尽量不标注在虚线上。但为了布局需要和尺寸清晰，有时也可标注在虚线上，如图 4-17 所示左视图上的 ϕ24。

(6) 尺寸线、尺寸界线与轮廓线尽量不要相交。同方向的并联尺寸，应将小尺寸注在里边（靠近视图），大尺寸注在外边。同方向的串联尺寸，箭头应互相对齐并排列在一条线上。

以上各点，并非标注尺寸的固定模式，在实际标注尺寸时，有时会出现不能完全兼顾的情况，应在保证尺寸标注正确、完整、清晰的基础上，根据尺寸布置的需要灵活运用并进行适当调整，如图 4-17 所示，主视图上的 56、左视图上的 ϕ24、28、48、俯视图上的 ϕ40 等尺寸，均为调整后重新标注的尺寸。

图 4-18 表示了一些常见结构的尺寸标注，供标注尺寸时参考。

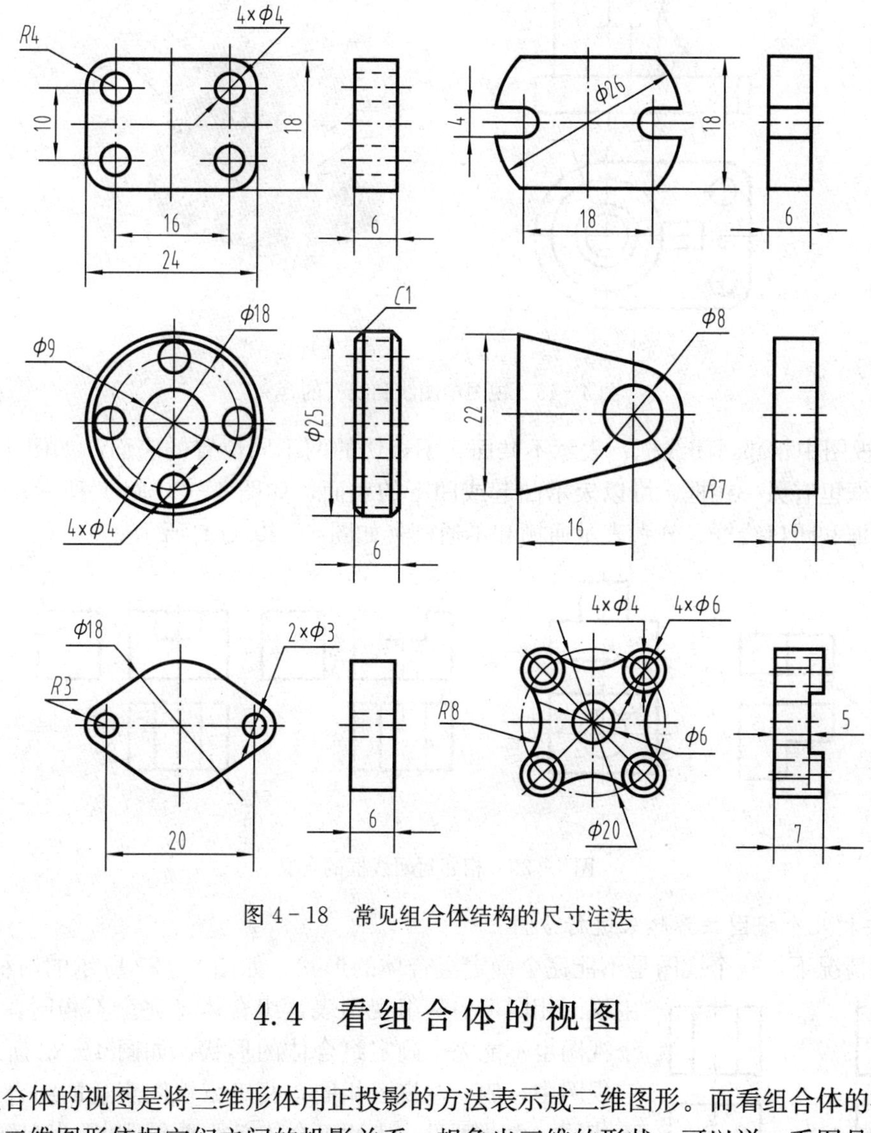

图 4-18 常见组合体结构的尺寸注法

4.4 看组合体的视图

画组合体的视图是将三维形体用正投影的方法表示成二维图形。而看组合体的视图，则是将多个二维图形依据它们之间的投影关系，想象出三维的形状。可以说，看图是画图的逆过程。所以，看图同样也要运用形体分析法。但对于复杂的形体，还要对局部的结构进行线面分析，想象出局部结构的形状，从而想象出组合体的空间形状。

4.4.1 看图要点

1. 弄清视图中线条与线框的含义

(1) 视图中的每一条线：表示具有积聚性的面（平面或柱面）的投影，表示表面与表面（两平面、两曲面或一平面和一曲面）交线的投影，表示曲面转向轮廓线在某方向上的投影，如图 4-19 (a) 所示的线条 a、b、c。

(2) 视图中的封闭线框：表示凹坑或通孔的积聚投影，一个面（平面或曲面）的投影，表示曲面及其相切的组合面（平面或曲面）的投影，如图 4－19（a）所示的 d、e、f 所示。

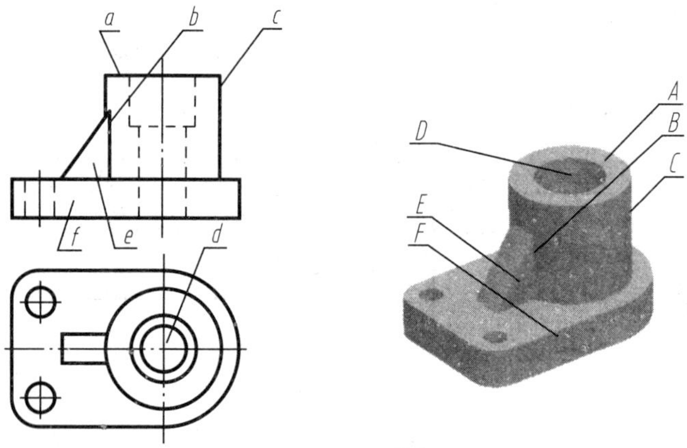

(a) (b)

图 4－19 视图中图线和线框的含义

（3）视图中相邻封闭线框：表示不共面、不相切的两不同位置的表面，如图 4－20（a）所示；线框里有另一线框，可以表示凸起或凹下的表面，如图 4－20（b）所示；线框边上有开口线框和闭口线框，分别表示通槽和不通槽，如图 4－20（c）所示。

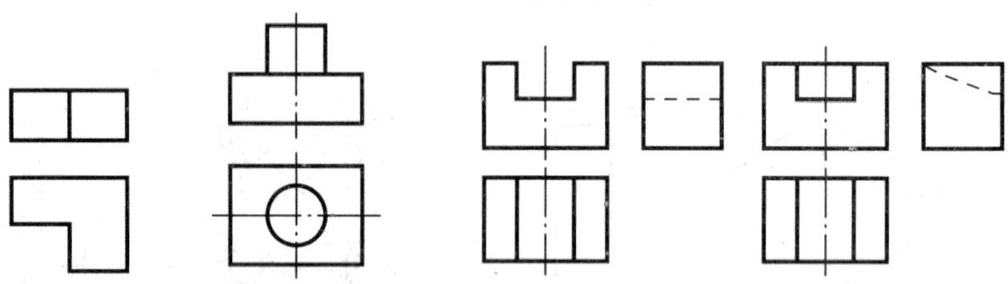

(a) (b) (c)

图 4－20 相邻封闭线框的含义

2. 要把几个视图联系起来进行分析

一般情况下，一个视图是不能完全确定组合体的形状，如图 4－21 所示的两组视图中，主视图相同，但两组视图表达组合体却完全不相同。有时，两个视图也不能完全确定组合体的形状，如图 4－22 所示的两组三视图中，俯、左视图相同，两组三视图表达的组合体形状也不相同。由此可见，表达组合体必须要有反映形状特征的视图。看图时，要把几个视图联系起来进行分析，才能想象出组合体的形状。

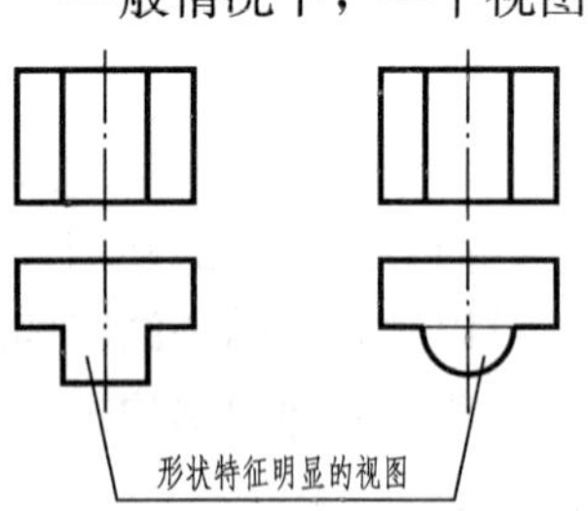

图 4－21 几个视图联系起来进行分析 I

3. 从最能反映组合体形状和位置特征的视图读起

首先要分清反映形状与位置特征的视图。

看图时，应当从反映形状特征的视图读起，如图 4－21 所示的视图中，要从俯视图读起；如图 4－22 所示的视图中，要从主视图读起。

看图时，应当从反映位置特征的视图读起，如图 4－23 所示，左视图明显反映了形体的位置特征，要从左视图读起。

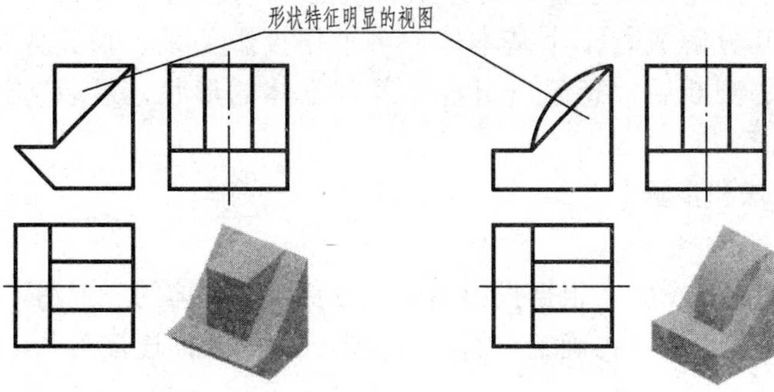

(a) (b)

图 4-22 几个视图联系起来进行分析Ⅱ

(a) 组合体 1；(b) 组合体 2

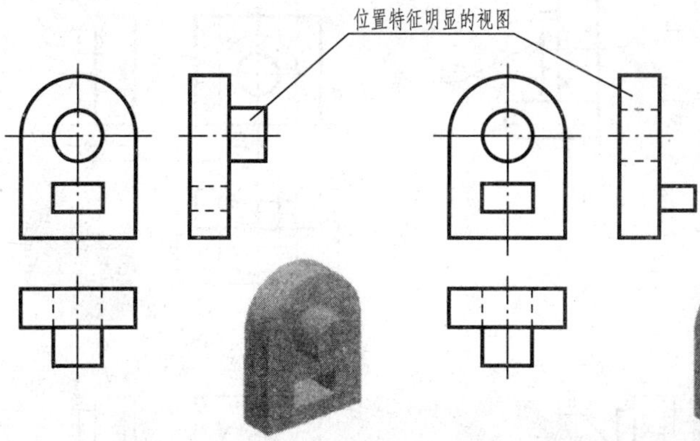

(a) (b)

图 4-23 从反映位置特征的视图看起

通常，主视图是反映组合体整体的主要形状和位置特征的视图。但组合体的各组成部分的形状和位置特征不一定全部集中在主视图上。

例如，图 4-24 所示支架是由 3 个基本体叠加而成，主视图反映了该组合体的形状特征，同时，也反映了形体重的形状特征；俯视图主要反映形体 2 的形状特征；左视图主要反映形体 3 的形状特征。

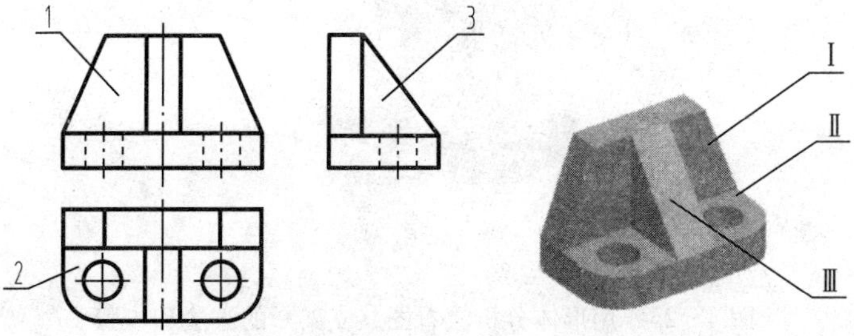

(a) (b)

图 4-24 从反映形状特征的视图看起

看图时，要善于抓住反映组合体各组成部分形状与位置特征较多的视图，并从它入手，就能较快地将其分解成若干个基本体，再根据投影关系，找到各基本体所对应的其他视图，并经分析、判断后，想象出组合体各基本体的形状，最后达到看懂组合体视图的目的。

4.4.2 看图方法和步骤

1. 形体分析法

看叠加型组合体的视图时，根据投影规律，分析基本形体的三视图，从图上逐个识别出基本形体的形状和相互位置，再确定它们的组合形式及其表面连接关系，综合想象出组合体的形状。

应用形体分析法看图的特点是：从形体出发，在视图上分线框。

下面以图 4 - 25 所示的支承架为例，介绍应用形体分析法看图的方法和步骤。

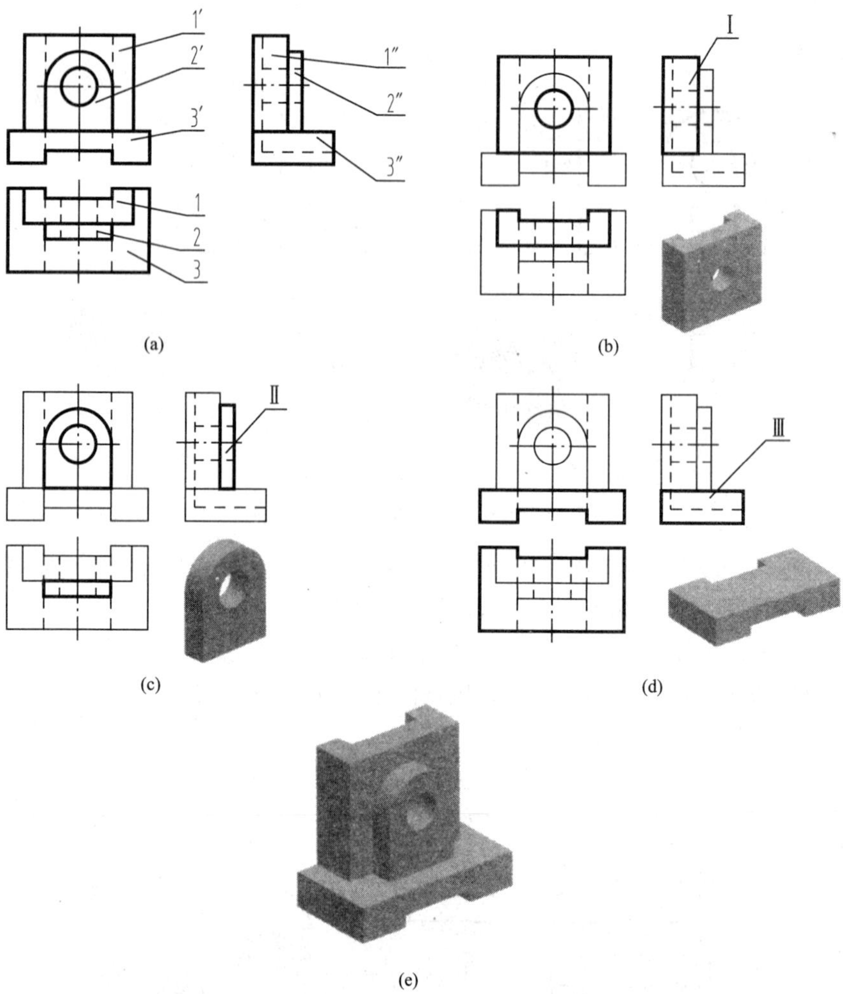

图 4 - 25 用形体分析法看图（支架）的方法和步骤

(a) 划线框分形体；(b) 想立板Ⅰ的形状；(c) 想凸台Ⅱ的形状；

(d) 想底板Ⅲ的形状；(e) 综合想象支架的整体形状

(1) 划线框，分形体。从主视图看起，并将主视图按线框划分为1′、2′、3′，并在俯视图和左视图上找出其对应的线框1、2、3和1″、2″、3″，将该组合体分为立板Ⅰ、凸台Ⅱ和底板Ⅲ三部分，如图4－25（a）所示。

(2) 对投影，想形状。按照长对正、高平齐、宽相等的投影关系，从每一基本形体的特征视图开始，找出另外两个投影，想象出每一基本形体的形状，如图4－25（b）～（d）所示。

(3) 综合起来，想整体。根据各基本形体所在的方位，确定各部分之间的相互位置及组合形式，从而想象出支承架的整体形状，如图4－25（e）所示。

2. 线面分析法

看图时，在应用形体分析法的基础上，对一些较难看懂的部分，特别是对切割型组合体的被切割部位，还要根据线面的投影特性，分析视图中线和线框的含义，弄清组合体表面的形状和相对位置，综合起来想象出组合体的形状。这种看图方法为线面分析法。

线面分析法的看图的特点是：从面出发，在视图上分线框。

从某一视图上划分线框，并根据投影关系，在另外视图上找出与其对应的线框或图线，确定线框所表示面的空间形状和对投影面的相对位置，进而弄清组合体的整体形状。

下面以图4－26所示的压块为例，介绍用线面分析法看图的方法和步骤。

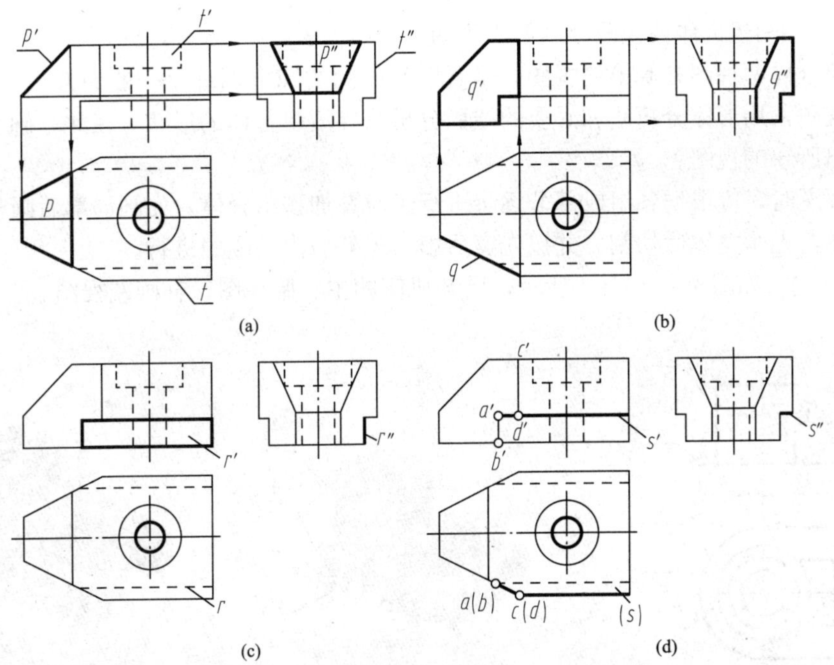

图4－26 用线面分析法看压块的视图

(a) 分析正垂面 P；(b) 分析铅垂面 Q；(c) 分析正平面 R；(d) 分析水平面 S 和各面交线

先分析整体形状，压块三个视图的轮廓基本上都是矩形，所以它的原始形体是个长方体。再分析细节部分，压块的右上方有一阶梯孔，其左上方和前后面分别被切掉一角。

（1）压块左上方的缺角。如图 4－26（a）所示，在俯、左视图上相对应的等腰梯形线框 p 和 p''，在主视图上与其对应的投影是一倾斜的直线 p'。由正垂面的投影特性可知，P 平面是梯形的正垂面。

（2）压块左方前、后对称的缺角。如图 4－26（b）所示，在主、左视图上所对应的投影为七边形线框 q' 和 q''，在俯视图上与其对应的投影为一倾斜直线 q，由铅垂面的投影特性可知，Q 平面是七边形铅垂面。同理，处于后方与之对称的位置也是七边形铅垂面。

（3）压块下方前、后对称的缺角。如图 4－26（c）、（d）所示，它们由两个平面切割而成，其中一个平面 R 在主视图上为一可见矩形线框 r'，在俯视图上的对应投影为水平线 r（虚线），在左视图上的对应投影为垂直线 r''。另一个平面 S 在俯视图上是有一边为虚线的直角梯形 s，在主、左视图上的对应投影分别为水平线 s' 和 s''。由投影面平行面的投影特性可知，R 平面是长方形的正平面。S 平面是直角梯形的水平面。压块下方后面的缺角与前面的缺角对称，此处不再赘述。

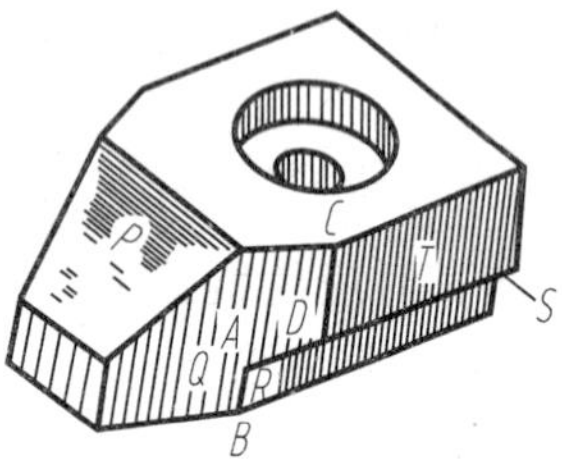

图 4－27 压块

在图 4－26（d）中，$a'b'$ 不是平面的投影，而是 R 面和 Q 面的交线，同理，$c'd'$ 是长方体前端面 T 和 Q 面的交线。其余线框及其投影请读者自行分析。这样，从形体和线面的投影上，分析出了压块的三视图。综合起来，便可想象出压块的整体形状，如图 4－27 所示。

4.4.3 已知组合体两视图补画第三视图

已知组合体两视图补画第三视图，是看图和画图的综合训练。一般的方法和步骤如下：根据已知视图，用形体分析法和必要的线面分析法弄清组合体的形状，在此基础上，按投影关系补画出所缺的视图。

补画视图时，应根据各组成部分逐步进行。对叠加型组合体，先画局部后画整体。对切割型组合体，先画整体后切割。并按先实后虚，先外后内的顺序进行。

【例 4－1】 如图 4－28（a）所示，已知机座的主、俯视图，补画左视图。

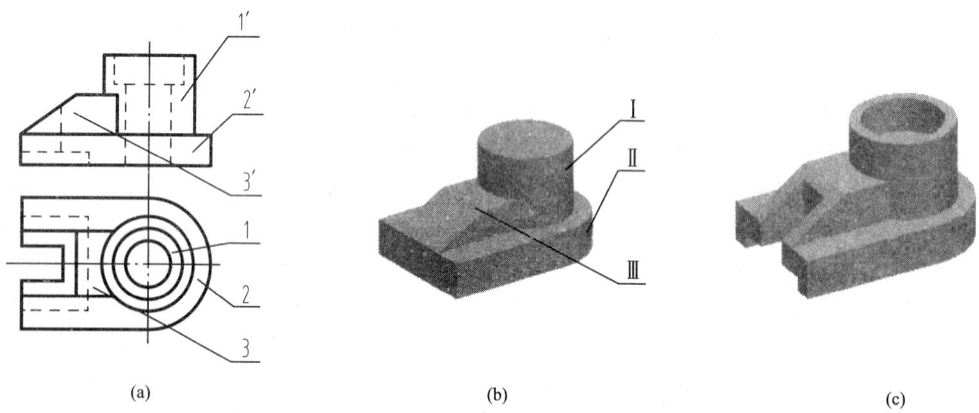

(a) (b) (c)

图 4－28 机座

（a）将机座分解成三部分，找出对应的投影；（b）想象三部分形体的形状；

（c）想象出机座左端的长方形凹槽、矩形通槽和阶梯圆柱孔位置和形状

(1) 分析。按主视图上的封闭线框，将机座分为线框 1（圆柱体）、线框 2（底板）和线框 3（左端与圆柱面相交的厚肋板），再分别找出三部分在俯视图上对应的投影，想象出它们各自的形状，如图 4-28（a）、（b）所示。进一步分析细节，如主视图右边的虚线表示阶梯圆柱孔，主、俯视图左边的虚线表示长方形凹槽和矩形通槽。综合起来想象出机座的整体形状，如图 4-28（c）所示。

(2) 补画左视图，其过程如图 4-29 所示。

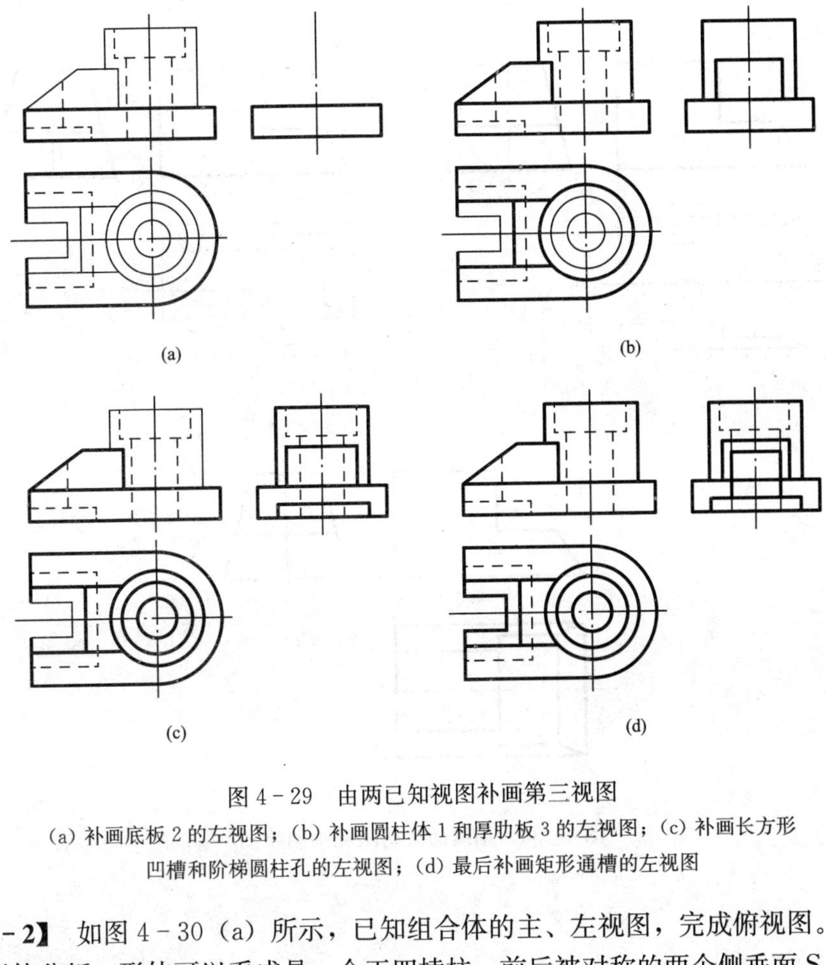

(a) (b) (c) (d)

图 4-29 由两已知视图补画第三视图

(a) 补画底板 2 的左视图；(b) 补画圆柱体 1 和厚肋板 3 的左视图；(c) 补画长方形凹槽和阶梯圆柱孔的左视图；(d) 最后补画矩形通槽的左视图

【例 4-2】 如图 4-30（a）所示，已知组合体的主、左视图，完成俯视图。

(1) 形体分析。形体可以看成是一个正四棱柱，前后被对称的两个侧垂面 S、正垂面 P、侧平面 K 及水平面 R 截切而成，如图 4-30（a）、（b）所示。

(2) 线面分析。两侧垂面 S，对应主视图中的封闭线框（六边形）。其俯视图必为前后对称的两个类似形。在形体左端的正垂面 P 对应左视图中的梯形，其俯视图左边必为类似的梯形。水平面 R 和 Q 在俯视图反映实形，具体的形状大小由“长对正、宽相等”可得，如图 4-30（a）、（b）所示。

(3) 补画俯视图。先画出前后对称的侧垂面 S 的俯视图投影，如图 4-30（c）所示。画出正垂面 P 的俯视图，再画出水平面 R 和 Q 的俯视图，如图 4-30（d）所示。

(4) 最后，检查、加深，完成全图，如图 4-30（e）所示。

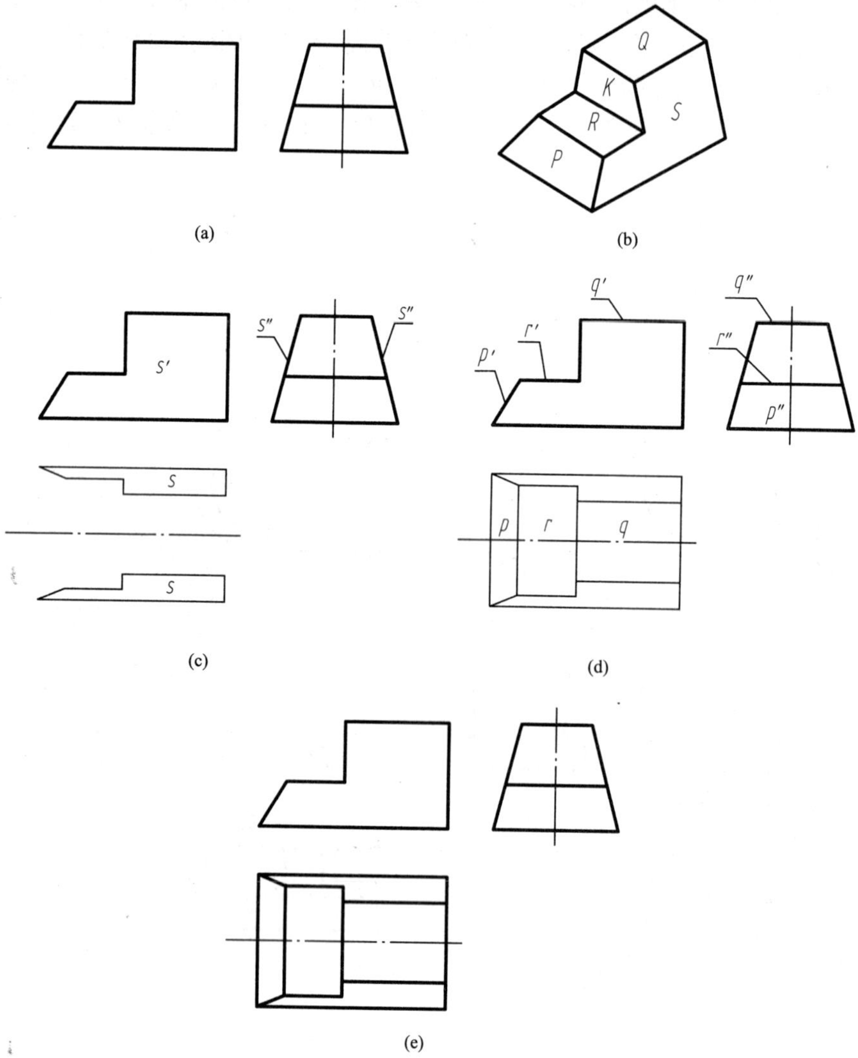

图 4-30　用线面分析法补画俯视图

第5章　轴　测　图

多面正投影图能完整、准确地反映出物体的形状和大小，而且作图简单，但它缺乏立体感，只有具备一定读图能力的人才能看懂，如图5-1（a）所示。图5-1（b）所示的轴测图能够同时反映物体长、宽、高三个方向的形状，富有立体感，但其作图复杂，在机械图样中只能作为辅助图样。本章主要介绍轴测图的基本知识和画法。

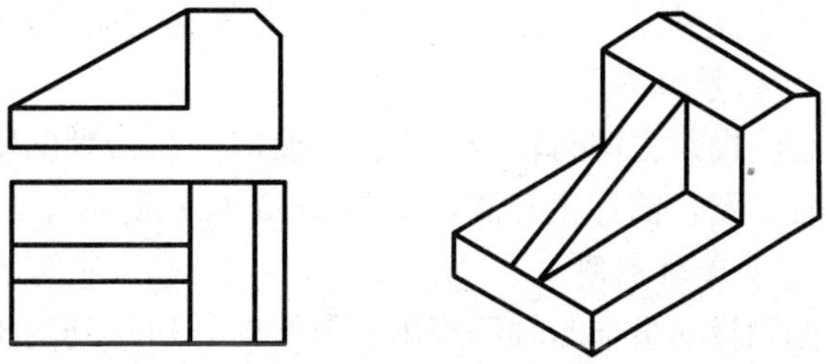

(a)　(b)

图5-1　正投影图与轴测投影图的比较

5.1　轴测图的基本知识

5.1.1　轴测图的形成

将物体连同其所在的直角坐标系，沿不平行于任一坐标平面的方向，用平行投影法投射在单一投影面上所得到的具有立体感的图形，称为轴测投影图，简称轴测图。

如图5-2（a）所示，沿投射方向S用平行投影法将空间物体进行投射，所得的投影即为轴测图，投影面P称为轴测投影面。如图5-2（b）所示，轴测图能够同时反映物体长、宽、高三个方向的形状。

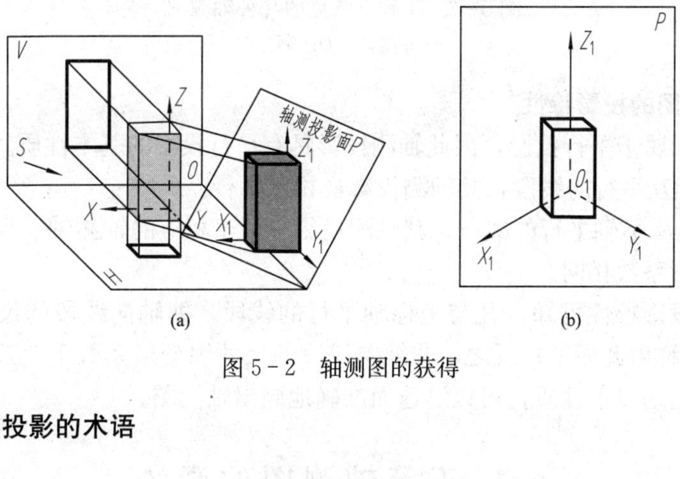

(a)　(b)

图5-2　轴测图的获得

5.1.2　轴测投影的术语

1. 轴测轴

空间直角坐标轴OX、OY、OZ在轴测投影面上的投影O_1X_1、O_1Y_1、O_1Z_1称为轴测轴，如图5-2（b）所示。

2. 轴间角

轴测投影中，任意两轴测轴之间的夹角称为轴间角。如图5-2（b）中$\angle X_1O_1Y_1$、

$\angle X_1O_1Z_1$、$\angle Y_1O_1Z_1$。

3. 轴向伸缩系数

轴测轴上的单位长度与相应的直角坐标轴上对应单位长度的比值，称为轴向伸缩系数。X、Y、Z 轴的轴向伸缩系数分别用 p_1、q_1、r_1 表示，即

$$p_1 = O_1X_1/OX，q_1 = O_1Y_1/OY，r_1 = O_1Z_1/OZ$$

5.1.3 轴测图的分类

按照投射方向（投射线）和轴测投影面的夹角，轴测图可分为正等轴测图和斜等轴测图。

1. 正等轴测图

轴测投射方向与轴测投影面垂直时，所得到的轴测图称正等轴测图。工程上最常见的是正等轴测图，简称正等测，如图 5-3（a）所示。

2. 斜等轴测图

轴测投射方向与轴测投影面倾斜时，所得到的轴测图称斜等轴测图。工程上最常见的是斜二等轴测图，简称斜二测，如图 5-3（b）所示。

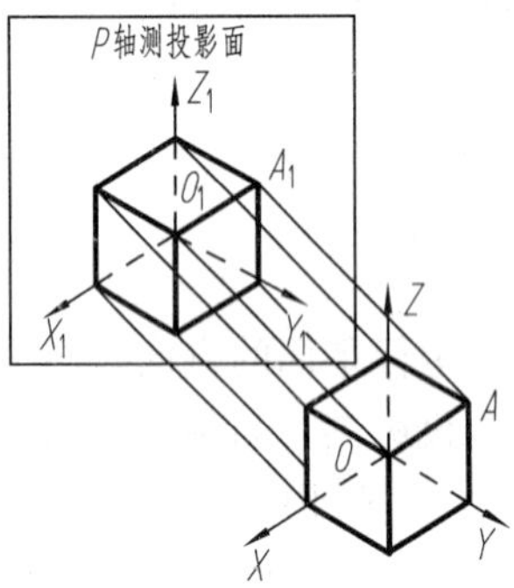

(a)

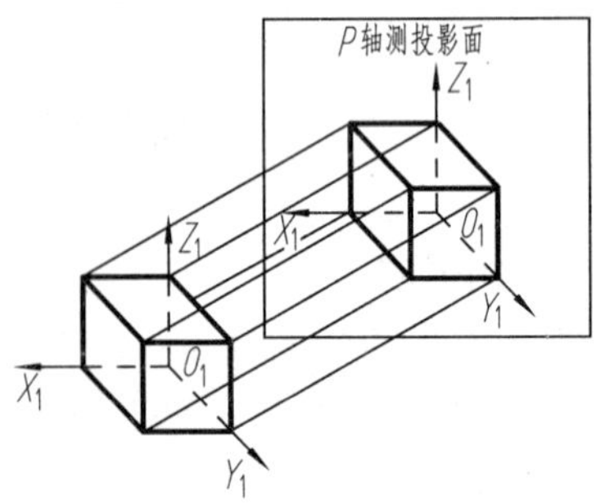

(b)

图 5-3 工程上常见的几种轴测图

(a) 正等测；(b) 斜二测

5.1.4 轴测图的投影特性

由于轴测投影属于平行投影，因此轴测投影具有平行投影的基本性质。

(1) 物体上相互平行的线段，其轴测投影也相互平行。

(2) 物体上与坐标轴平行的线段，其轴测投影平行于相应的轴测轴，且其变形系数与该坐标轴的轴向变形系数相同。

从轴测图的投影特性可知，凡与坐标轴平行的线段，即轴向线段的尺寸，可以直接测得，“轴测”的名称由此而来；反之，非轴向线段的尺寸因变形系数千变万化，不可直接测量。熟悉掌握和运用以上性质，可以迅速而准确地画出轴测图。

5.2 正等轴测图的画法

5.2.1 正等轴测图的形成及参数

使确定物体的空间直角坐标轴对轴测投影面的倾角相等，用正投影法将物体连同其所在的坐标轴一起投射到轴测投影面上，所得到的轴测图称为正等轴测图，简称正等测。

如图 5-4（a）所示，正等测的轴间角均为 120°，Z 轴处于铅垂方向，X 轴和 Y 轴与水平方向成 30°。轴测轴的画法，如图 5-4（b）所示。由于空间直角坐标轴与轴测投影面的倾角相同，所以 3 个轴向伸缩系数均相等，经推证并计算得知 $p_1=q_1=r_1\approx0.82$。

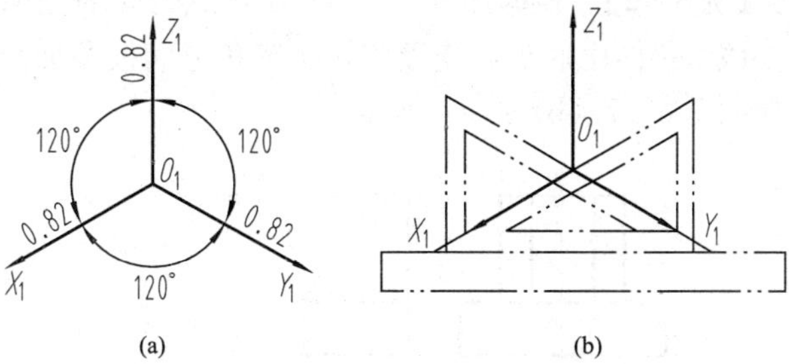

图 5-4 正等测轴间角、轴向伸缩系数及轴测轴的画法

为了便于作图，实际作图时采用简化的变形系数，即 $p=q=r=1$。

这样，画正等测图时，沿轴向的所有尺寸可直接按物体的实际长度来作图。但按简化伸缩系数画出的图形比实际物体放大了 1/0.82≈1.22 倍。图形虽然大了一些，但形状和直观性都没有发生变化。图 5-5 所示为两种不同轴向伸缩系数画出的正等测。

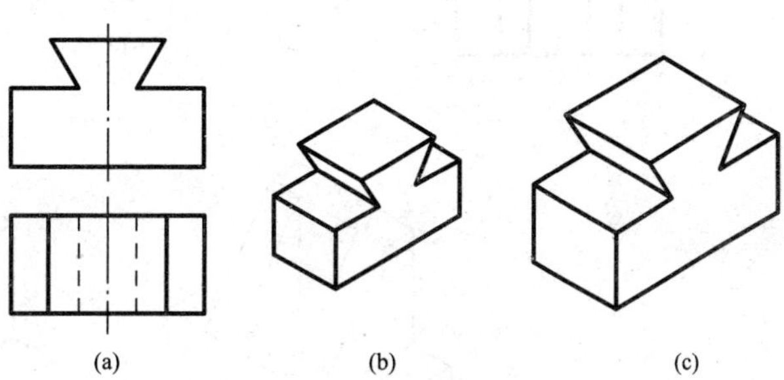

图 5-5 两种伸缩系数的轴测图及其比较

（a）正投影图；（b）0.82 系数画图；（c）简化系数画图

5.2.2 平面体的正等轴测图画法

1. 基本形体正等轴测图画法

通常采用坐标法绘制立体的正等测图。作图时，首先定出空间直角坐标系，画出轴测轴；再按立体表面上各顶点或直线的端点坐标，画出其轴测投影；最后按其可见性连接各点，完成轴测图。

【例 5-1】 根据图 5-6（a）所示六棱柱的视图，求作其正等测。

由于正六棱柱前后、左右对称，故选择顶面的中点作为坐标原点，棱柱的轴线作为 Z 轴，顶面的两条对称线作为 X、Y 轴。作图步骤如图 5-6（b）～（d）所示。

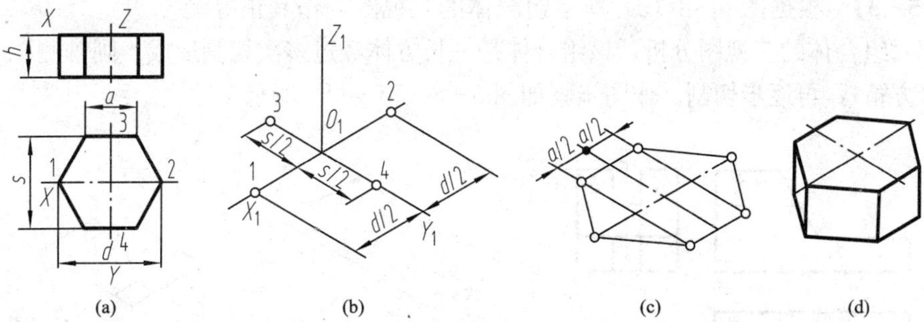

图 5-6 六棱柱的正等测画法

（a）视图上定出坐标轴；（b）画轴测轴并确定 1、2、3、4 点；

（c）定出六棱柱的各个顶点；（d）作六棱柱的高度 h，完成轴测图

2. 组合体正等测的画法

组合体正等测的画法根据组合的具体情况分为两种——叠加法和切割法。

（1）叠加法。叠加法是先将组合体分解成若干个基本形体，然后按照其相对位置逐个画

出各基本形体的轴测图，进而完成整体的轴测图。

【例 5－2】 根据图 5－7（a）所示组合体的三视图，作其正等测。

该组合体由底板、立板和两个三角形肋板叠加而成。采用叠加法，画出其轴测图，作图步骤如图 5－7（b）～(e）所示。

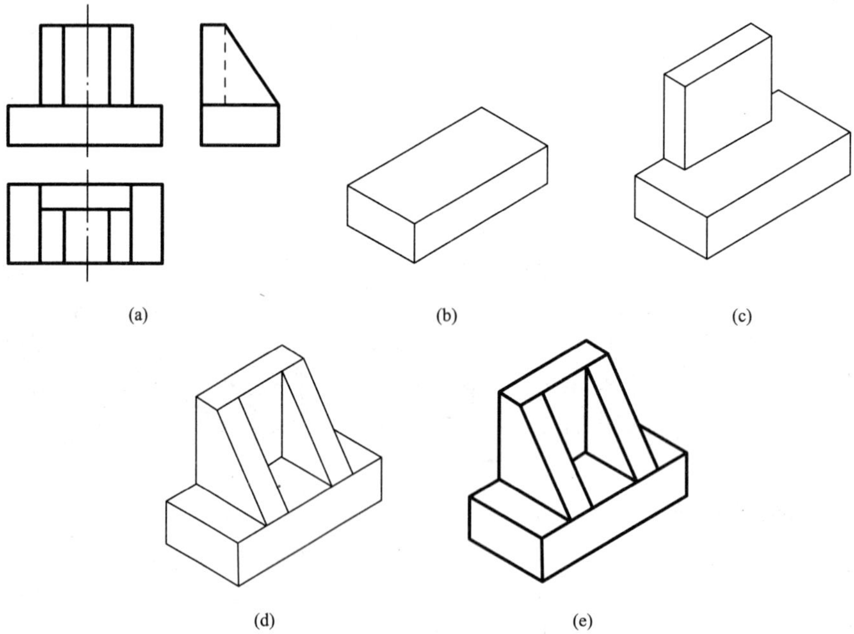

图 5－7 组合体的正等测画法

（a）视图；（b）底板的轴测图；（c）立板的轴测图；（d）两肋板的轴测图；（e）描深并完成全图

（2）切割法。切割法与叠加法的不同之处在于，切割法是先画出完整的基本形体轴测图（通常为长方体，也称方箱)，然后按其结构特点逐个地切去多余的部分，进而完成组合体的轴测图。

【例 5－3】 根据图 5－8（a）所示组合体的三视图，作其正等测。

根据对组合体的三视图分析，该组合体是一长方体经过多次切割形成。画轴测图时，先画出整体（方箱)，再逐步切割。作图步骤如图 5－8（b)～(f）所示。

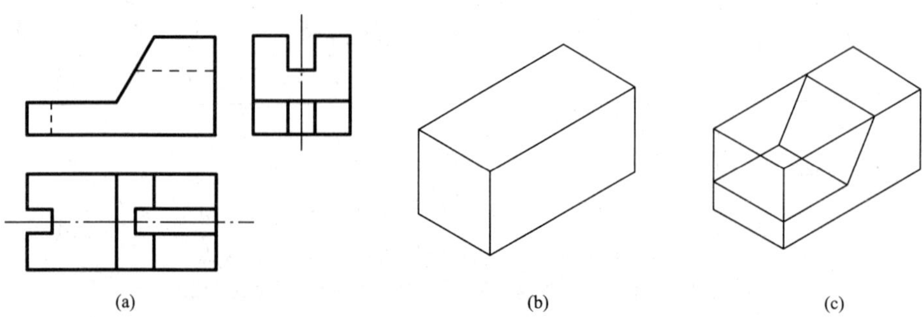

图 5－8 组合体的正等测画法（一）

（a）视图；（b）长方体的轴测图；（c）切去左上角

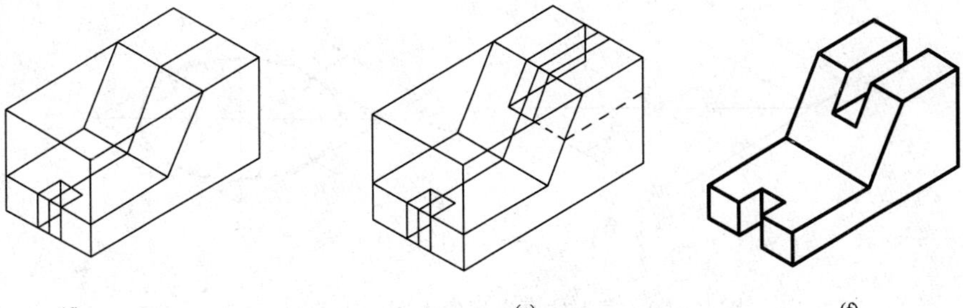

(d) (e) (f)

图 5-8 组合体的正等测画法（二）

(d) 在左面切槽；(e) 在上面切槽；(f) 描深并完成全图

5.2.3 回转体的正等轴测图画法

绘制回转体的正等测，关键是要掌握圆的正等测画法。

1. 圆的正等测画法

一般情况下，圆的正等测是椭圆。这种椭圆有两种画法，现分别介绍如下。

(1) 坐标法画椭圆。如图 5-9 所示，在圆的视图上画出适当数量的平行于 OX 轴（或 OY 轴）的弦，将圆分成 1、2、3、4、5、6、…点；然后作轴测轴，用坐标法找出这些点的轴测投影 1_1、2_1、3_1、4_1、5_1、6_1、…；最后用光滑曲线连接各点，即可得该圆的正等测。

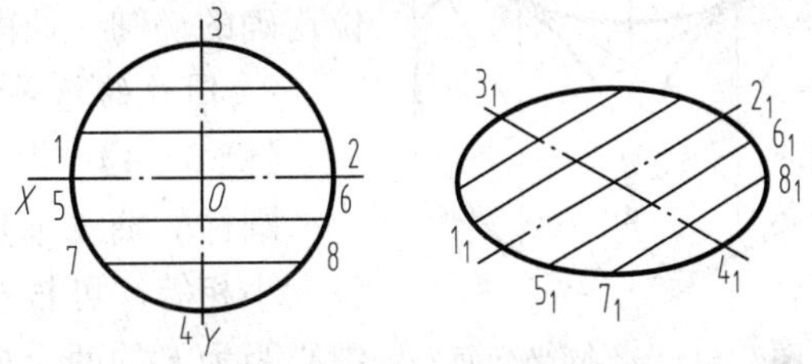

(a) (b)

图 5-9 坐标法画椭圆

(a) 圆的投影；(b) 圆的正等测画法

用坐标法画出的椭圆比较准确，但作图烦琐。坐标法不仅可以画出坐标面上的圆，也可画出非坐标面上的圆或非圆曲线，是一种最基本的画曲线方法。

(2) 菱形法画椭圆。此方法只适用于正等测中画平行于坐标面的圆。作图时，首先作出圆的外切正方形轴测投影，即椭圆的外切菱形；然后，定出画椭圆的 4 个圆心，由 4 段圆弧连接即成椭圆。

现以水平圆为例说明其作图步骤，如图 5-10 所示。与正面和侧面平行的圆的正等测画法和水平圆相似，只是圆平面所含的轴测轴应分别为 X_1 轴、Z_1 轴和 Y_1 轴、Z_1 轴，外切菱

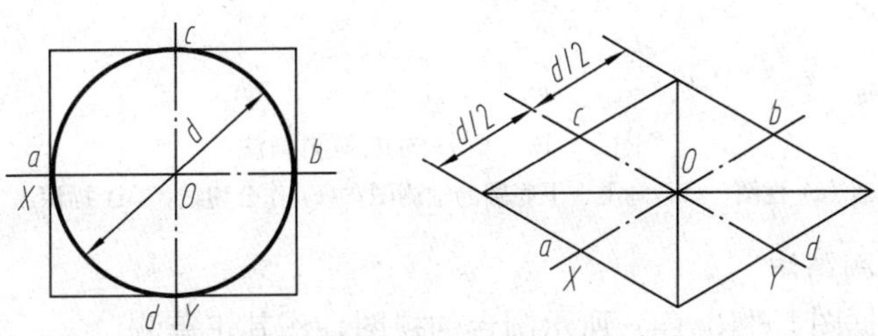

(a) (b)

图 5-10 菱形法画坐标面上圆的正等测（一）

(a) 确定直角坐标轴和原点作圆的外切正方形；(b) 画轴测轴和圆的外切正方形的轴测图（菱形）

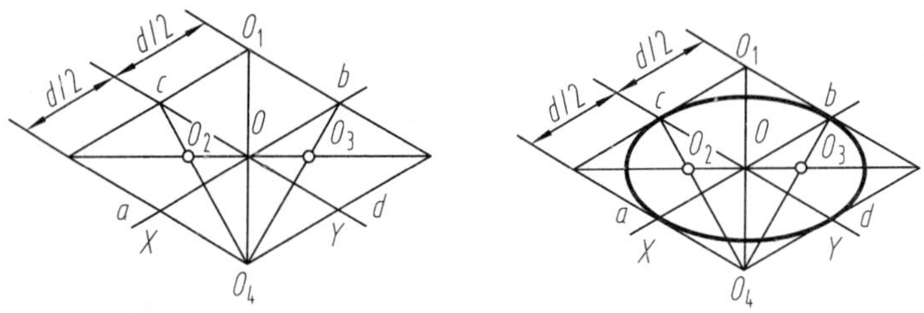

(c) (d)

图 5－10 菱形法画坐标面上圆的正等测（二）

(c) 连接 O_4c、O_4b 与菱形长对角线交于 O_2、O_3；(d) 分别以 O_1、O_4 为圆心，O_4c 为半径画大圆弧再分别以 O_2、O_3 为圆心，O_2c 为半径画小圆弧

形和椭圆的长短轴方向不同。这类椭圆的长轴总在外切菱形的长对角线方向，且与不属于该圆平面的轴测轴垂直；短轴总在外切菱形的短对角线方向，且与不属于该圆平面的轴测轴平行。即水平椭圆的长轴与 Z_1 轴垂直，短轴与 Z_1 轴平行；正面椭圆的长轴与 Y_1 轴垂直，短轴与 Y_1 轴平行；侧面椭圆的长轴与 X_1 轴垂直，短轴与 X_1 轴平行。

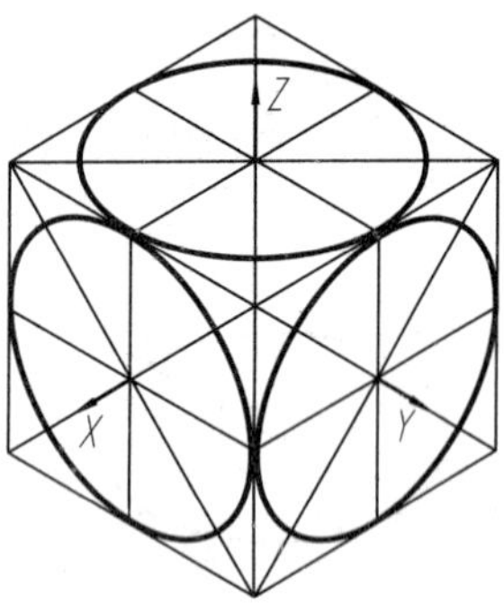

图 5－11 不同坐标面上圆的正等测

平行于坐标面的圆，其正等测都是椭圆。画回转体的正等测时，要明确圆所在的平面与哪一个坐标面平行，才能保证画出方位正确的椭圆，如图 5－11 所示。

2. 圆柱的正等测画法

【例 5－4】 根据图 5－12 (a) 所示圆柱的视图，作出其正等测。

圆柱的轴线垂直于水平面，其上、下底两个圆与水平面平行且大小相等。可根据其直径 d 和高度 h 作出两个大小完全相同、中心距为 h 的两个椭圆，然后作两个椭圆的公切线即可。作图步骤如图 5－12 (b)～(d) 所示。

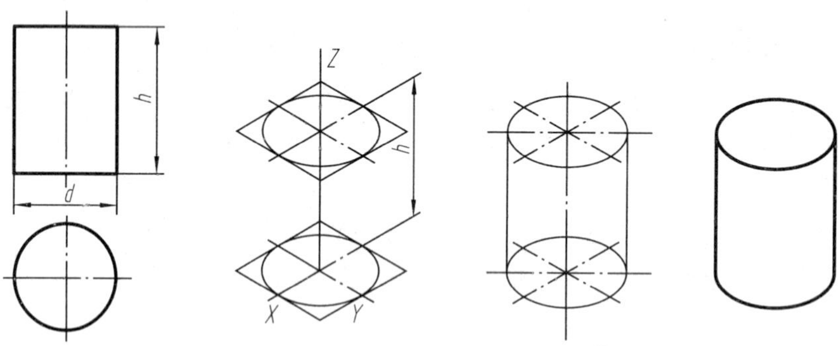

(a) (b) (c) (d)

图 5－12 圆柱的正等测画法

(a) 视图；(b) 画上、下底圆的轴测图；(c) 作公切线；(d) 描深

3. 圆台的正等测画法

【例 5－5】 根据图 5－13 (a) 所示圆台的视图，作其正等测。

圆台的轴线垂直于侧面，其上、下底两个圆与侧面平行但大小不等。可根据上底面半径 d_2、下底面半径 d_1 和高度 h 作出两个大小不同、中心距为 h 的两个椭圆，然后作两个椭圆的公切线即可。作图步骤如图 5－13 (b)、(c) 所示。

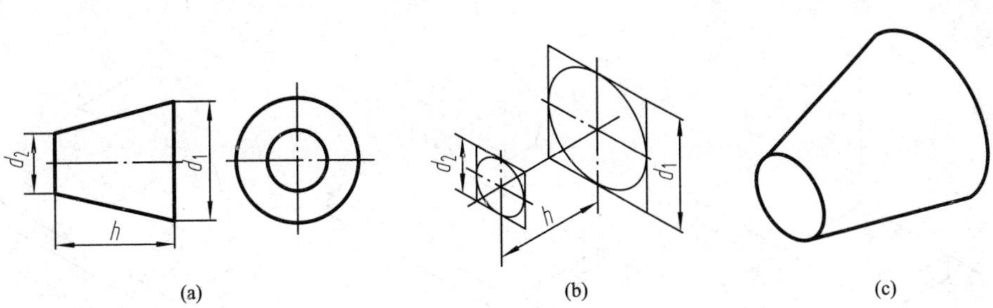

图 5－13 圆台的正等测图画法

(a) 视图；(b) 画左、右底圆的轴测图；(c) 作公切线、描深

4．圆角的简化画法

平行于坐标面的圆角，实质上是平行于坐标面的圆的一部分。这些圆角的轴测图分别对应于椭圆的 4 段圆弧，画圆角时不必做出整个椭圆，只需直接画出该段圆弧即可，画法如图 5－14所示。在圆角的边上量取半径 R，从量得的点作边线的垂线，再以两垂线的交点为圆心，以垂线长为半径画圆弧即为所需的圆角。

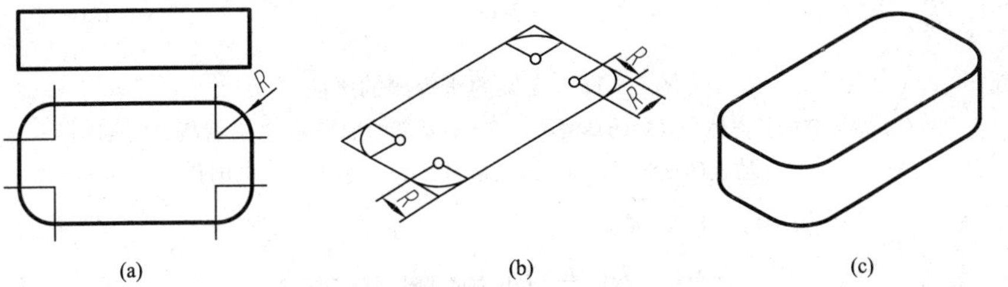

图 5－14 圆角的正等测的简化画法

(a) 平板视图；(b) 平板上的 4 个圆角；(c) 平板轴测图

5．组合体的正等测画法

画包含回转体的组合体轴测图时，仍采用叠加法和切割法两种方法进行，有时也可两种方法并用。

【例 5－6】 根据图 5－15 所示支架的视图，作其正等测。

支架是由底板、背板、肋板和轴承架叠加而成。底板为长方体，有 2 个圆角并挖去 2 个圆形通孔；背板的上半部分和轴承架相切，下半部为三角形。轴承架为挖空的圆柱体，突出背板的部分由肋板支撑。

支架左右对称，底板、背板和轴承架的后表面共面，底板、背板和肋板均以底板的上底面作为结合面。故坐标原点选在底板的上底面与后端面交线的中点处。

画轴测图时，按叠加法进行，确定底板、轴承架的位置，分别画出长方体和轴承架，然后按相对位置的尺寸做出背板、肋板，最后画圆孔、圆角等细节。作图步骤如图 5－16 所示。

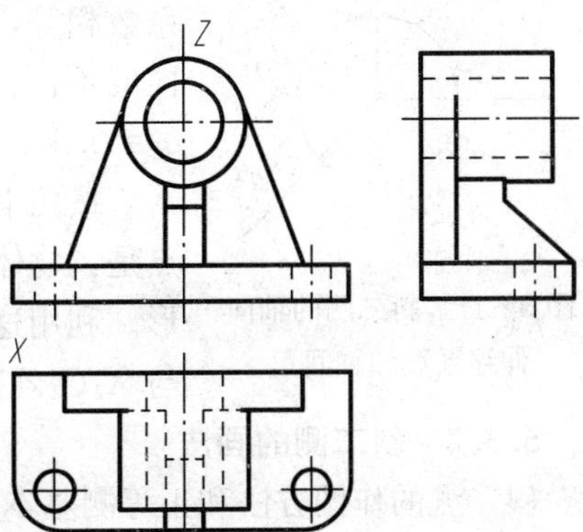

图 5－15 支架的视图及轴测轴的确定

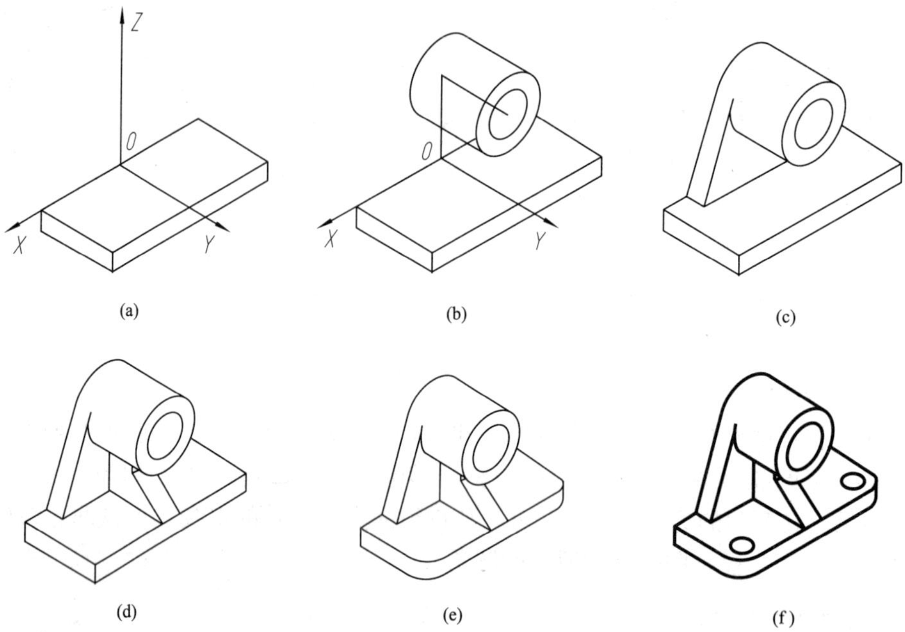

图 5－16　支架的正等测的画法

(a) 按完整的长方体画底板的轴测图；(b) 轴承架的轴测图；(c) 背板的三视图；(d) 肋板的轴测图；(e) 画底板圆角；(f) 画底板上的圆孔

5.3　斜二轴测图的画法

5.3.1　斜二轴测图的形成及参数

在确定物体的直角坐标系时，使 OX 轴与 OZ 轴平行轴测投影面 P，用斜投影法将物体连同其坐标轴一起向 P 面投射，所得到的轴测图称为斜二轴测图，可简称为斜二测。

如图 5－17 所示，斜二测的三个坐标轴 O_1Y_1、O_1X_1、O_1Z_1 之间的夹角，形成轴间角，一般取 $\angle X_1O_1Y_1=\angle Y_1O_1Z_1=135°$，$\angle X_1O_1Z_1=90°$。

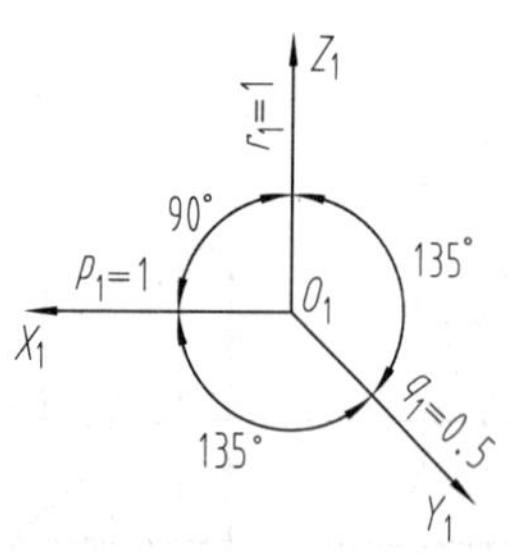

图 5－17　斜二测的轴向伸缩系数和轴间角

由于 XOZ 坐标面与轴测投影面平行，OX、OZ 轴的轴向伸缩系数相等，即 $p_1=r_1=1$；OY 轴的轴向伸缩系数 q_1 随着投射方向的不同而不同，可以任意选定，为了便于绘图，国家标准规定 $q_1=0.5$。

按照上述规定绘制出来的斜轴测图就是斜二测。斜二测的特点是：物体上凡是平行于 XOZ 坐标面的表面，其轴测投影反映实形。利用这一特点画斜二测时，尽量将形状复杂的平面或圆放在与 $X_1O_1Z_1$ 面平行的位置上，作图比较简便快捷。

5.3.2　斜二测的画法

斜二测的作图方法和正等测基本相同，也可采用坐标法、切割法、叠加法等作图方法。所不同的是斜二测的轴间角和正等测不同，斜二测中 OY 的轴向伸缩系数 $q_1=0.5$，沿 O_1Y 方向的长度应只取物体上相应长度的一半。

【例 5-7】 根据图 5-18 (a) 所示空心锥台的视图，绘制其斜二测。

图 5-18 (a) 所示空心圆锥台单方向的圆较多，故将其轴向垂直于 XOZ 坐标面，使前、后两底圆均平行 $X_1O_1Z_1$，其轴测图反映实形（圆），沿 Y 轴以 0.5 轴向变形系数依次决定各圆的圆心位置，画出各圆。作图步骤如图 5-18 (b)、(c) 所示。

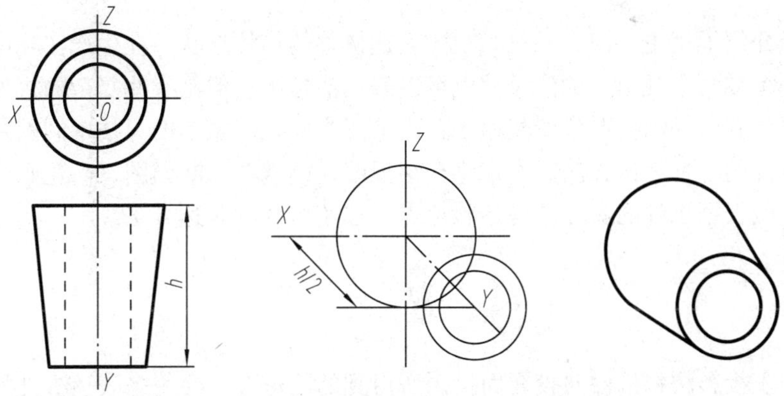

图 5-18 空心圆锥台的斜二测圆法

(a) 视图；(b) 画左、右底圆的轴测图；(c) 作公切线、描深

【例 5-8】 根据图 5-19 所示端盖的视图，绘制其斜二测。

图 5-19 (a) 所示端盖是由带圆柱面的三角形底板和圆筒叠加而成的，使端盖上的圆与 $X_1O_1Z_1$ 面平行，它们的轴测图反映实形（圆）。作图步骤如图 5-19 (b)～(d) 所示。

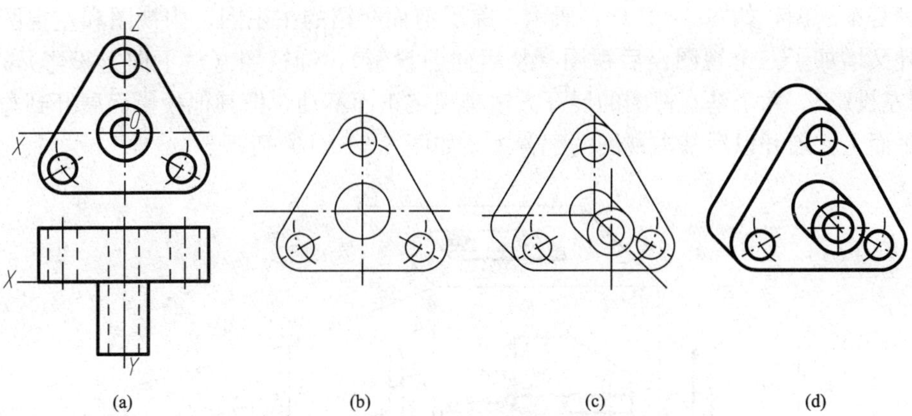

图 5-19 端盖的斜二测画法

(a) 在端盖视图上确定原点和坐标轴；(b) 画 XOZ 坐标面的轴测图；(c) 向前、向后分别画出圆筒前端面和三面板后端面的轴测图，并用公切线连接；(d) 加深可见轮廓线，便得到端盖的斜二测图

正等测三个轴测轴方向上都可直接度量；斜二测只能在两个方向上直接度量，在另一个方向（O_1Y_1）要按比例缩短，作图较为麻烦。在立体感和度量方面，正等测较斜二测好；但当物体在平行某一投影面的方向上有较多形状复杂的圆或圆弧，其他方向无圆时，采用斜二测作图就比较方便。而对三个方向上均有圆或圆弧的物体，正等测作图较为方便。

第6章　机件的表达方法

前面已经介绍了用主、俯、左三个视图表达机件的结构形状。在生产实际中，有些简单的机件只用一个或两个视图并标注尺寸就可以表达清楚了。但是有些复杂的机件，即使用三个视图也难以将其内外结构形状清楚地表达出来。为此，国家标准《技术制图》和《机械制图》规定了机件的各种表达方法。本章将介绍视图、剖视图、断面图、简化画法等常用表达方法。绘图时应根据机件的实际结构形状特点，选用恰当的表达方法。

6.1　视　　图

视图是用正投影法将机件向投影面投影所得到的图形，主要用来表达机件的外部结构形状。其不可见部分用虚线表示，必要时虚线也可省略不画。视图通常分为基本视图、向视图、局部视图和斜视图。

6.1.1　基本视图

当机件的外部结构形状在各个方向（上下、左右、前后）都不相同时，三视图往往不能清晰地把它表达出来。为此，国家标准《技术制图》中规定用正六面体的六个面作为基本投影面，将物体放在正六面体内，分别用正投影法将物体向六个基本投影面投影所得到的六个视图称为基本视图，如图 6-1（a）所示。除了前面介绍的主视图、俯视图和左视图三个基本视图外又增加了三个视图：后视图（从后向前投影），仰视图（从下向上投影），右视图（从右向左投影）。六个基本视图的展开方法是规定正面不动，把其他投影面展开到与正面成同一个平面上，展开以后基本视图的配置关系如图 6-1（b）所示。

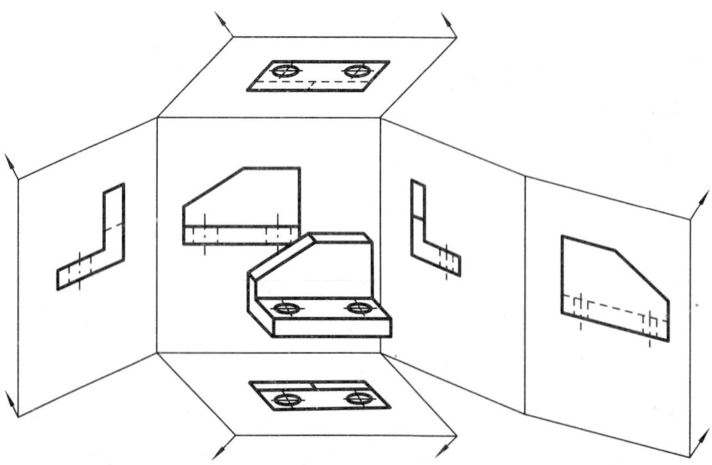

(a)

图 6-1　基本视图（一）

(a) 六个基本视图的形成及展开

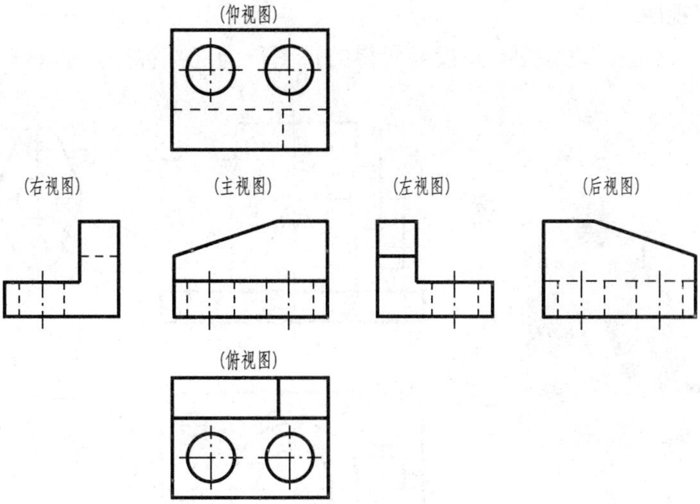

(b)

图 6-1　基本视图（二）

(b) 基本视图的配置

六个基本视图之间的投影关系仍然要满足"长对正、高平齐、宽相等"的原则，即主、俯、仰、后视图长对正；主、左、右、后视图高平齐；俯、左、仰、右视图宽相等。其中，俯、左、仰、右视图靠近主视图的一面表示物体的后面，而远离主视图的一面表示物体的前面；后视图的左侧反映物体的右面，右侧反映物体的左面。各视图的位置关系按图 6-1（b）所示配置时，一律不标注视图的名称。

实际绘图时，应根据机件的复杂程度，合理选用必要的基本视图。

6.1.2　向视图

实际绘图时，由于考虑到视图在图纸中的布局问题，视图可不按图 6-1（b）所示的位置配置，此时应在视图的上方标出视图的名称"×"（×为大写拉丁字母），并用箭头在相应视图附近指明投射方向，并标注相同的字母，这种视图称为向视图。如图 6-2 所示，注意所用字母或箭头要比图中所注尺寸数字和尺寸线上的箭头大一号或两号，字母一律水平书写。向视图是可以自由配置的视图。基本视图和向视图均用于表示机件的整体外形。

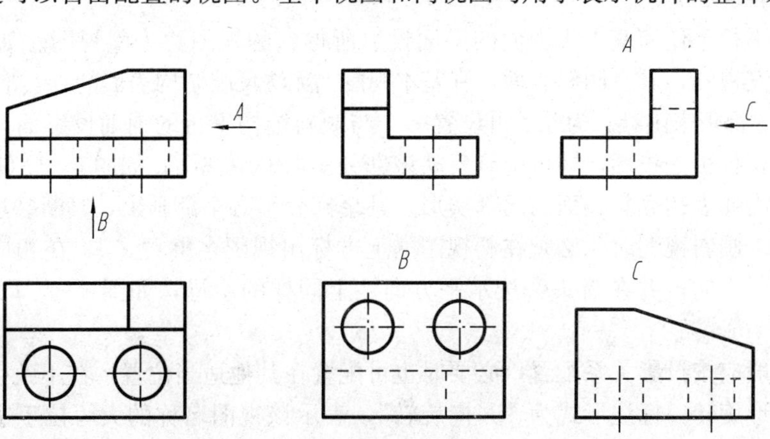

图 6-2　向视图

6.1.3 局部视图

将机件的某一部分向基本投影面投射所得的视图称为局部视图，如图 6－3 所示。

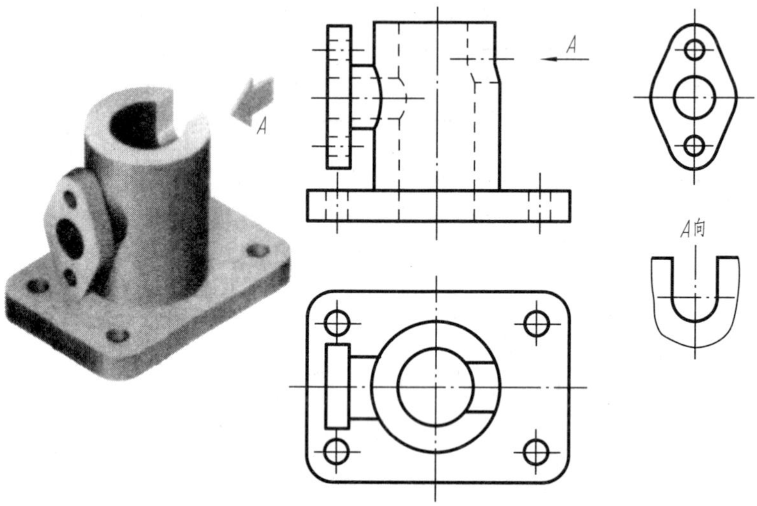

图 6－3 局部视图

当机件某一局部形状没有表达清楚，而又没有必要用一完整的基本视图表达时，可单独将这一部分向基本投影面投影，从而避免对另一部分的重复表达。局部视图是一个不完整的基本视图，利用局部视图可以减少基本视图的数量。

画局部视图时应注意以下几点。

（1）局部视图可按基本视图的配置形式配置，也可按向视图的形式配置并标注。一般应在局部视图上方标出视图的名称“×”，在相应视图的附近，用箭头指明投射方向，并在箭头旁按水平方向注上相同的字母，如图 6－3 中所示的 *A* 向局部视图。局部视图按投影关系配置，中间没有其他图形隔开时，可省略标注，如图 6－3 中所示机件左边的腰圆形凸台。

（2）局部视图断裂处的边界线以波浪线（或双折线）表示，如图 6－3 中的 *A* 向局部视图。当被表达部分的结构是完整的，其图形的外轮廓线成封闭时，波浪线可省略不画，如图 6－3中所示的腰圆形凸台和图 6－5 中所示的 *C* 向局部视图。

6.1.4 斜视图

机件向不平行于任何基本投影面的平面投射所得到的视图称为斜视图。如图 6－4（a）所示的压紧杆三视图，具有倾斜表面，在基本视图上无法反映结构表面的真实形状，为读图、绘图、标注尺寸都带来困难。为此，可设置一个与倾斜结构平行的辅助投影面，把倾斜结构向该投影面用正投影法投影，即可得到反映该部分实形的斜视图，如图 6－4（b）所示。

斜视图只需要表达倾斜表面的局部实形，其余部分不必全部画出，其断裂边界以波浪线或双折线表示。画斜视图时，必须在斜视图的上方标出视图名称“×”，在相应的视图附近用箭头指明投射方向，并在箭头旁按水平方向注上同样的字母，如图 6－5（a）中的“A”向斜视图。

斜视图一般应按投影关系配置，必要时也可配置在其他适当位置，在不致引起误解时允许将倾斜的图形旋转，标注形式为“×向旋转”，表示该视图名称的大写拉丁字母应靠近旋转符号的箭头端，如图 6－5 中的“⌒ *A*”。

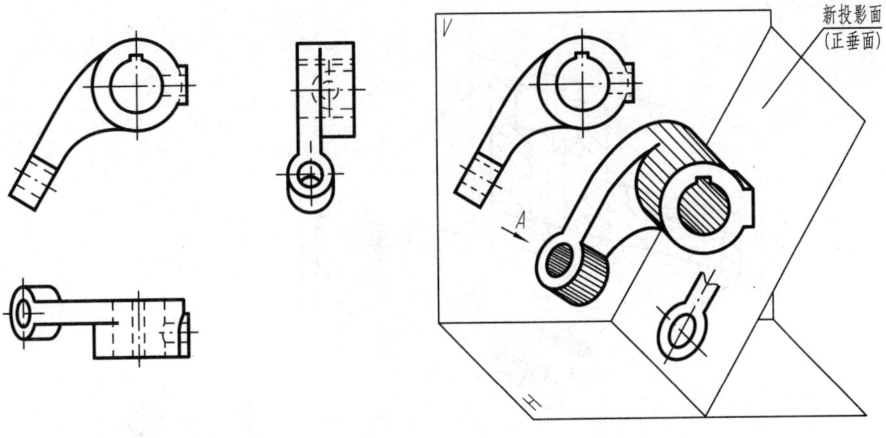

(a) (b)

图 6-4 压紧杆的三视图及斜视图的形成

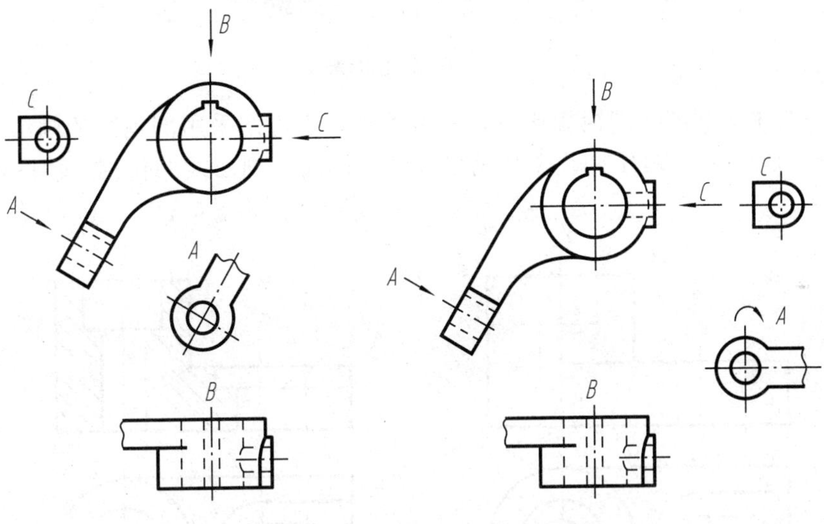

(a) (b)

图 6-5 压紧杆的斜视图

6.2 剖 视 图

在用视图表达机件的结构形状时，规定机件的内部结构形状用虚线表示。当机件内部结构复杂时，视图上就会出现许多虚线，使图形变得不清晰。为了将内部结构表达清楚，同时又避免出现虚线，国家标准规定可采用剖视图的方法来表达。剖视图主要用来表达机件的内部结构形状。

6.2.1 剖视的概念

剖视是假想用剖切面剖开机件，将处在观察者和剖切面之间的部分移去，而将其余部分向投影面投射所得的图形，称为剖视图，简称剖视。剖切面就是剖切机件的假想平面或柱面，如图 6－6 所示。

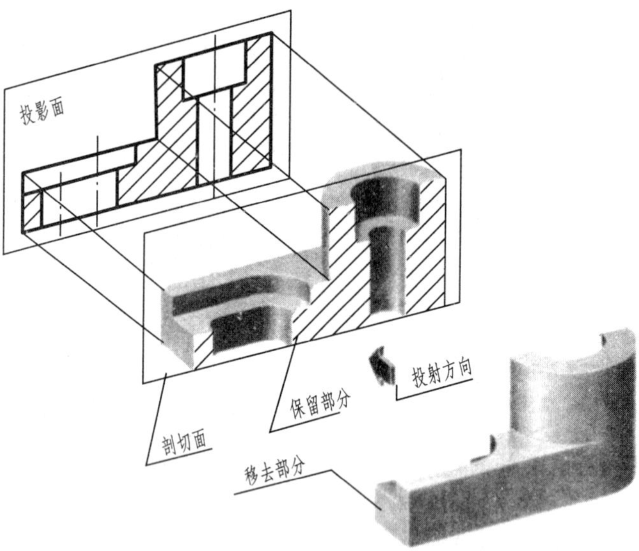

图 6－6 剖视的概念

由图 6－7 中的视图与剖视相比较，不难发现，主视图采用剖视图的画法，视图中不可见的部分变成可见，原有的虚线变成粗实线，再加上剖面线的作用，使图形显得非常清晰。

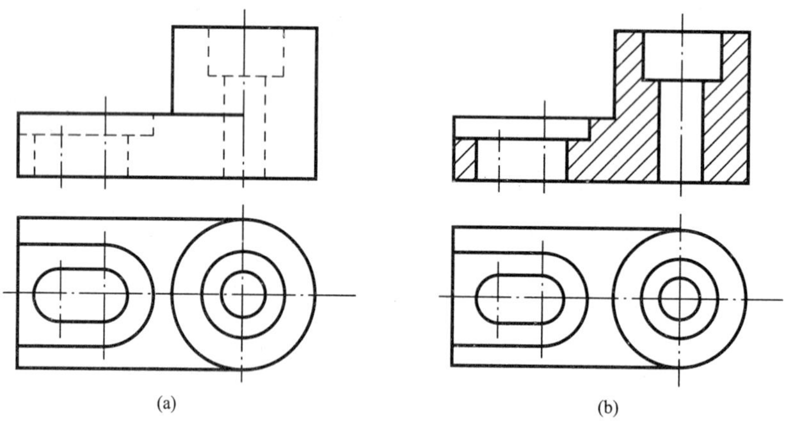

图 6－7 视图与剖视图的比较

1. 剖视图的画法

(1) 确定剖切平面的位置。为了能确切地表达物体的真实形状，所选剖切面一般应与某基本投影面平行，并应通过物体内部孔、槽的轴线或对称面。图 6－7 (b) 所示的剖切平面就是通过机件前、后对称平面的正平面。

(2) 画剖面符号。画剖视图时，在机件与剖切面相接触的剖面区域，应画上剖面符号。机件材料不同，其剖面符号的画法也不同。画图时应采用国家标准所规定的剖面符号，常见的剖面符号见表 6－1。

表 6-1　　剖面符号

金属材料（已有规定剖面符号者除外）	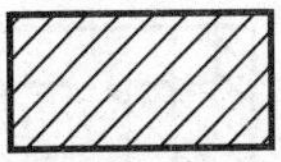	型砂、填砂、粉末冶金、砂轮等	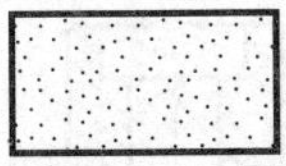	木质纵剖面	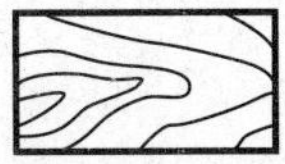
非金属材料（已有规定剖面符号者除外）		钢筋混凝土	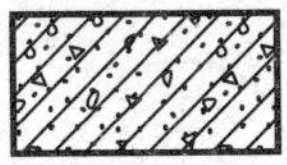	木材横剖面	
转子、电枢、变压器和电航器等的叠钢片	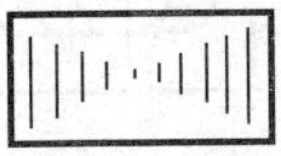	玻璃及供观察用的其他透明材料	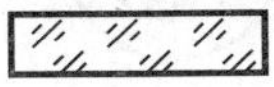	液体	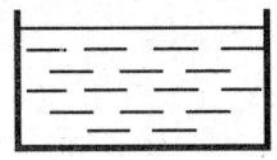
线圈绕组元件	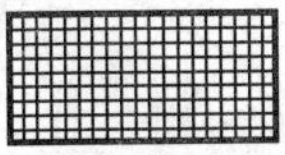	基础周围的泥土		木质胶合板（不分层）	
混凝土	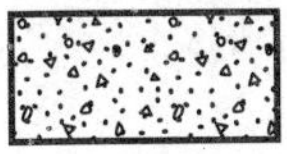	砖	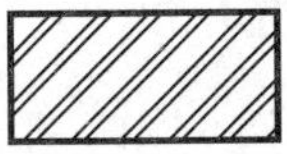	格网（筛网、过滤网等）	

国家标准规定，当不需要在剖面区域表示材料的类别时，可采用通用剖面线表示。通用剖面线应为倾斜适当角度的细实线，最好与主要轮廓或剖面区域的对称线成 45°，如图 6-8 所示。同一物体的各个剖面区域，其剖面线的方向和间隔应一致。如果图形中的主要轮廓线与水平线成 45°，应将该图形的剖面线画成与水平成 30°或 60°的平行线，但其倾斜方向仍应与其他图形的剖面线一致，如图 6-9 所示。

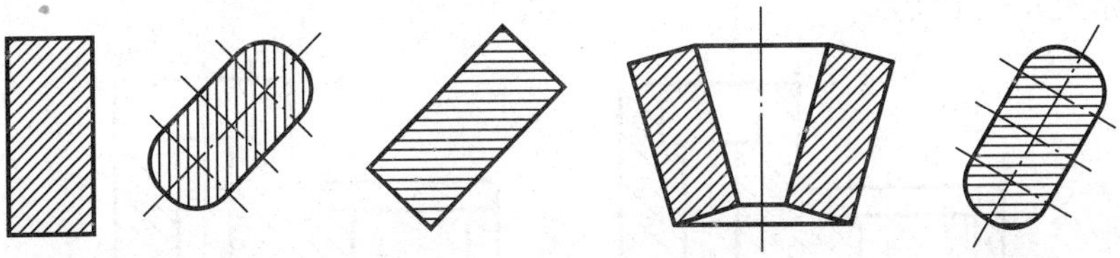

(a)　(b)　(c)　(d)　(e)

图 6-8　通用剖面线的画法

对于同一机件，在它的各剖视图和断面图中，剖面线倾斜的方向应一致，间隔要相同。

(3) 画剖切面后面的投影。剖切平面后的可见轮廓线一定要用粗实线画出，不能漏画，如图 6-10 所示。

2. 剖视图的标注

根据国家标准的规定，在绘制剖视图时，一般应在剖视图的上方用字母标出剖视图的名称“×—×”（×为大写拉丁字母），在相应的视图上用剖切符号和箭头表示剖切位置和投射方向，并注上相同的字母。

剖切符号是指剖切面起、迄和转折位置（用粗短画表示）及投射方向（用箭头表示）的符号，如图 6-9 和图 6-10 所示。

根据具体情况，标注可以简化或省略。

(1) 当剖视图按投影关系配置，中间又没有其他图形隔开时，可省略箭头。

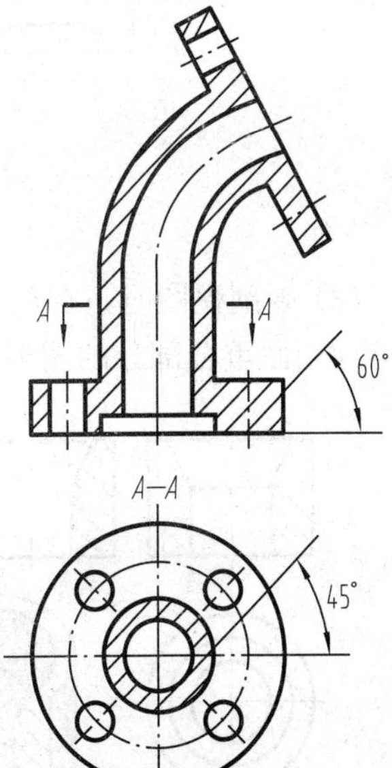

图 6-9　特殊角度的剖面线画法

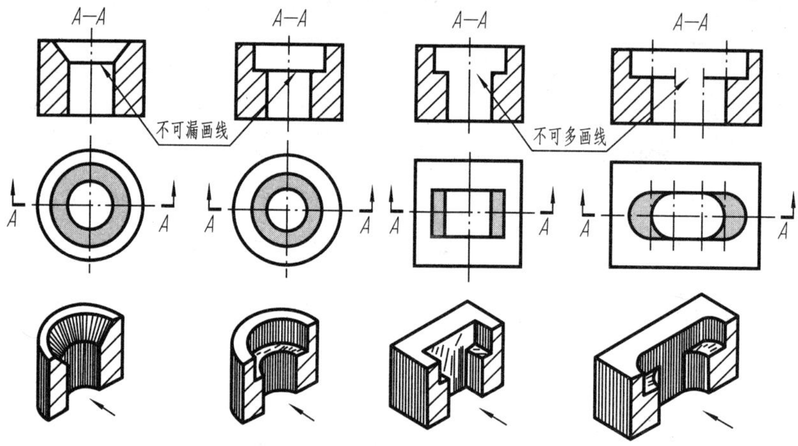

图 6－10　几种孔、槽的剖视图

(2) 当单一剖切平面通过机件的对称平面或基本对称平面，且剖视图按投影关系配置，中间又没有其他图形隔开时，可省略标注，如图 6－7 (b) 所示。

(3) 当单一剖切平面的剖切位置明显时，局部剖视图的标注可省略。

3. 作剖视图的注意事项

(1) 剖视图是一个假想的作图过程，因此一个视图画成剖视图后，其他视图仍应按完整机件画出，如图 6－11 所示。

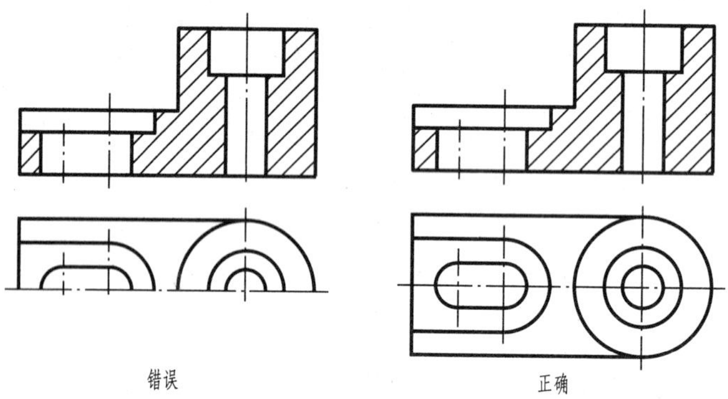

图 6－11　画剖视图时应注意机件的完整性

(2) 画剖视图时，在剖切面后的可见轮廓线也应画出。初学者常常会忽略这一点而只画出与剖切面重合部分的图形，如图 6－12 所示。

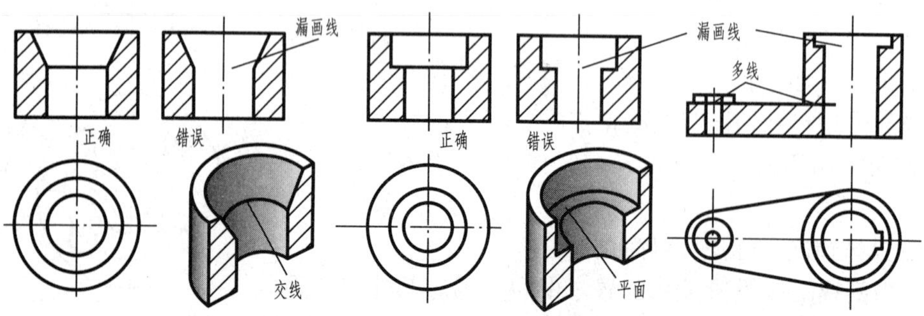

图 6－12　剖视图不应漏画可见轮廓线

(3) 剖视图上一般不画虚线以增加图形的清晰性，但若画少量虚线可减少视图数量时，也可画出必要的虚线，如图 6-13 所示。

6.2.2 剖视图的种类

按机件被剖开的范围来分，剖视图可分为全剖视图、半剖视图和局部剖视图三种。

1. 全剖视图

用剖切面（一个或几个）完全地剖开机件所得到的剖视图称为全剖视图，如图 6-7～图 6-13 所示。

全剖视图将机件完全剖开，适用于表达内部形状复杂的不对称机件或外形简单的对称机件。

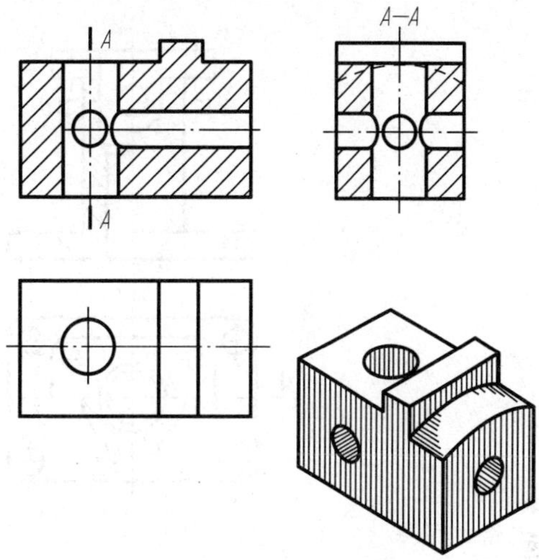

图 6-13 剖视图上的虚线

2. 半剖视图

当机件具有对称平面，在垂直于对称平面的投影面上投射所得的图形，可以用对称中心线为界，一半画成剖视图，另一半画成视图，这种图形称为半剖视图，如图 6-14 所示。

半剖视图既表达了机件的外形，又表达了其内部结构，适用于内、外形状都需要表达的对称机件。

画半剖视图时应注意以下几点。

(1) 半个视图和半个剖视图应以细点画线为界。

(2) 在表示外形的半个视图中一般不画虚线，在半个剖视图中未表达清楚的结构，可在半个视图中做局部剖视，同时对未剖到的孔或槽等应画出中心线位置，如图 6-14 (c) 中的主视图所示。

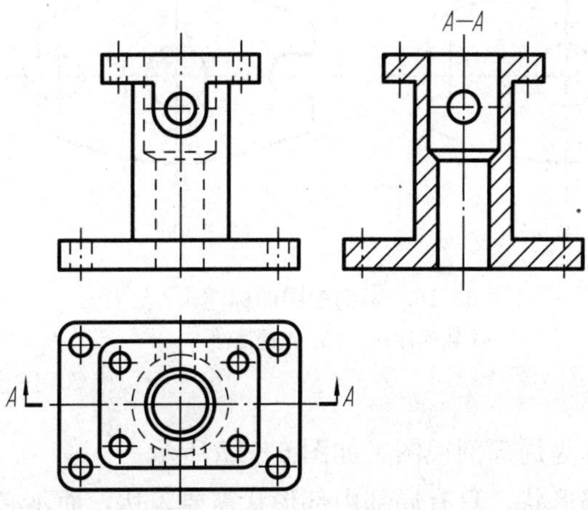

(a)

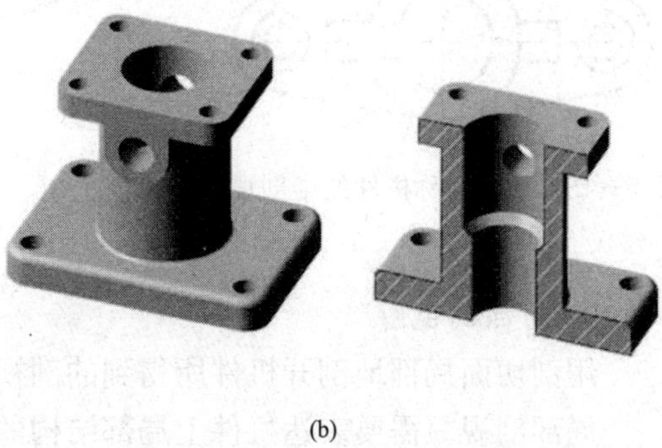

(b)

图 6-14 机件的半剖视图（一）

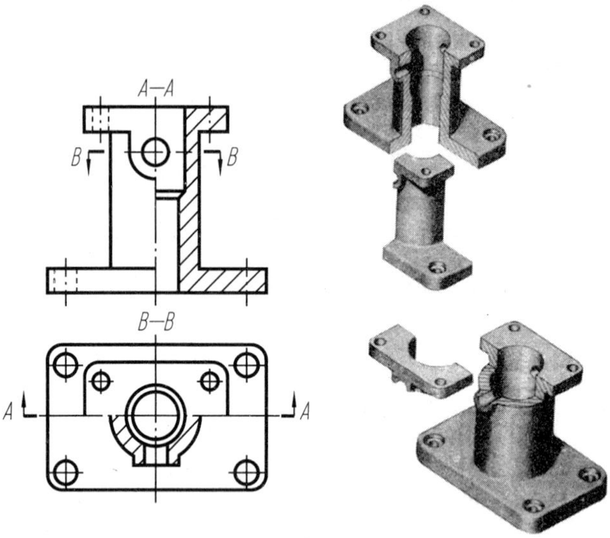

(c)

图 6 - 14 机件的半剖视图（二）

（3）一般用于对称机件。但当机件的形状接近对称，且不对称部分已在其他视图上表达清楚时，也可以画成半剖视图，如图 6 - 15 所示。

半剖视图标注的方法与全剖视图相同，如图 6 - 14（c）和图 6 - 16 所示。

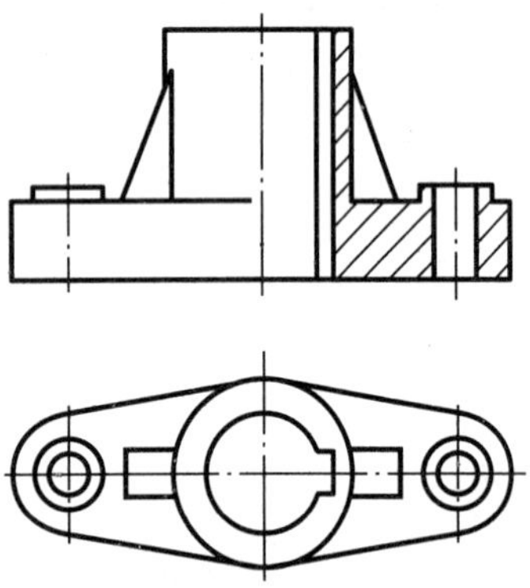

图 6 - 15 基本对称机件的半剖视图

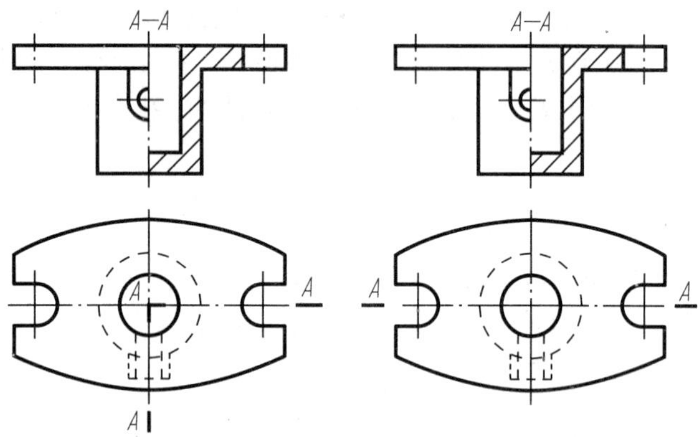

(a) (b)

图 6 - 16 半剖视图的标注

（a）错误注法；（b）正确注法

3. *局部剖视图*

用剖切面局部地剖开机件所得到的剖视图称为局部剖视图，如图 6 - 17 所示。

局部剖视只需要表达机件上局部结构的内部形状，只有局部内部形状需要表达，而不必或不宜采用全剖视图时（如轴、连杆、螺钉等实心零件上的某些孔或槽等），可用局部剖视图表达，剖切平面的位置与范围应根据机件需要而决定。

物体内、外形状需表达而又不对称时，可用局部剖视图表达，如图 6 - 18 所示。

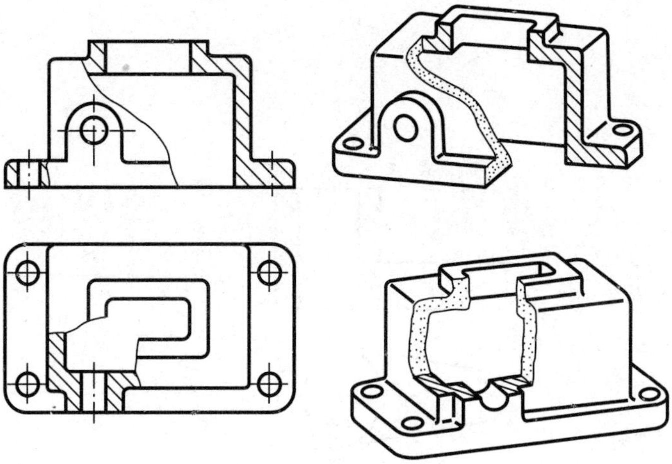

(a)

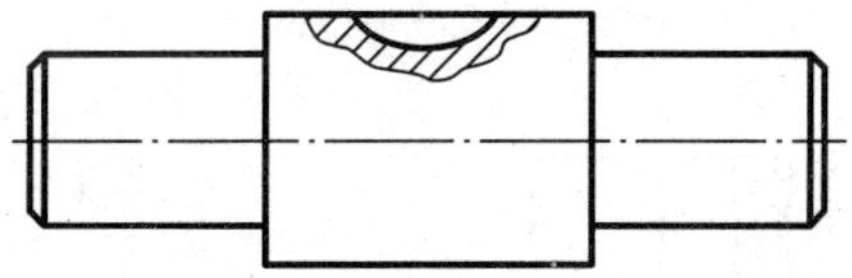

(b)

图 6－17 局部剖视图Ⅰ

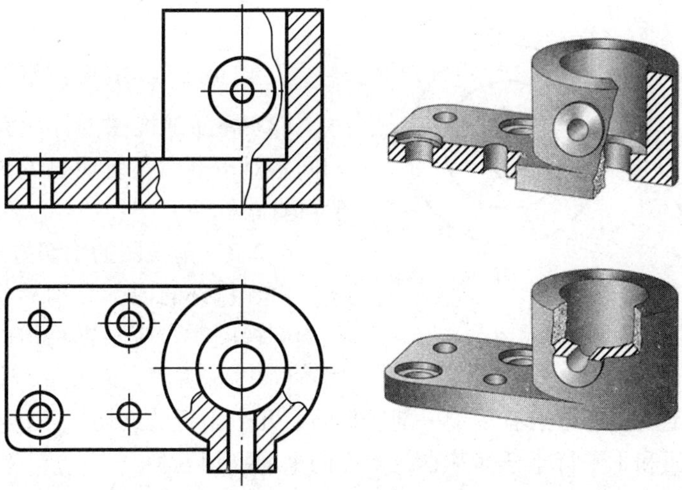

图 6－18 局部剖视图Ⅱ

画局部剖视图时，应注意以下几点。

(1) 被剖部分与原视图之间用波浪线分开，波浪线表示机件断裂处边界线的投影，因而波浪线应画在机件的实体部分，不能超出视图的轮廓线或和图样上其他图线相重合，也不应画在孔槽之内，如图 6－19 所示。

(2) 物体对称，但由于轮廓线与对称线或中心线重合而不宜采用半剖视图时，可用局部剖视图表达，如图 6－20 所示；但也有特殊情况，如图 6－21 所示。

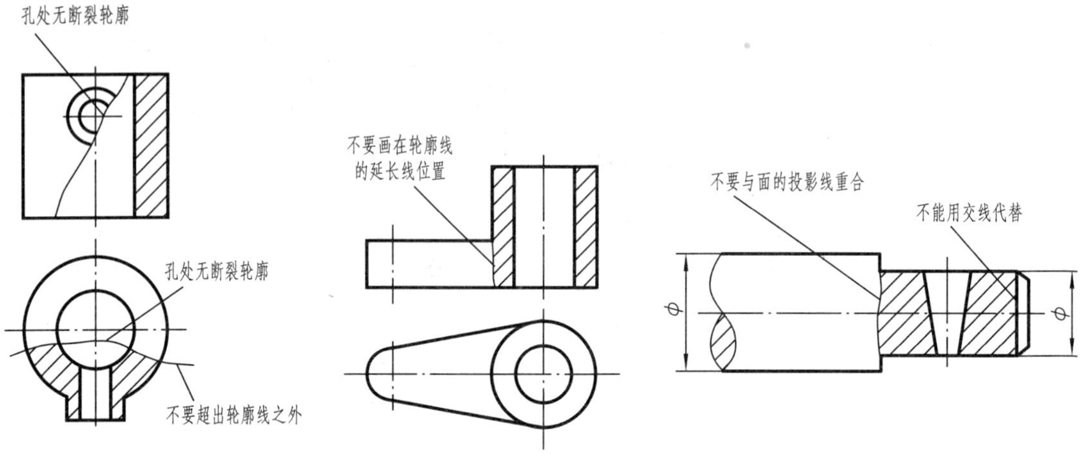

(a)　　(b)　　(c)

图 6-19　波浪线的错误画法

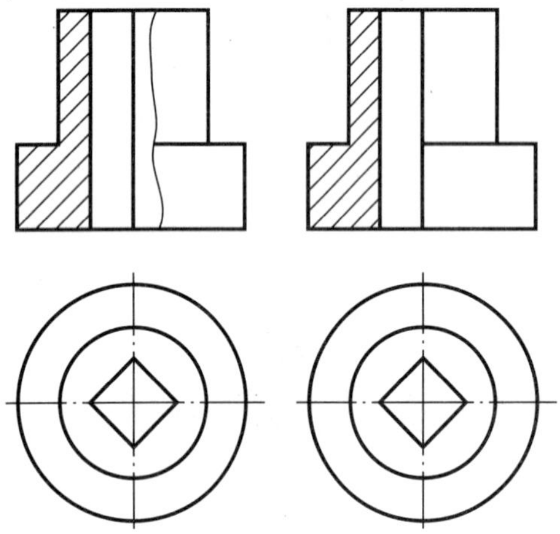

(a)　　(b)

图 6-20　不易采用半剖视图

(a) 好；(b) 不好

图 6-21　可用中心线代替波浪线

(3) 局部剖视图的标注方法与全剖视图相同，对于剖切位置明显的局部剖视图，一般可省略标注。

6.2.3　剖视图的剖切方法

由于机件的内部结构形状多种多样，因此画剖视图时，应根据物体的结构特点，选用不同的剖切面，以便充分体现物体的内部形状。国家标准规定的剖切方法有用单一剖切平面、几个平行的剖切平面、两个相交的剖切平面、复合的剖切面和不平行于任何基本投影面的平面剖切五种。

1. 单一剖切平面

采用一个剖切平面将物体剖开称为单一剖。如图 6-7～图 6-12 所示，物体的外部形状不复杂，采用一个剖切面将物体全部剖开，就能清楚地表现内部的结构形状。对尚未表达清楚的内部结构，也可用虚线表达，如图 6-13 所示。

采用这种剖切方法时，一般选用平行于基本投影面的剖切平面，也可以采用柱面剖切机件。

前面所述的全剖视图、半剖视图、局部剖视图均为用单一剖切平面剖切得到的，可见单一剖应用最为广泛。

2. 几个平行的剖切平面

用几个相互平行的剖切平面剖开物体的方法称为阶梯剖，如图 6 - 22 和图 6 - 23 所示。

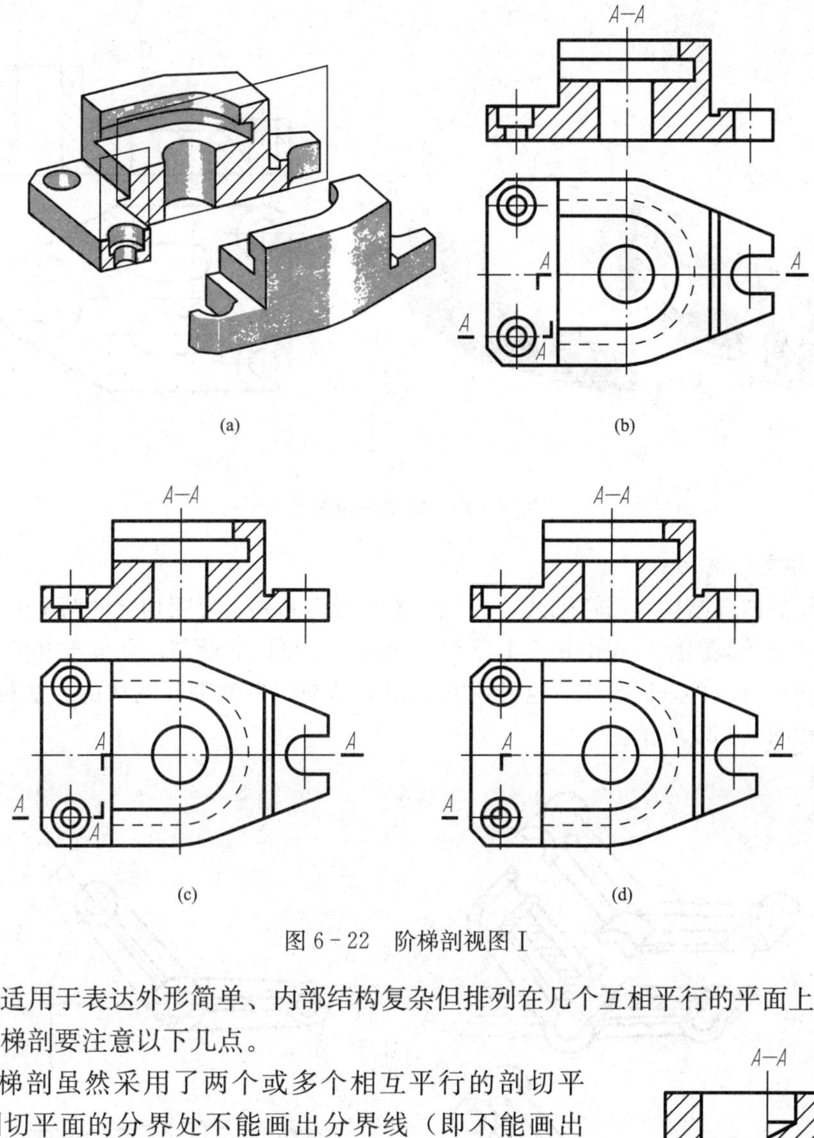

图 6 - 22　阶梯剖视图Ⅰ

阶梯剖适用于表达外形简单、内部结构复杂但排列在几个互相平行的平面上的机件。

采用阶梯剖要注意以下几点。

(1) 阶梯剖虽然采用了两个或多个相互平行的剖切平面，但在剖切平面的分界处不能画出分界线（即不能画出各剖切平面的交线)，如图 6 - 22（c）所示，图中主视图是错误的。

(2) 剖切平面的转折处不应与图中的实线或虚线重合。另外，一般情况下也不要在孔或槽的中间部分转折，以免孔或槽的结构仅有一部分被剖切。如图 6 - 22（d）所示主视图也是错误的。

(3) 当机件上的两个要素在图形上具有公共对称中心线或轴线时，可以各画一半。此时应以对称中心线或轴线为界，如图 6 - 23 所示。

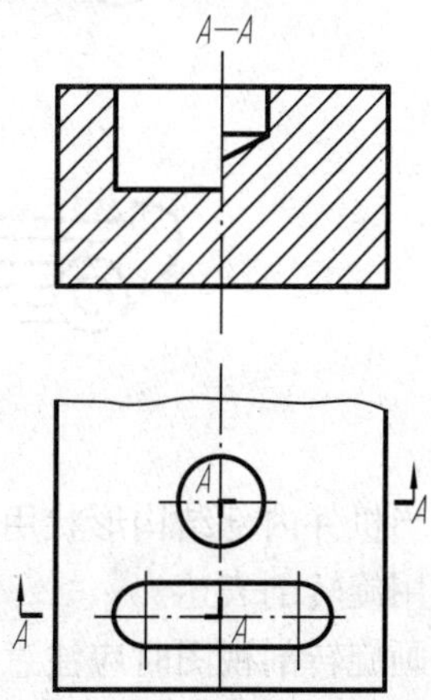

图 6 - 23　各画一半的图例

(4) 阶梯剖视图必须标注，标注方法如图 6－22 和图 6－24 所示。但应注意，剖切符号在转折处不允许与图上的轮廓线重合；如因转折处位置有限，且不致引起误解时，可以不注字母。当剖视图按投影关系配置，中间又没有其他图形隔开时，可省略箭头。

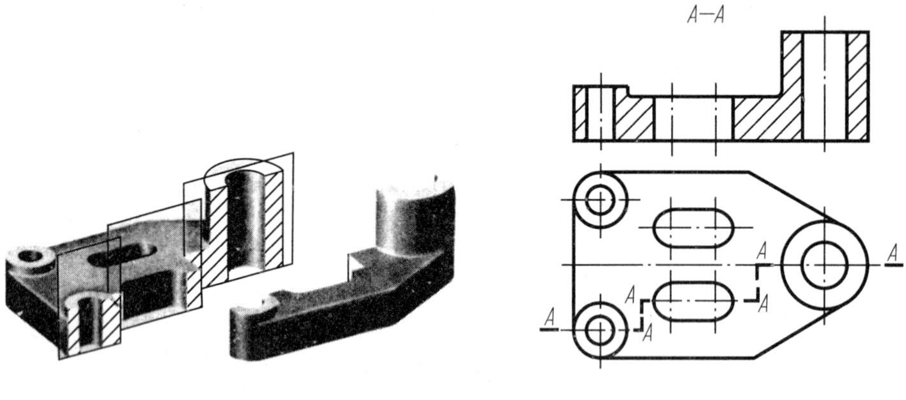

(a) (b)

图 6－24 阶梯剖视图Ⅱ

3. 两个相交的剖切面

有些物体的内部结构有回转轴线，并与基本投影面倾斜，可用相交的两个剖切平面剖开物体，为使剖开的倾斜结构在剖视图上反映实际尺寸，可以将倾斜剖切面剖开的部分旋转到与基本投影面平行后再进行投影。这种用两个相交的剖切平面剖开物体的方法称为旋转剖，如图 6－25 和图 6－26 所示。

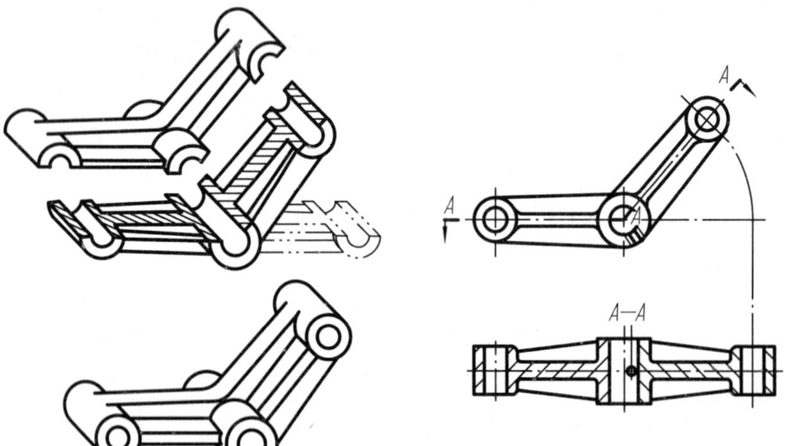

图 6－25 旋转剖视图Ⅰ

当机件内部结构形状用单一剖切平面不能完全表达，而机件在整体上又有回转轴线时，则可用旋转剖表达。

画旋转剖视图时应注意以下几点。

(1) 必须标注剖切位置。在它的起点和转折处标注字母“×”，在剖切符号两端画出表

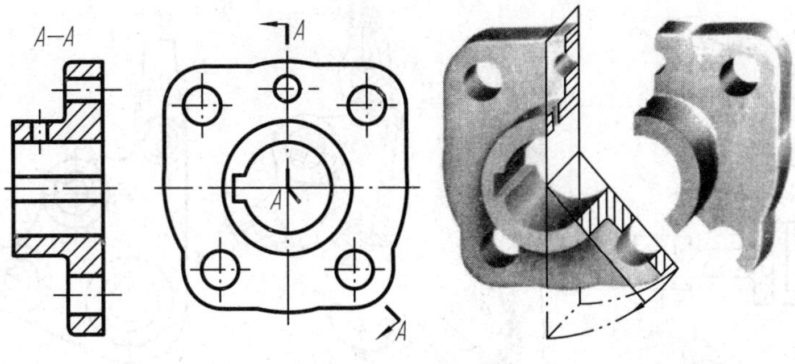

(a)

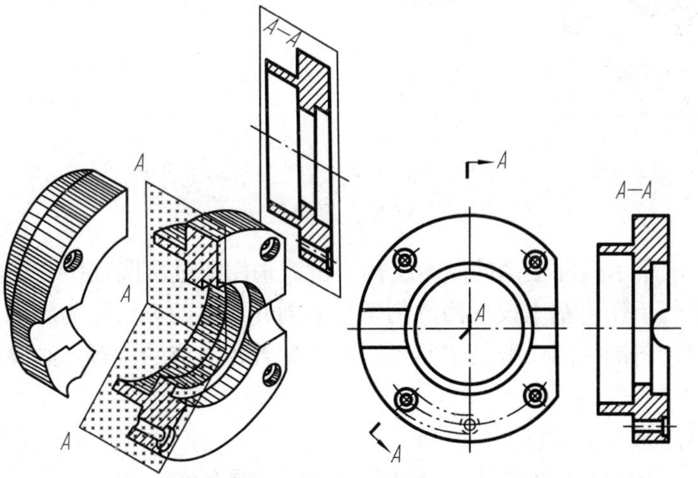

(b)

图 6 - 26 旋转剖视图Ⅱ

示剖切后投射方向的箭头，并在剖视图的上方注明剖视图的名称“×—×”。但当转折处位置有限又不致引起误解时，允许省略标注转折处的字母。

(2) 处在剖切平面后的其他结构要素，一般仍按原来的位置投影，如图 6 - 25 中的小孔。

(3) 强调的是“先剖开后旋转”，而不是将要表达的结构先旋转，然后再剖开，如图 6 - 25 和图 6 - 26 所示。

4. 复合的剖切平面

当机件的内部结构复杂，用阶梯剖和旋转剖仍不能表达清楚时，可以用复合的剖切平面剖开机件，这种方法称为复合剖，如图 6 - 27 所示。

画复合剖视图时应注意以下几点。

(1) 复合剖常用来表达多孔的结构和复杂的机件内形。

(2) 当采用几个旋转剖组成的复合剖时一般用展开画法，如图 6 - 27 所示。

(3) 复合剖的画图方法和标注方法与旋转剖和阶梯剖的方法基本相同，但展开的复合剖应在剖视图上方注出“×—×展开”。

5. 用不平行于任何基本投影面的剖切平面

当物体上具有倾斜结构时，只有沿着倾斜方向剖开才可以表现倾斜结构的内部形状。如

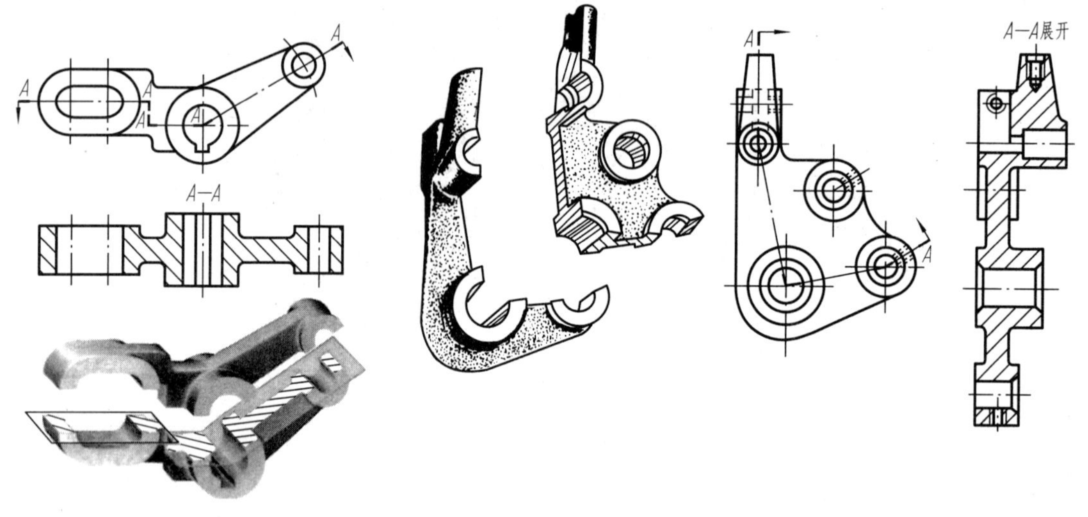

图 6-27 复合剖

图 6-28 和图 6-29 所示机件上部的倾斜结构，就需采用通过两圆柱中心线的剖切平面进行剖切。这种用不平行于任何基本投影面的剖切平面剖开物体的方法称为斜剖。

与斜视图类似，斜剖视图一般是按照投影关系配置相对应的位置，必要时可将它放置于其他适当的地方。

画斜剖视图应注意以下几点。

(1) 斜剖视图必须标注剖切符号、投射方向和剖视图名称。

(2) 为了便于看图，斜剖视图最好配置在箭头所指方向上，并与基本视图保持对应的投影关系，见图 6-28 中的“*B*—*B*”剖视图。为了合理利用图纸，也可将图形旋转画出，但必须标注“×—×旋转”，如图 6-28“*B*—*B* ⌒”所示。

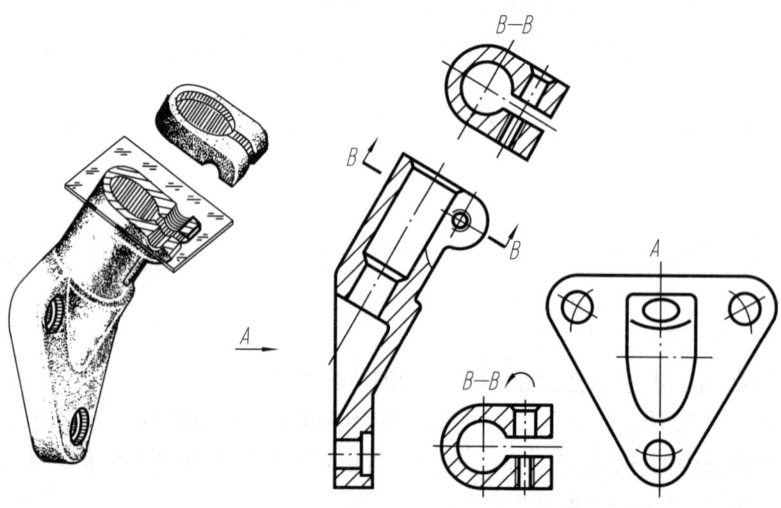

图 6-28 斜剖视图Ⅰ

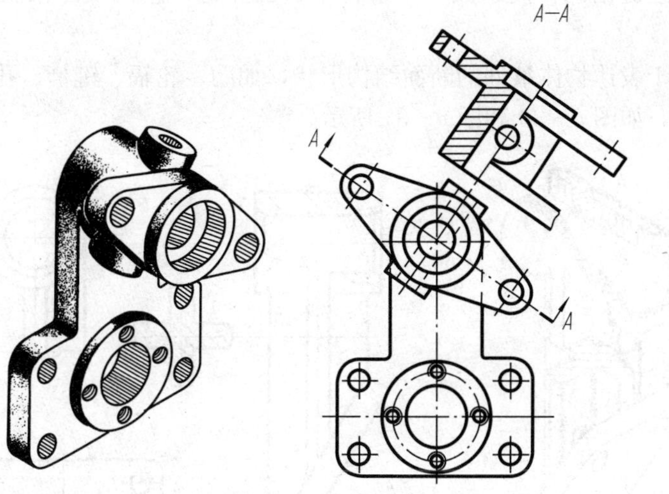

图 6－29　斜剖视图Ⅱ

（3）斜剖视图主要用来表达倾斜部分的实形，应避免在斜剖视图中表达物体上其余失真的投影，如图 6－28 中的“*B*—*B*”。而 *A* 向视图采用了局部视图画出，避免了结构的失真投影。

6.3　断　面　图

6.3.1　断面图的概念

假想用剖切面将物体的某处切断，仅画出该剖切面与物体接触部分的图形，这样的图形称为断面图，又称断面。

断面图与剖视图的区别是：断面图只画出物体被切处的断面形状；而剖视图除了画出其断面形状外，还必须画出断面之后所有的可见轮廓。

断面图实际上就是使剖切平面垂直于结构要素的中心线（轴线或主要轮廓线）进行剖切，然后将断面图形旋转 90°，使其与图纸重合而得到的。如图 6－30 所示，轴上开有键槽，

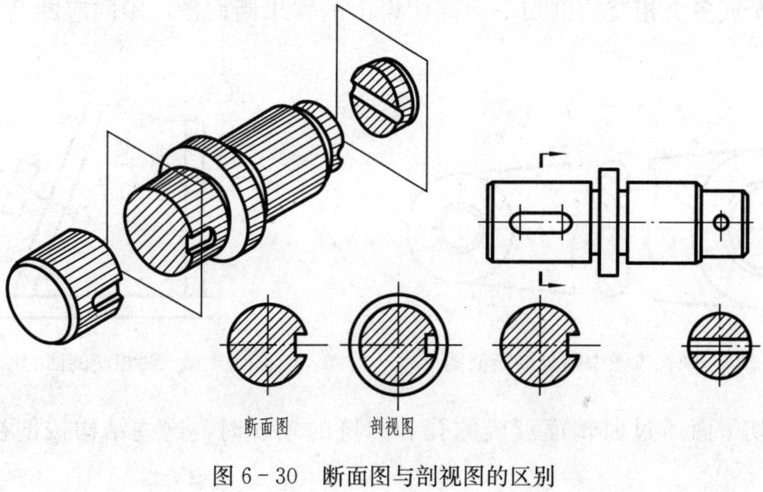

图 6－30　断面图与剖视图的区别

如果用视图来表达键槽的深度，图形不够清晰，虽然也可用剖视图来表达，但没有断面图简便。

断面图常用于表达物体某处的断面结构形状，如肋、轮辐、键槽、孔、锥坑以及各种型材的断面形状等，如图 6－30 和图 6－31 所示。

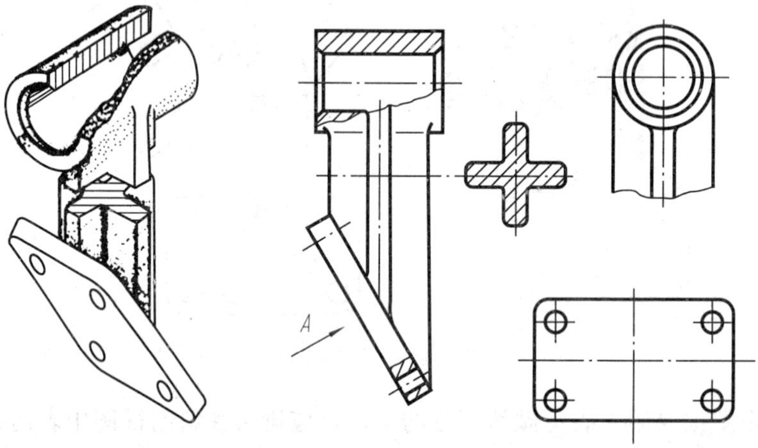

(a) (b)

图 6－31　断面图应用示例

6.3.2　断面图的种类

断面图按其配置的位置不同，可分为移出断面和重合断面两种。

1. 移出断面

画在视图外的断面称为移出断面，如图 6－30～图 6－34 所示。

移出断面通常按以下原则绘制。

(1) 移出断面的轮廓线用粗实线绘制。

(2) 移出断面图应尽量配置在剖切符号或剖切平面迹线（剖切平面与投影面的交线，用细点画线表示）的延长线上，如图 6－30 和图 6－31 所示。

(3) 当断面图形对称时也可画在图形的中断处，如图 6－32 所示。

(4) 由两个或多个相交的剖切平面剖切得出的移出断面图，中间应断开，如图 6－33 所示。

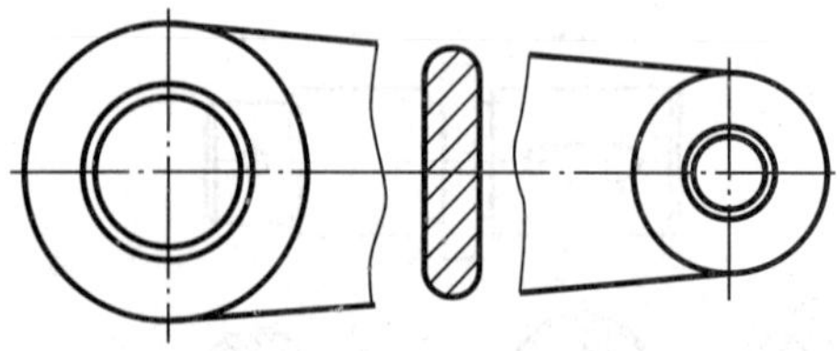

图 6－32　画在视图中断处的断面图

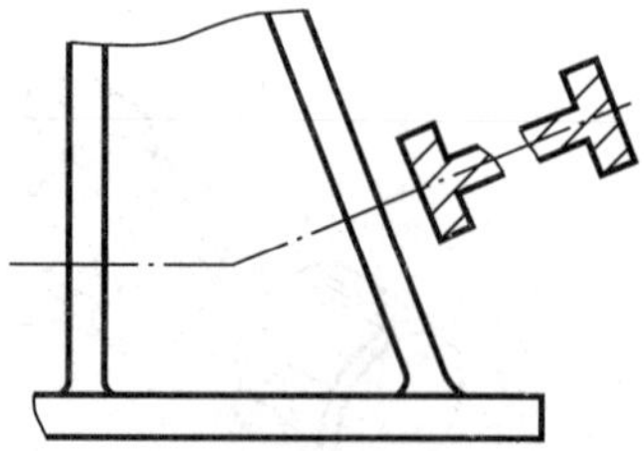

图 6－33　两相交剖面时断面图的画法

(5) 当剖切平面通过回转面形成的孔和凹坑的轴线时，这些结构按剖视图绘制，如图 6－34所示。

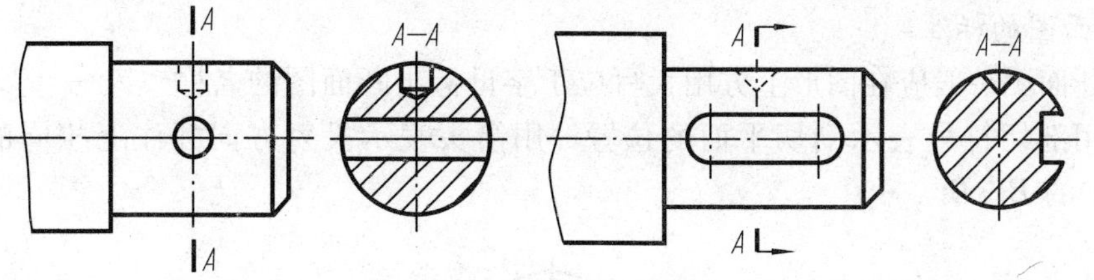

图 6-34 按剖视图绘制的断面图Ⅰ

(6) 当剖切平面通过非圆孔，会导致出现完全分离的两个断面时，则此结构应按剖视绘制，如图 6-35所示。

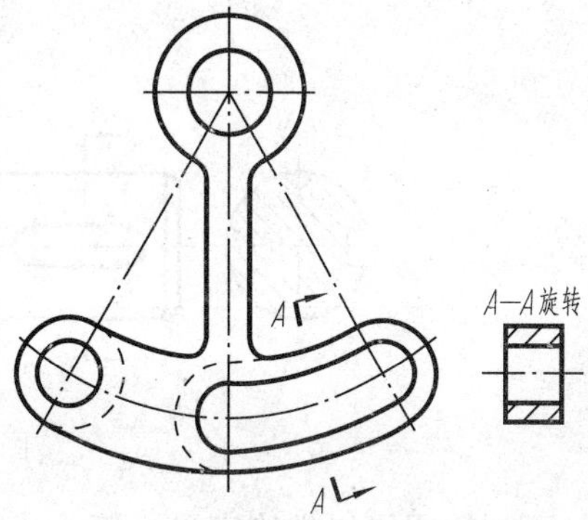

图 6-35 按剖视图绘制的断面图Ⅱ

2. 重合断面

画在视图轮廓线内的断面图，称为重合断面图，如图 6-36 所示。

重合断面的轮廓线规定用细实线绘制。当剖视图中的轮廓线与重合断面的图形重叠时，视图中的轮廓线仍应连续画出，不可断开，如图 6-36 (b) 所示。

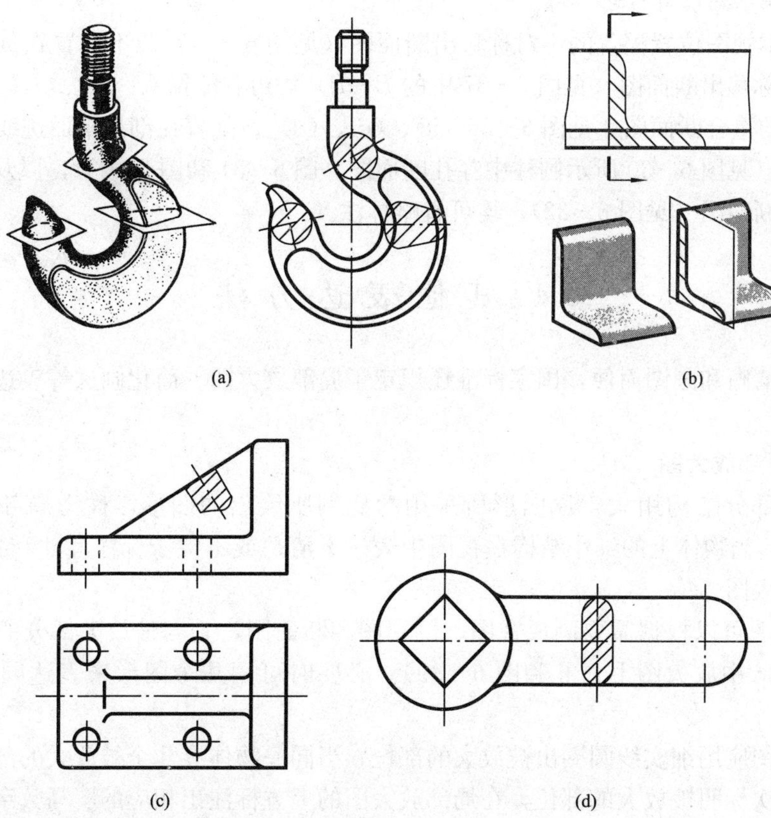

图 6-36 重合断面

3. 断面图的标注

移出断面图一般应在图形上方用大写拉丁字母标出断面图的名称“×—×”，在相应的视图上，用剖切符号表示剖切平面的位置，用箭头表示投射方向并注上相同的字母，如图 6-37 中的 *B*—*B*。

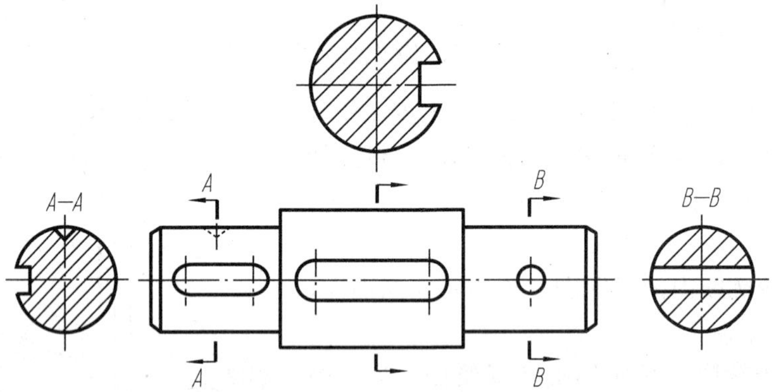

图 6-37 断面图的标注

下列情况可以省略字母、箭头或标注。

(1) 配置在剖切平面迹线延长线的不对称移出断面图（见图 6-33 和图 6-37）或重合断面图（见图 6-36）可省略字母。

(2) 按基本视图位置配置的不对称移出断面图（见图 6-34）或不配置在剖切平面迹线延长线上的对称移出断面图（见图 6-37 中的 *B*—*B*）均可省略箭头。

(3) 对称的重合断面图［见图 6-36 (a)、(c)、(d)］、配置在剖切平面迹线延长线的对称移出断面图（见图 6-30 所示圆柱中穿孔断面图、图 6-31 和图 6-33），以及配置在视图中断处的移出断面图（见图 6-32），均可省略标注。

6.4 其他表达方法

为使图形清晰和画图简便，国家标准还规定了局部放大图、简化画法等表达方法，以供绘图时选用。

6.4.1 局部放大图

将物体的部分结构用大于原图形所采用的比例所绘出的图形，称为局部放大图，如图 6-38所示。当物体上的细小结构在视图中表达不清楚或不便于标注尺寸和技术要求时，可采用局部放大图。

局部放大图可以根据需要画成视图、剖视图和断面图，它与被放大部分的表达方式无关（见图 6-38 中放大图Ⅰ、Ⅱ和图 6-39）。必要时可用几个图形来表达同一个被放大的结构。

局部放大图应用细实线圆圈出被放大的部位，当同一物体有几个被放大的部位时，必须用罗马数字依次标明被放大的部位，在局部放大图的上方标注出相应的罗马数字和所采用的比例（见图 6-38）。局部放大图的比例为图中图形与其实物相应要素的线性尺寸之比，并非与原图形之比。为使看图方便，局部放大图应尽量配置在被放大部位的附近。

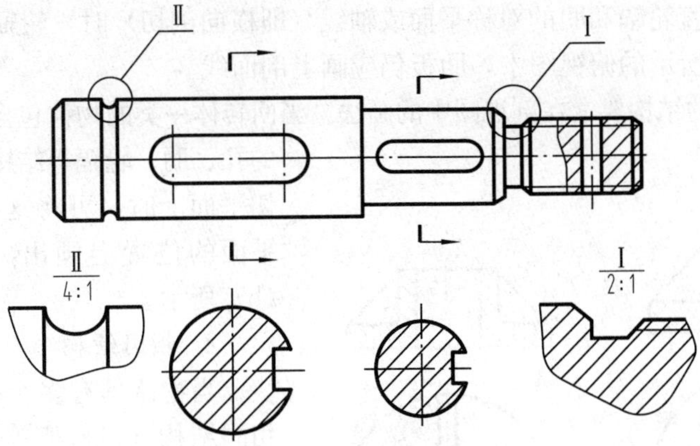

图 6-38　局部放大图Ⅰ

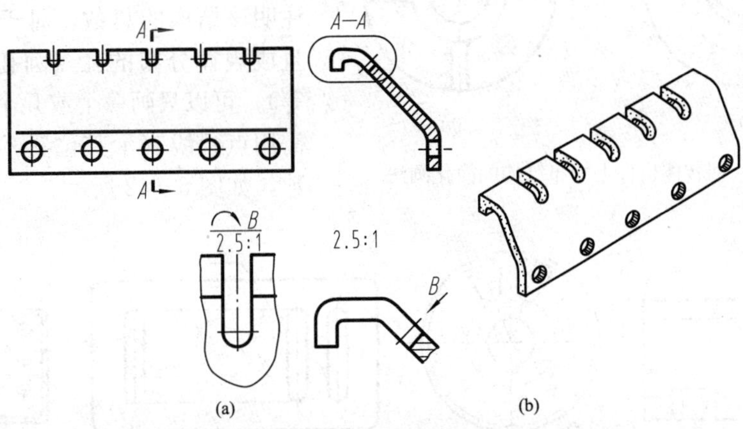

图 6-39　局部放大图Ⅱ

6.4.2　规定画法和简化画法

1. 剖视图中的规定画法

(1) 对于机件的肋、轮辐、薄壁等，如按纵向剖切，这些结构都不画剖面符号，而用粗实线将它与其邻接部分分开，如图 6-40 所示。

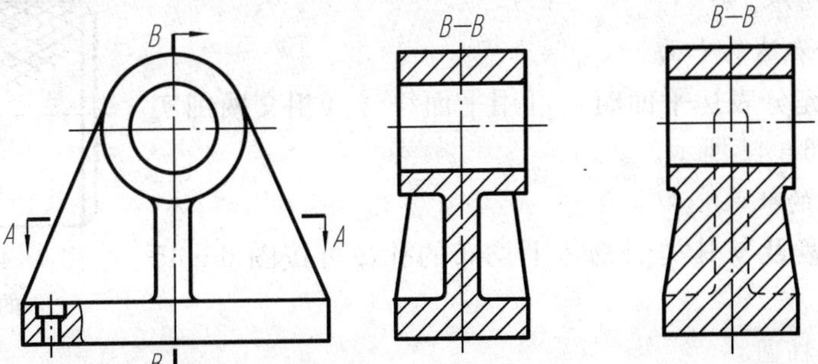

图 6-40　轮辐、肋的画法

当剖切平面垂直轮辐和肋的对称平面或轴线（即横向剖切）时，轮辐和肋仍要画上剖面符号。如图 6－40 所示的俯视图中，肋板仍应画上剖面线。

（2）均匀分布的结构要素在剖视图中的画法。当回转体一类的物体包含呈辐射状均匀分布的孔、肋、轮辐等结构，且它们不处于剖切平面上时，可将这些机构旋转到剖切平面的位置上画出，如图 6－41（a）、（b）所示。

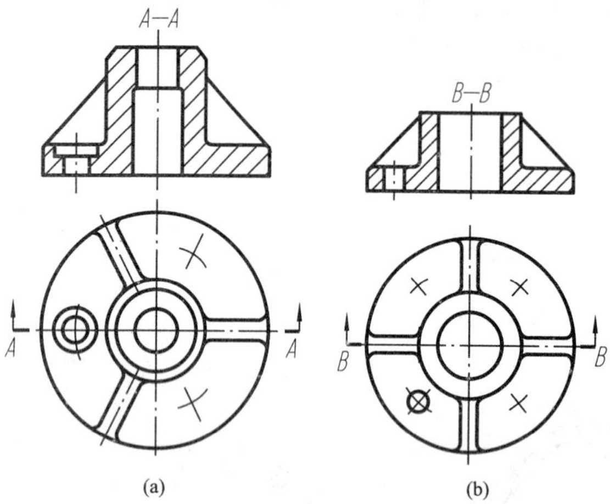

图 6－41 回转体机件上均布结构的简化画法

2. 相同结构

当物体具有多个按一定规律分布的相同结构（齿、槽等）时，只需画出几个完整的结构，其余用细实线连接，并注明该结构的总数。对于多个直径相同且成规律分布的孔（圆孔、螺孔、沉孔等），可以只画一个或几个孔，其余孔只需用点画线表示其位置，并注明孔的总数，如图 6－42 所示。

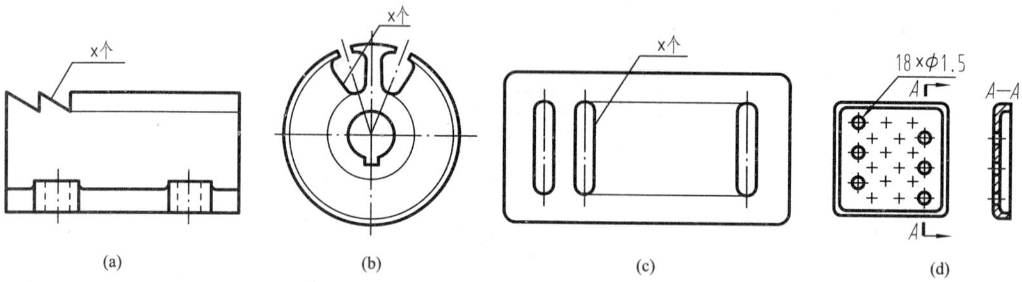

图 6－42 相同结构要素的简化画法

3. 网状物或物体上的滚花

可在轮廓线附近用粗实线示意画出，并在零件图或技术要求中注明这些结构的具体要求，如图 6－43 所示。

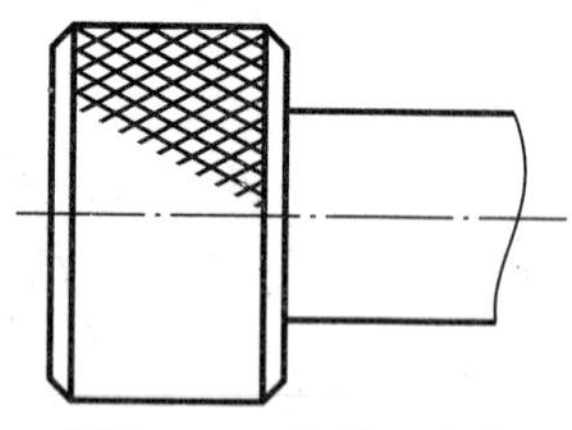

图 6－43 机件上滚花的简化画法

4. 不能充分表达的平面

当图形不能充分表达平面时，可用平面符号（相交两细实线）表示，如图 6－44 所示。

5. 法兰盘上的孔

圆柱形法兰盘及与其类似物体上均布的孔，可按图 6－45 所示方法绘制。

6. 圆投影为椭圆

与其投影面倾斜的角度不大于 30°的圆或圆弧，可用圆或圆弧来代替其在投影面上的投影——椭圆、椭圆弧，如图 6－46 所示。

7. 剖面符号

在不致引起误解时，物体的移出断面图允许省略剖面符号，但剖切位置和断面图的标注必须符合规定，如图 6－47 所示。

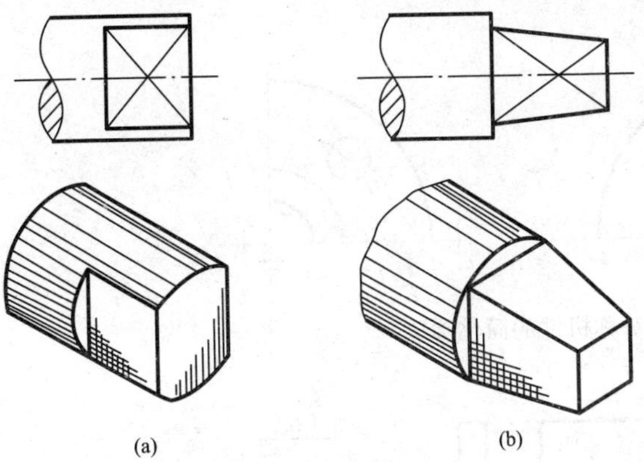

图 6-44 平面的表示方法

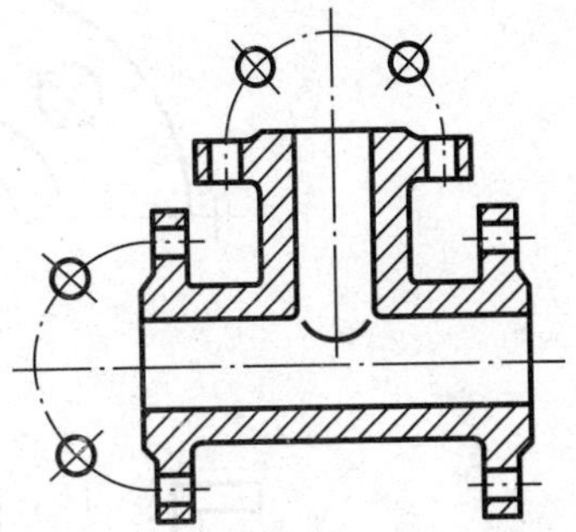

图 6-45 圆柱形法兰盘的简化画法

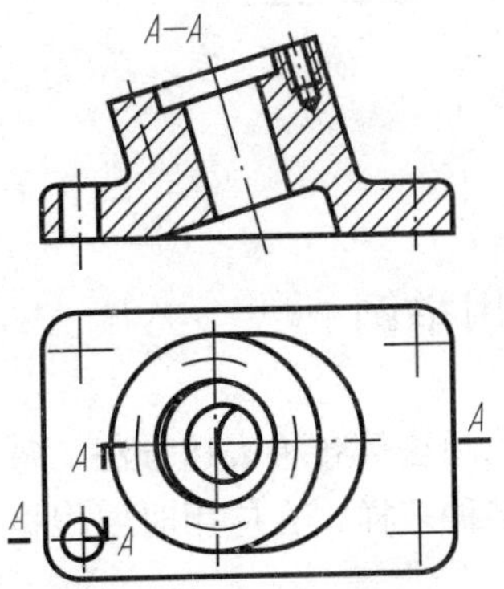

图 6-46 倾斜圆的简化画法

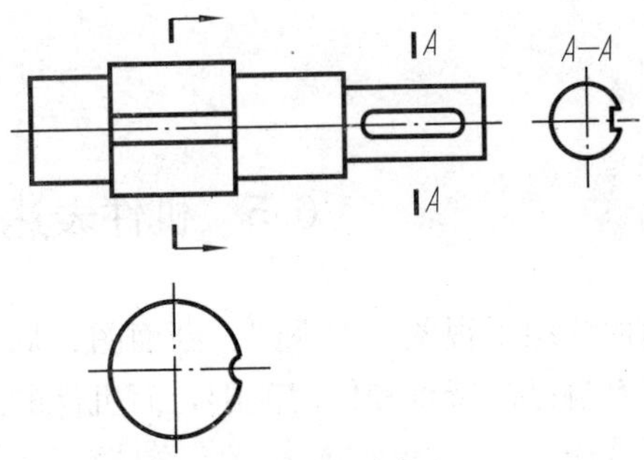

图 6-47 省略剖面符号的画法

8. 折断画法

较长的物体（轴、杆、型材、连杆等）沿长度方向的形状一致或按一定规律变化时，可断开后缩短绘制，如图 6-48 所示，但断开后的尺寸应按实际长度标注。

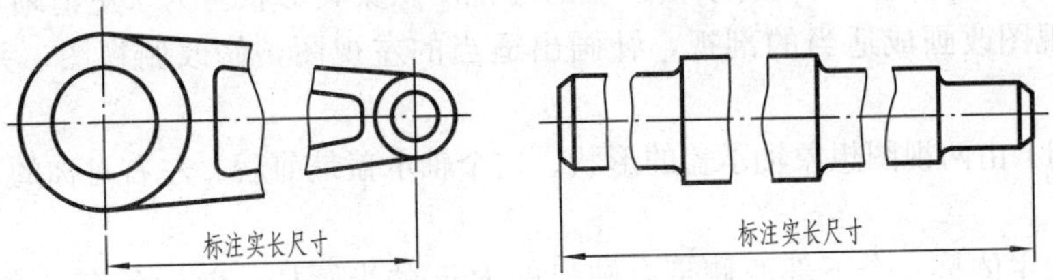

图 6-48 较长机件折断画法

9. 对称机件的简化画法

在不致引起误解时，对称机件的视图可只画一半或四分之一，并在对称中心线的两端画出两条与其垂直的平行细实线，如图 6-49 所示。

10. 小结构的画法

当机件上较小的结构及斜度已在一个图形中表达清楚时，在其他图形中应当简化或省略，如图 6-50 所示。

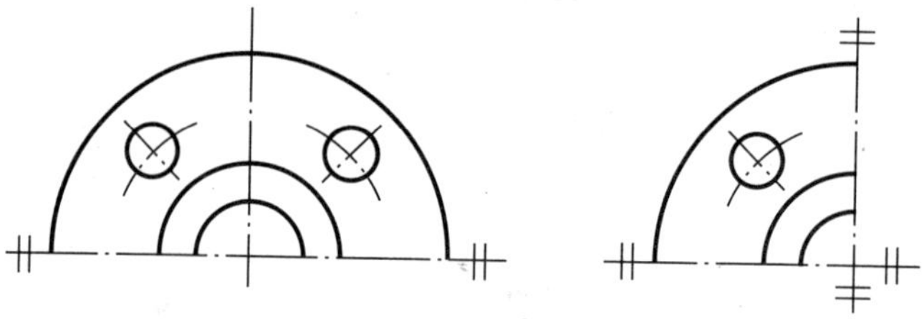

图 6－49　对称机件的简化画法

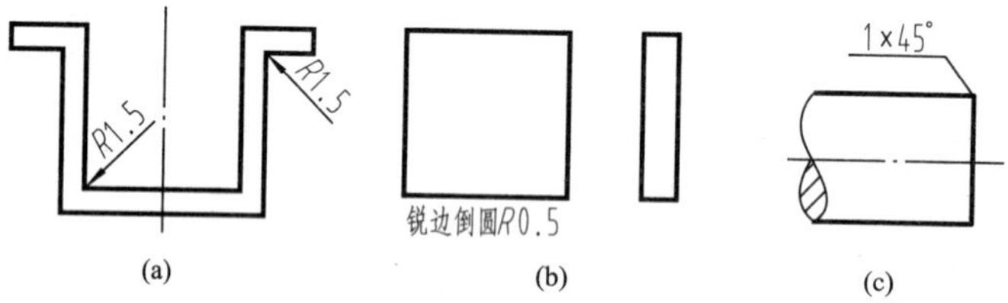

图 6－50　小结构的画法

6.5　机件表达方法综合应用举例

前面介绍了视图、剖视图、断面图、局部放大图、简化画法等各种表达方法，每种表达方法都有自己的特点和使用范围，而机件的结构形状也是多种多样，在应用时要根据具体情况合理选用。

6.5.1　绘图实例

在表达一个机件时，首先要对机件进行形体分析，根据机件的具体形状，选用适当的表达方案，并恰当地标注尺寸，完整、清晰地把这个机件的形状和大小表达出来。一个机件可能有几种不同的表达方案，好的方案应该能用较少的图形完整、清晰地表达机件。

【例 6－1】 根据图 6－51 所示轴承盖的两视图想象其形状。为了更清晰地表达这个轴承盖，把主视图改画成适当的剖视，补画出适当的左视图，修改俯视图，并重新安排尺寸注法。

作图：(1) 由两视图想象轴承盖的形状。这个轴承盖是前后、左右对称的，其下部与轴承座相配合。

轴承盖的主体是一个下部两侧带有缺口的 $R55$ 的半圆柱；前后各有一个半圆台凸部；主体中间挖成 $\phi65$ 的半圆柱空腔，前后两端也分别挖通 $\phi60$ 的半圆柱孔，并带有倒角；轴承盖左右侧各有一耳，两耳分别由 $R20$ 的半圆柱以及与其相切的长方体组成，与主体相交，并有 $\phi13$ 的圆柱孔。主体的底部用沿着两耳底面的水平面和侧平面分别截切成一个小缺口。轴承盖顶部有圆柱形凸台，中央有 $\phi14$ 的加油孔，经过 120°的锥顶角，与 $\phi10$ 的孔相连，直通主体 $\phi65$ 的半圆柱空腔。

综合上述情况，就可以想出这个轴承盖的形状，如图 6－52 所示。

(2) 选择适当的表达方法和重新安排尺寸标注方法。由于轴承盖左右对称，主视图采用半剖视图，又由于这个轴承盖前后也对称，所以左视图也采用半剖视图。用半剖视图表达的

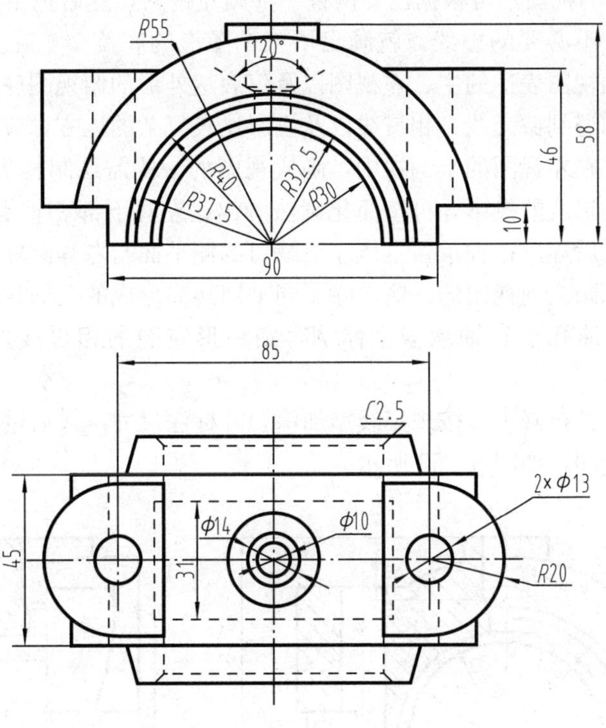

图 6-51 轴承盖的两视图

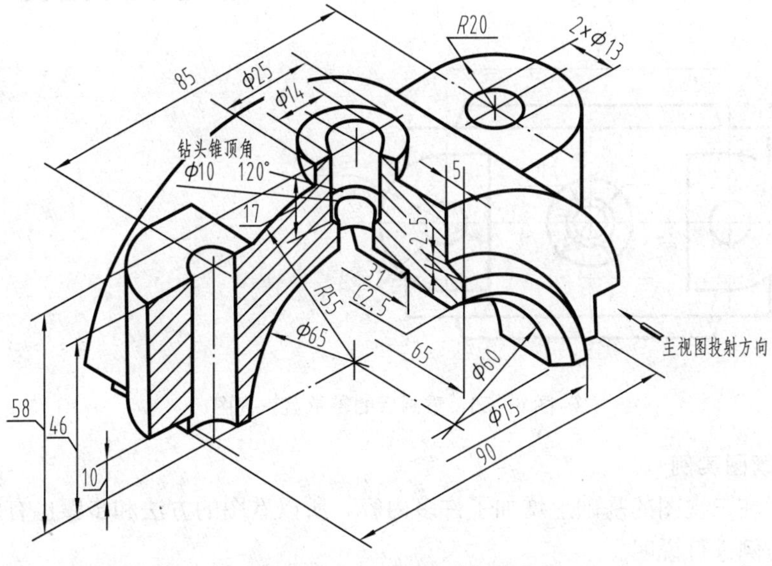

图 6-52 轴承盖的轴测图

主视图和左视图，都能同时反映内外形状，因而俯视图中用虚线画出的不可见结构投影，由于分别在两个半剖视中已能明显表达，便可省略不画。

按“正确、完整、清晰”的要求，调整尺寸的注法。例如，应该把图 6-51 中注在俯视图虚线处的尺寸 31、*C*2.5 等，移到左视图的半剖视中；把轴承盖主体的宽度尺寸 55 和总宽 65 移到左视图上标注，也是比较好的。

(3) 重画轴承盖的视图。可根据已知两视图补画左视图，然后把主、左视图改成半剖视图，擦去各个视图中不必要的虚线，就画出了三个图形的底稿。实际上，可按照上面的考虑，直接画出用半剖视图表达的主、左视图以及仅表达外形的俯视图底稿。

在画底稿时，如遇到截交线、相贯线以及投影比较复杂的地方，应该按投影或规定的简化画法画出。例如，在左视图的半剖视中，画成视图的一侧需绘制相贯线和截交线的投影；凸台和轴承盖主体相贯线的投影，可按简化画法画出；左耳下部和轴承主体相贯线的投影，可按投影求得若干点后连出；轴承盖主体左下缺口的侧平面与左耳圆柱形孔壁的截交线，也应按投影画出。而在画成剖视图的一侧，除了同轴回转面形成的孔的相贯线可按投影特性直接画出外，$\phi10$ 的加油孔壁和轴承盖主体 $\phi65$ 圆柱形空腔的相贯线投影，可按简化画法画出。

底稿画好后，经校核修正，按规定线型加深，并标注尺寸。最后进行总的校核，就画出了这个轴承盖的三视图，如图 6－53 所示。

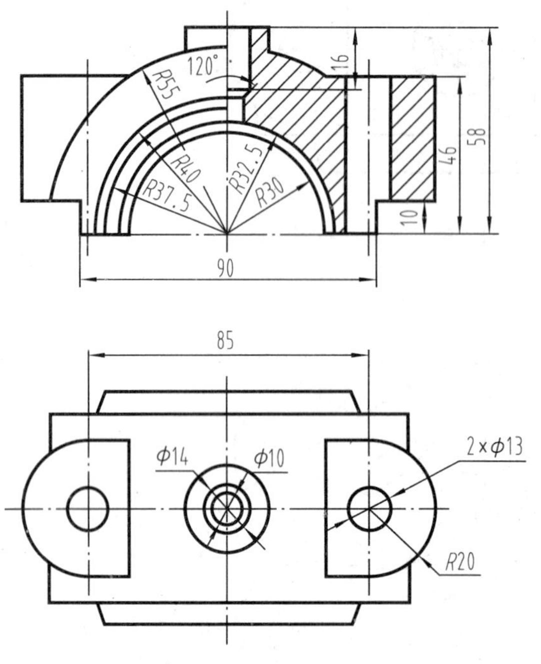

图 6－53 重画后的轴承盖三视图

6.5.2 读图实例

由于本章在三视图的基础上增加了许多内容，所以看图的方法和步骤也有所不同，下面以图 6－55 为例进行说明。

【例 6－2】 根据图 6－54 所示的表达方案，想象机件的空间形状。

(1) 概括了解。根据图形的数量、位置及其标注，初步认识机件的复杂程度。阀体的表达方案共有五个图形。其中包括四个剖视图——全剖主视图 *B*—*B*、全剖俯视图 *A*—*A*、全剖右视图 *C*—*C*、斜剖的全剖视图 *E*—*E*⌒ 和一个局部视图 *D* 向。

主视图 *B*—*B* 是采用旋转剖画出的全剖视图，表达阀体的内部结构形状；俯视图 *A*—*A* 是采用阶梯剖画出的全剖视图，着重表达左、右管道的相对位置，还表达了下连接板的外形

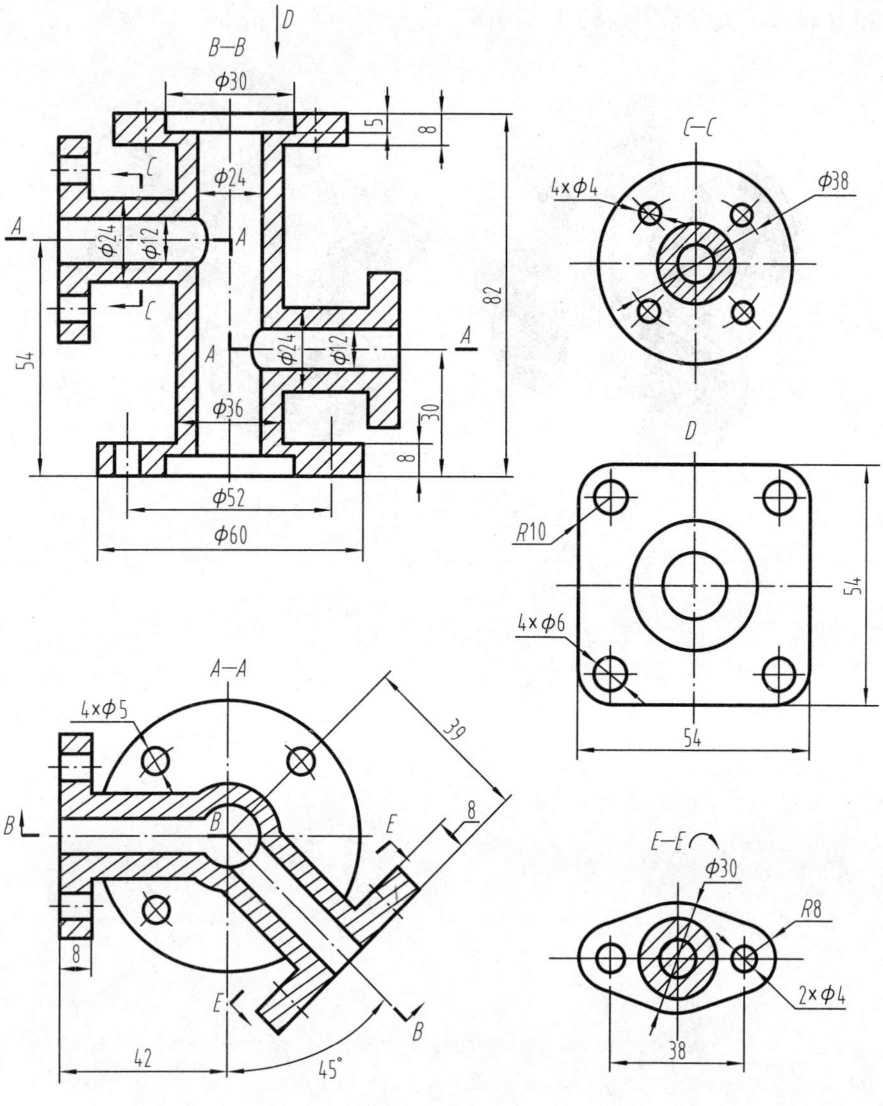

图 6-54 机件（阀体）的表达方案

及 4×ϕ5 小孔的位置；C—C 剖视图，表达左端管连接板的外形及其上 4×ϕ4 孔的大小和相对位置；D 向局部视图，相当于俯视图的补充，表达了上连接板的外形及其上 4×ϕ6 孔的大小和位置，因右端管与正投影面倾斜 45°，所以采用斜剖画出 E—E 全剖视图，以表达右连接板的形状。

(2) 形体分析。由图形分析可见，阀体的构成大体可分为管体、上连接板、下连接板、左连接板和右连接板五个部分。管体的内外形状通过主、俯视图已表达清楚，它是由三部分组合而成：中间一个外径为 36、内径为 24 的竖管，左边一个距底面 54、外径为 24、内径为 12 的横管，右边一个距底面 30、外径为 24、内径为 12、向前方倾斜 45°的横管。三段管子的内径互相连通，形成有四个通口的管件。阀体的上、下、左、右四块连接板形状大小各异，可以分别由主视图以外的四个图形看清它们的轮廓，它们的厚度为 8。

(3) 综合归纳，想出整体。通过分析形体，想象出各部分的空间形状，再按它们之间的相对位置组合起来，便可想象出机件（阀体）的整体形状，如图 6-55 所示。

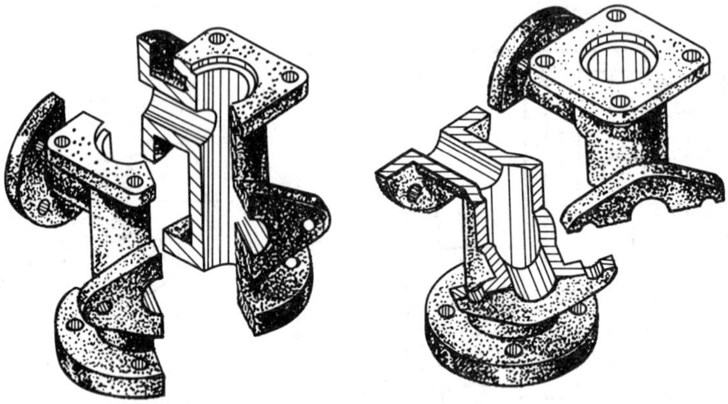

图 6-55 阀体的轴测图

第7章　标准件、齿轮和弹簧

在机器和部件中，除了一般零件外，还经常用标准件和常用件，如螺纹连接件（螺栓、螺钉、螺母、垫圈等）、键、销、滚动轴承等，它们的结构尺寸都已经标准化，称为标准件。另一些零件，如齿轮、弹簧等，它们的部分结构和参数也已标准化，称为常用件。对上述零、部件某些结构和形状不必按起真实投影画出，可根据国家标准所规定的画法、代号和标记进行绘图和标注。

本章主要介绍标准件、齿轮和弹簧的基本知识、规定画法、代号和标记方法以及有关标准的查用。

7.1　螺纹与螺纹连接件

7.1.1　螺纹

在圆柱（或圆锥）表面沿着螺旋线形成的、具有相同断面的连续的凸起和沟槽，称为螺纹。螺纹分外螺纹和内螺纹两种，成对使用，加工在圆柱（或圆锥）外表面的螺纹称为外螺纹，加工在其内表面的螺纹称为内螺纹。图7-1所示为在车床上加工螺纹的方法，图7-2所示为用钻头和丝锥加工内螺纹的方法。

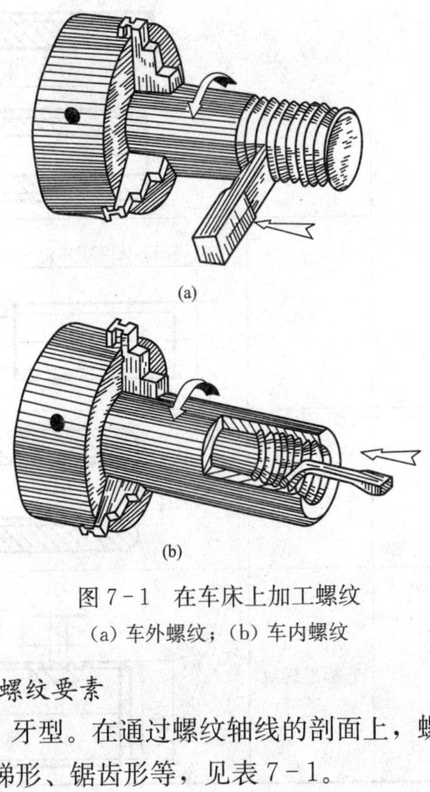

图7-1　在车床上加工螺纹
(a) 车外螺纹；(b) 车内螺纹

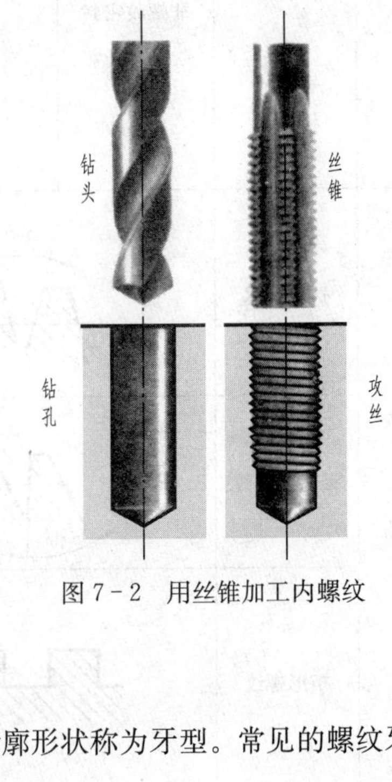

图7-2　用丝锥加工内螺纹

1. 螺纹要素

(1) 牙型。在通过螺纹轴线的剖面上，螺纹的轮廓形状称为牙型。常见的螺纹牙型有三角形、梯形、锯齿形等，见表7-1。

表 7-1　螺纹牙型、代号和标注

螺纹种类			牙型放大图	牙型代号	表注示例
连接螺纹	普通螺纹	粗牙	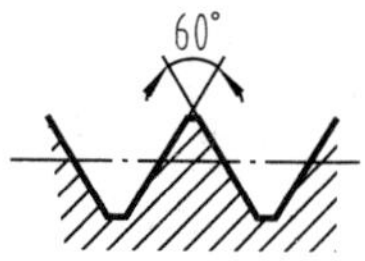	M	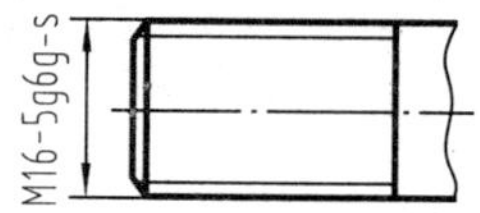
		细牙			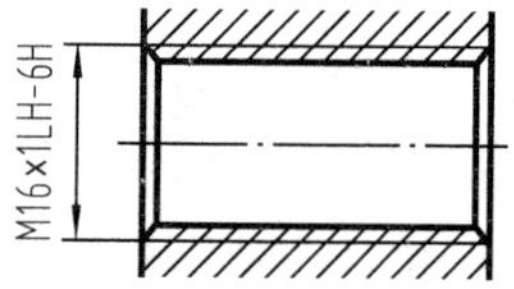
	管螺纹	螺纹密封	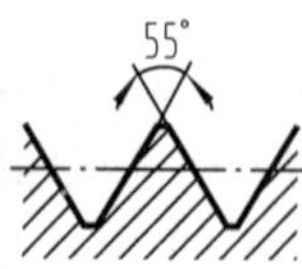	R Rc Rp	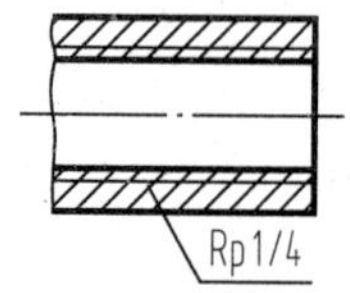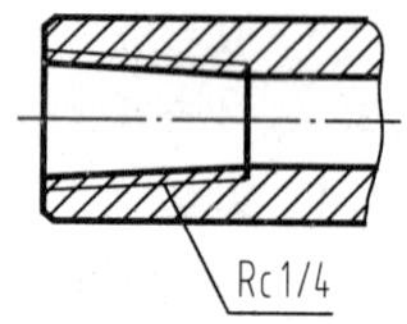
		非螺纹密封		G	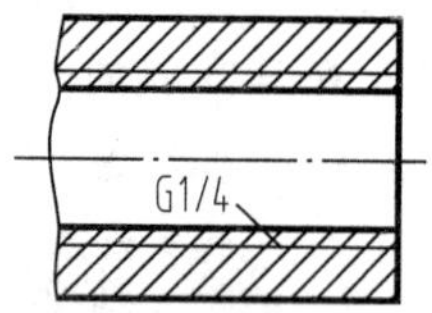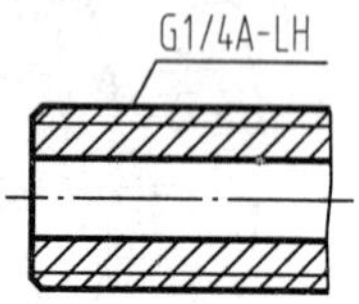
传动螺纹	梯形螺纹		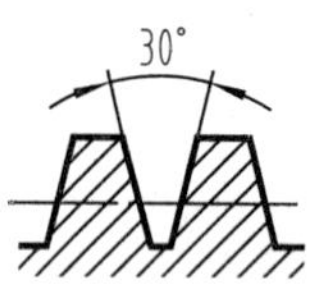	Tr	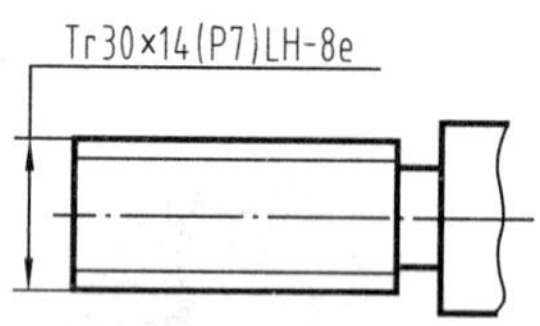
	锯齿形螺纹		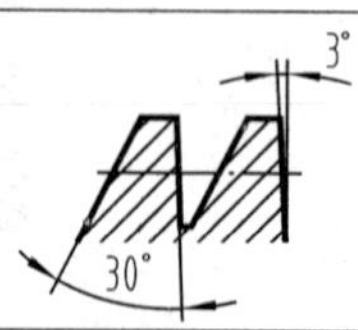	B	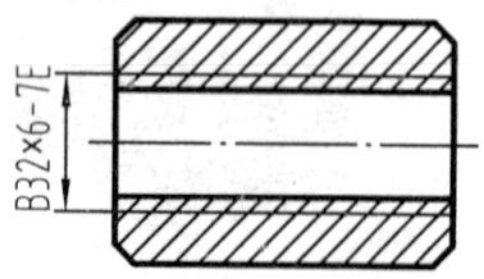
	矩形螺纹		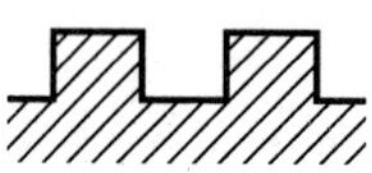	非标准螺纹	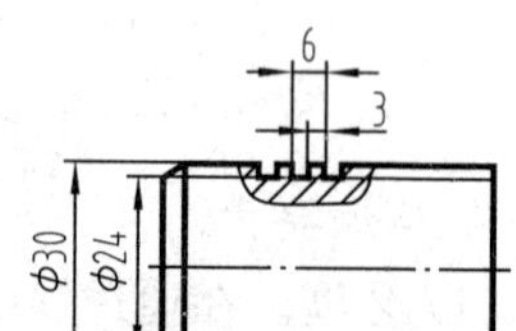

(2) 螺纹直径。螺纹的直径有大径、小径和中径。直径符号小写字母表示外螺纹，大写字母表示内螺纹，如图 7-3 所示。

大径（d、D）——也称公称直径。

小径（d_1、D_1）——与外螺纹牙底或内螺纹牙顶相重合的假想圆柱的直径称为小径。

中径（d_2、D_2）——母线通过牙型上沟槽和凸起宽度相等处的假想圆柱的直径称为中径。

(3) 线数。螺纹有单线和多线之分。沿一条螺旋线形成的螺纹，称为单线螺纹。沿两条或两条以上在轴向等距分布的螺旋线形成的螺纹，称为多线螺纹，线数用 n 表示。

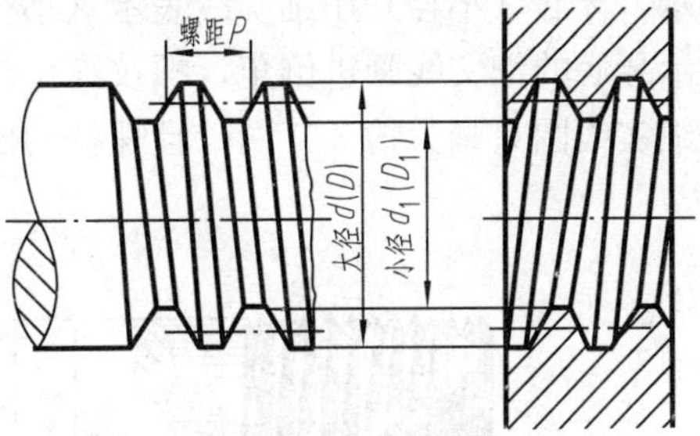

图 7-3　螺纹的要素

(4) 螺距与导程。相邻两牙在中径线上对应两点间的轴向距离，称为螺距，用 P 表示。在同一条螺旋线上的相邻两牙在中径线上对应两点间的轴向距离，称为导程，用 S 表示。螺距与导程的关系如图 7-4 所示，即单线螺纹 $P=S$，多线螺纹 $P=S/n$。

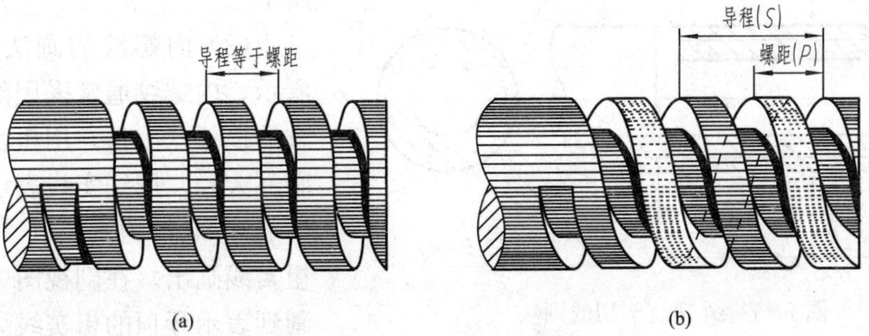

图 7-4　线数、螺距和导程

(a) 单线螺纹；(b) 双线螺纹

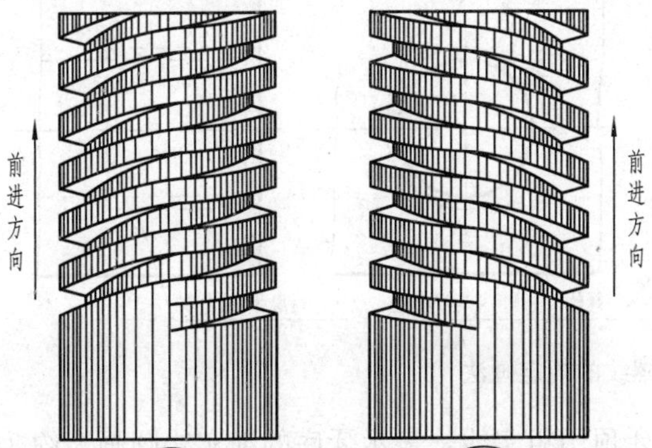

图 7-5　螺纹的旋向

(a) 右旋；(b) 左旋

(5) 旋向。当外螺纹顺时针方向旋入螺孔时，称其为右旋螺纹；而逆时针方向旋入螺孔时，称为左旋螺纹。常用的是右旋螺纹。如图 7-5 所示。

旋向也可以用以下方法判定：将外螺纹轴线垂直放置，螺纹的可见部分右高左低者是右旋螺纹，左高右低者是左旋螺纹。

内、外螺纹是配对使用的。只有牙型、大径、小径、导程、线数和旋向六个要素完全相同的内、外螺纹才能相互旋合。

2. 螺纹的规定画法

螺纹若按真实投影作图，比较麻烦。为简化作图，国家标准《机械制图》对螺纹的画法做了规定。采用规定的画法作图并加上螺纹标注（或标记）就能清楚地表示螺纹及其规格。

(1) 外螺纹的画法。如图 7－6 所示，不论牙型如何，外螺纹的顶牙（大径）用粗实线表示，牙底（小径）用细实线表示（小径近似画成 0.85 倍大径）：在与轴线平行的视图上，表示牙底的细实线画进倒角，螺纹终止线用粗实线表示；在与轴线垂直的视图上，表示牙底的细实线圆只画大约 3/4 圈，且螺杆的倒角省略不画。

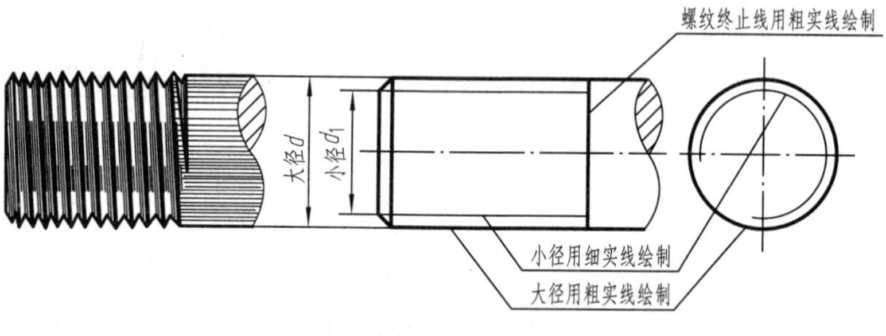

图 7－6 外螺纹的规定画法

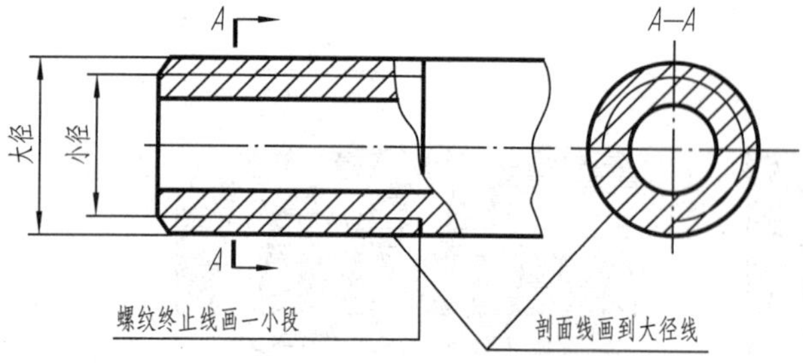

图 7－7 外螺纹剖切的画法

外螺纹需要剖切的画法如图 7－7 所示。

(2) 内螺纹的画法。如图 7－8 所示，内螺纹通常采用剖视图。内螺纹的顶牙（小径）用粗实线表示，牙底（大径）用细实线表示（小径近似画成 0.85 倍的大径），螺纹终止线用粗实线画出。在剖视图中，剖面线应画到表示牙顶的粗实线为止。

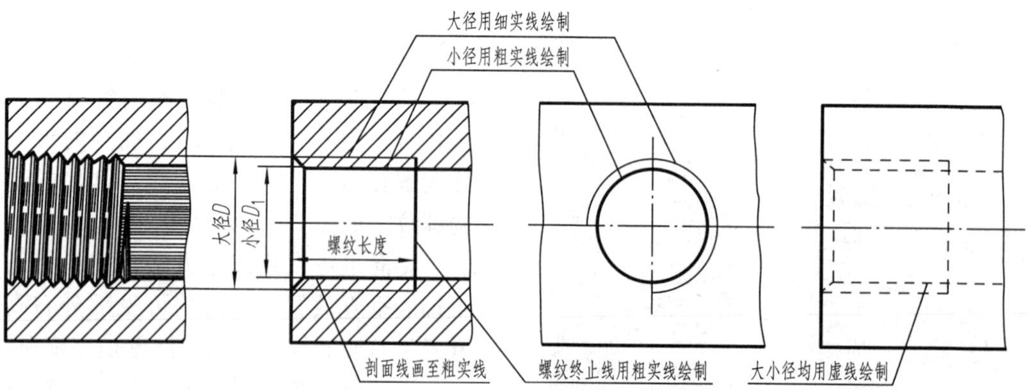

图 7－8 内螺纹的规定画法

在与轴线垂直的视图上，若螺孔可见，牙顶用粗实线，表示牙底的细实线圆画大约 3/4 圈，且孔口倒角省略不画。

绘制不通孔的内螺纹，应将钻孔的深度和螺纹深度分别画出。孔底由钻头钻成的 120°锥面要画出。

若螺纹采用不剖画法，牙底、牙顶及螺纹终止线均用虚线表示。

(3) 螺纹连接画法。螺纹连接通常采用剖视图。在剖视图中，内、外螺纹旋合部分应按外螺纹的规定画法绘制，其余部分仍按各自的规定画法画出，如图 7-9 所示。

画图时必须注意：表示内、外螺纹大径的细实线和粗实线，以及表示内、外螺纹小径的粗实线和细实线应分别对齐，这与倒角的大小无关，表示内、外螺纹具有相同的大径和小径。在剖切平面通过螺纹轴线的剖视图中，实心螺杆按不剖绘制。

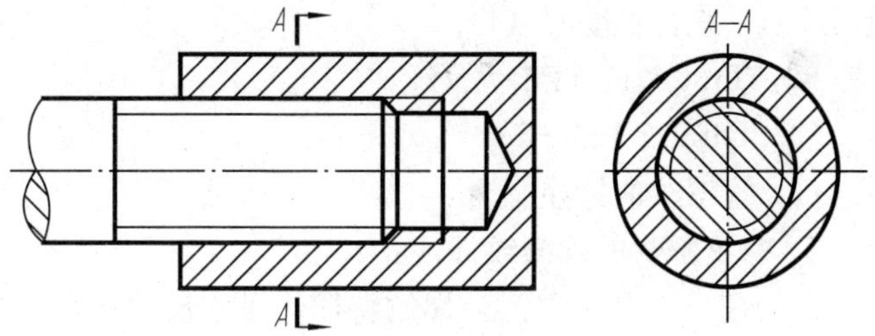

图 7-9　螺纹连接的规定画法

3. 螺纹的分类

螺纹按用途可分为连接螺纹和传动螺纹两类。

(1) 连接螺纹。即起连接作用的螺纹，普通螺纹和管螺纹都属于连接螺纹。其中，普通螺纹根据螺距的不同有粗牙普通螺纹和细牙普通螺纹两种，牙型为等边三角形，牙型角为 60°；管螺纹牙型为三角形，牙型角为 55°。管螺纹又分为用螺纹密封的管螺纹和非螺纹密封的管螺纹两种：用螺纹密封的管螺纹包括圆锥外螺纹、圆锥内螺纹和圆柱内螺纹三种，它们的配合具有一定的密封能力，多用于高温高压系统；非螺纹密封的管螺纹，其内、外螺纹都是圆柱管螺纹，相配合的螺纹副本身没有密封能力，所以多用于润滑管路系统。

(2) 传动螺纹。即用于传递运动和动力的螺纹，梯形螺纹和锯齿形螺纹是两种常用的传动螺纹。

4. 螺纹的标注

由于螺纹的规定画法不能清楚地表达螺纹的种类、要素及要求，因此国家标准规定标准螺纹用规定的标记进行标注，并标注在螺纹的公称直径上，以区别不同种类的螺纹。

各种螺纹的标注示例见表 7-1。

(1) 普通螺纹的标注。普通螺纹的完整标记由螺纹代号、公差带代号和旋合长度代号三部分组成。

标记格式：

螺纹特征代号　公称直径×螺距旋向 − 中径公差带代号　顶径公差带代号 − 旋合长度代号
（螺纹代号）　（公差带代号）　（旋合长度代号）

普通螺纹特征代号为 M，普通粗牙螺纹不注螺距，细牙螺纹注螺距；右旋螺纹不注，左旋注 LH；公差带代号包括中径公差带代号和顶径公差带代号，二者相同时，可只注一个公差代号，外螺纹用小写字母表示，内螺纹用大写字母表示；旋合长度分短、中、长三种，代号分别为 S、N、L，中等旋合长度不必标注，长或短旋合长度必须标注；特殊的旋合长度可直接注出长度数值。

例：M20-5g6g-S

M30×2.5　LH-6H

(2) 梯形螺纹和锯齿形螺纹的标注。

标记格式：

螺纹特征代号　公称直径×螺距或导程（P螺距）旋向 — 中径公差带代号 — 旋合长度代号
（螺纹代号）

梯形螺纹的特征代号为Tr，锯齿形螺纹的特征代号为B，单线螺纹的尺寸规格为“公称直径×螺距”表示；多线螺纹用“公称直径×导程（P螺距）”表示；右旋螺纹不注，左旋注LH；旋合长度同（1）。

例：Tr36×12（P6）-7H

B40×7 LH-8c

（3）管螺纹的标注。

1）螺纹密封的管螺纹标注：

螺纹特征代号　尺寸代号—旋向代号

螺纹特征代号如下：圆锥内螺纹Rc、圆锥外螺纹R、圆柱内螺纹Rp；尺寸代号用1/2、3/4、1、3/8等表示，尺寸代号并非是管螺纹的公称直径，而是管子孔径英寸的近似值，如要确定管螺纹的大径、中径、小径的数值，需根据其尺寸代号从附表3中查取；右旋不标注，左旋标注LH。

例：R1/2-LH

Rp3/4

Rc3/8

2）非螺纹密封的管螺纹标注：

螺纹特征代号　尺寸代号　公差等级代号—旋向代号

非螺纹密封的管螺纹特征代号为G；螺纹公差等级代号对外螺纹分A、B两级，对内螺纹则不标记；旋向同上所述。

例：G1/2A

G3/8B-LH

（4）螺纹副的标注。内、外螺纹旋合在一起又称螺纹副，其标记时，内、外螺纹的标记用“/”分开，左边表示内螺纹，右边表示外螺纹。

例：M20-6H/6g

G3/4/G3/4B

Tr48×16（P8）-7H/7e

（5）在图样上的标注方法。

1）标准螺纹的标注。标准螺纹的螺纹代号（或标记）注法与一般线性尺寸注法相同。但应特别注意，除管螺纹的标注内容必须注写在螺纹大径引出的指引线水平折线上以外，其他均应注写在大径的尺寸线上，见表7-1。

2）特殊螺纹与非标准螺纹的标注。特殊螺纹应在螺纹种类代号前加注“特”字；非标准螺纹可按规定画法画出，但必须画出牙型并注出有关螺纹结构的全部尺寸。

7.1.2　螺纹连接件

螺纹连接是工程上应用广泛的连接方式。常见的连接形式有螺栓连接、双头螺柱连接和螺钉连接。

常用的螺纹连接件有螺栓、双头螺柱、螺钉、螺母、垫圈等，如图7-10所示。它们的类型和结构形式多样，但大多已标准化，通称标准件。它们的尺寸数据可以从有关标准中查到。

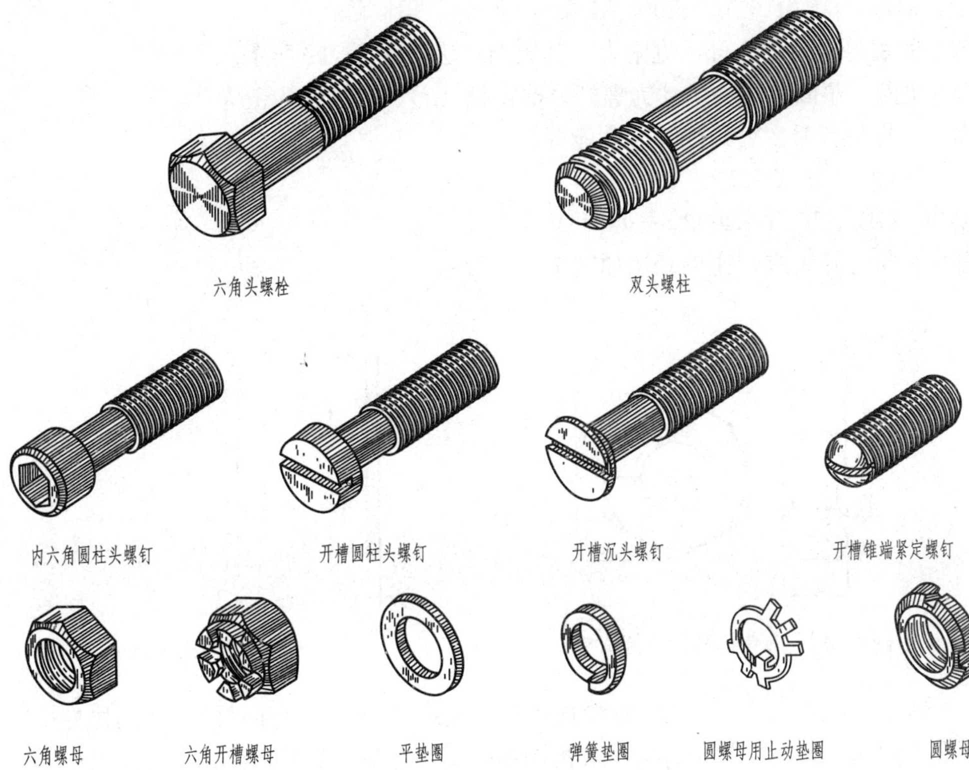

图 7－10　常用螺纹连接件

1. 螺栓连接

螺栓连接适用于被连接件不太厚并且允许钻成通孔的情况。螺栓连接的连接件有螺栓、螺母和垫圈。

(1) 螺栓。螺栓的规格尺寸是螺纹大径（d）和螺杆长度（L），其规定标记为

名称　标准代号　螺纹代号×长度

例：螺栓 GB/T 5782—2003 M20×100

螺杆的公称直径不同对应各部分的大小不同，其各部分尺寸关系见附表，可以查表进行绘图。为了快速画图，习惯上采用比例画法绘图。所谓比例画法就是以螺纹的公称直径（d、D）为基准，其余各部分结构尺寸均按与公称直径成一定比例关系绘制，如图 7－11 所示。

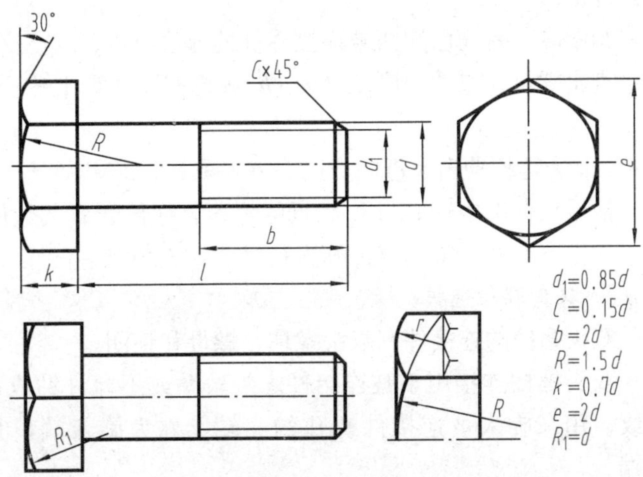

图 7－11　六角头螺栓的比例画法

(2) 螺母。螺母的规格尺寸是螺纹大径（D），其规定标记为

名称　标准代号　螺纹代号

例：螺母　GB/T 6170—2000 M30

常用的螺母为六角螺母，见附表，其比例画法如图 7－12 所示。

（3）垫圈。垫圈的规格尺寸为螺杆公称直径（d），其规定标记为

名称　标准代号　公称尺寸—性能等级

例：垫圈　GB/T 97.2—2002 10

垫圈　GB/T 97.1—2002 8—140HV

各部分尺寸见附表，比例画法如图 7－13 所示。

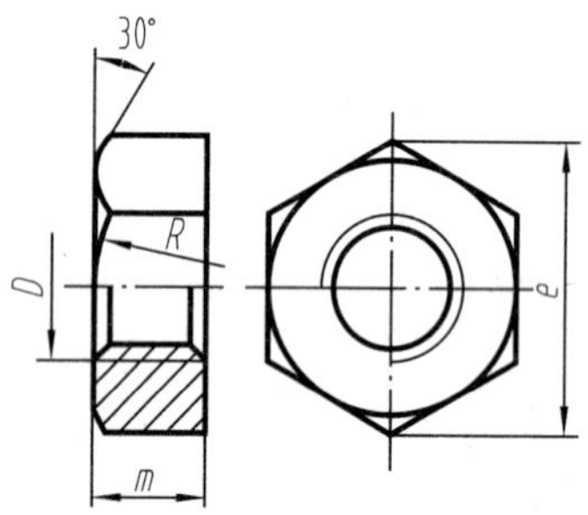

图 7－12　六角螺母的比例画法

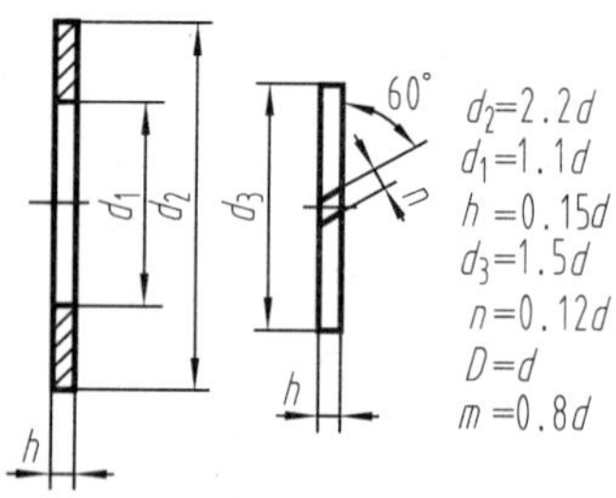

图 7－13　垫圈的比例画法

（4）螺栓连接装配图的画法。螺栓连接时，先将螺栓的杆身穿过两个被连接件中间的通孔，再装上垫圈，最后用螺母拧紧。装配图中，常用比例画法近似画出，画图时应遵循以下规定。

1）相邻零件的表面接触时，画一条粗实线作为分界线，不能画成两条线或加粗。凡不接触的表面，不论间隙多小，都必须画两条线，间隙过小时，应夸大画出，如螺杆和零件孔之间就应该画两条线。

2）在剖视图中，相邻两零件的剖面线方向应相反，或者方向相同但间距不同或错开。在同一张图纸上，同一零件在各个剖视图中的剖面线方向、间距应一致。

3）当剖切平面通过螺栓、螺母、垫圈等连接件的轴线时，连接件按不剖画出，即只画出其外形。

画图时，首先已知两被连接零件的厚度（δ_1、δ_2）及各连接件的形式、规格，然后从标准中查出螺母、垫圈的厚度（m、h），再按下式算出螺栓的参考长度（L'）：

$$L' = \delta_1 + \delta_2 + m + h + a$$

式中：a 为螺栓伸出螺母的长度，一般取 $a \approx 0.5d$。

最后从标准中选取与 L' 相近的螺栓公称长度 L 的数值。

为作图方便，常用以公称直径 d 为比例值画装配图，如图 7－14 所示。

2. 双头螺柱连接

双头螺柱的连接件有双头螺柱、螺母和垫圈。

双头螺柱连接用于被连接件之一较厚或不允许钻成通孔的情况。双头螺柱的两端都有螺纹。用来旋入被连接件螺孔的一端，称为旋入端，其长度用 b_m 表示；另一端称为紧固端。

旋入端长度与只有螺孔的材料有关：

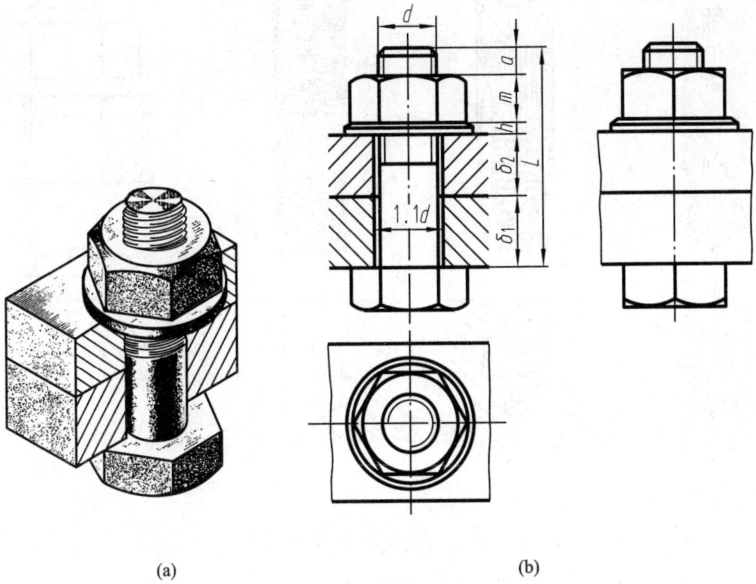

图 7-14　螺栓连接的比例画法

钢、青铜　　　$b_m=d$

铸铁　　　　$b_m=1.25d$

铸铁或铝合金　$b_m=1.5d$

铝合金　　　$b_m=2d$

双头螺柱的规格尺寸是螺纹大径（d）和螺柱长度（L），其规定标记为

名称　标准代号　类型　螺纹代号×长度

例：螺柱　GB/T 897—2003　M20×50

螺柱　GB/T 897—2003　AM10×1×50

画图前，应已知制有螺孔的零件材料以确定旋入端的长度，以及只有光孔的零件厚度 δ 和螺柱的公称直径 d，然后查表得到螺母、垫圈的厚度（m、h），再计算出双头螺柱的参考长度（L'）：

$$L'=\delta+m+h+a$$

式中，a 为螺柱伸出螺母外的长度，一般取 $a\approx0.5d$。

最后查标准选定与参考长度相近的公称长度 L。

画螺柱连接图时要特别注意以下几点。

(1) 螺柱旋入端的螺纹终止线要与两零件的结合面平齐，表示旋入端全部拧入，完全拧紧。

(2) 螺柱连接时经常会使用弹簧垫圈，以防松动。绘制弹簧垫圈时，应画出与水平线成120°的两条平行线（或一条加粗线），如图 7-15（a）所示。

(3) 结合面以上部位的画法与螺栓连接相同。

双头螺柱连接装配图的画法，如图 7-15（b）所示。

螺栓连接和螺柱连接提倡采用简化画法，将螺母和螺栓头部因倒角而产生的交线省略不画，如图 7-16 所示。

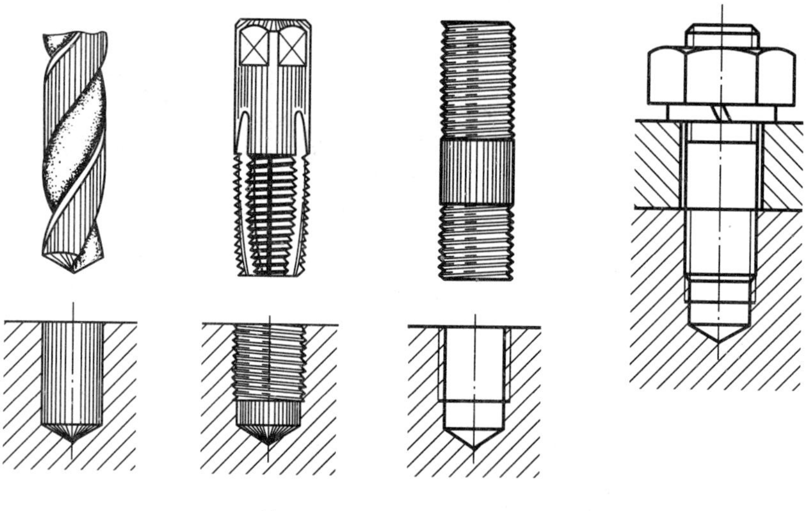

(a) (b)

图 7－15 双头螺柱连接画法

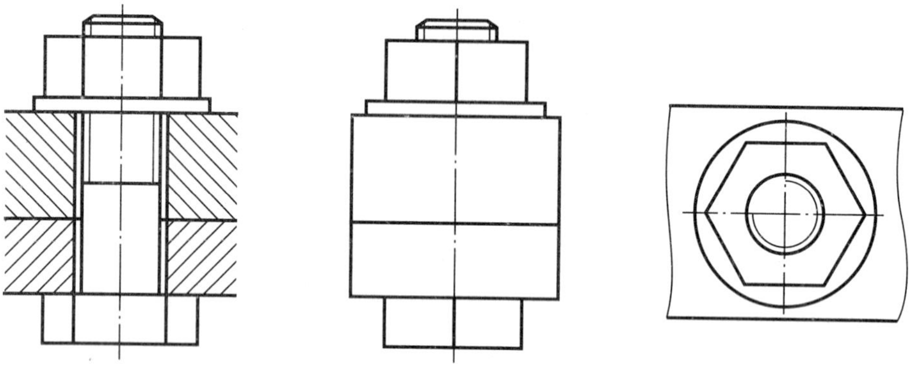

图 7－16 简化画法

3. 螺钉连接

螺钉连接按其用途可分为连接螺钉连接和紧定螺钉连接。连接螺钉与紧定螺钉的运用场合有些相似，但多用于不需经常拆卸且受力不大的地方。紧定螺钉连接主要用于固定两零件的相对位置。

(1) 连接螺钉。连接螺钉的被连接件一般是，较厚的零件加工出螺孔，较薄的零件加工出通孔（通孔直径稍大于螺钉杆的直径），不用螺母，直接将螺钉穿过通孔拧入螺孔中。其画法拧入螺孔端与螺柱连接相似，穿过通孔端与螺栓连接相似。

常见的连接螺钉按钉头形状可分为开槽盘头、开槽沉头和内六角圆柱头螺钉。

画螺钉连接图时要注意以下几点。

1) 螺纹终止线应高于两零件的结合面，表示螺钉有拧紧余地，以保证连接紧固。

2) 柱孔与螺钉头部有间隙、薄零件通孔与螺钉杆部有间隙，分别要画两条轮廓线。

3) 螺钉头部的端视图中，螺钉头部开槽的投影一般画成与水平线成 45°，孔口倒角可以省略不画。

连接螺钉的连接装配图画法如图 7－17 所示。

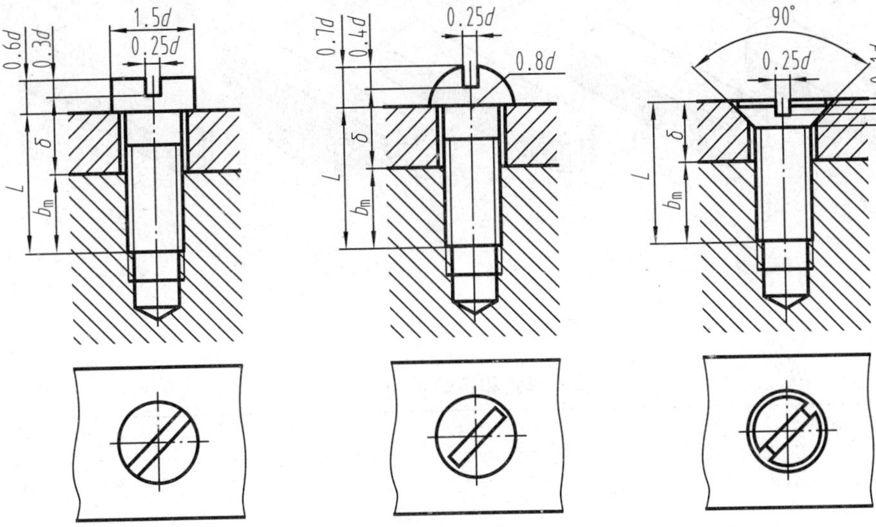

图 7 - 17　连接螺钉连接

(2) 紧定螺钉。紧定螺钉按其前端的形状可分为锥端、平端和长圆柱端紧定螺钉。紧定螺钉的画法如图 7 - 18 所示。

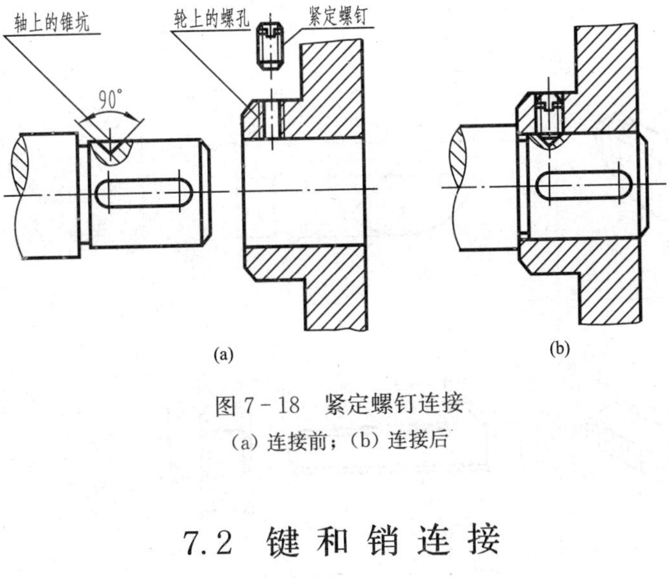

(a)　(b)

图 7 - 18　紧定螺钉连接
(a) 连接前；(b) 连接后

7.2 键 和 销 连 接

7.2.1　键连接

1. 常用键及其标记

在机器中，为了使齿轮、皮带轮等零件和轴一起转动，通常在轮孔和轴上分别切制出键槽，用键将轴、轮连接起来进行传动，这种连接称为键连接，如图 7 - 19 所示。常用的键有平键、半圆键、钩头楔键、花键等，如图 7 - 20 所示。

常用键的形式和标记示例见表 7 - 2。

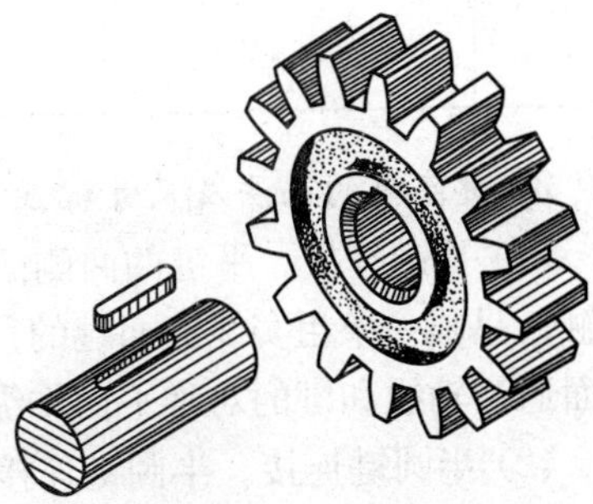

图 7 - 19　键连接

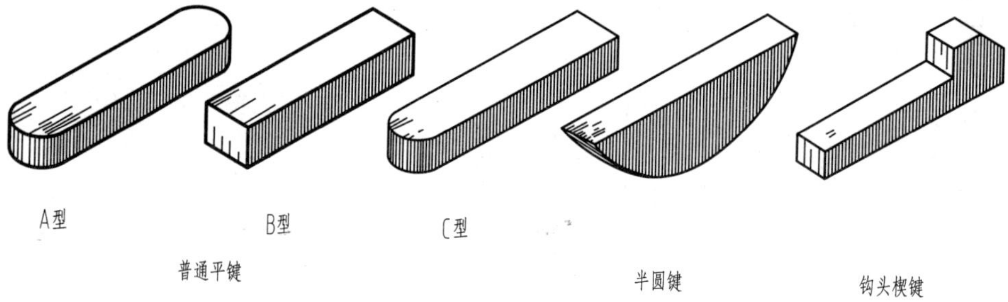

图 7-20 常用键

表 7-2 键的形式和标记示例

名 称	标准号	图 例	标记示例
普通平键	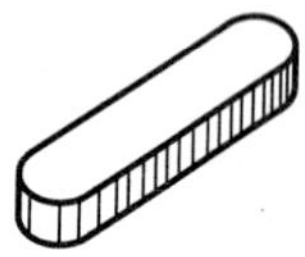 GB/T 1096—2003	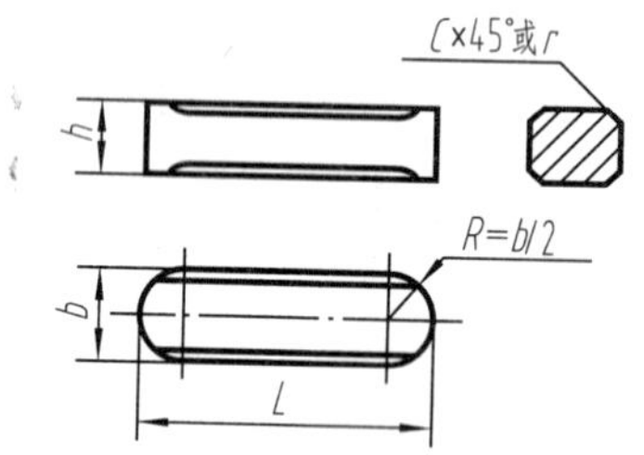	$b=8$、$h=7$、$L=25$ 的普通平键（A 型）： 键 8×25 GB/T 1096—2003
半圆键	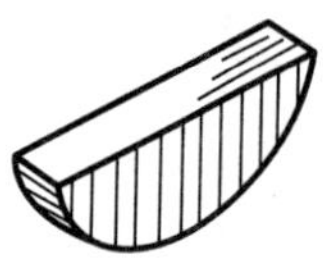 GB/T 1099.1—2003	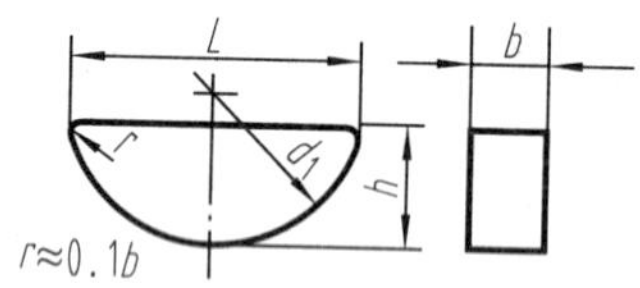	$b=6$、$h=10$、$d_1=25$、$L=24.5$ 的半圆键： 键 6 × 25 GB/T 1099.1—2003
钩头楔键	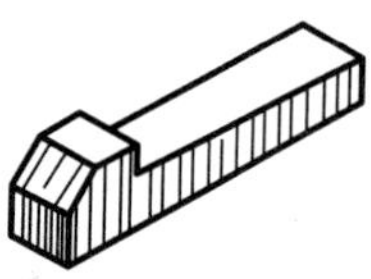 GB/T 1565—2003	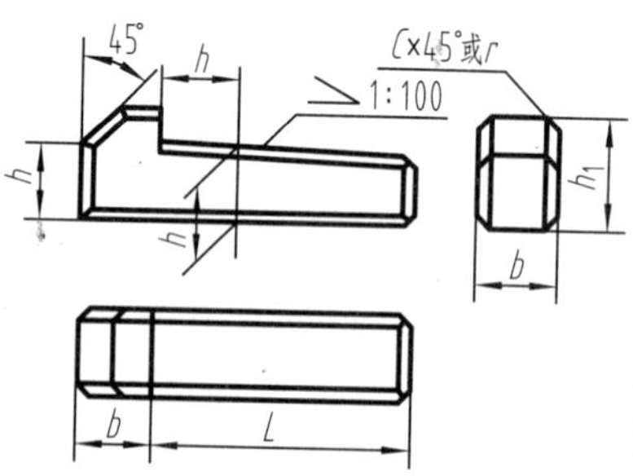	$b=18$、$h=11$、$L=100$ 的钩头楔键： 键 18×100 GB/T 1565—2003

2. 键连接的画法及尺寸标注

(1) 平键连接。平键的两侧面是工作面，键的侧面、底面与键槽的侧面及轴的键槽底面接触，只画一条粗实线；而键的顶面与轮毂上键槽的底面之间有间隙，要画两条粗线；剖切平面通过轴线和键的对称平面作纵向剖切时，键按不剖绘制。如图 7-21 所示。

(2) 半圆键连接。半圆键连接常用于载荷不大的传动轴上，其工作原理和画法与普通平键相似，其连接图如图 7-22 所示。

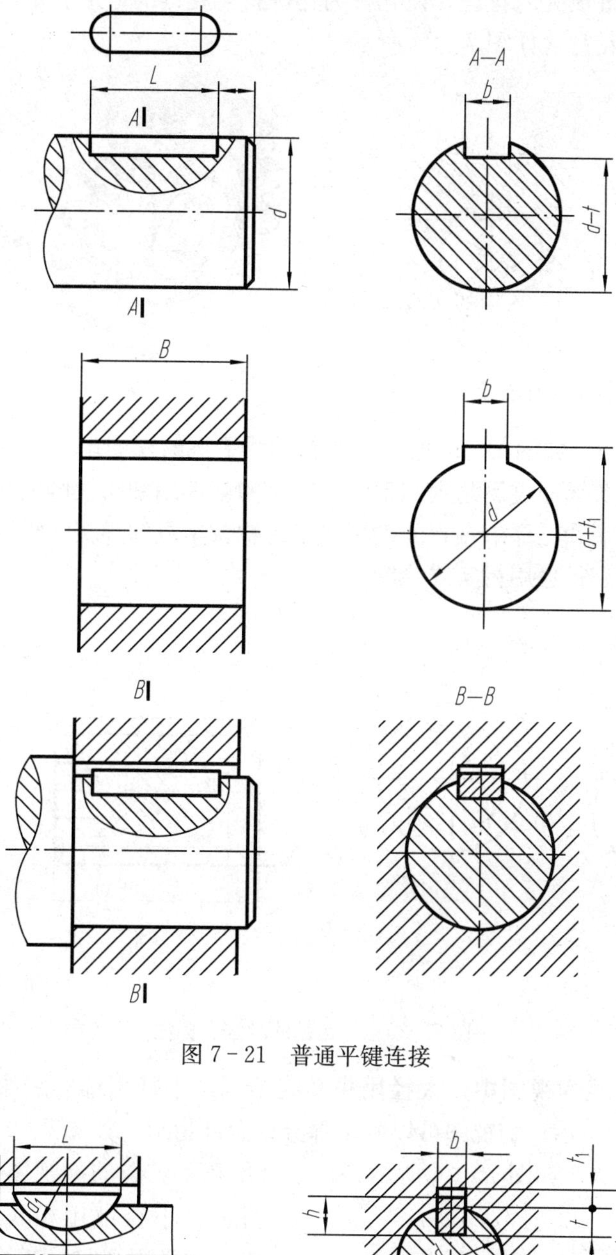

图 7－21　普通平键连接

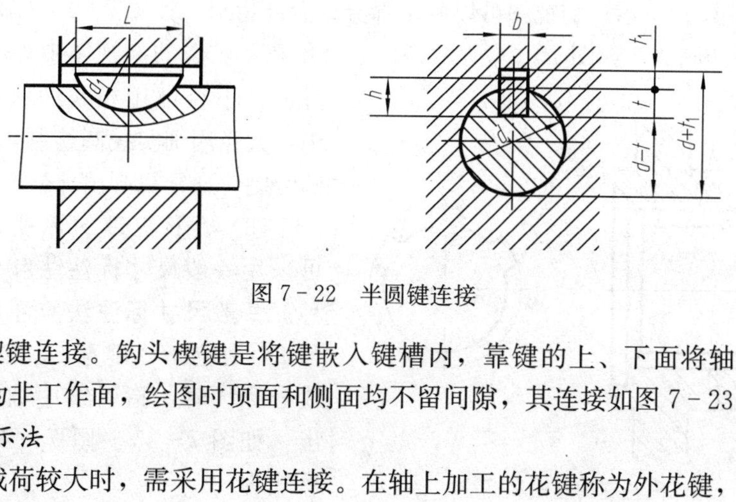

图 7－22　半圆键连接

(3) 钩头楔键连接。钩头楔键是将键嵌入键槽内，靠键的上、下面将轴和轮连接在一起，键的侧面为非工作面，绘图时顶面和侧面均不留间隙，其连接如图 7－23 所示。

3. 花键表示法

当传递的载荷较大时，需采用花键连接。在轴上加工的花键称为外花键，该轴称为花键轴；在孔内加工的花键成为内花键，该孔称为花键孔。花键的齿形有矩形、三角形、渐开线形等，常见的是矩形花键，如图 7－24 所示。

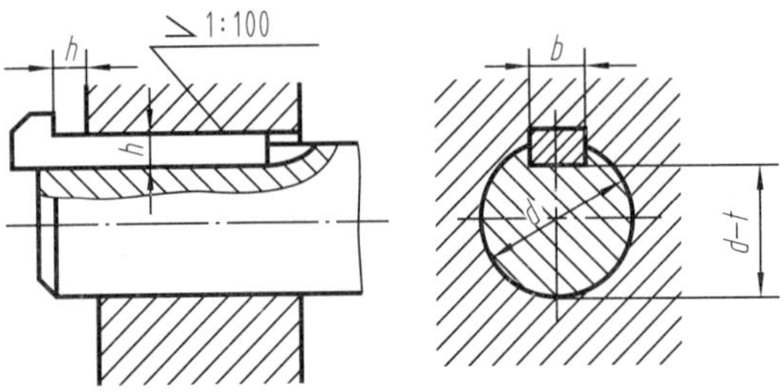

图 7－23　钩头楔键连接

图 7－24　外花键和内花键

（1）外花键的画法。如图 7－25 所示，在与轴线平行的视图中，大径用粗实线绘制，小径用细实线绘制，细实线通过倒角画到轴端，花键的尾部用细实线画成与轴线成 30°的斜线，花键工作长度的终止端和尾部末端，分别用两条与轴线垂直的细实线绘制，当采用剖视时齿按照不剖画出，此时小径也用粗实线绘制。

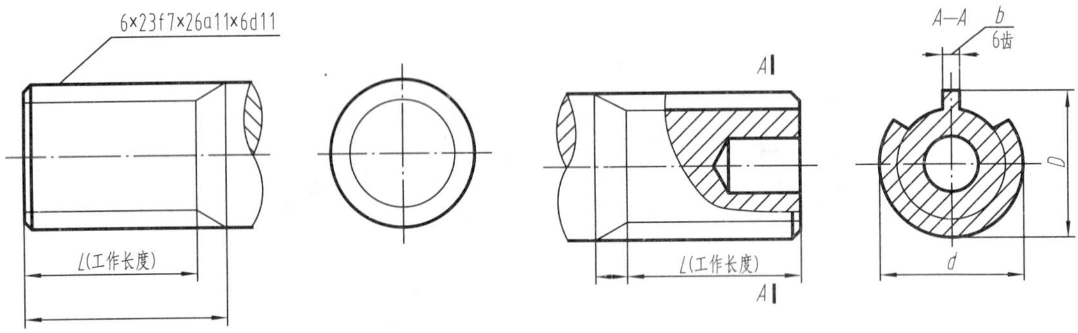

(a)　　(b)

图 7－25　外花键的画法和标注

在垂直于花键轴线的视图中，大径用粗实线绘制，小径用细实线绘制，倒角圆省略不画，如图 7－25（a）所示；剖视图可以画出部分或全部齿形，如图 7－25（b）所示。

（2）内花键的画法。如图 7－26 所示，在平行于花键轴线的剖视图中，齿按不剖绘制，且大、小径都用粗实线画出，在端视图中，大径用细实线圆绘制，小径用粗实线圆绘制，通常只画出部分齿形。

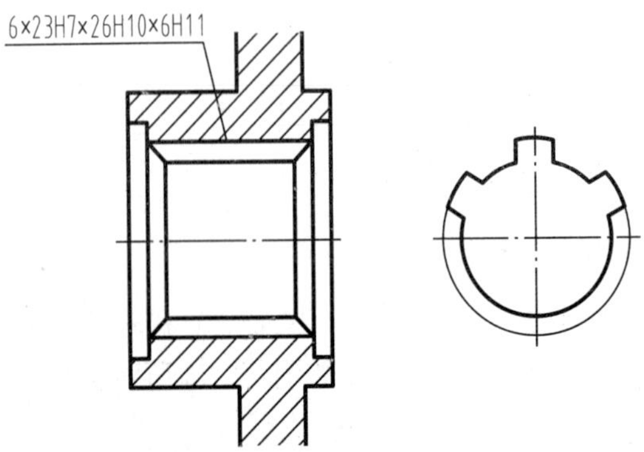

图 7－26　内花键的画法和标注

（3）矩形花键的标注。花键的标注可采用一般尺寸标注法和代号标注法两种。一般尺寸标注法应注出齿数 N、大径 D、小径 d、键宽 B、工作长度 L。用代号标注时，指引线用细实线从大径引出，如图 7－25～图 7－27 所示，标记形式为

齿数×小径 小径公差带代号×大径　大径公差带代号×键宽 键宽公差带代号

其中内花键公差带代号用大写字母表示、外花键用小写字母表示。

例如，花键 $N=6$，$d=23H7/f7$，$D=26H10/a11$，$B=6H11/d10$ 的标记如下：

内花键：6×23H7×26H10×6H11

外花键：6×23f7×26a11×6d10

花键副：6×23H7/f7×26H10/a11×6H11/d10

(4) 矩形花键的连接画法。和螺纹连接画法相似，花键连接部分按外花键画出，其余部分按各自的规定绘制，如图 7－27 所示。

7.2.2　销连接

销在机器中主要起连接和定位作用，常用的有圆柱销、圆锥销、开口销等。销是标准件，可在国家标准中查到它们的形式和尺寸。

1. 销及其规定标记

销的规格和尺寸都可以从标准中查出，圆柱销和圆锥销的规格尺寸均为直径 d 和长度 L，表 7－3 列出了三种销的形式和标记。

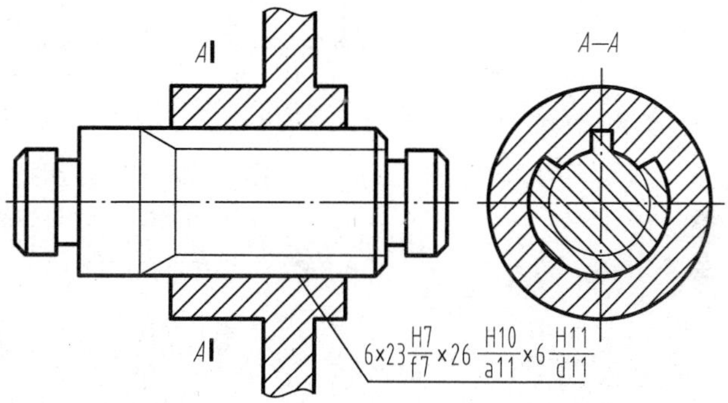

图 7－27　花键连接画法及标注

表 7－3　　销 的 形 式 和 标 记

名称	标准号	图　例	标记示例	说　明
圆柱销	 GB/T 119.1—2000	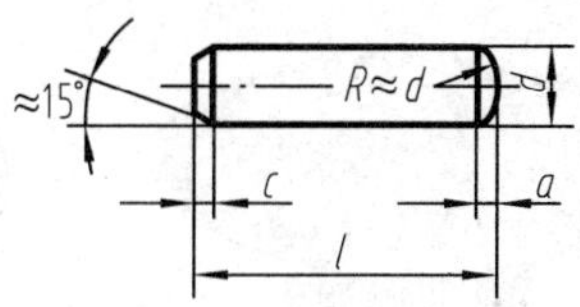	公称直径 $d=8$、长度 $L=30$、材料为 35 钢、热处理硬度 28～38HRC、表面氧化处理的 A 型圆柱销： 销 GB/T 119.1—2000 A8×30	圆柱销按配合性质不同分为 A、B、C、D 四种形式
圆锥销	 GB/T 117—2000	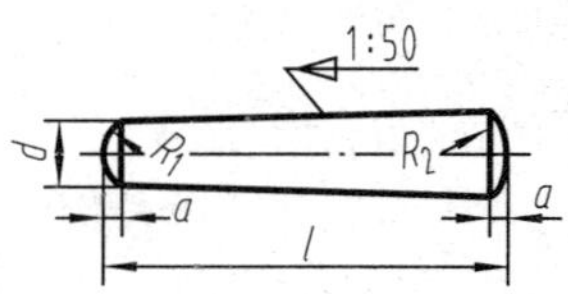	公称直径 $d=10$、长度 $L=100$、材料为 35 钢、热处理硬度 28～38HRC、表面氧化处理的 A 型圆锥销： 销 GB/T 117—2000 10×100	圆锥销分为 A、B 两种形式。公称直径指小端直径
开口销	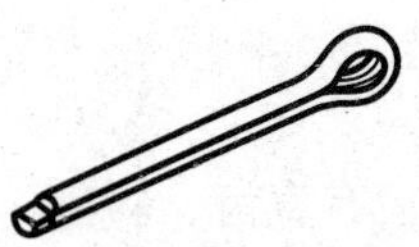 GB/T 91—2000	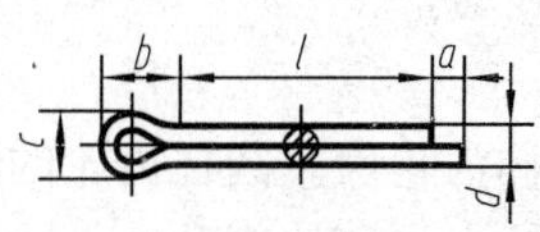	公称直径 $d=4$mm（指销孔直径）、长度 $L=20$、材料为低碳钢、不经表面处理： 销 GB/T 91—2000 4×20	公称直径指与之相配的销孔直径，故开口销公称直径都大于其实际直径

2. 销连接的画法

圆柱销和圆锥销连接，要求被连接件先装在一起，再加工销孔，并在零件图上加以注明。销连接的画法如图 7 - 28 所示。

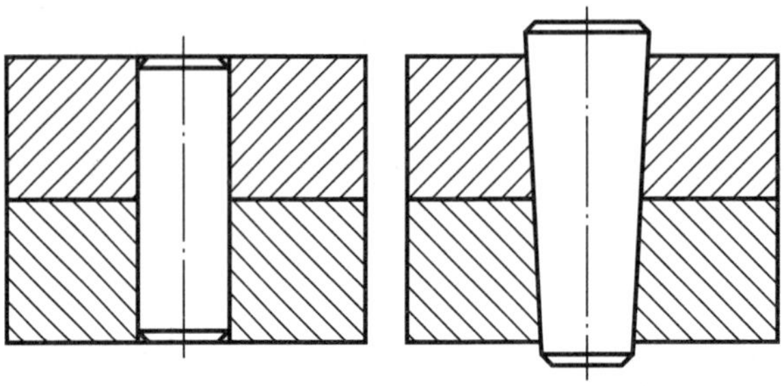

(a) (b)

图 7 - 28 销连接的画法

(a) 圆柱销连接；(b) 圆锥销连接

7.3 齿 轮

齿轮是传动零件，它能将一根轴的动力及旋转运动传递给另一根轴，用以改变转速和旋转方向。常用的齿轮按两轴的相互位置不同分为以下三种，如图 7 - 29 所示。

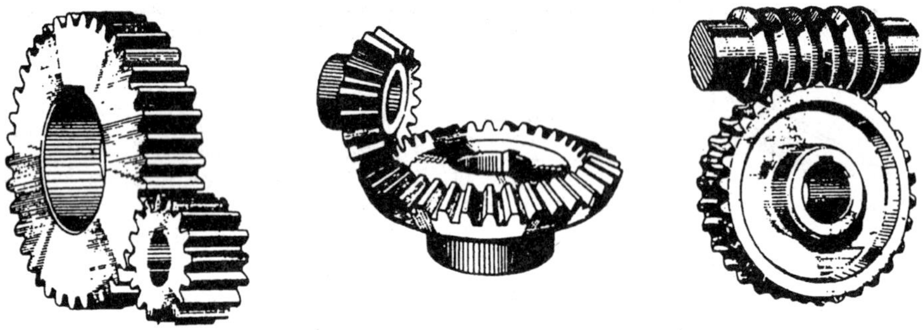

(a) (b) (c)

图 7 - 29 常见的齿轮传动种类

(a) 圆柱齿轮；(b) 圆锥齿轮；(c) 蜗轮与蜗杆

(1) 圆柱齿轮，用于平行两轴间的传动。

(2) 圆锥齿轮，用于相交两轴间的传动。

(3) 蜗轮与蜗杆，用于交叉两轴间的传动。

7.3.1 直齿圆柱齿轮

齿轮上每一个用于啮合的凸起部分，称为轮齿。圆柱齿轮的轮齿有直齿、斜齿、人字齿等，如图 7 - 30 所示。直齿圆柱齿轮是齿轮中常用的一种。

1. 直齿圆柱齿轮各部分名称及代号（见图 7 - 31）

齿数 z：齿轮上轮齿的个数。

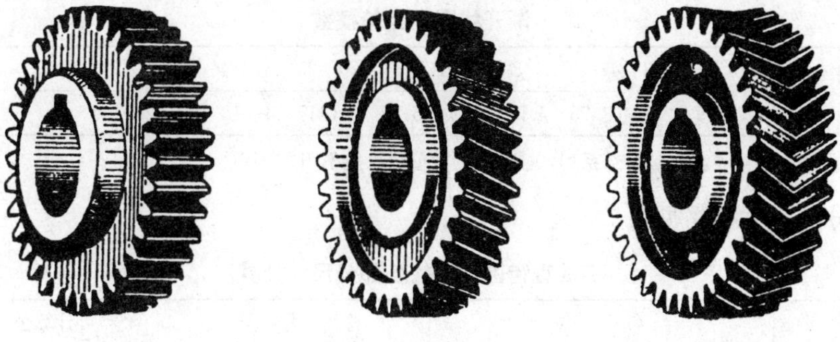
(a)　(b)　(c)

图 7-30　圆柱齿轮
(a) 直齿轮；(b) 斜齿轮；(c) 人字齿轮

齿顶圆直径 d_a：齿顶圆柱面的直径。

齿根圆直径 d_f：齿根圆柱面的直径。

分度圆直径 d：齿轮设计和加工时计算尺寸的基准圆称为分度圆，它位于齿顶圆和齿根圆之间，是一个约定的假想圆。

节圆直径 d'：连心线 O_1O_2 上两相切的圆称为节圆。

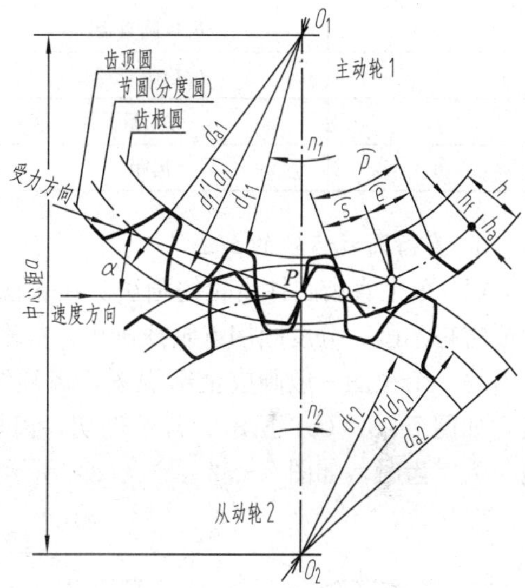

图 7-31　轮齿各部分名称

齿距 p：分度圆上相邻两齿廓对应点之间的弧长。

齿厚 s：一个轮齿齿廓间在分度圆上的弧长。

槽宽 e：一个齿槽齿廓间在分度圆上的弧长，标准齿轮中，$s=e=p/2$，$p=s+e$。

齿顶高 h_a：分度圆到齿顶圆之间的径向距离。

齿根高 h_f：分度圆到齿根圆之间的径向距离。

齿高 h：齿顶圆到齿根圆之间的径向距离。

齿宽 b：沿齿轮轴线方向的轮齿宽度。

齿形角（压力角）α：齿轮在分度圆上的啮合点 P 的齿廓公法线与两节圆的公切线所夹的锐角，标准齿轮的齿形角规定为 20°。

2. 直齿圆柱齿轮的基本参数与齿轮各部分的尺寸关系

(1) 模数 m。由于分度圆周长 $\pi d=pz$，所以 $d=\dfrac{p}{\pi}z$，令 $m=\dfrac{p}{\pi}$，则

$$d = mz$$

式中：m 为齿轮的模数，mm。

模数是设计、制造齿轮的重要参数，齿数一定时，模数越大，轮齿的尺寸越大，承载能力越大。为了便于制造，减少加工齿轮刀具的数量，国家标准对齿轮的模数做了统一规定，见表 7-4。

表 7-4　　**渐开线圆柱齿轮模数**

第一系列	1　1.25　1.5　3　4　5　6　8　10　12　16　20　25　32　40　50
第二系列	1.75　2.25　2.75 (3.75) 4.5　5.5 (6.5) 7　9 (11) 14　18　22　28　36　45

注　优先选用第一系列，其次是第二系列，括号内的数值尽可能不用。

(2) 部分的尺寸关系见表 7-5。

表 7-5　　**标准直齿圆柱齿轮各部分尺寸计算**

序　号	名　称	符　号	计算公式
1	齿顶高	h_a	$h_a=m$
2	齿根高	h_f	$h_f=1.25m$
3	齿高	h	$h=h_a+h_f=2.25m$
4	分度圆直径	d	$d=zm$
5	齿顶圆直径	d_a	$d_a=(z+2)\ m$
6	齿根圆直径	d_f	$d_f=(z-2.5)\ m$
7	中心距	a	$a=m\ (z_1+z_2)/2$
8	齿距	p	$p=\pi m$

3. 直齿圆柱齿轮的画法

(1) 单个直齿圆柱齿轮的画法。在端视图中，齿顶圆用粗实线绘制，齿根圆用细实线绘制或省略不画，分度圆用点画线画出，如图 7-32 (a) 所示。

另一个视图一般画成全剖视图，齿顶线和齿根线规定用粗实线画出，分度线还是点画线，如图 7-32 (b) 所示。若不剖切，齿根线可以省略不画，轮齿按不剖处理。轮齿为斜齿、人字齿时，如图 7-32 (c)、(d) 所示。

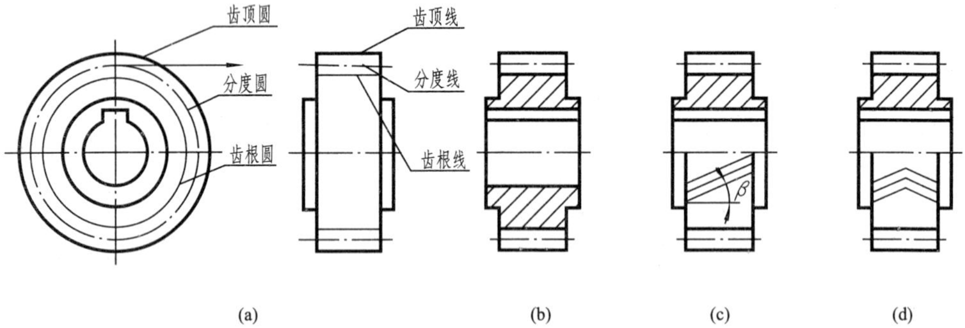

图 7-32　单个齿轮的规定画法

(2) 圆柱齿轮啮合的画法。在端视图中，齿顶圆用粗实线绘制，啮合区内可以不画；相切的两个分度圆必须用点画线画出；齿根圆省略不画。

在另一个视图中，当采用剖视时，在啮合区域，分度线必须画出，两条齿根线必须用粗实线画出，齿顶线有一条为粗实线，另一条被遮挡，应画成虚线（也可省略），齿顶线和齿根线之间的距离为 0.25m；若不剖时，在啮合区，齿顶线不画，只用一条粗实线表示分度线。如图 7-33 所示。

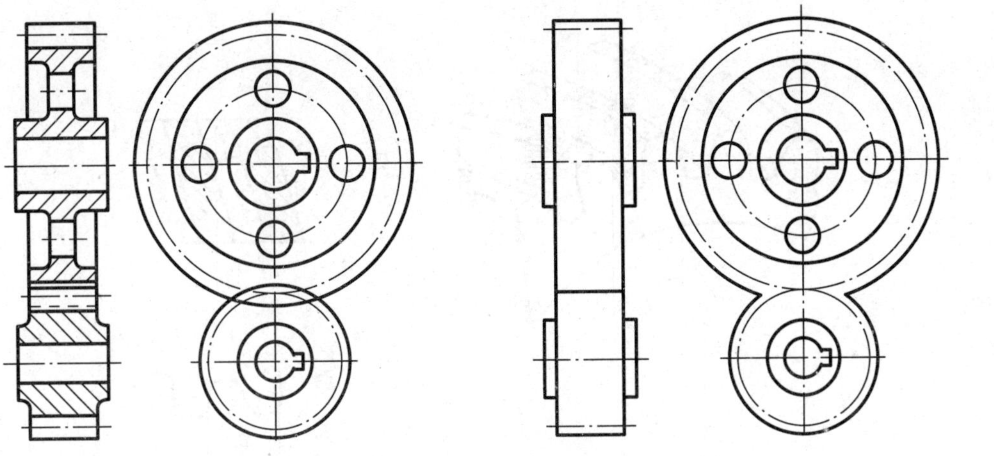

图 7－33 齿轮啮合的规定画法

（3）直齿圆柱齿轮零件图。在零件图中，只能表示出分度圆、齿顶圆、齿宽等一部分尺寸，其他参数如模数、齿数、压力角、精度等在图形上反映不出来，所以一般都在零件图的右上角用表格说明，如图 7－34 所示。

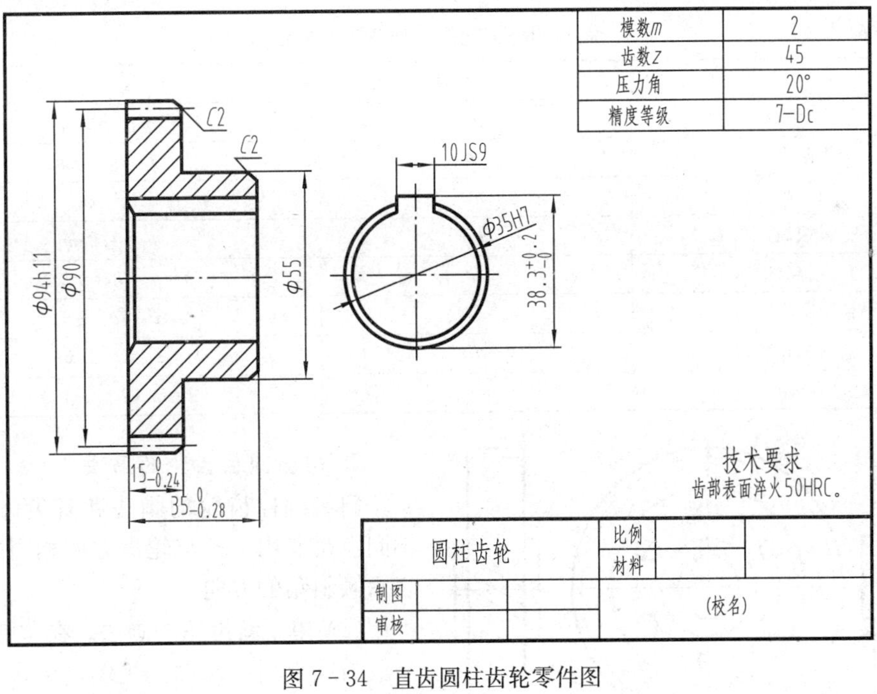

图 7－34 直齿圆柱齿轮零件图

7.3.2 斜齿圆柱齿轮

1. 斜齿圆柱齿轮的各部分尺寸关系

斜齿圆柱齿轮又称斜齿轮，斜齿轮的轮齿排列方向与齿轮轴线方向间有一个倾斜角，用 β 表示，称为螺旋角。由于轮齿倾斜，轮齿端面齿形与垂直于轮齿方向的法向截面齿形不同。因此，斜齿轮有端面齿距 p_t 和法向齿距 p_n，同时也有端面模数 m_t 和法向模数 m_n，如图 7－35 所示。它们的关系为

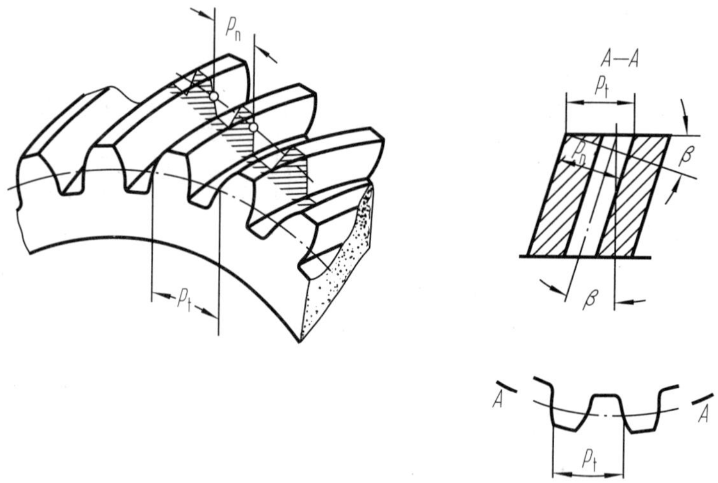

图 7-35 斜齿圆柱齿轮

$$p_n = p_t\cos\beta, m_n = m_t\cos\beta$$

法向模数 m_n 是斜齿圆柱齿轮的主要参数，设计时取标准值。标准的法向啮合角 $\alpha=20°$。斜齿圆柱齿轮的各部分关系见表 7-6。

表 7-6　　斜齿圆柱齿轮的各部分尺寸关系

名　称	符　号	计 算 公 式
法向齿距	p_n	$p_n=p_t\cos\beta$
分度圆直径	d	$d=zm_n/\cos\beta$
齿顶高	h_a	$h_a=m_n$
齿根高	h_f	$h_f=1.25m_n$
齿高	h	$h=h_a+h_f=2.25m_n$
齿顶圆直径	d_a	$d_a=d+2m_n$
齿根圆直径	d_f	$d_f=d-2.5m$
中心距	a	$a=m_n(z_1+z_2)/\cos\beta$

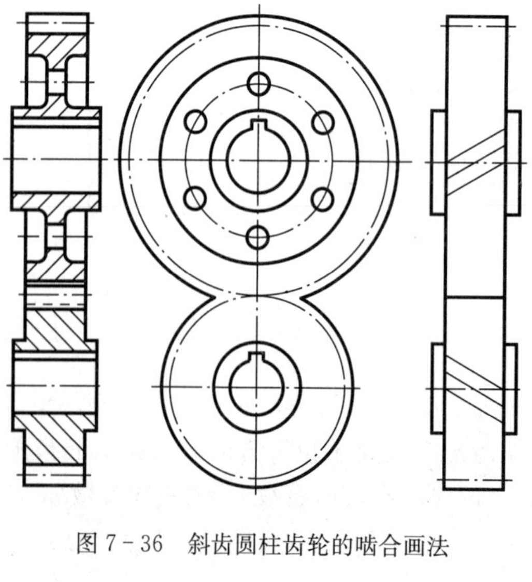

图 7-36 斜齿圆柱齿轮的啮合画法

2. 斜齿圆柱齿轮的画法

斜齿圆柱齿轮的画法和直齿齿轮相同，不同点是要用三条与轮齿方向相同的细实线表示倾斜角的方向。

(1) 单个斜齿轮的画法。在非圆视图中，一般画成半剖或局部剖视图，在未剖的部分用细实线画出倾斜方向，如图 7-32 (c) 所示。

(2) 斜齿轮的啮合画法。啮合区的画法同于直齿轮，对于斜齿的表示，应在非圆视图中，在两个齿轮上画出方向相反的细实线(相互啮合的斜齿轮，其轮齿的旋向应相反)，如图 7-36 所示。

7.3.3　直齿圆锥齿轮

1. 直齿圆锥齿轮各部分名称和尺寸计算

直齿圆锥齿轮通常用于交角为 90°的两轴间传动，由于锥齿轮的轮齿是在圆锥面上切制出的，因此轮齿的厚度和高度都沿着齿宽的方向逐渐变化，即模数也是变化的，为了便于计算和制造，规定以大端模数为标准，计算大端轮齿过各部分的尺寸，其标准模数仍从表 7－4 中选用。其各部分名称如图 7－37 所示。

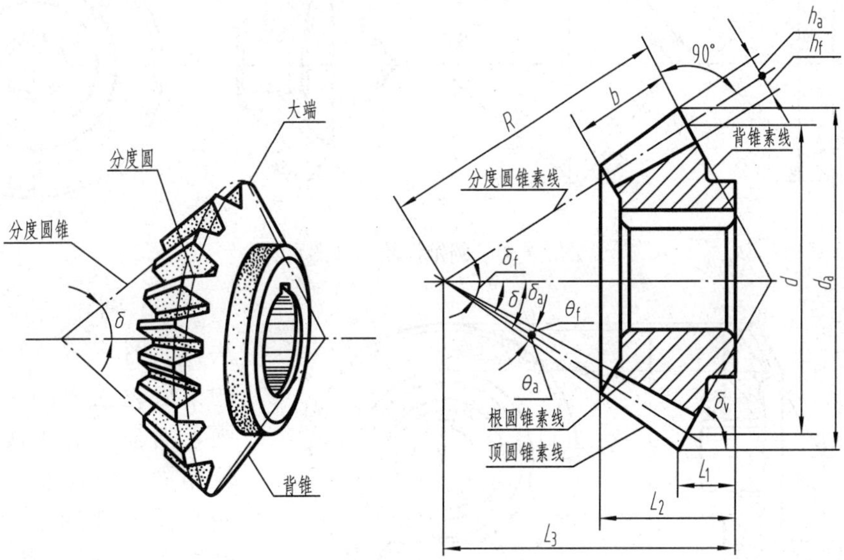

(a)　　(b)

图 7－37　直齿圆锥齿轮各部分名称

锥齿轮各部分的尺寸关系见表 7－7。

表 7－7　标准直齿圆锥齿轮各部分尺寸关系

名　称	符　号	计 算 公 式
大端分度圆直径	d	$d=zm_e$
大端齿顶高	h_a	$h_a=m_e$
大端齿根高	h_f	$h_f=1.2m_e$
大端齿高	h	$h=h_a+h_f=2.2m_e$
大端齿顶圆直径	d_a	$d_a=m_e(z+2\cos\delta)$

2. 直齿圆锥齿轮的画法

(1) 单个直齿圆锥齿轮的画法，如图 7－38 所示。在投影为非圆的视图中，画法与圆柱齿轮类似，常用剖视，轮齿按不剖处理，用粗实线画出齿顶线和齿根线，用点画线画出分度线。在投影为圆的视图中，轮齿部分用粗实线画出大端和小端的齿顶圆，用点画线画出大端的分度圆，大、小端齿根圆和小端分

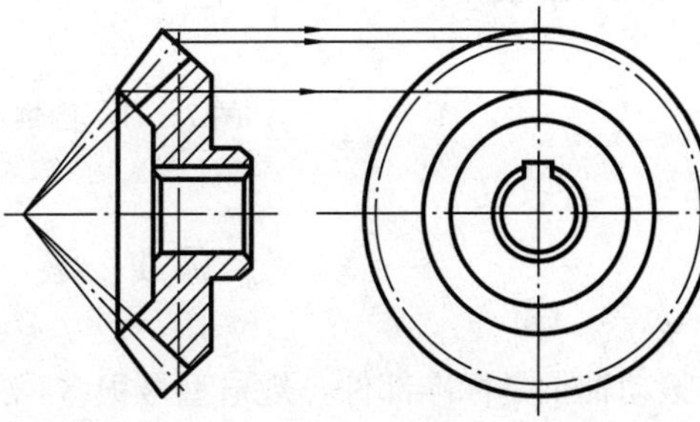

图 7－38　圆锥齿轮的规定画法

度圆均不画出。

除了上述规定画法外，齿轮其余部分均按投影原理画出。

单个圆锥齿轮的画图步骤如图 7－39 所示。

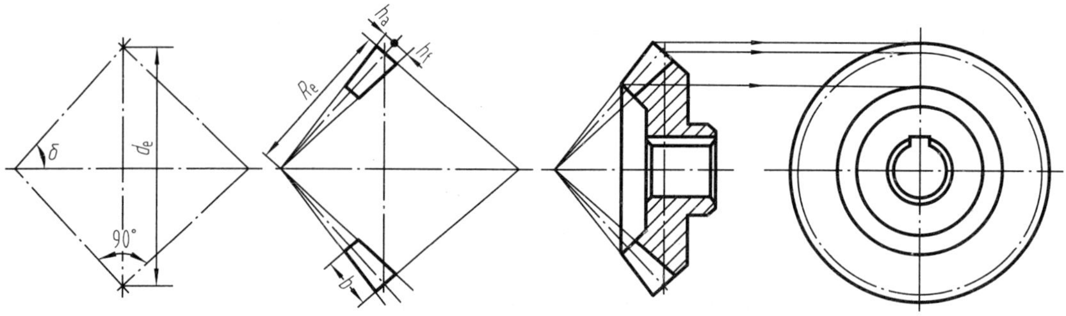

图 7－39 圆锥齿轮的画图步骤

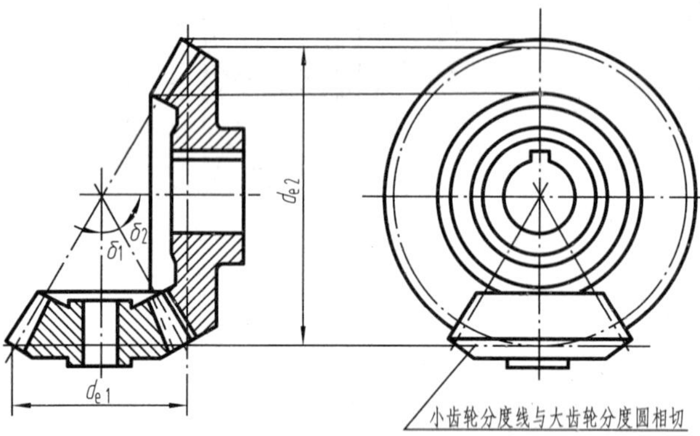

图 7－40 圆锥齿轮的啮合画法

（2）圆锥齿轮的啮合画法，如图 7－40 所示。啮合的锥齿轮主视图一般取全剖视，啮合区的画法与圆柱齿轮相同，应注意在反映大齿轮为圆的视图上，大齿轮大端节圆和小齿轮大端节圆相切。

圆锥齿轮啮合的画图步骤如图 7－41 所示。

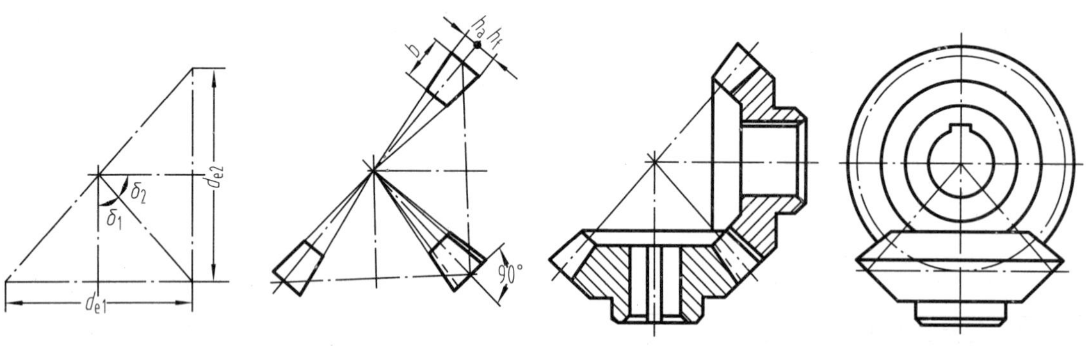

图 7－41 圆锥齿轮啮合的画图步骤

7.4 滚 动 轴 承

滚动轴承是标准部件，规格型号很多，用来支承传动轴，具有结构紧凑、摩擦力小等特点。因此，广泛应用在各类机器中。

7.4.1　滚动轴承的结构和类型

1. 滚动轴承的结构

滚动轴承类型很多，但其结构大体相同，一般由外圈、内圈、滚动体、保持架等零件组成，如图 7-42 所示。

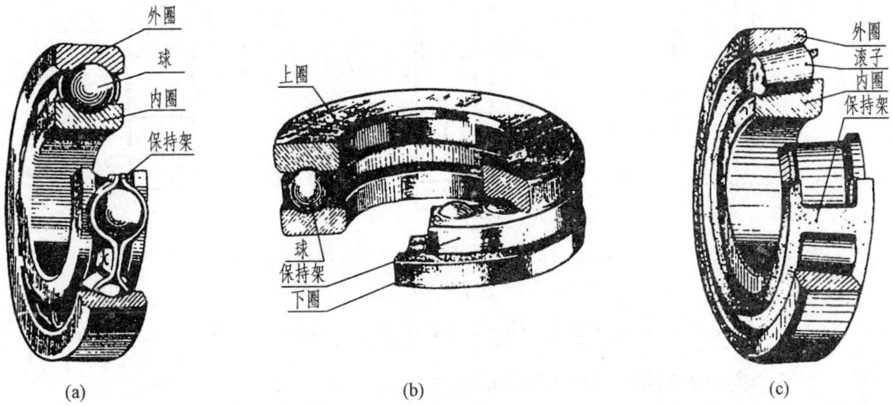

图 7-42　滚动轴承

(a) 向心轴承；(b) 推力轴承；(c) 向心推力轴承

外圈——装在机体或轴承座内，一般固定不动或偶做少许转动。

内圈——紧套在轴上，且随轴一起转动。

滚动体——装在内、外圈之间的滚道中，有滚珠（球）、滚子（圆柱、圆锥形等）形状。

保持架——用以均匀分开滚动体，防止它们相互之间发生摩擦和碰撞，又称隔离圈。

2. 滚动轴承的类型

滚动轴承按承受载荷的方向可分为以下三种。

(1) 向心轴承：主要承受径向载荷，如深沟球轴承，如图 7-42 (a) 所示。

(2) 推力轴承：只承受轴向载荷，如推力球轴承，如图 7-42 (b) 所示。

(3) 向心推力轴承：能同时承受径向和轴向载荷，如圆锥滚子轴承，如图 7-42 (c) 所示。

7.4.2　滚动轴承的画法及标注

1. 滚动轴承的画法

滚动轴承是标准部件，所以无需画出其零件图，只要在装配图上根据外径 D、内径 d、宽度 B 等几个主要尺寸（见附表 19），按比例采用简化画法和规定画法即可，而同一图样中一般只采用其中的一种画法。

(1) 简化画法。简化画法有通用画法和特征画法两种。

1) 通用画法。在剖视图中，当不需要确切地表示滚动轴承的外形轮廓、载荷特性和结构特征时，可用通用画法绘制。通用画法是用矩形线框及位于线框中央的符号表示，矩形线框和符号均用粗实线绘制，符号不应与矩形线框接触，如图 7-43 所示。

2) 特征画法。在剖视图中，如需形象地表示滚动轴承的结构特征时，可采用特征画法。特征画法是在矩形线框内画出其结构要素符号的方法，结构要素符号由长粗线和短粗线组成，长粗线表示滚动体的滚动轴线，短粗线表示滚动体的列数和位置，长、短粗线相交成

90°并通过滚动体的中心，见表 7－8。

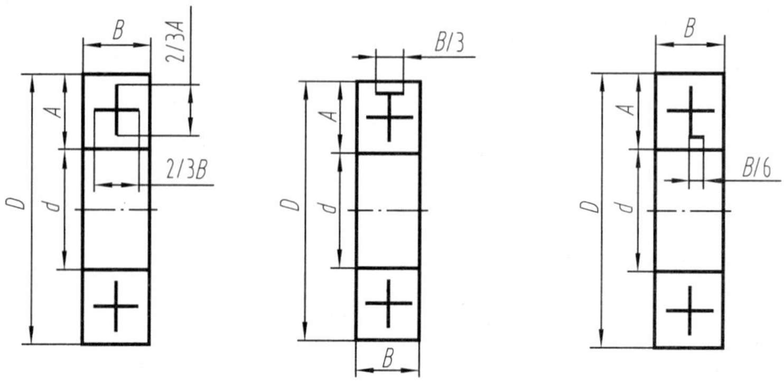

(a) (b) (c)

图 7－43 滚动轴承的通用画法

(a) 深沟球轴承；(b) 推力球轴承；(c) 圆锥滚子轴承

表 7－8 滚动轴承的规定画法和特征画法（摘自 GB/T 4459.7—1998）

名称和标准号	查表主要依据	画法		
		规定画法	特征画法	装配画法
深沟球轴承 GB/T 276—1994	D D B	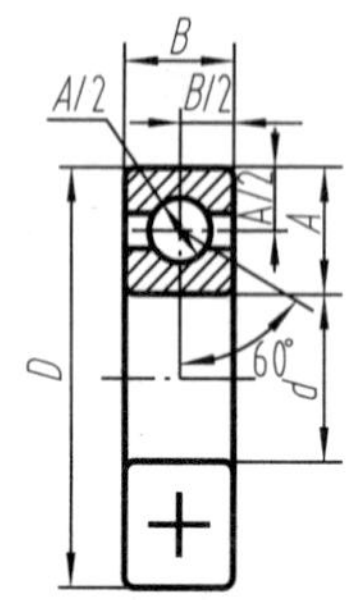	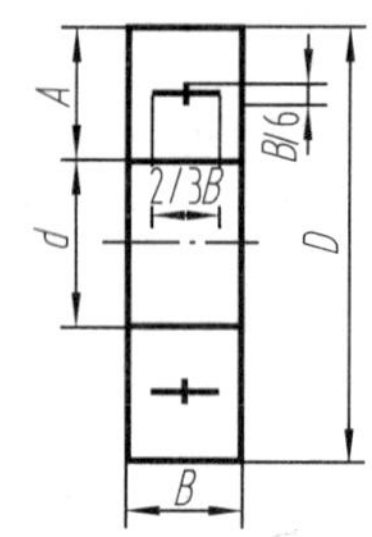	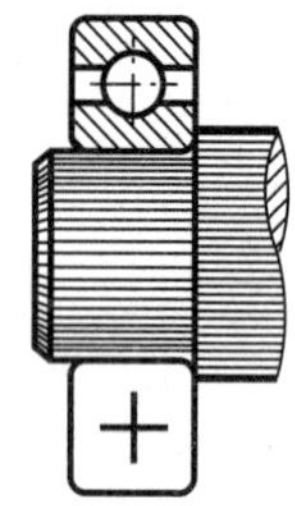
圆锥滚子轴承 GB/T 297—1994	D d B T C	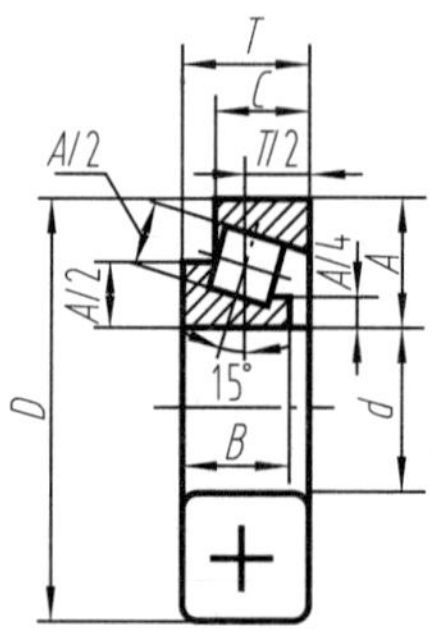	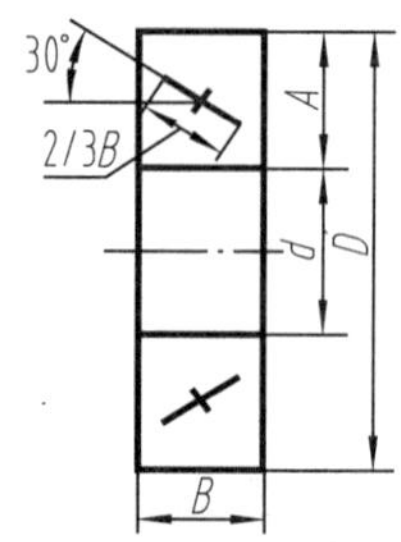	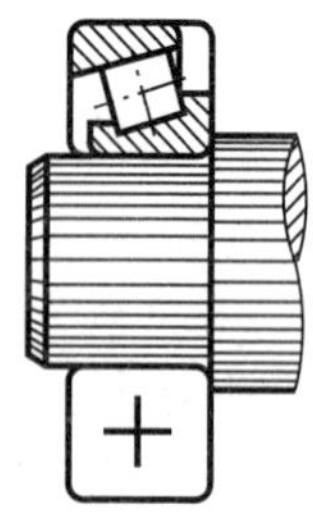
推力球轴承 GB/T 301—1995	D d T	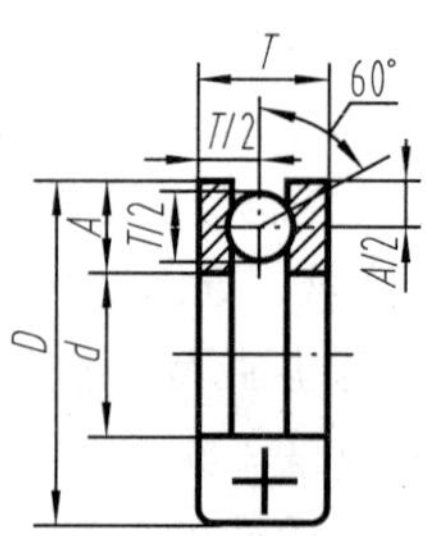	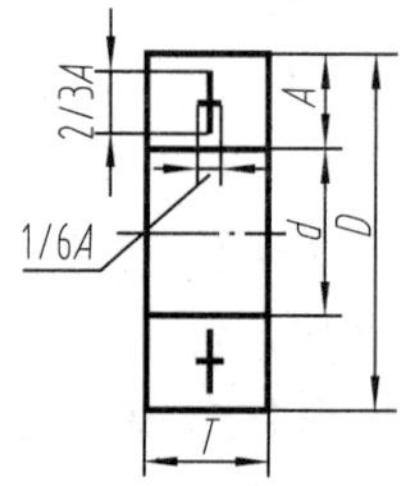	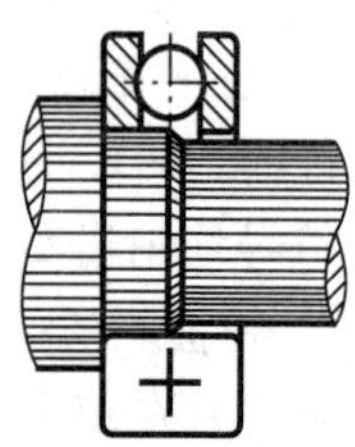

(2) 规定画法。必要时，滚动轴承可采用规定画法绘制，采用规定画法绘制滚动轴承的剖视图时，轴承的滚动体不画剖面线，内、外圈应画上剖面线，保持架和倒角可省略不画，规定画法一般绘制在轴的一侧，另一侧按通用画法绘制，如图 7－44 所示。

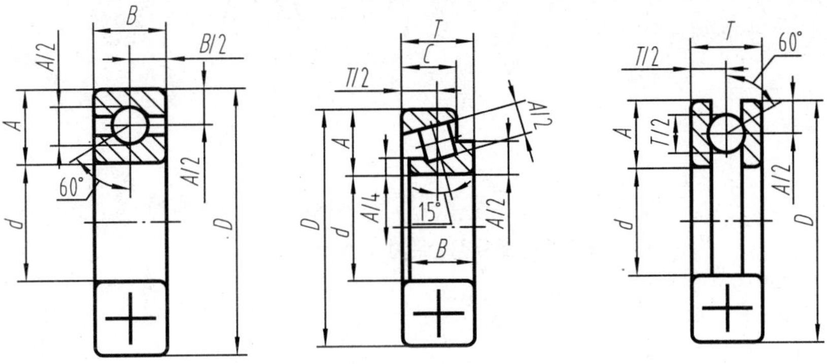

(a)　(b)　(c)

图 7－44　滚动轴承的规定画法

(a) 深沟球轴承；(b) 推力球轴承；(c) 圆锥滚子轴承

规定画法的各部分尺寸比例见表 7－8。

2. 滚动轴承的标注

滚动轴承的种类很多，又是标准组件，为了便于选择和使用，滚动轴承的结构、尺寸、公差等级等特征，用标准中规定的代号来标注。

滚动轴承的代号由前置代号、基本代号和后置代号构成，其排列为

前置代号　基本代号　后置代号

(1) 基本代号。基本代号表示轴承的基本类型、结构和尺寸，是滚动轴承代号的基础，由轴承类型代号、尺寸系列代号和内径代号组成。

1) 轴承类型代号用数字或字母表示，见表 7－9。

表 7－9　滚动轴承代号类型

代号	轴承类型	代号	轴承类型
0	双列角接触球轴承	6	深沟球轴承
1	调心球轴承	7	角接触球轴承
2	调心滚子轴承和推力调心滚子轴承	8	推力圆柱滚子轴承
3	圆锥滚子轴承	N	圆柱滚子轴承
4	双列深沟球轴承		双列或多列用字母 NN 表示
5	推力球轴承	U	外球面球轴承
		QJ	四点接触球轴承

2) 尺寸系列代号由轴承的宽（高）度系列代号和直径系列代号组成，用两位阿拉伯数字表示，是指同一内径的轴承具有不同的外径和宽度，因而有不同的承载能力，2、3、4 分别为轻、中、重窄系列，具体代号需查阅相关标准。

3）内径代号表示轴承的公称内径，一般用两个阿拉伯数字表示：①代号数字为 00、01、02、03 时，分别表示轴承内径 $d=10$、12、15、17mm；②代号数字为 04～96 时，轴承内径$d=$代号数字$\times 5$；③轴承公称内径为 1～9，大于或等于 500 以及 22、28、32 时，用公称内径毫米数直接表示，但应与尺寸系列代号之间用“/”隔开。

轴承基本代号举例：

6 2 04
- 04——内径代号：$d=20$mm。
- 2——(0)2— 尺寸系列代号：宽度系列代号 0 省略，直径系列代号为 2。
- 6——轴承类型代号：深沟球轴承。

3 02 12
- 12——内径代号：$d=60$mm。
- 02——尺寸系列代号：宽度系列代号为 0，直径系列代号为 2。
- 3——轴承类型代号：圆锥滚子轴承。

6 2/22
- 22——内径代号：$d=22$mm。
- 2——尺寸系列代号(02)：宽度系列代号为 0 省略，直径系列代号为 2。
- 6——轴承类型代号：深沟球轴承。

（2）前置、后置代号。前置、后置代号是轴承在结构形状、尺寸、公差技术要求等有改变时，在其基本代号左、右添加的补充代号，前置代号用字母表示，后置代号用字母或字母加数字表示。

例：L N 207

L 是前置代号；N207 是基本代号，其中，N 为类型代号，（0）2 为尺寸系列代号，07 为内径代号。

轴承代号中数字、字母的含义可查阅国家标准 GB/T 272—1993。

7.5 弹 簧

弹簧的用途很广，在机械中主要用来减振、夹紧、测力、储存能量等。

弹簧的种类很多，常见的有圆柱螺旋弹簧、板弹簧、平面涡卷弹簧等，如图 7-45 所示。其中，圆柱螺旋弹簧最为常见，按所受载荷特性不同又分为压缩弹簧、拉伸弹簧和扭转弹簧三种。本节只介绍圆柱螺旋压缩弹簧的尺寸计算和画法。

7.5.1 圆柱螺旋压缩弹簧的各部分名称及尺寸计算

圆柱螺旋压缩弹簧的各部分名称如图 7-46 所示。

（1）弹簧丝直径为 d。

（2）弹簧直径。

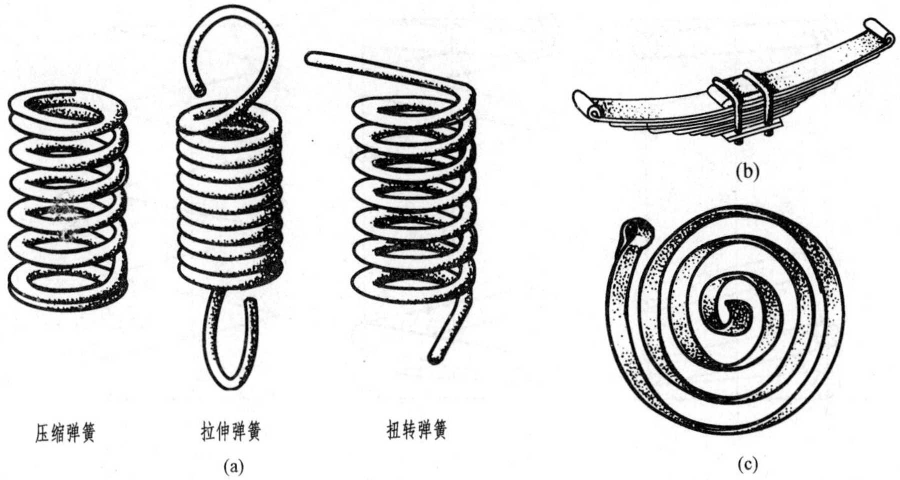

图7－45　常见弹簧种类

(a) 圆柱螺旋弹簧；(b) 板弹簧；(c) 平面涡卷弹簧

弹簧外径 D：弹簧的最大直径。

弹簧内径 D_1：弹簧的最小直径。弹簧中径 D_2：弹簧的规格直径，$D_2=(D+D_1)/2$。

(3) 节距 t：除支撑圈外，相邻两圈沿轴向的距离。

(4) 有效圈数、支撑圈数和总圈数。

有效圈数 n：弹簧受力时实际起作用的圈数。

支撑圈数 n_2：为了使弹簧工作时受力均匀，保证轴线垂直于支撑端面，弹簧两端常并紧并磨平，这部分圈数仅起支撑作用，所以称为支撑圈。支撑圈数有1.5、2圈和2.5圈三种，其中2.5圈较为常用。

总圈数 n_1：有效圈数和支撑圈数之和，$n_1=n+n_2$。

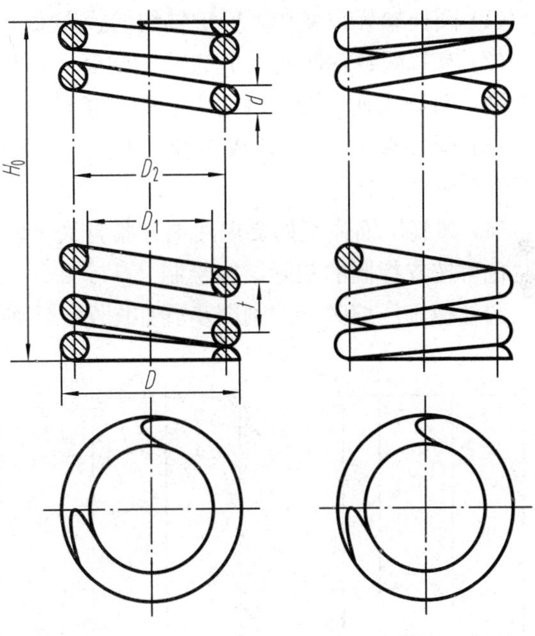

图7－46　弹簧

(5) 自由高度 H_0：弹簧不受外力时的高度或长度，$H_0=nt+(n_2-0.5)d$。

(6) 弹簧展开长度 L：制造时弹簧簧丝的长度。

(7) 旋向：弹簧的螺旋方向分右旋和左旋两种，大多是右旋，其旋向判别方法与螺纹的相同。

7.5.2　圆柱螺旋压缩弹簧的规定画法

圆柱螺旋压缩弹簧可画成视图、剖视图或示意图，如图7－47所示。

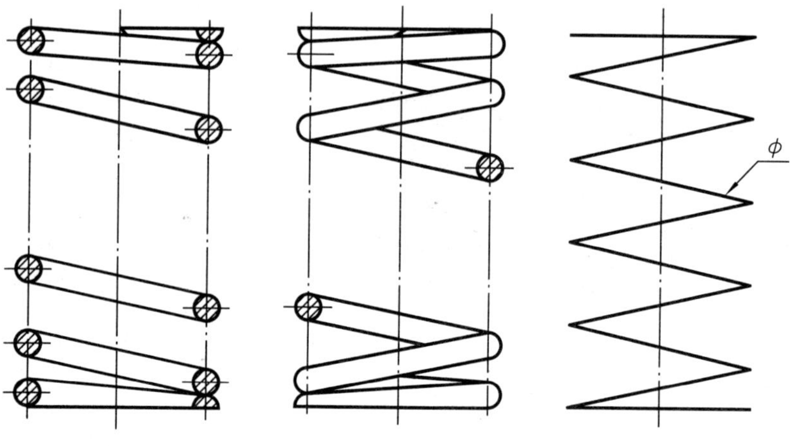

(a) (b) (c)

图 7－47　圆柱螺旋压缩弹簧的表达方法

(a) 剖视图；(b) 视图；(c) 示意图

1. 单个弹簧的规定画法

(1) 圆柱螺旋弹簧在平行于轴线的投影面上的图形，其各圈的外形轮廓应画成直线。

(2) 有效圈数在四圈以上的螺旋弹簧，可以每端只画两圈（支撑圈除外），中间各圈省略不画，只画出通过簧丝剖面中心的两条点画线，并且可以适当缩短图形长度。

(3) 螺旋弹簧均可画成右旋，但左旋弹簧不论画成左旋或右旋，一律要注写旋向“左”字。

(4) 螺旋压缩弹簧如要求两端并紧且磨平时，不论支撑圈是多少，均按 2.5 圈绘制，必要时也可按支撑圈的实际结构绘制。

圆柱螺旋压缩弹簧的画图步骤如图 7－48 所示。

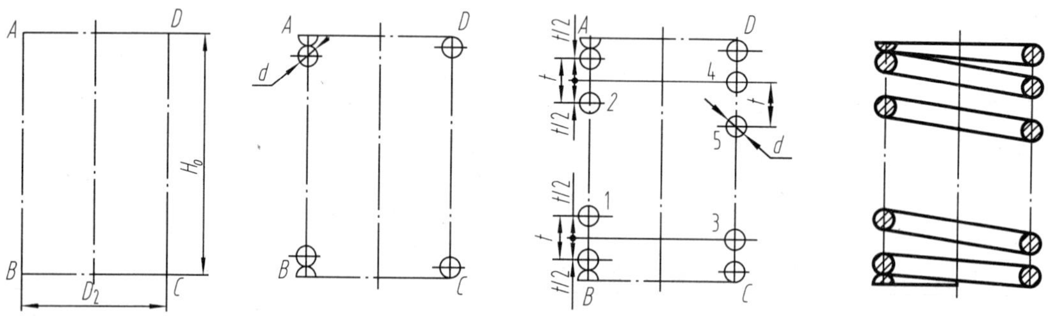

图 7－48　圆柱螺旋压缩弹簧的画图步骤

2. 弹簧在装配图中的规定画法

(1) 在装配图中，将弹簧看做是实心物体，当中间采用省略画法后，弹簧后面被遮挡的零件轮廓不必画出，如图 7－49 (a) 所示。

(2) 当簧丝直径在图上不大于 2mm 时，可采用示意画法，如图 7－49 (b) 所示；如果是剖面，可以涂黑表示，图 7－49 (c) 所示。

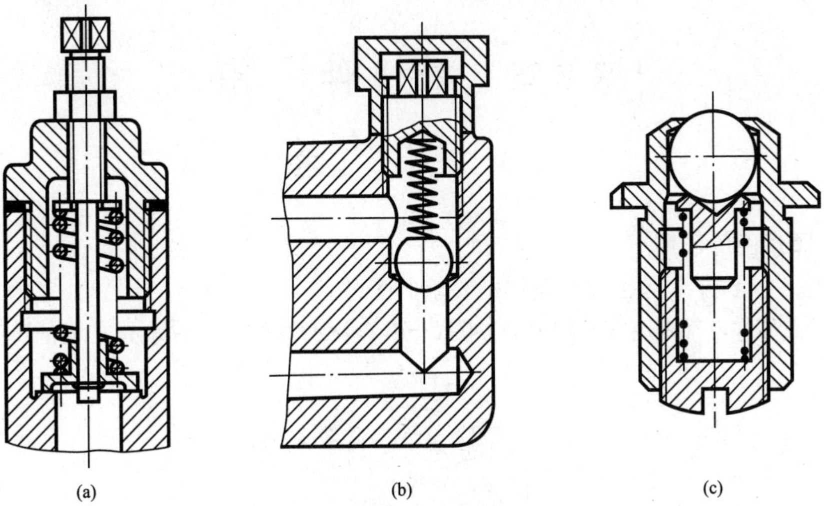

图 7 - 49　装配图中弹簧的规定画法

第8章 零 件 图

8.1 概 述

8.1.1 零件图的作用

零件图是表示零件结构、大小及技术要求的图样。

任何机器或部件，都是由零件构成的。图 8-1（a）所示的滑动轴承是支承轴转动的一个部

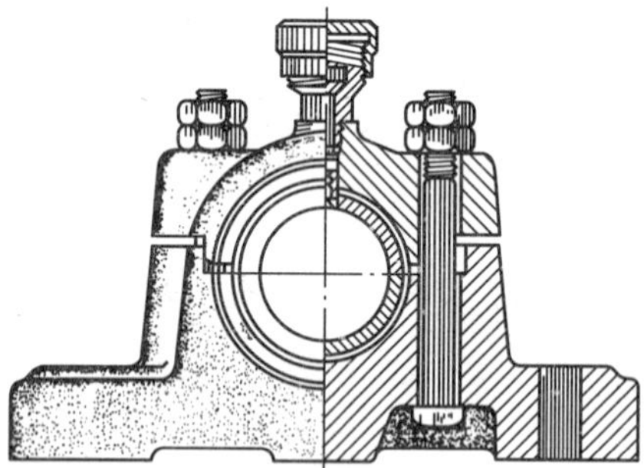

(a)

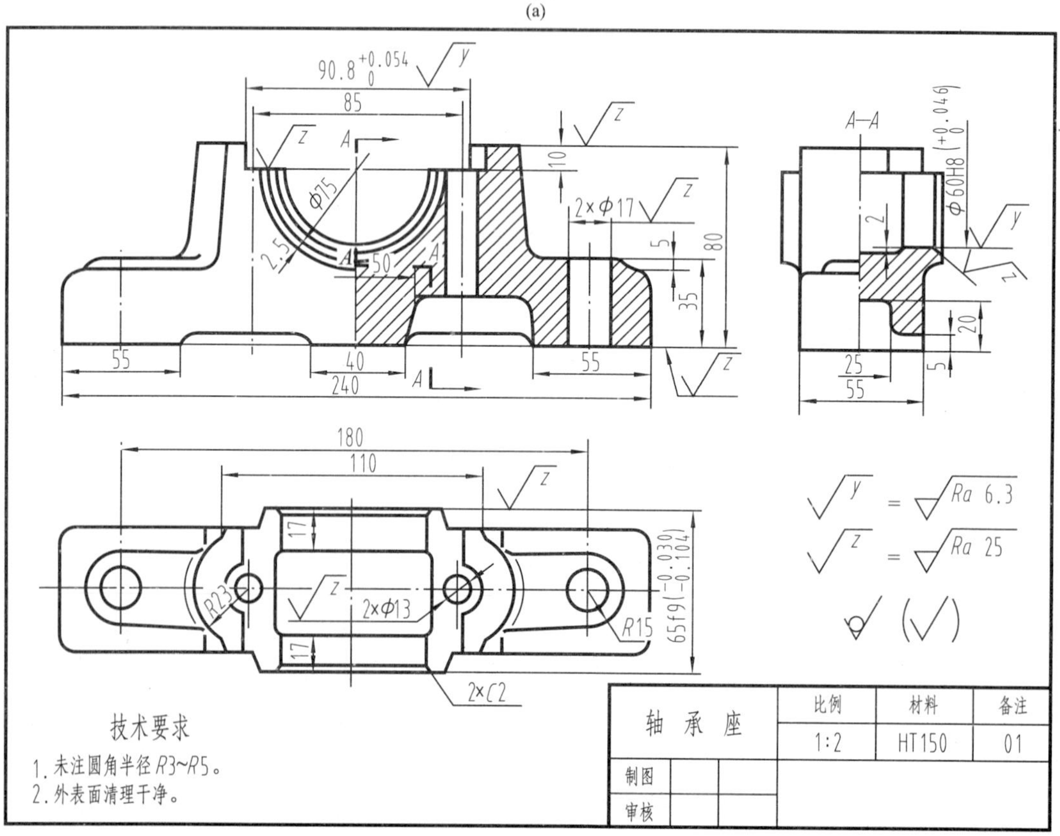

(b)

图 8-1 零件图

(a) 滑动轴承；(b) 轴承座零件图

件，由一些标准件（如螺栓、螺母）和一般零件（如轴承座、轴承盖）等装配而成。图 8-1（b）所示即为滑动轴承中一般零件——轴承座的零件图。

在生产中，加工制造零件的主要依据就是零件图。其生产过程是：先根据零件图中所注的材料进行备料，然后按零件图中的图形、尺寸和其他要求进行加工制造，再按技术要求检验加工出的零件是否达到规定的质量标准。由此可见，零件图是生产过程中进行加工制造与检查零件质量的重要技术文件。

8.1.2 零件图的内容

由于零件图直接用于生产，因此必须符合实际，这是零件图与之前所绘图样的根本区别。为此，在绘制零件图时，应在充分运用已学的图样画法、尺寸注法等知识的基础上，重点考虑以下问题：所画零件起什么作用，其结构设计和尺寸标注是否合理，与相邻零件的关系（结构、尺寸、接触表面等）是否协调，是否便于读图、加工和装配；为保证零件的质量，是否需对零件的尺寸精度、表面性质（如粗糙程度、几何形状及其相互位置的精确程度）等提出严格的指标要求，是否还需对零件进行某些特殊的处理等。

综上所述，可归纳出一张完整的零件图应包括以下内容。

1. 图形

用一组图形将零件各部分的结构形状正确、完整、清晰地表达出来。如图 8-1（b）所示的零件图，画出了取半剖的主视图和左视图，以及一个未剖的俯视图，将轴承座的内、外结构形状准确地表示出来。

2. 尺寸

用一组尺寸将制造零件所需的全部尺寸正确、完整、清晰、合理地标注出来，如图 8-1（b）所示。

3. 技术要求

用规定的代号、数字、字母或另加文字注解，简明、准确地给出零件在制造、检验或使用时应达到的各项技术指标。如图 8-1（b）中注出的表面结构（$Ra6.3$）、尺寸公差 $\phi60\text{H8}\ (^{+0.046}_{0})$、其他文字说明等。

4. 标题栏

标题栏是由名称及代号区、更改区和其他区组成的栏目。具体内容应按规定详尽填写。一般应写明单位名称、图样名称、图样代号，材料、重量、比例，以及设计、审核、工艺、批准人员签名和签名时间（年、月、日）等。

8.2 零件图的视图选择原则

零件图的视图选择，是根据零件的结构形状、加工方法，以及它在机器中所处位置等因素的综合分析来确定的。

选择视图的内容包括主视图的选择、视图数量和表达方法的选择。

8.2.1 主视图的选择原则

主视图是一组图形的核心，主视图选择得恰当与否直接影响其他视图位置和数量的选择，关系是否便于画图和看图，甚至影响图纸幅面的合理利用等，所以主视图的选择一定要慎重。

选择主视图的原则：将表示零件信息量最多的那个视图作为主视图，通常是零件的工作位置或加工位置或安装位置。一般应从以下三个方面来考虑。

1. 表示零件的工作位置或安装位置

主视图应尽量表示零件在机器上的工作位置或安装位置。如图 8－2 所示的支座和图 8－3 所示的吊钩，其中的两个主视图就是根据它们的工作位置、安装位置并尽量多地反映其形状特征的原则选定的。

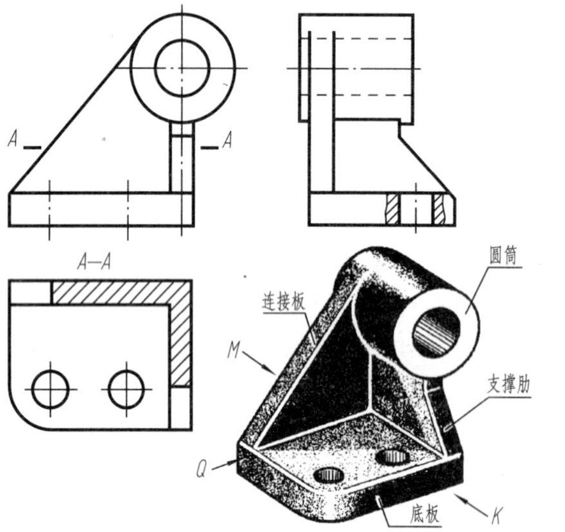

图 8－2 支座的主视图选择

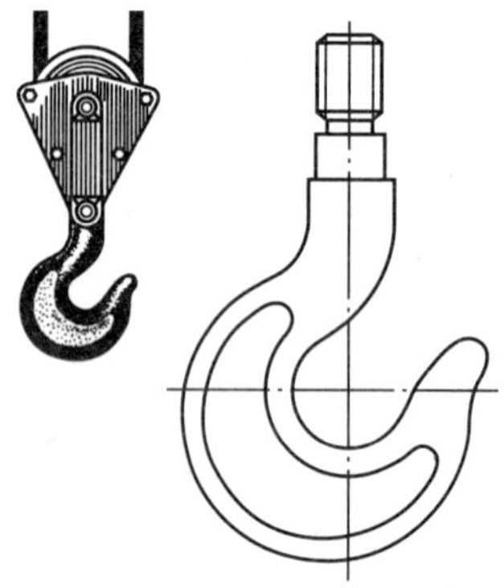

图 8－3 吊钩的工作位置

由于主视图按零件的实际工作位置或安装位置绘制，看图者很容易通过头脑中已有的形象储备将其与整台机器或部件联系起来，从而获取某些信息；同时，也便于与其装配图直接对照（装配图通常按其工作位置或安装位置绘制），以利于看图。

2. 表示零件的加工位置

主视图应尽量表示零件在机械加工时所处的位置。如轴、套类零件的加工，大部分工序是在车床或磨床上进行，因此一般将其轴线水平放置绘制主视图，如图 8－4 所示。这样，在加工时可以直接进行图物对照，既便于看图，又可减少差错。

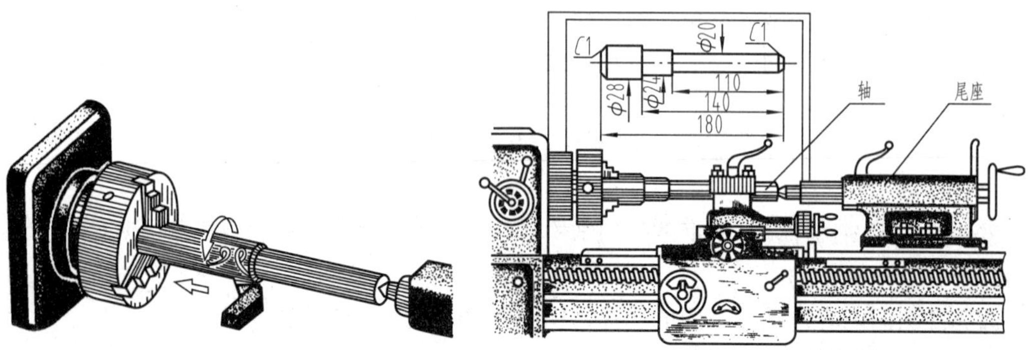

图 8－4 轴类零件的加工位置

3. 表示零件的结构形状特征

主视图应尽量多地反映零件的结构形状特征。这主要取决于投射方向的选定，如图 8－2

所示的支座，以 K 向和 Q 向投射都反映它们的工作位置。但经过比较，K 向将圆筒、连接板的形状和四个组成部分的相对位置表现得更清楚，故以 K 向作为主视图的投射方向。此外，选择主视图的投射方向时，还应考虑使主视图和其他视图尽量少出现细虚线，这就是不能以 M 向投射的原因（图 8－2 中 A—A 剖视的画法表明，当肋、薄板等结构被横向剖切时，必须画出剖面线）。

8.2.2 其他视图数量和表达方法的选择

主视图确定后，应运用形体分析法对零件的各组成部分逐一进行分析，对主视图表达未尽的部分，再选其他视图加以完善。具体选用时，应注意以下几点。

(1) 所选视图应具有独立存在的意义和明确的表达重点，各个视图所表达的内容应相互配合，彼此互补。注意避免不必要的细节重复，在明确表示零件的前提下，使视图的数量最少。

(2) 先选用基本视图，后选用其他视图（剖视、断面等表示方法应兼用）；先表达零件的主要部分（较大的结构），后表达零件的次要部分（较小的结构）。

(3) 零件结构的表达要内外兼顾，大小兼顾。选择视图时要以“物”对“图”，以“图”对“物”，反复筛查，不可遗漏任何一个细小的结构。

总之，选择表达方案的能力，应通过看图、画图的实践，并在积累生产实际知识的基础上逐步提高。初学者选择视图时，应首先致力于表达得完整，在此前提下，再力求视图简洁、精练。

下面，对图 8－2 所示支座的视图选择进行仔细的分析。

主视图为外形图，主要表示圆筒、连接板的形状和四个组成部分的相对位置。俯视图为全剖视图，主要表示底板的形状和两个小孔的相对位置。左视图表示支撑肋的形状及底板、连接板、支撑板、圆筒之间的相对位置，小孔采用局部剖。每个视图的表达重点都很明确，三个视图缺一不可。此方案的优点在于：①俯视图全剖视的剖切平面位置选择得当，既避免了对圆筒的重复表达，又突显出连接板与支撑肋的连接关系及其板厚；②左视图清楚地表示出各组成部分的相对位置及连接板与圆筒的相切、支撑肋与圆筒的相交情况。当然，圆筒在俯视图中表达，在左视图中取剖视，连接板与肋分别在主、左视图上画断面，也是一种表达方案。但与图 8－2 所示的方案相比，则不利于看图。因此，选择视图时，应多考虑几种方案，从中选优。

8.2.3 典型零件的视图选择举例

零件的结构形状虽然千差万别，但根据它们在机器或部件中的作用，仍可以大体将其分为轴套类、轮盘类、叉架类和箱体类四类典型零件。下面，将以几张零件图为例，分别介绍它们的结构特点及其视图选择。

1. 轴套类零件

轴套类零件包括轴、螺杆、阀杆、空心套等。轴类零件在机器中主要起支承和传递动力的作用。套的主要作用是支承和保护转动零件，或者保护与其外壁相配合的表面。

(1) 结构特点。图 8－5 所示为铣刀头的轴测图。从其中的轴可以看出常用轴所具有的结构：轴的主体由几段不同直径的圆柱体（或圆锥体）所组成，构成阶梯状。轴上常加工有键槽、螺纹、挡圈槽、倒角、退刀槽、中心孔等结构。

(2) 视图选择。轴类零件多在车床和磨床上加工。为了在加工时便于看图，轴类零件的主视图按其加工位置选择。一般将轴线水平放置，用一个基本视图来表达轴的主体结构，如

图 8－6 所示（此为铣刀头中阶梯轴的零件图）。这样，既清楚地反映出阶梯轴的各段形状及相对位置，也反映出各局部结构的轴向位置。

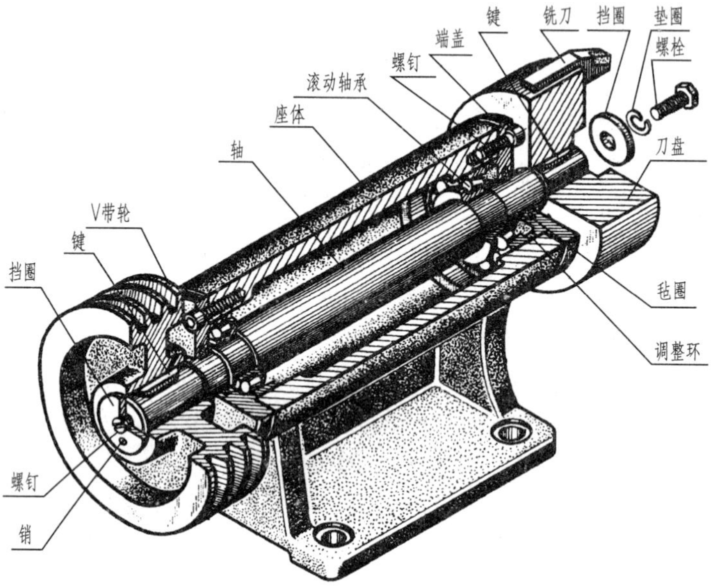

图 8－5　铣刀头轴测图

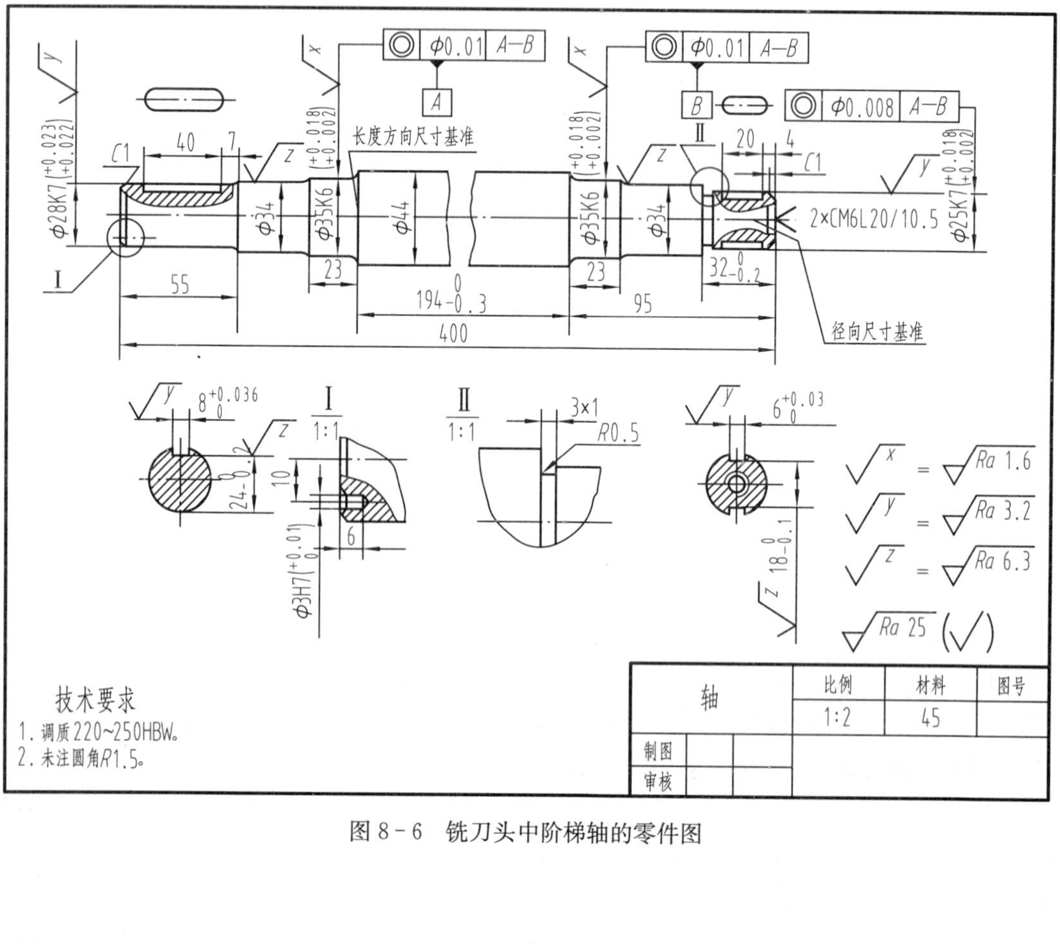

图 8－6　铣刀头中阶梯轴的零件图

轴上的局部结构，一般采用局部视图、局部剖视图、断面图、局部放大图来表达。如图 8 - 6 所示，用局部剖视图、移出断面图和局部视图来表达左、右两端键槽的形状、位置和深度（右断面图中的螺孔为 C 型中心孔上的结构），用局部放大图表达退刀槽和销孔的结构等。此外，对形状简单且较长的轴段，常采用断开后缩短的方法表达，如图 8 - 6 所示。

套类零件的表达方法与轴类零件相似，当其内部结构复杂时，常用剖视图来表达。

2. 轮盘类零件

轮盘类零件一般包括手轮、带轮、齿轮、法兰盘、端盖、盘座等。这类零件在机器中主要起传递动力、支承、轴向定位及密封作用。

（1）结构特点。轮盘类零件的基本形状是扁平的盘状，由几个回转体组成，其轴向尺寸往往比其他两个方向的尺寸小得多，零件上常见的结构有凸缘、凹坑、螺孔、沉孔、肋等结构。图 8 - 7 所示的零件为铣刀头上的端盖，它在铣刀头上起连接、轴向定位及密封作用，具有盘盖类零件的典型结构。

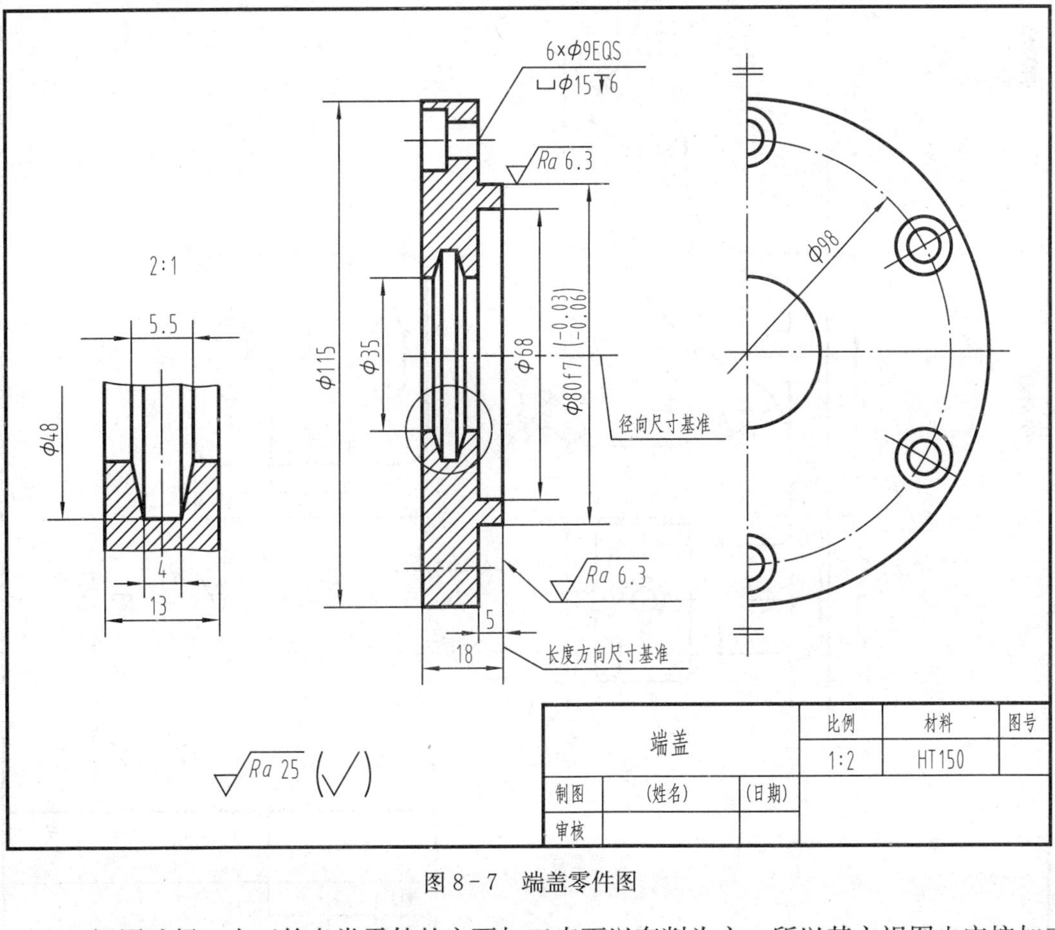

图 8 - 7　端盖零件图

（2）视图选择。由于轮盘类零件的主要加工表面以车削为主，所以其主视图也应按加工位置布置，将轴线放成水平，且多将该视图作全剖视图，以表达其内部结构。除主视图外，还需用左（或右）视图，以表达零件上沿圆周分布的孔、槽及轮辐、肋条等结构。对于零件上的一些小结构，可选取局部视图、局部剖视图、断面图和局部放大图表示。

图 8 - 7 所示的端盖，采用了主、左两视图和一个局部放大图表示。主视图将轴线水平

放置，且作了全剖视图，表达了端盖的主体结构。左视图（只画一半，为简化画法）反映出端盖的形状和沉孔的位置。局部放大图则清楚地反映出密封槽的内部结构形状。

3. 叉架类零件

叉架类零件包括拨叉、连杆、杠杆、各种支架等。拨叉主要用在机床、内燃机等机器的操纵机构上，起操纵和调速作用。支架主要起支承和连接作用。

(1) 结构特点。叉架类零件形式多样，结构较复杂，多为铸件，经多道工序加工而成。这类零件一般由三部分构成，即支承部分、工作部分和连接部分。连接部分多为肋板结构，且形状弯曲、扭斜的较多。支承部分和工作部分，细部结构也较多，如圆孔、螺孔、油孔、油槽、凸台、凹坑等。图 8－8 所示的支架由支承板（安装板）、空心圆柱、连接板和肋板四部分组成。

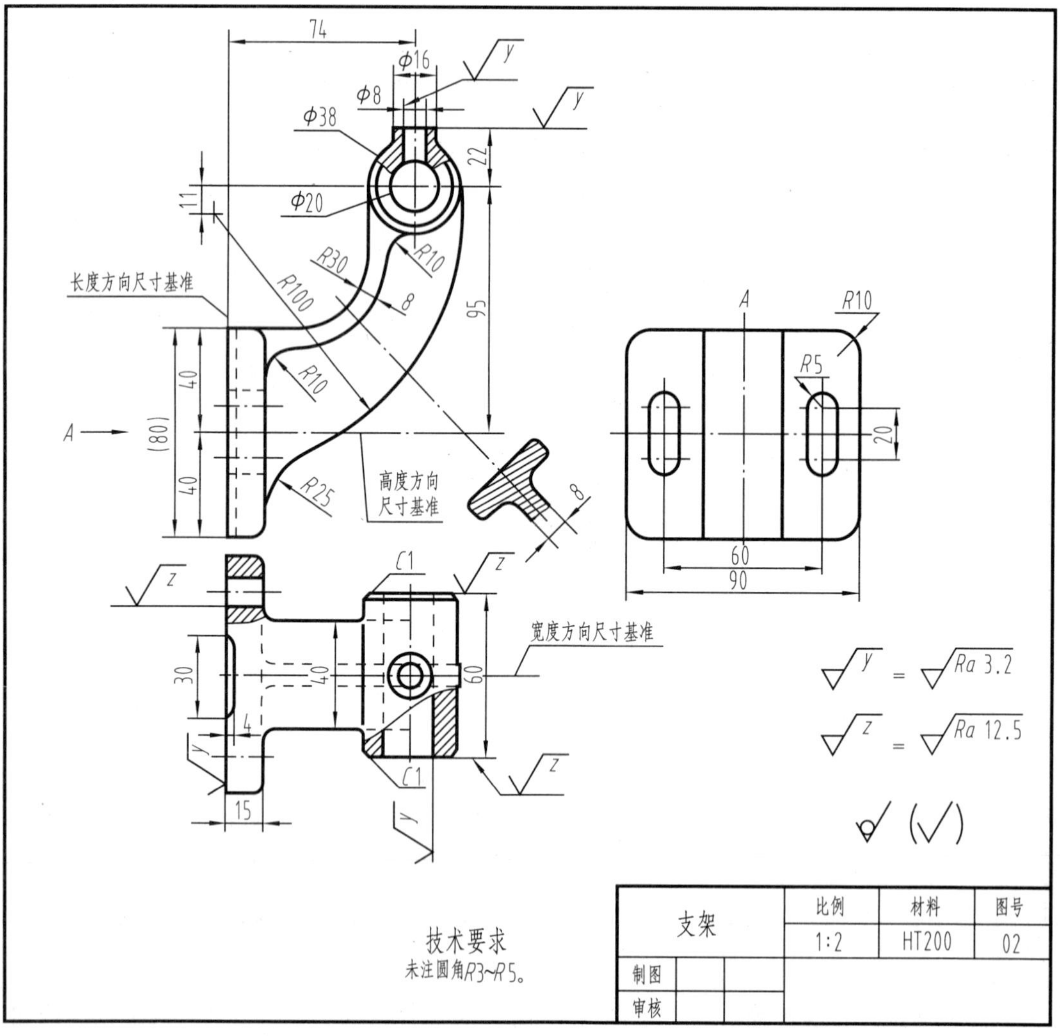

图 8－8　支架的零件图

(2) 视图选择。由于叉架类零件的加工工序较多，其加工位置经常变化，因此选择主视图时，主要考虑零件的形状特征和工作位置。这类零件一般需用两个或两个以上的基本视图。为了表达零件上的弯曲或扭斜结构，还常常要采用斜视图、局部视图、用斜剖切平面剖切的剖视图和断面图等表达方法。

图 8-8 所示的支架采用了主、俯两视图以及一个局部视图和一个断面图表达。主视图表示支承板、工作圆筒和连接板与肋板的形体特征和相对位置。俯视图侧重反映支架各部分的前后对称关系。这两个视图都以表达外形为主，并分别采用局部剖表示圆孔的内形。局部视图主要是表示长圆孔的形状和相对位置，断面图则表示弯曲的板与肋的连接关系。

图 8-9 所示为杠杆零件图。

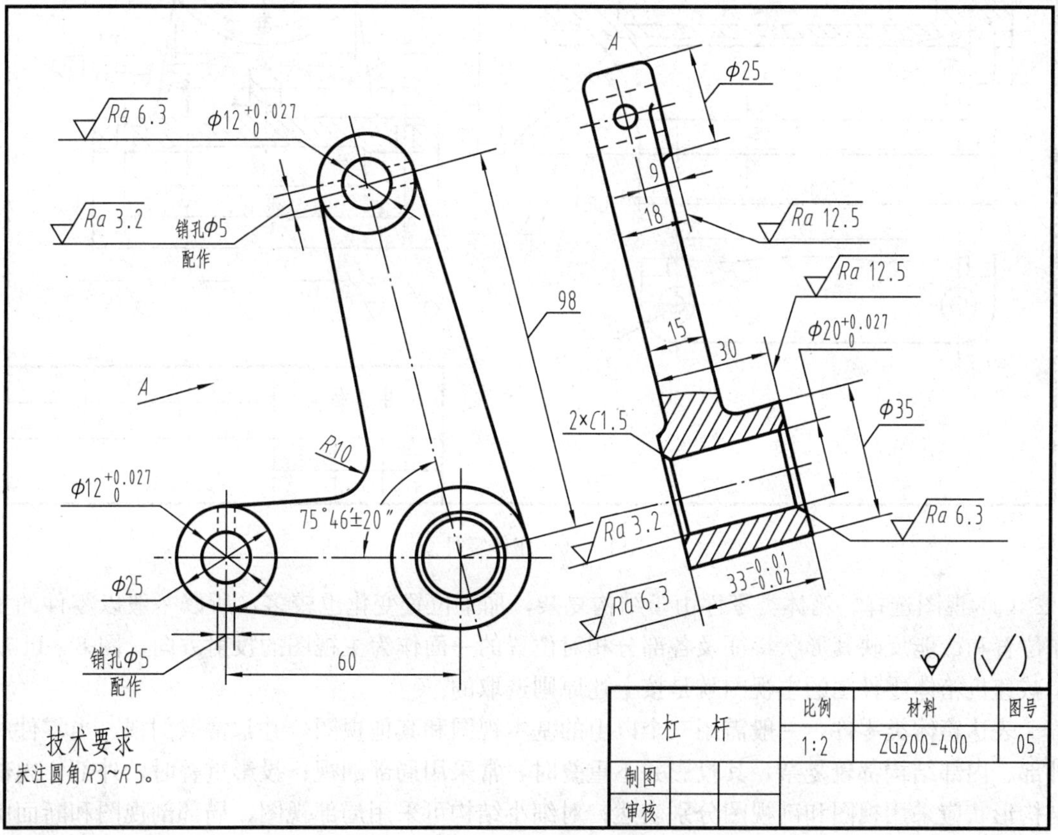

图 8-9 杠杆零件图

这类零件的工作位置有时不固定，甚至是倾斜的，因此在选择视图时，应将零件摆正，再将能够明显反映形状特征的方向作为主视图的投射方向，如图 8-9 所示。

4. 箱体类零件

箱体类零件包括各种箱体、壳体、泵体、减速机的机体等。这类零件主要用来支承、包容和保护体内的零件，也起定位和密封作用。

(1) 结构特点。箱体类零件多为铸件，内、外结构比前三类零件都复杂。它们通常都有一个由薄壁所围成的较大空腔和与其相连供安装用的底板；在箱壁上有多个向内或向外伸延的供安装轴承用的圆筒或半圆筒，且在其上下常有肋板加固。此外，箱体类零件上还有许多细小结构，如凸台、凹坑、起模斜度、铸造圆角、螺孔、销孔、倒角等。图 8-10 所示为铣刀头上座体的零件图，它的结构形状比较简单，请读者自行分析。

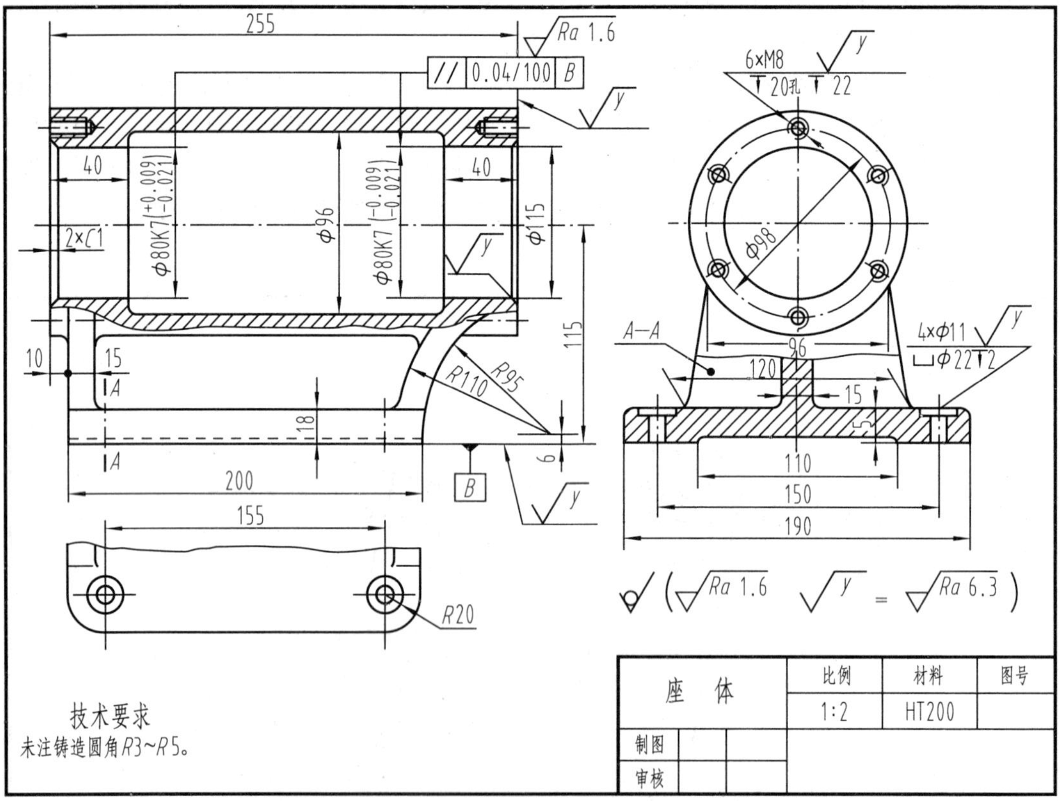

图 8-10 座体零件图

(2) 视图选择。箱体类零件由于结构复杂，加工位置变化也较多，所以一般以零件的工作位置和最能反映其形状特征及各部分相对位置的一面作为主视图的投射方向。图 8-11 所示减速机箱体零件图的主视图就是按上述原则选取的。

表达箱体类零件，一般需用三个以上的基本视图和其他视图，并常常取剖视。当零件的外部、内部结构都较复杂，其投影并不重叠时，常采用局部剖视；投影重叠时，外部、内部结构形状应采用视图和剖视图分别表达；对细小结构可采用局部视图、局部剖视图和断面图来表达。此外，由于铸件上圆角很多，还应注意过渡线的画法等。

图 8-11 中共有六个视图，即主、俯、左三个基本视图以及一个局部视图和两个局部剖视图（后三个视图均按向视图的形式配置），其中有五个视图取了剖视。

由于该箱体从主视方向看去，外形简单，内腔复杂，所以主视图采用了全剖。它通过两个平行的平面剖切，反映出输入轴（蜗杆）轴孔 ϕ35K7、输出轴（圆锥齿轮轴）轴孔 ϕ48H7 与蜗杆啮合的蜗轮轴孔（图形中部的孔）三者的相对位置以及与其他结构的关系。

左视图取了大范围的局部剖视，重点表达前、后两个轴孔和蜗杆轴孔，以及箱壁右侧上的两个螺孔。留下的局部外形则是为了表达安装孔上的凸台和底板上凹坑的结构形状。由于箱壁左侧两个相连的凸台被剖掉，为反映其结构形状和两轴孔的前后位置关系，所以又采用了局部视图 *C* 作为补充表达。

俯视图则侧重表示箱框和底板的形状及安装孔的相对位置。*B*—*B* 剖视是为了表示输出轴轴孔所在凸台的形状。*D*—*D* 剖视图单独画出，使两个沉孔结构更明显，也便于标注尺寸。

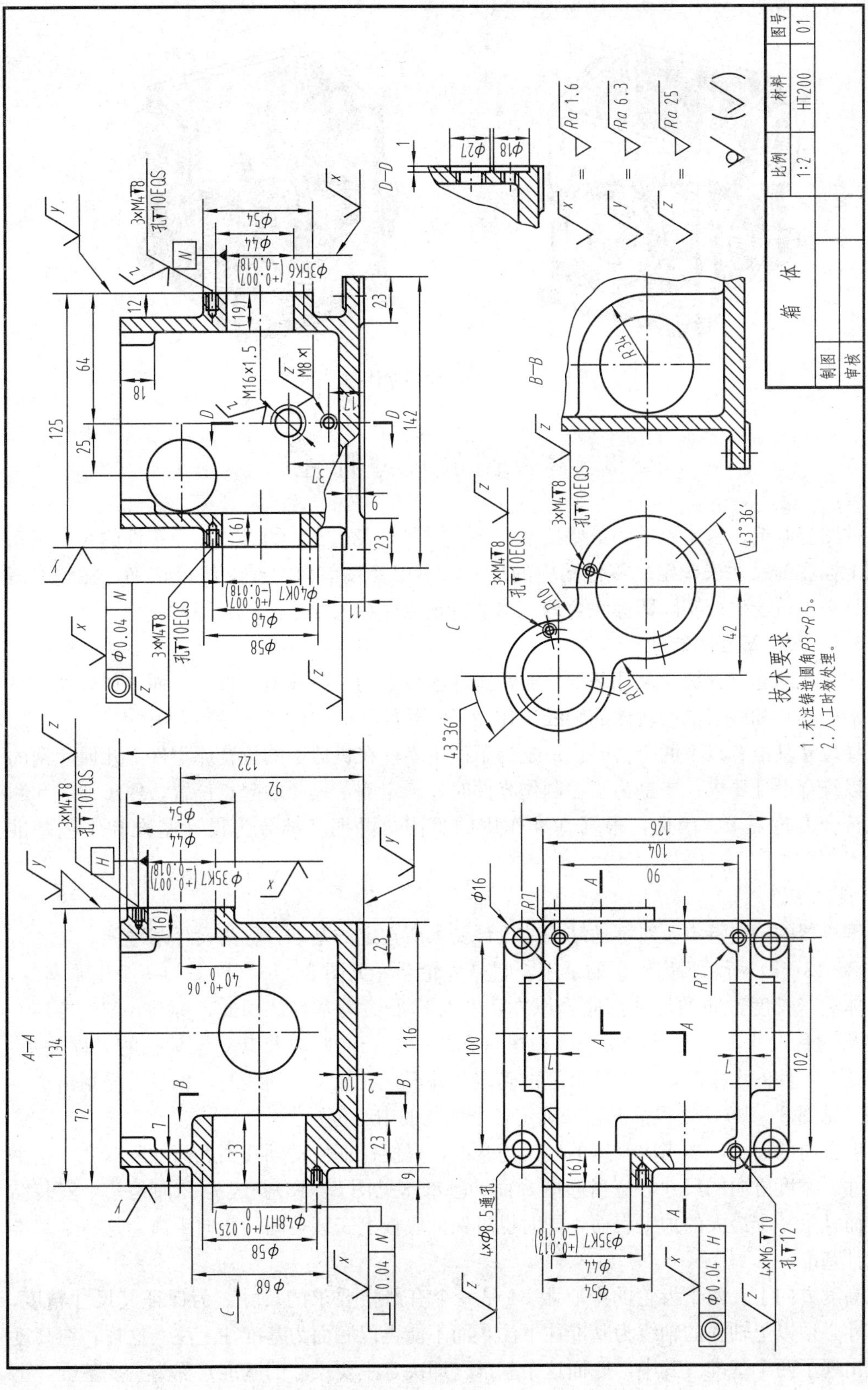

图8-11 减速机箱体零件图

经过仔细分析，可以想象出该箱体的立体形状，如图 8-12 所示。

图 8-12 减速机箱体立体图

8.3 零件图的尺寸标注

零件图是制造、检验零件的重要技术文件，图形只表达零件的形状，而零件的大小则完全由图上标注的尺寸来确定。零件图中的尺寸，不但要按前面的要求注得正确、完整、清晰，而且必须符合生产实际即标注合理。本节将重点介绍尺寸标注的合理性。

8.3.1 尺寸基准的选择

标注尺寸的起点，称为尺寸基准。通常选择零件上的一些几何元素——面（如底面、对称面、端面等）和线（如回转体的轴线）作为尺寸基准。

选择尺寸基准有以下两个目的：一是为了确定零件在机器中的位置或零件上几何元素的位置，以符合设计要求；二是为了在制作零件时，确定测量尺寸的起点位置，便于加工和测量，以符合工艺要求。因此，根据基准作用的不同，可把基准分为设计基准和工艺基准两类。

1. 设计基准

根据机器的构造特点及对零件结构的设计要求所选定的基准，称为设计基准。

图 8-13（a）所示为齿轮泵的泵座，它是齿轮泵［见图 8-13（b）］的一个主要零件，属于箱体类。长度方向的尺寸，应当以左、右对称平面为基准。因此，标注出 240、180、85、88 等对称尺寸，以便保证安装孔、螺钉孔之间的长向距离及其对于轴孔的对称关系。在制作这个零件的木模时，要以这个基准确定其外形；在加工前划线时，也是首先划出这条基准线（见图 8-14），然后根据它来确定各个圆孔的中心位置。

高度方向的尺寸，应当以泵座的底面为基准，以便保证主动轴孔到底面的距离 210 这个重要尺寸。宽度方向的尺寸，应当选择 B 面为基准（见图 8-13）。因为 B 面是一个安装结合面，而且是一个最大的加工表面，同时也可保证底板上安装孔间的宽向距离。这三个基准均为设计基准。

在高度方向上，两个齿轮的中心距 84 是一个有严格要求的尺寸。为保证其尺寸精度，这个尺寸必须以上轴孔的轴线为基准往下注，而不能再以底面为基准往上注。这样，在高度方向就出现了两个基准。其中，底面这个基准（即决定主要尺寸的基准）称为主要基准，上孔轴线这个基准称为辅助基准（在加工划线时，应先定出这两个基准，然后才能定出其他定位线，见图 8-14)。就是说，在零件长、宽、高每一个方向上都应有一个主要基准（有时与设计基准重合)，而除了主要基准之外的附加基准，称为辅助基准。应注意，辅助基准与主要基准之间必须直接有尺寸相联系，如图 8-13 中的辅助基准是靠尺寸 210 与主要基准底面相联系的。

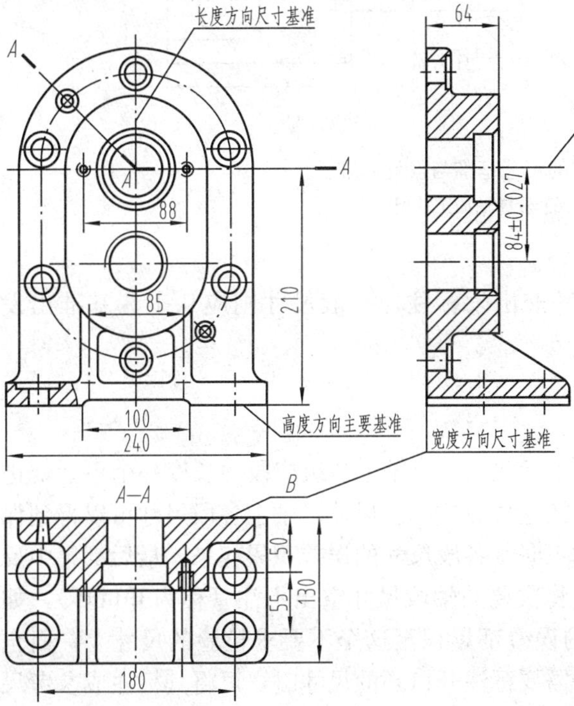

(a)

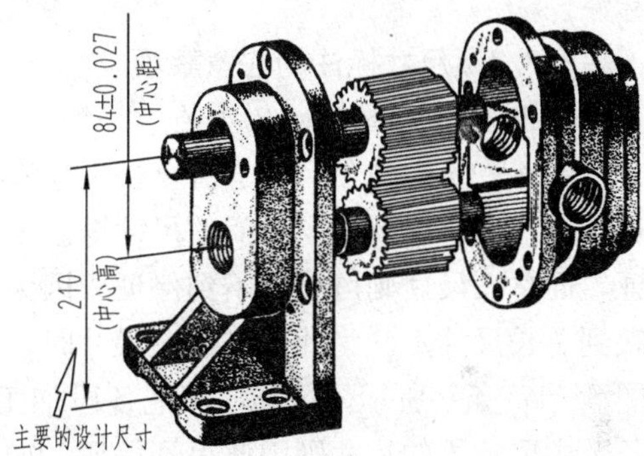

(b)

图 8-13 泵座的尺寸基准选择

(a) 齿轮油泵泵座尺寸基准的选择方法；(b) 齿轮油泵结构简图

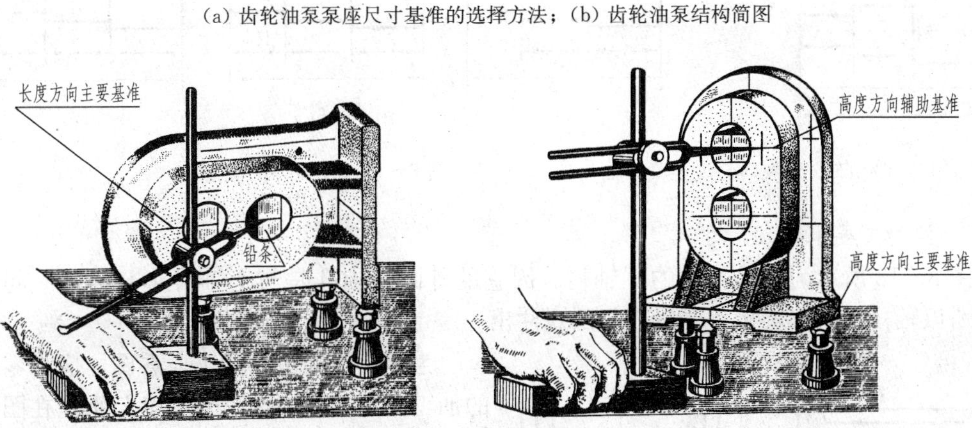

图 8-14 零件划线简图

2. 工艺基准

为便于对零件加工和测量所选定的基准，称为工艺基准。

图 8－15（a）所示的小轴，在车床上加工时，车刀每一次车削的最终位置，都是以右端面为基准来定位的，如图 8－15（b）所示。因此，右端面即为轴向尺寸的工艺基准。

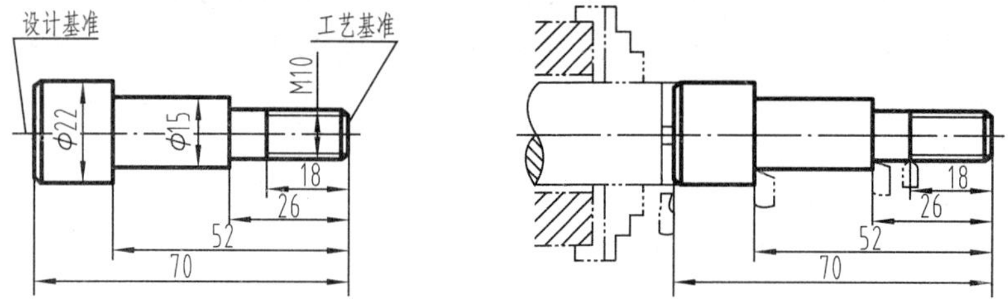

(a) (b)

图 8－15 阶梯轴的工艺基准与设计基准
（a）阶梯轴；（b）阶梯轴加工情况

在图 8－13 中，工艺基准与设计基准重合。

基准确定之后，主要尺寸即应从设计基准出发标注，一般尺寸则应从工艺基准出发标注。

8.3.2 尺寸标注的注意事项

1．避免注成封闭的尺寸链

图 8－16 中的轴，除了对全长尺寸进行了标注，又对轴上各组成段的长度一个不漏地进行了标注，这就形成了封闭的尺寸链。如果按这种方式标注尺寸，轴上各段尺寸可以得到保证，而总长尺寸则可能得不到保证。因为加工时，各段尺寸的误差积累起来，最后都集中反映到总长尺寸上。为此，在标注尺寸时，应将次要的轴段尺寸空出不注（称为开口环），如图 8－17（a）所示。这样，其他各段加工的误差都累积至这个不要求检验的尺寸上，而全长及主要轴段的尺寸则因此得到保证。如果需要标注开口环的尺寸时，可将其标注成参考尺寸，如图 8－17（b）、（c）所示。

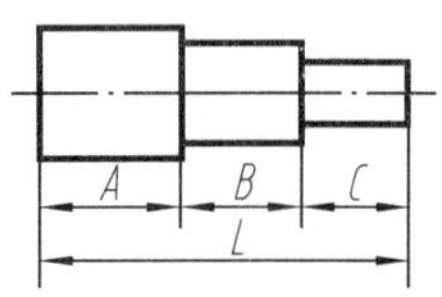

图 8－16 封闭的尺寸链

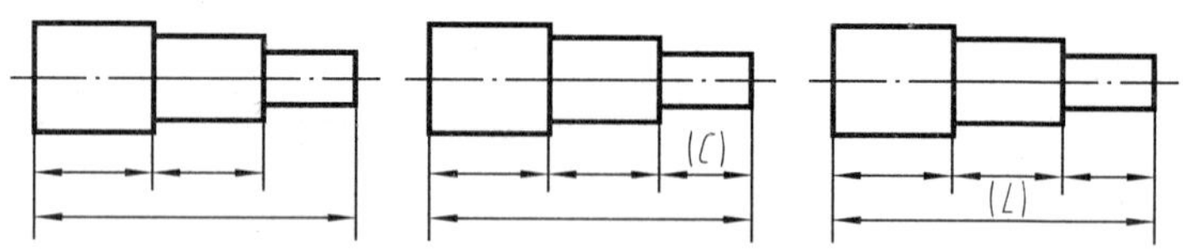

(a) (b) (c)

图 8－17 开口环的确定

2．按加工要求标注尺寸

图 8－18 所示为滑动轴承的下轴衬。因它的外圆与内孔是与上轴衬对合起来一起加工的，所以轴衬上的半圆尺寸要以直径形式注出。

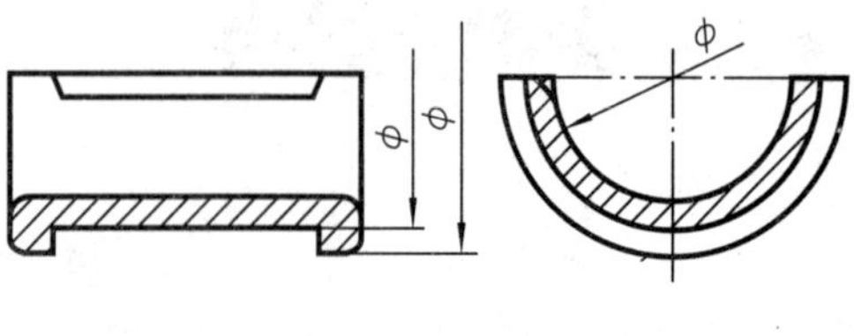

图 8－18 下轴衬的尺寸标注

为便于不同工种的工人看图，应将零件上的加工面与非加工面尺寸尽量分别注在图形的两边，如图 8－19 所示。对同一工种的加工尺寸，要适当集中，以便于加工时查找。如图 8－20所示，铣削尺寸注在上面，车削尺寸注在下面。

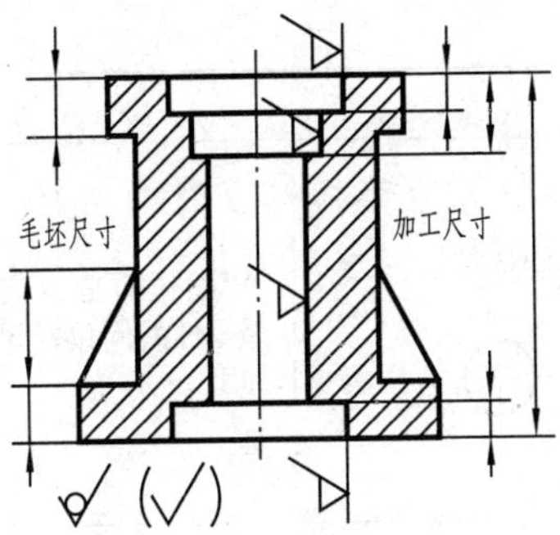

图 8-19 加工面与非加工面的尺寸注法

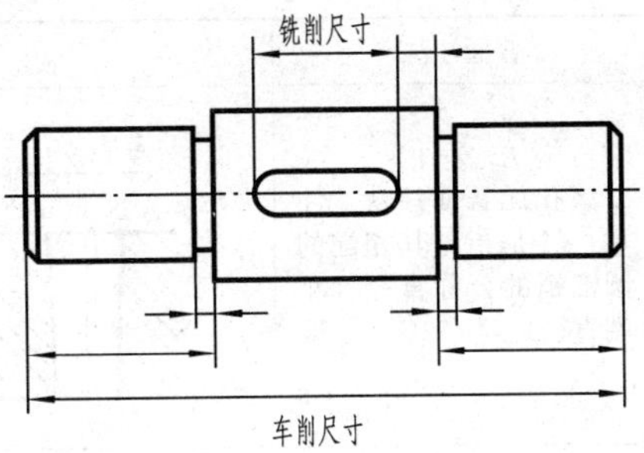

图 8-20 同工种加工的尺寸注法

3. 按测量要求标注尺寸

对所注尺寸，要考虑零件在加工过程中便于测量。如图 8-21 (a) 和图 8-22 (a) 中孔深尺寸的测量就很方便，而图 8-21 (b) 中 A、B 和图 8-22 (b) 中 9 和 10 的注法就不合理了，既不便于测量，也很难量得准确。

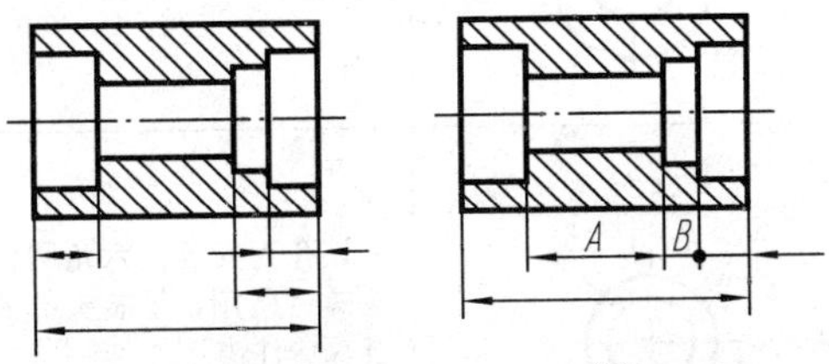

(a) (b)

图 8-21 按测量要求标注尺寸 Ⅰ

(a) 便于测量；(b) 不便于测量

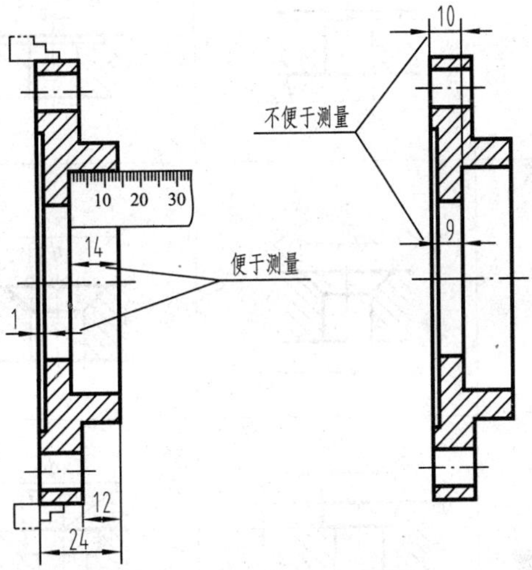

(a) (b)

图 8-22 按测量要求标注尺寸 Ⅱ

(a) 便于测量；(b) 不便于测量

4. 零件上常见孔的尺寸注法

光孔、锪孔、沉孔和螺孔是零件上常见的结构，它们的尺寸标注分为普通注法和旁注法，见表 8-1。

表 8-1 **零件上常见孔的尺寸注法**

类型	普通注法	旁注法		说 明
光孔	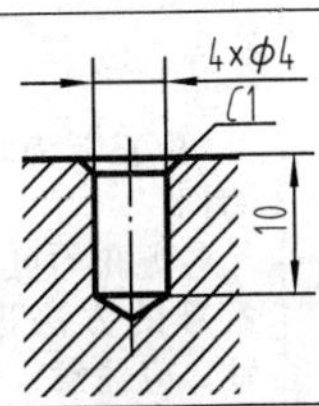	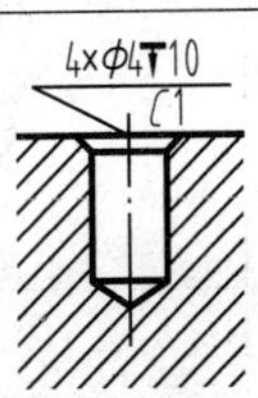	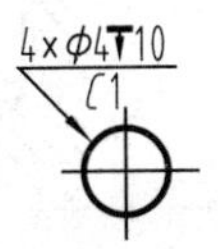	“↧”为孔深符号，“C”为 45°倒角符号
	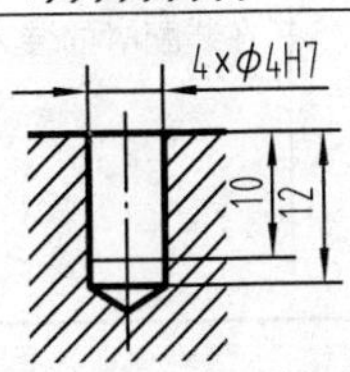	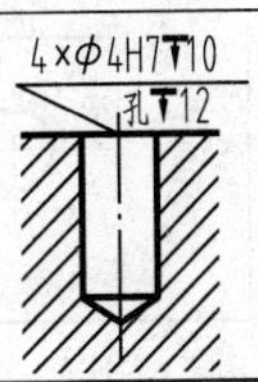		钻孔深度为 12，精加工（铰孔）深度为 10，H7 表示孔的配合要求

续表

类型	普通注法	旁注法		说　明
光孔	该孔无普通注法。注意：$\phi4$ 是指与其相配的圆锥销的公称直径（小端直径）	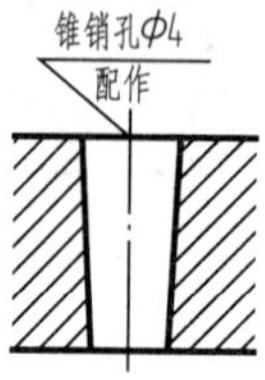	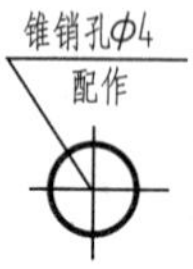	“配作”是指该孔与相邻零件的同位锥销孔一起加工
锪孔	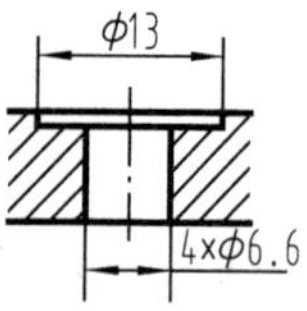	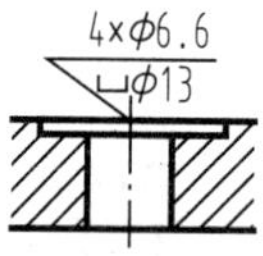	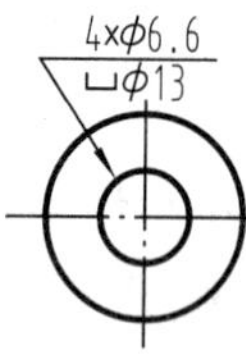	“⌴”为锪平、沉孔符号。锪孔通常只需锪出圆平面即可，因此沉孔深度一般不注
沉孔	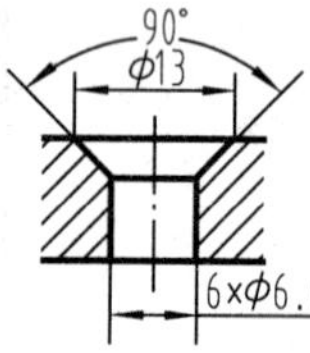	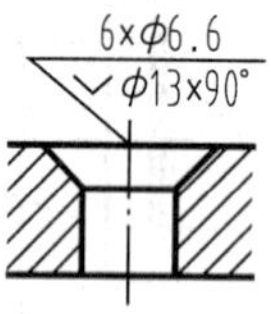	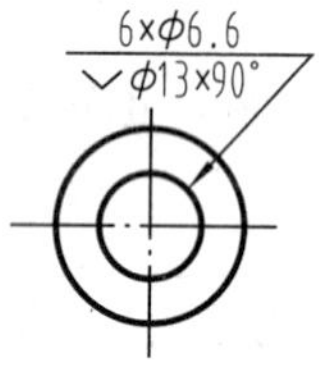	“⌵”为埋头孔符号，该孔为安装开槽沉头螺钉所用
	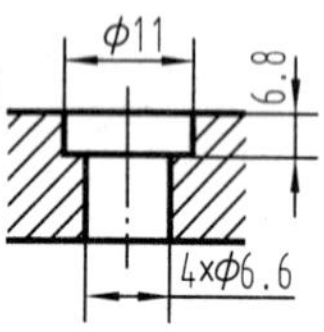	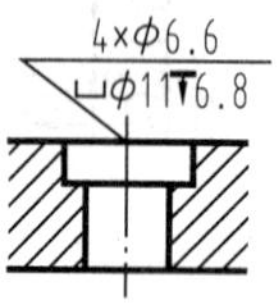	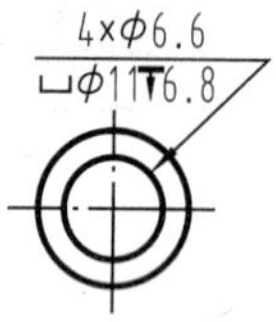	该孔为安装内六角圆柱头螺钉所用，承装头部的孔深应注出
螺孔	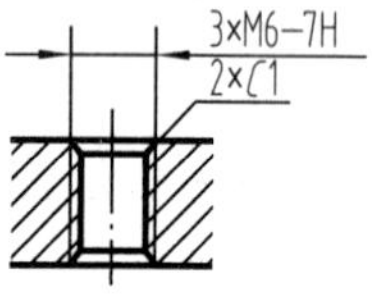	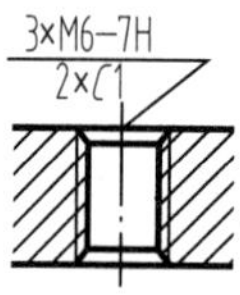	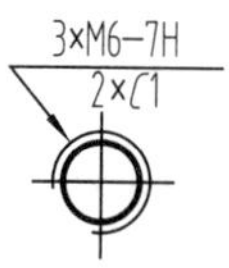	“2×$C1$”表示两端倒角均为 $C1$
	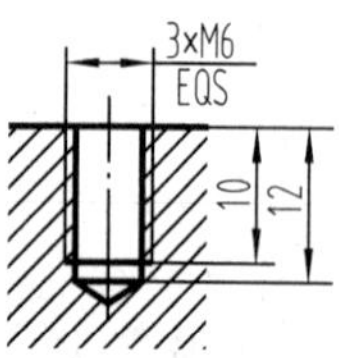	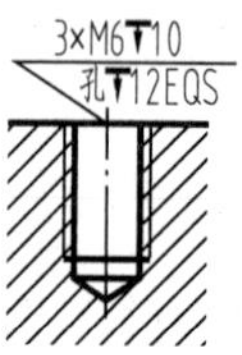		“EQS”为均布孔的缩写词 各类孔均可采用旁注加符号的方法进行简化标注。应注意：引出线应从在装配时的装入端引出
	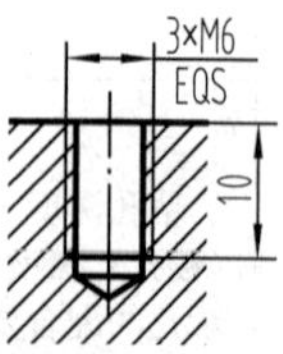	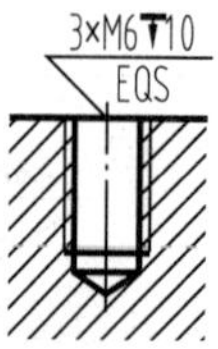		

8.4 零件图的技术要求

8.4.1 表面结构的表示法

1. 概述

所谓表面结构是指零件表面的几何形貌。它是表面粗糙度、表面波纹度、表面纹理、表面缺陷和表面几何形状的总称。本节只介绍我国目前应用最广的表面结构在图样上的表示法及其符号、代号的标注与识读方法。

经过加工的零件表面看起来很光滑，但从显微镜下观察却可见其具有微小的峰、谷，波纹、刀痕等（见图 8－23）。这是在加工过程中，由于机床、刀具、工件系统的振动以及刀具切削时工件的塑性变形等因素造成的。零件实际表面的这种微观不平度，对零件的磨损、疲劳强度、耐腐蚀性、配合性质、喷涂质量以及外观等都有很大的影响，并且直接关系到机器的使用性能和寿命，特别是对运转速度快、装配精度高、密封要求严的产品，更具有重要意义。因此，在设计绘图时，应根据产品的精密程度，对其零件的表面结构提出相应要求。

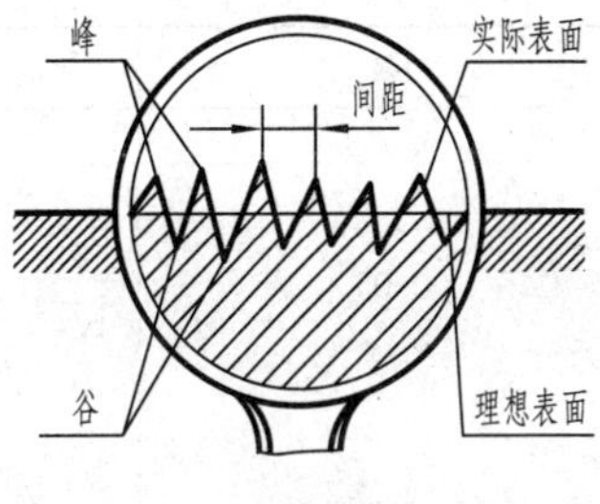

图 8－23 表面结构剖面放大图

本节内容的编写，采用了最新国家标准 GB/T 131—2006《产品几何技术规范（GPS） 技术产品文件中表面的表示法》。由于篇幅所限，本节只介绍其中的结构轮廓及其参数的标注与识读方法。

2. 表面结构的评定参数及数值

表面结构参数是评定表面结构要求时普遍采用的主要参数。此参数既能满足常用表面的功能要求，检测也比较方便。

(1) 轮廓算术平均偏差 Ra。在一个取样长度 Lr 内，轮廓偏距绝对值的算术平均值（见图 8－24），其值为

$$Ra=\frac{|y_1|+|y_2|+|y_3|+\cdots+|y_n|}{n}$$

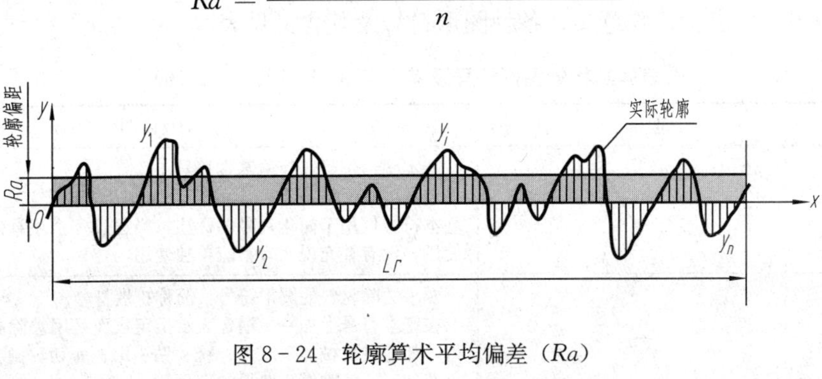

图 8－24 轮廓算术平均偏差（Ra）

(2) 轮廓最大高度 Rz。在一个取样长度 Lr 内，轮廓峰顶线与轮廓谷底线之间的距离（见图 8－25）。

评定参数 Ra、Rz 的数值见表 8－2。

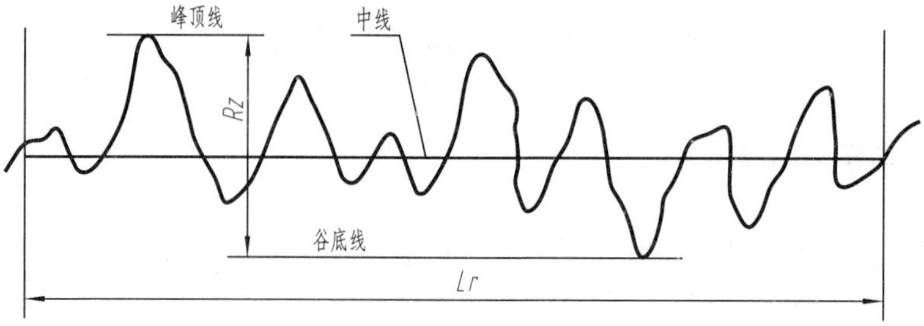

图 8-25 *Rz* 参数

表 8-2 **Ra、Rz 数值** μm

Ra	*Rz*	*Ra*	*Rz*
0.012		6.3	6.3
0.025	0.025	12.5	12.5
0.05	0.05	25	25
0.1	0.1	50	50
0.2	0.2	100	100
0.4	0.4		200
0.8	0.8		400
1.6	1.6		800
3.2	3.2		1600

注 此表为第一系列值。

值得注意的是，原国家标准 GB/T 131—1993 中的参数代号现在为大小写斜体（如 *Ra*、*Rz*），下标如 R_a、R_z 不再使用。原来的表面结构参数 R_z（十点高度）已经不再被认可为标准代号。新标准中 *Rz* 为原 R_y 的定义，原 R_y 的符号不再使用。

3. 表面结构符号、代号

(1) 表面结构的图形符号。在图样中，对表面结构的要求可用几种不同的图形符号表示。标注时，图形符号应附加对表面结构的补充要求。在特殊情况下，图形符号也可以在图样中单独使用，以表达特殊意义。各种图形符号及其含义见表 8-3。

表 8-3 **表面结构的图形符号及其含义**（GB/T 131—2006）

符号名称	符　　号	含义及说明
基本图形符号		基本图形符号，简称基本符号。 表示对表面结构有要求的符号，以及未指定工艺方法的表面。基本符号仅用于简化代号的标注，当通过一个注释解释时可单独使用，没有补充说明时不能单独使用
扩展图形符号		要求去除材料的图形符号，简称扩展符号。 在基本符号上加一短横，表示指定表面是用去除材料的方法获得，如通过机械加工（车、铣、钻、磨、剪切、抛光、腐蚀、电火花加工、气割等）获得的表面
		不允许去除材料的图形符号，简称扩展符号。 在基本符号上加一个圆圈，表示指定表面是用不去除材料的方法获得，如铸、锻等。也可用于表示保持上道工序形成的表面，不管这种状况是通过去除材料或不去除材料形成的

续表

符号名称	符　号	含义及说明
完整图形符号		完整图形符号，简称完整符号。 在上述所示的图形符号的长边上加一横线，用于对表面结构有补充要求的标注。左、中、右三个符号分别用于“允许任何工艺”、“去除材料”、“不去除材料”方法获得的表面的标注
工件轮廓各表面的图形符号	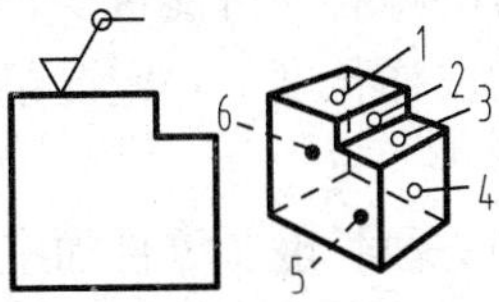	工件轮廓各表面的图形符号。 当在图样某个视图上构成封闭轮廓的各表面有相同的表面结构要求时，应在完整符号上加一圆圈，标注在图样中工件的封闭轮廓线上。如果标注会引起歧义时，各表面应分别标注。左图符号是指对图形中封闭轮廓的六个面的共同要求（不包括前后面）

各种图形符号的画法及代号的注写方法见图 8－26。图形符号和附加标注的尺寸见表 8－4。

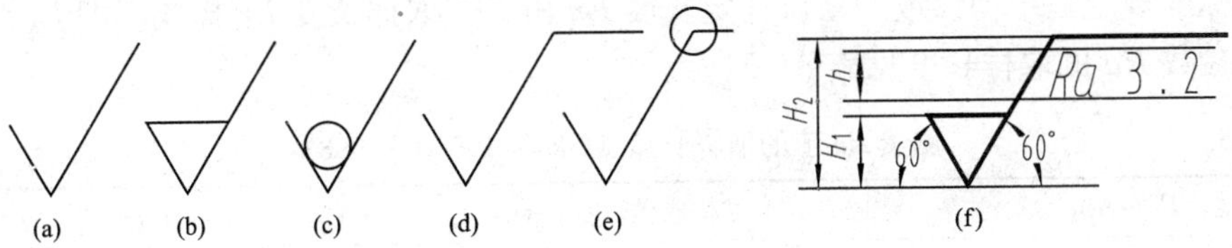

图 8－26　图形符号的画法及代号的注写方法

表 8－4　　**图形符号和附加标注的尺寸**（GB/T 131—2006）

数字和字母高度 h（见 GB/T 14690—1993）	2.5	3.5	5	7	10	14	20
符号线宽	0.25	0.35	0.5	0.7	1	1.4	2
字母线宽							
高度 H_1	3.5	5	7	10	14	20	28
高度 H_2（最小值）①	7.5	10.5	15	21	30	42	60

① H_2 取决于标注内容。

（2）表面结构的图形代号。在表面结构的图形符号上，注有表面结构的参数和数值及有关规定，则称为表面结构代号。

在完整符号中，除了标注表面结构参数和数值外，必要时还应标注补充要求，补充要求的内容及其指定标注位置，见图 8－27 及其说明。

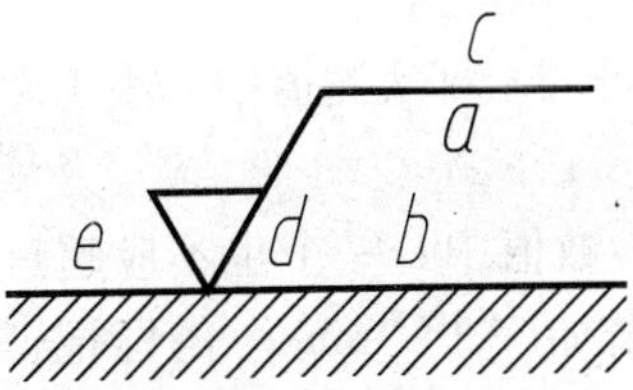

位置 a—注写结构参数代号、极限值、取样长度（或传输带）等，在参数代号和极限值间应插入空格；

位置 a 和 b—注写两个或多个表面结构要求，如位置不够时，图形符号应在垂直方向扩大，以空出足够的空间；

位置 c—注写加工方法、表面处理、涂层或其他加工工艺要求等；

位置 d—注写所要求的表面纹理和纹理方向，如“=”、“⊥”等；

位置 e—注写所要求的加工余量

图 8－27　补充要求的注写位置

4. 表面结构参数及标注

在图样上标注表面结构要求时，除标注结构参数（从结构轮廓上计算所得的参数——R

轮廓参数）的代号和数值（如 $Ra1.6$ 和 $Rz6.3$）外，还应标注取样长度、评定长度、极限值、传输带等信息（为了简化标注，标准中规定了一系列的默认值，不必在代号中标注），下面分别对这些参数及其标注作以介绍。

（1）取样长度和评定长度。

1）取样长度（Lr）：用于判别被评定轮廓不规则特征的一段基准线长度。截取的长度不同，测出的数值就不同。选择的取样长度过小，所包含的峰谷数可能过少，这样就不能确切地反映该表面的结构。因此，在通常情况下，所选取的取样长度，一定要包含五个以上的峰谷，否则应选择较大的一级数值。

2）评定长度（Ln）：用于判别被评定轮廓所必需的一段长度。零件加工表面的结构不一定均匀一致，若按相同的取样长度 Lr 依次测量几段，所得结构数值不尽一致，有时差别甚至很大。为了充分合理地反映加工表面的结构，在测量时必须选取一段能反映这种特性的最小长度，它可能包括一个或几个取样长度，这个长度就是评定长度。

国家标准规定，结构参数的默认评定长度 Ln 由 5 个取样长度 Lr 构成，即 $Ln=5\times Lr$。

结构参数 Ra 的取样长度见表 8-5。

表 8-5 **测量 *Ra* 值的取样长度**（GB/T 10610—1998）

Ra(μm)	结构取样长度 Lr(mm)	结构评定长度 Ln(mm)
$(0.006)<Ra\leqslant0.02$	0.08	0.4
$0.02<Ra\leqslant0.1$	0.25	1.25
$0.1<Ra\leqslant2$	0.8	4
$2<Ra\leqslant10$	2.5	12.5
$10<Ra\leqslant80$	8	40

默认的评定长度，不需要在参数代号后作出标记。也就是说，参数代号后未给出取样长度的个数时，即默认为一个评定长度等于 5 个取样长度。

若不存在默认的评定长度时，参数代号后应标注取样长度的个数，如 $Ra3$、$Rz1$（要求评定长度分别为 3 个取样长度和 1 个取样长度）。

（2）极限值及其判断规则。极限值是指图样上给定的结构参数值（单向上限值、下限值、最大值或双向上限值和下限值）。极限值的判断规则是指在完工零件表面上测出实测值后，如何与给定值比较，以判断其是否合格的规则。极限值的判断规则有以下两种。

1）16%规则。当所注参数为上限值时，用同一评定长度测得的全部实测值中，大于图样上规定值的个数不超过测得值总个数的 16%时，则该表面是合格的。

对于给定表面参数下限值的场合，如果用同一评定长度测得的全部实测值中，小于图样上规定值的个数不超过总数的 16%时，该表面也是合格的。

2）最大规则。最大规则是指在被检的整个表面上测得的参数值中，一个也不应超过图样上的规定值。为了指明参数的最大值，应在参数代号后面增加一个“max”的标记，例如 Rzmax。

16%规则是所有表面结构要求标注的默认规则。当参数代号后无“max”字样者均为 16%规则（默认）。

当标注单向极限要求时，一般是指参数的上限值（16%规则或最大规则的极限值），此时不必加注说明；如果是指参数的下限值，则应在参数代号前加“L”，例如 L*Ra* 6.3（16%规则）、L*Ra*max 1.6（最大规则）。

表示双向极限时应标注极限代号，上限值在上方用 U 表示，下限值在下方用 L 表示（见图 8－28）。如果同一参数具有双向极限要求，在不会引起歧义的情况下，可以不加 U、L，见图 8－29 和图 8－30。

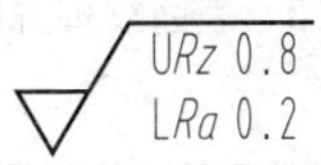

图 8－28 双向极限注法

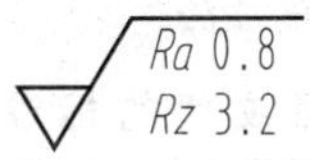

图 8－29 “16%规则”注法

图 8－30 “最大规则”注法

（3）传输带和取样长度的标注。传输带是指两个长、短波滤波器之间的波长范围，即评定时的波长范围。滤波器是测量表面结构参数所使用的仪器（其功能是把轮廓分成长波成分和短波成分）。传输带被一个截止短波的短波滤波器和另一个截止长波的长波滤波器所限制。滤波器由截止波长值表示，而长波滤波器的截止波长值即为取样长度。

当参数代号中没有标注传输带时，表面结构要求采用默认的传输带。*R* 轮廓传输带的截止波长值代号为 λ_s（短波滤波器）和 λ_c（长波滤波器）。

截止波长——评定 *R* 轮廓时，λ_c 和 λ_s 的标准值见表 8－6。

表 8－6 **默认传输带数值**（*R* 轮廓） mm

λ_c	λ_s	λ_c	λ_s
0.08	2.5	2.5	8
0.25	2.5	8	25
0.8	2.5		

注写传输带（单位 mm）时，短波滤波器在前，长波滤波器在后，并用连字号“-”隔开（见图 8－31）。如果只标注一个滤波器，应保留连字号“-”，以区分是短波滤波器还是长波滤波器（如“0.008 -”表示短波滤波器，“- 0.25”表示长波滤波器）。此时，另一截止波长应解读为默认值。

如果表面结构参数没有默认的传输带、默认的短波滤波器或默认的取样长度（长波滤波器），则表面结构代号中应该指定传输带，即短波滤波器或长波滤波器。

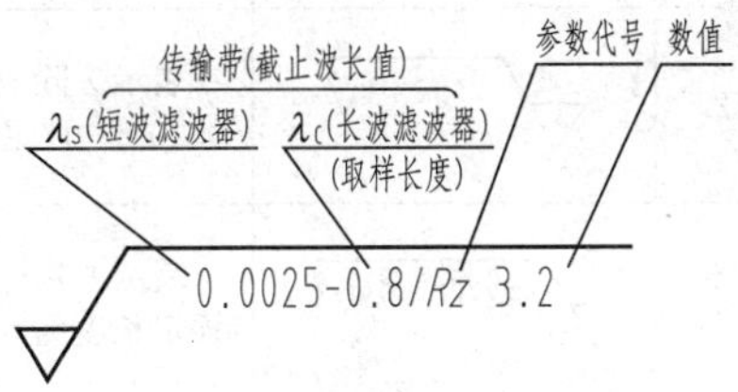

图 8－31 传输带的标注

（4）加工方法或相关信息的标注。轮廓曲线的特征对实际表面的表面结构参数值影响很大，而加工工艺在很大程度上决定了轮廓曲线的特征，因此，一般应标注加工工艺，如图 8－32 所示。图 8－32（b）所示为镀覆的标注示例，表示钢件、电镀镍和铬。

（5）表面纹理的标注。表面纹理及其方向用规定的符号（如⊥、=、×、M、C、R、P），按图 8－33 所示标注在完整符号中。

纹理方向是指表面纹理的主要方向，通常由加工工艺决定。

表 8－7 列出了表面纹理标注的两个例子及其解释，并示意出相应的纹理及其方向。

(a) (b)

图 8－32 加工、镀覆和结构要求的注法

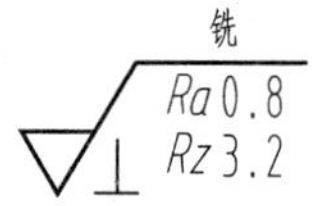

图 8－33 表面纹理方向的注法

表 8－7 **表面纹理的标注**

符号	解释和示例		符号	解释和示例	
=	纹理平行于标注代号的视图所在的投影面		⊥	纹理垂直于标注代号的视图所在的投影面	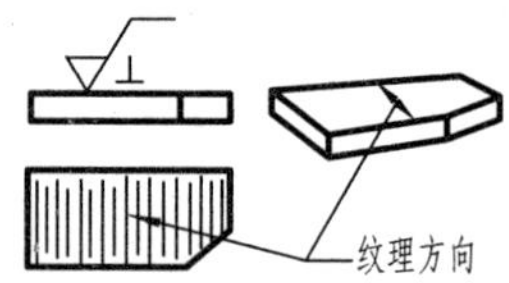

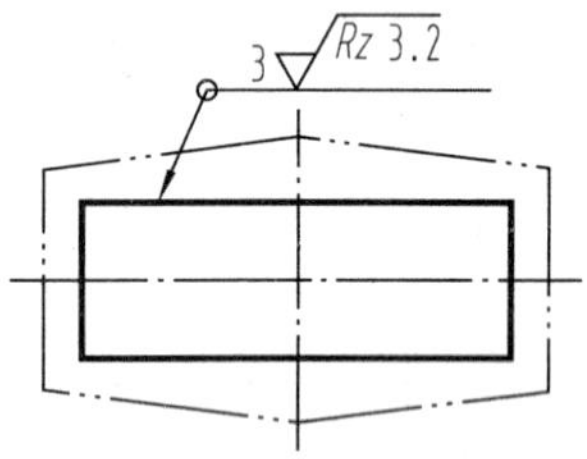

图 8－34 图样中给出加工余量的注法

（6）加工余量的注法。在同一图样中，有多个加工工序的表面可标注加工余量。例如，在表示完工零件形状的铸锻件图样中给出加工余量，一般同表面结构要求一起标注，如图 8－34 所示（表示所有表面均有 3mm 的加工余量）。

5. 表面结构代号的含义

表面结构代号的含义及其解释见表 8－8。

表 8－8 **表面结构代号的含义**

序号	符　　号	含义/解释
1	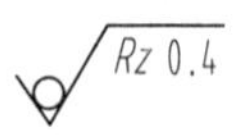	表示不允许去除材料，单向上限值，默认传输带，*R* 轮廓，结构的最大高度 0.4μm，评定长度为 5 个取样长度（默认），“16％规则”（默认）
2		表示去除材料，单向上限值，默认传输带，*R* 轮廓，结构最大高度的最大值 0.2μm，评定长度为 5 个取样长度（默认），“最大规则”
3	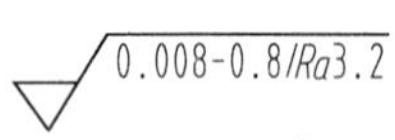	表示去除材料，单向上限值，传输带 0.008－0.8mm，*R* 轮廓，算术平均偏差 3.2μm，评定长度为 5 个取样长度（默认），“16％规则”（默认）
4	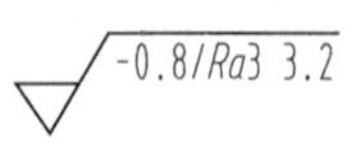	表示去除材料，单向上限值，传输带：根据 GB/T 6062—2009，取样长度 0.8mm（λ，默认 0.0025mm），*R* 轮廓，算术平均偏差 3.2μm，评定长度包含 3 个取样长度，“16％规则”（默认）
5	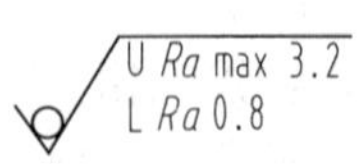	表示不允许去除材料，双向极限值，两极限值均使用默认传输带，*R* 轮廓，上限值：算术平均偏差 3.2μm，评定长度为 5 个取样长度（默认）“最大规则”，下限值：算术平均偏差 0.8μm，评定长度为 5 个取样长度（默认），“16％规则”（默认）

6. 表面结构要求的标注

表面结构要求对每一表面一般只标注一次，并尽可能注在相应的尺寸及其公差的同一视图上。除非另有说明，所标注的表面结构要求是对完工零件的要求。

(1) 表面结构符号、代号的标注位置与方向。总的原则是根据 GB/T 4458.4—2003 的规定，使表面结构要求的注写和读取方向与尺寸的注写和读取方向相一致（见图 8-35）。

1) 标注在轮廓线或指引线上。表面结构要求可标注在轮廓线上，其符号应从材料外指向并接触表面。必要时，表面结构符号也可以用带箭头或黑点的指引线引出标注（见图 8-36 和图 8-37）。

2) 标注在特征尺寸的尺寸线上。在不致引起误解时，表面结构要求可以标注在给出的尺寸线上（见图 8-38）。

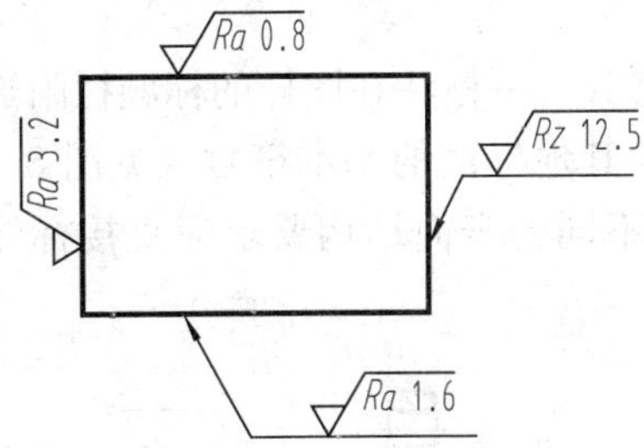

图 8-35 表面结构要求的注写方向

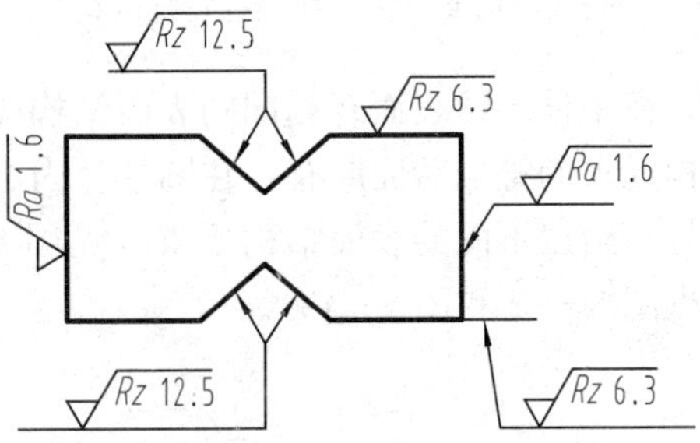

图 8-36 表面结构要求在轮廓线上的标注

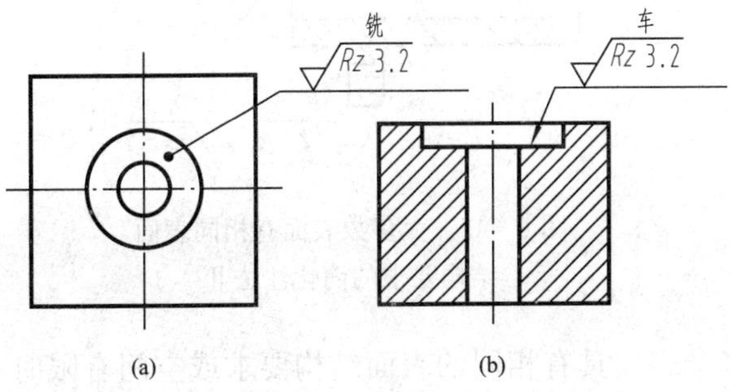

图 8-37 用指引线引出标注表面结构要求

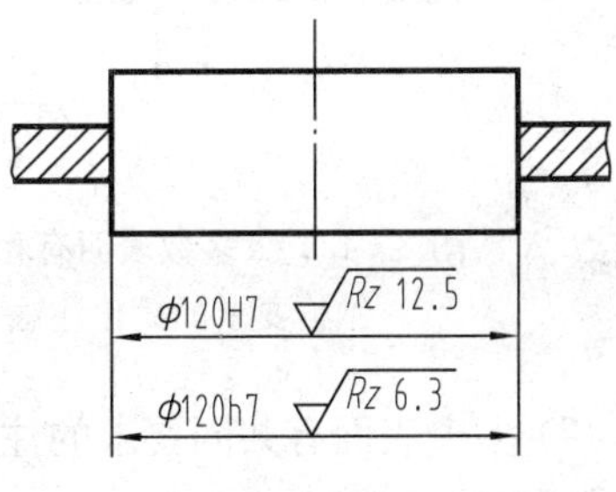

图 8-38 表面结构要求标注在尺寸线

3) 标注在几何公差的框格上。表面结构要求可标注在几何公差框格的上方（见图 8-39）。

4) 标注在延长线上。表面结构要求可以直接标注在延长线上，或用带箭头的指引线引出标注（见图 8-36 和图 8-40）。

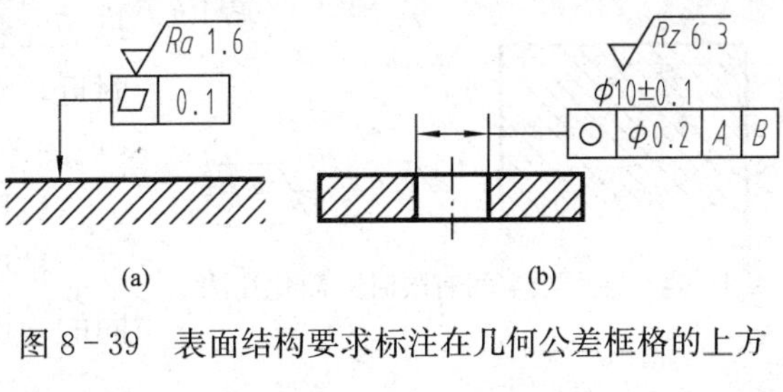

图 8-39 表面结构要求标注在几何公差框格的上方

5) 标注在圆柱和棱柱表面上。圆柱和棱柱表面的表面结构要求只标注一次（见图 8-40）。如果每个圆柱和棱柱表面有不同的表面结构要求，则应单独标注（见图 8-41）。

(2) 表面结构要求的简化注法。

1) 有相同表面结构要求的简化注法。

如果工件全部表面的结构要求都相同，可将其结构要求统一标注在图样的标题栏附近。

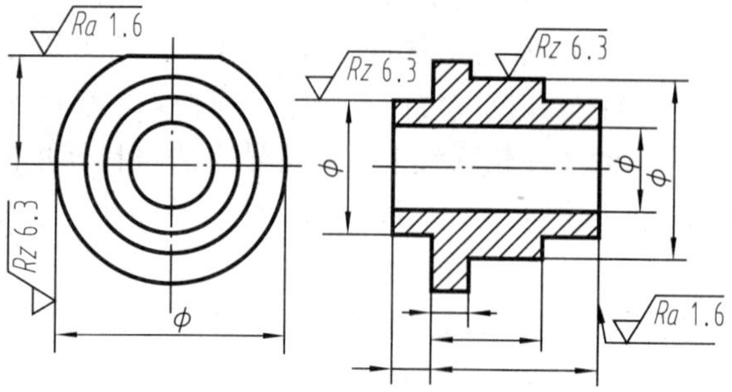

图 8-40 表面结构要求标注在圆柱特征的延长线上

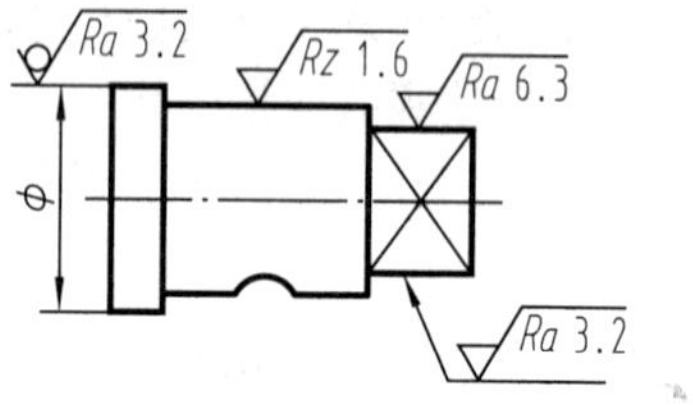

图 8-41 圆柱和棱柱表面结构要求的注法

如果在工件多数表面有相同的表面结构要求，可将其统一标注在图样的标题栏附近，而表面结构要求的符号后面应有：在圆括号内给出无任何其他标注的基本符号（见图 8-42），在圆括号内给出不同的表面结构要求（见图 8-43）。不同的表面结构要求应直接标注在图形中（见图 8-42 和图 8-43）。

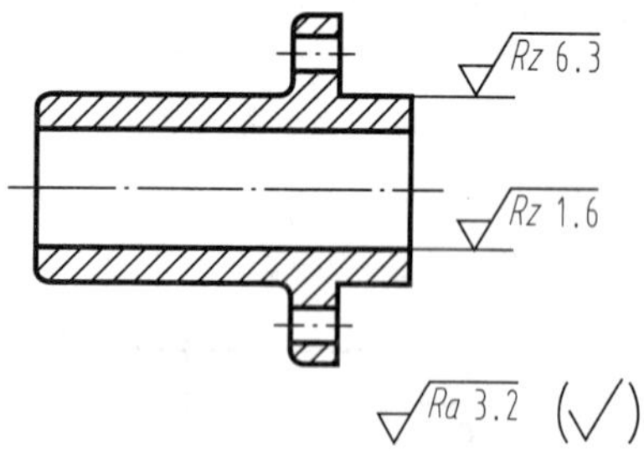

图 8-42 大多数表面有相同表面结构要求的简化注法 Ⅰ

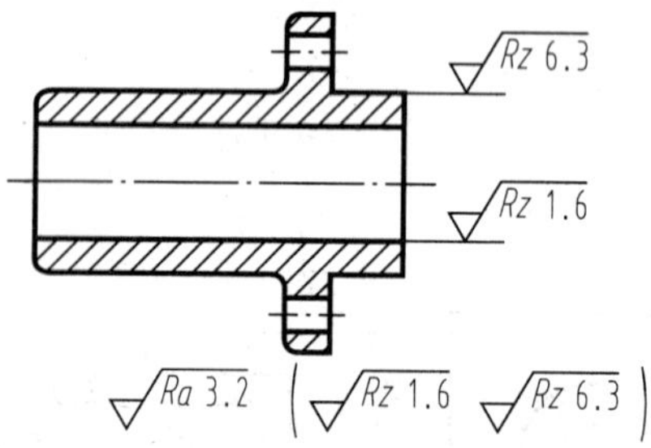

图 8-43 大多数表面有相同表面结构要求的简化注法 Ⅱ

2）多个表面有共同要求的注法。当多个表面具有相同的表面结构要求或空间有限时可以采用简化注法。

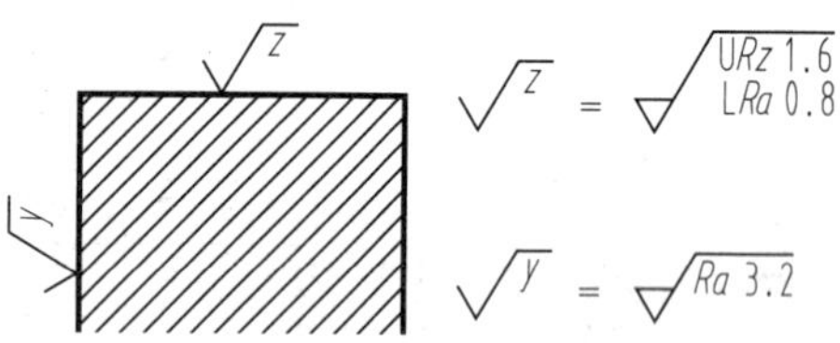

图 8-44 在图纸空间有限时的简化注法

用带字母的完整符号的简化注法：可用带字母的完整符号，以等式的形式，在图形或标题栏附近，对有相同表面结构要求的表面进行标注（见图 8-44）。

只用表面结构符号的简化注法：可用基本符号、扩展符号，以等式的形式给出对多个表面共同的表面结构要求（见图 8-45）。

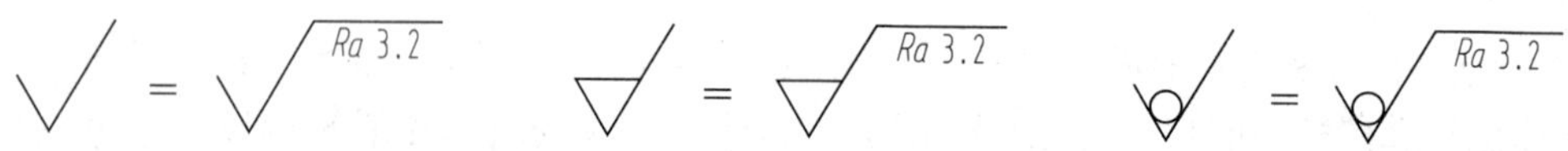

(a) (b) (c)

图 8-45 多个表面有共同要求的简化注法

(a) 未指定工艺方法；(b) 要求去除材料；(c) 不允许去除材料

(3) 多种工艺获得同一表面的注法。由两种或多种不同工艺方法获得的同一表面，当需要明确每一种工艺方法的表面结构要求时，可按图 8-46 进行标注。

(4) 常用零件表面结构要求的注法。

1) 零件上连续表面及重复要素（如孔、槽、齿）的表面（见图 8-47）和用细实线连接不连续的同一表面（见图 8-48），其表面结构符号、代号只标注一次。

2) 螺纹的工作表面没有画出牙形时，其表面结构代号，可按图 8-49 所示的形式标注。

7. 表面结构代号的识读（标注）示例

表面结构代号的识读（标注）示例见表 8-9。

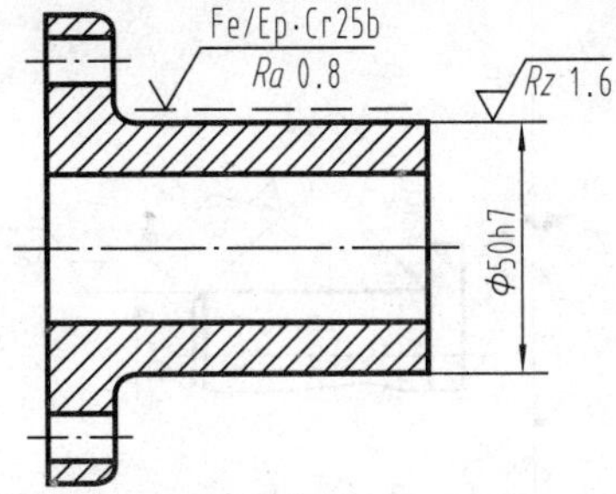

图 8-46 同时给出镀覆前后要求的注法

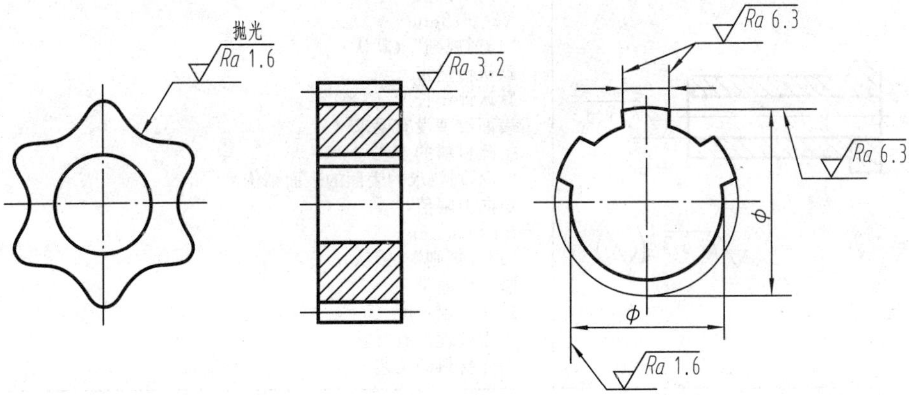

(a) (b) (c)

图 8-47 连续表面及重复要素的表面结构的注法

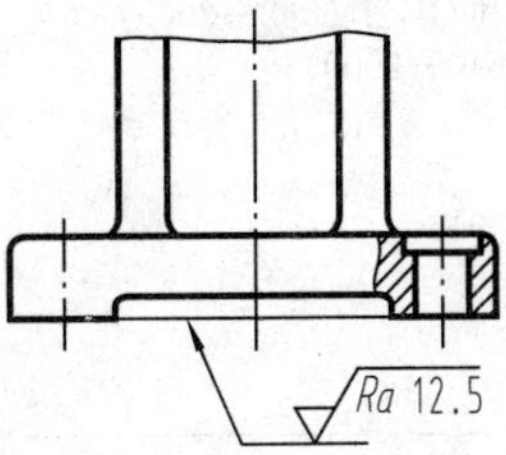

图 8-48 不连续同一表面的注法

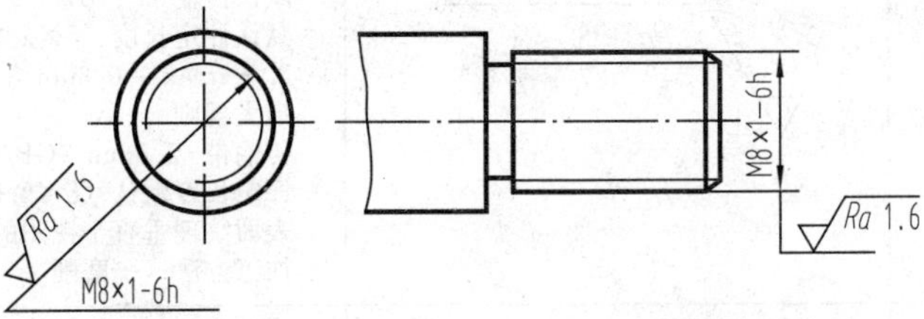

图 8-49 螺纹工作表面结构的注法

表 8-9 **表面结构代号识读（标注）示例**

序号	示 例	说 明
1	铣 0.008-4/Ra 50 0.008-4/Ra 6.3 C	表面结构： 双向极限值 上限值 Ra=50μm 下限值 Ra=6.3μm 均为“16% 规则”（默认） 两个传输带均为 0.008-4mm 默认的评定长度 5×4mm=20mm 表面纹理呈近似同心圆且圆心与表面中心相关 加工方法——铣 注：因为不会引起争议，不必加 U 和 L

续表

序号	示　　例	说　　明
2	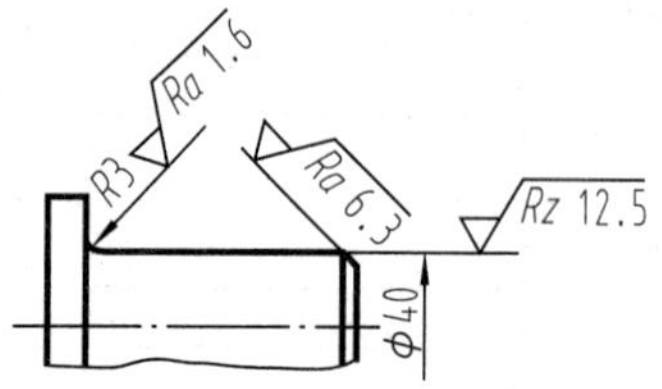	1. 表面结构和尺寸可以标注为 一起标注在延长线上，或分别标注在轮廓线和尺寸界线上 2. 示例中的三个表面结构要求为 单向上限值 分别是：Ra=1. 6μm，Ra=6. 3μm，Rz=12. 5μm “16%规则”（默认）（GB/T 10610—2009） 默认评定长度 5×λ_c（GB/T 6062—2009） 默认传输带（GB/T 10610—2009 和 GB/T 6062—2009） 表面纹理没有要求 去除材料的工艺
3	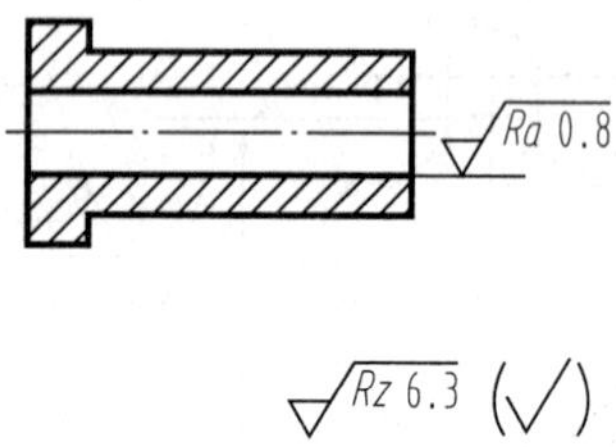	1. 除一个表面以外，所有表面的结构为 单向上限值 Rz=6. 3μm “16%规则”（默认） 默认传输带 默认评定长度（5×λ_c） 表面纹理没有要求 去除材料的工艺 2. 不同要求的表面的表面结构为 单向上限值 Ra=0. 8μm “16%规则”（默认） 默认传输带 默认评定长度（5×λ_c） 表面纹理没有要求 去除材料的工艺
4	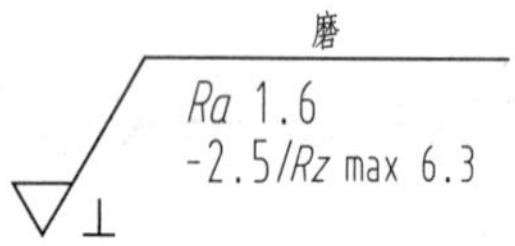	表面结构： 两个单向上限值： 1. Ra=1. 6μm “16%规则”（默认）（GB/T 10610—2009） 默认传输带（GB/T 10610—2009 和 GB/T 6062—2009） 默认评定长度（5×λ_c）（GB/T 10610—2009） 2. Rzmax =6. 3μm 最大规则 传输带- 2. 5mm（GB/T 6062—2009） 评定长度默认（5×2. 5mm） 表面纹理垂直于视图的投影面 加工方法——磨削
5	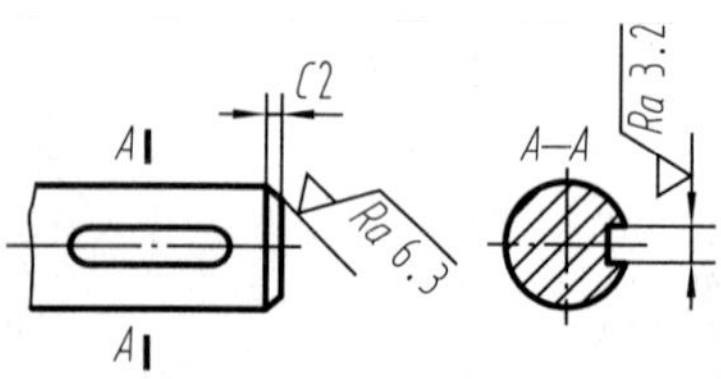	表面结构和尺寸可以标注在同一尺寸线上 1. 键槽侧壁的表面结构： 一个单向上限值 Ra=3. 2μm “16%规则”（默认）（GB/T 10610—2009） 默认评定长度（5×λ_c）（GB/T 6062—2009） 默认传输带（GB/T 10610—2009 和 GB/T 6062—2009） 表面纹理没有要 去除材料的工艺 2. 倒角的表面结构： 一个单向上限值 Ra=6. 3μm “16%规则”（默认）（GB/T 10610—2009） 默认评定长度 5×λ_c（GB/T 6062—2009） 默认传输带（GB/T 10610—2009 和 GB/T 6062—2009） 表面纹理没有要求 去除材料的工艺

续表

序号	示 例	说 明
6	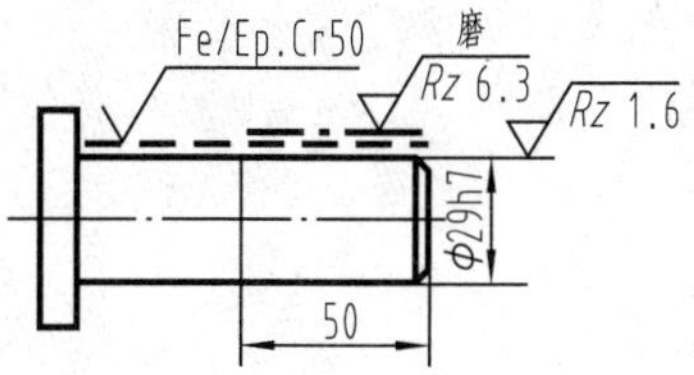	表面结构、尺寸和表面处理的标注： 示例是三个连续的加工工序 1. 第一道工序： 单向上限值 Rz=1.6μm “16%规则”（默认）（GB/T 10610—2009） 默认评定长度（5×λ_c）（GB/T 6062—2009） 默认传输带（GB/T 10610—2009 和 GB/T 6062—2009） 表面纹理没有要求 去除材料的工艺 2. 第二道工序： 镀铬，无其他表面结构要求 3. 第三道工序： 一个单向上限值，仅对长为 50mm 的圆柱表面有效 Rz=6.3μm “16%规则”（默认）（GB/T 10610—2009） 默认评定长度（5×λ_c）（GB/T 6062—2009） 默认传输带（GB/T 10610—2009 和 GB/T 6062—2009） 表面纹理没有要求 磨削加工工艺

8.4.2 极限与配合

在大批量的生产中，为了提高效率，相同的零件必须具有互换性。零件具有互换性，必然要求零件尺寸的精确度，但并不是要求将零件的尺寸都准确地制成一个指定的尺寸，而只是将其限定在一个合理的范围内变动，以满足不同的使用要求，由此就产生了“极限与配合”制度。

1. 基本概念

(1) 尺寸及其公差（见图 8-50）。

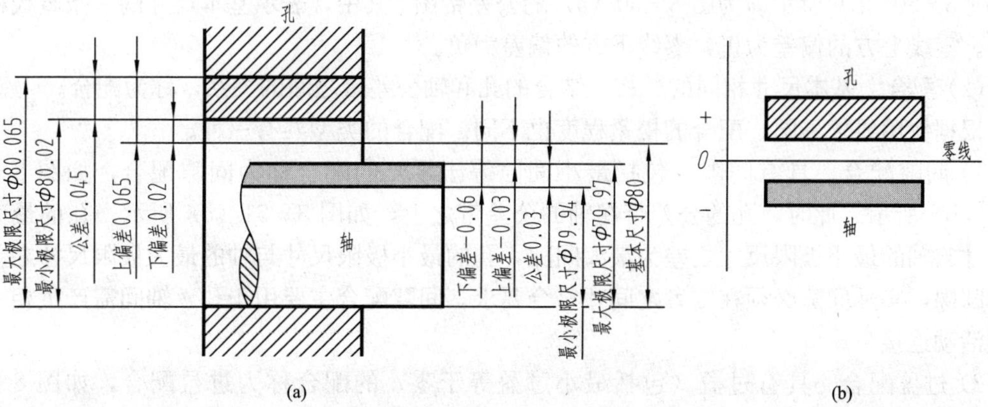

图 8-50　尺寸及公差图解

1) 基本尺寸。通过基本尺寸应用上下偏差可算出极限尺寸的尺寸，如图 8-50 (a) 中的 φ80。

2) 极限尺寸。一个孔或轴允许的尺寸的两个极端。实际尺寸位于其中，也可达到极限尺寸。

孔或轴允许的最大尺寸，称为最大极限尺寸；孔或轴允许的最小尺寸，称为最小极限尺寸。

图 8 - 50 中，孔、轴的极限尺寸分别如下：孔的最大极限尺寸为 80.065，轴的最大极限尺寸为 79.970，孔的最小极限尺寸为 80.020，轴的最小极限尺寸为 79.940。极限尺寸可以大于、小于或等于基本尺寸 $\phi 80$。

3）极限偏差。极限尺寸减其基本尺寸所得的代数差，称为极限偏差。最大极限尺寸减其基本尺寸所得的代数差，称为上偏差；最小极限尺寸减其基本尺寸所得的代数差，称为下偏差。偏差可以是正值、负值或零。

图 8 - 50（a）中孔、轴的极限偏差可分别计算如下：

孔的上偏差（ES）$=80.065-80=+0.065$

轴的上偏差（es）$=79.97-80=-0.03$

孔的下偏差（EI）$=80.02-80=+0.02$

轴的下偏差（ei）$=79.94-80=-0.06$

4）尺寸公差（简称公差）。最大极限尺寸减最小极限尺寸之差，或上偏差减下偏差之差，称为公差。它是尺寸允许的变动量，是没有符号的绝对值。

图 8 - 50 中孔、轴的公差可分别计算如下：

孔的公差＝最大极限尺寸－最小极限尺寸$=80.065-80.02=0.045$

孔的公差＝上偏差－下偏差$=0.065-0.02=0.045$

轴的公差＝最大极限尺寸－最小极限尺寸$=79.97-79.94=0.03$

轴的公差＝上偏差－下偏差$=-0.03-(-0.06)=0.03$

由此可知，公差用于限制尺寸误差，是尺寸精度的一种度量。公差越小，尺寸的精度越高，实际尺寸的允许变动量就越小；反之，公差越大，尺寸的精度越低。

5）公差带。由代表上偏差和下偏差、或最大极限尺寸和最小极限尺寸的两条直线所限定的一个区域，称为公差带。在分析公差时，为了形象地表示基本尺寸、偏差和公差的关系，常画出公差带图。为了简便，不画出孔和轴，而只画出放大的孔和轴的公差带来分析问题，图 8 - 50（b）所示即为图 8 - 50（a）的公差带图。其中，表示基本尺寸的一条直线称为零线。零线上方的偏差为正，零线下方的偏差为负。

（2）配合。基本尺寸相同的、相互结合的孔和轴公差带之间的关系，称为配合。

根据使用要求不同，配合的松紧程度也不同。配合的类型共有三种。

1）间隙配合。具有间隙（包括最小间隙等于零）的配合称为间隙配合，如图 8 - 51（a）、（b）所示。此时，孔的公差带在轴的公差带之上，如图 8 - 51（c）所示。孔的最大极限尺寸与轴的最小极限尺寸之差为最大间隙，孔的最小极限尺寸与轴的最大极限尺寸之差为最小间隙，实际间隙必须在二者之间才符合要求。间隙配合主要用于孔、轴间需产生相对运动的活动连接。

2）过盈配合。具有过盈（包括最小过盈等于零）的配合称为过盈配合，如图 8 - 52（a）、（b）所示。此时，孔的公差带在轴的公差带之下，如图 8 - 52（c）所示。孔的最小极限尺寸与轴的最大极限尺寸之差为最大过盈，孔的最大极限尺寸与轴的最小极限尺寸之差为最小过盈。实际过盈超过最小、最大过盈即为不合格。由于轴的实际尺寸比孔的实际尺寸大，所以在装配时需要一定的外力才能把轴压入孔中。过盈配合主要用于孔、轴间不允许产生相对运动的紧固连接。

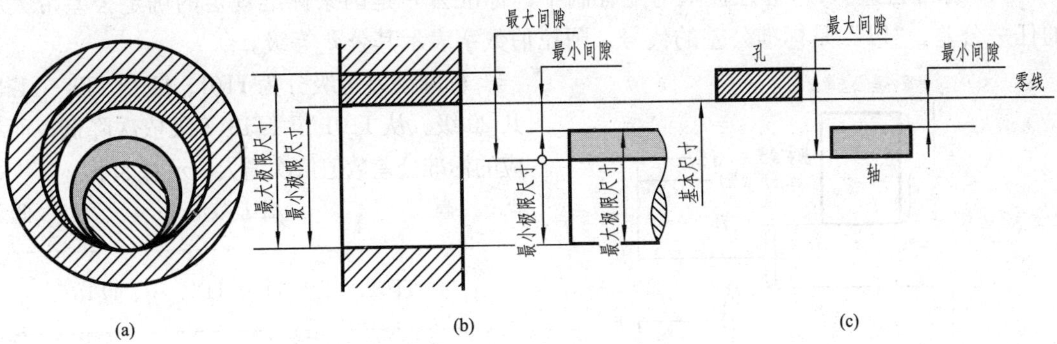

图 8-51　间隙配合

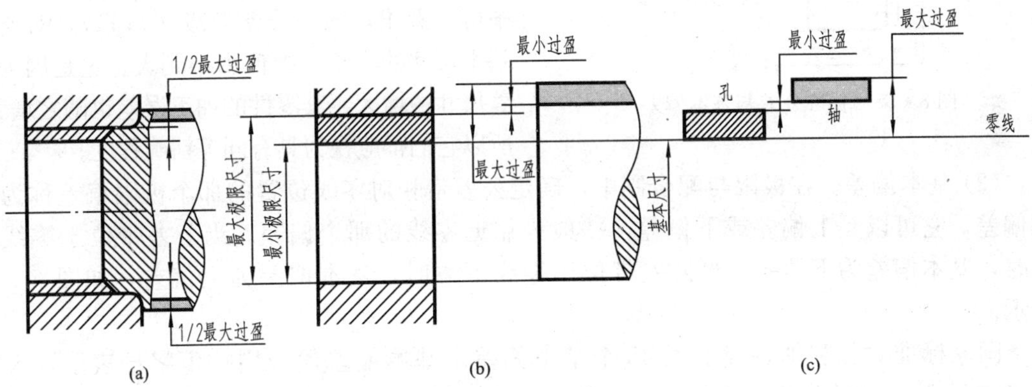

图 8-52　过盈配合

3) 过渡配合。可能具有间隙或过盈的配合称为过渡配合。此时，孔的公差带与轴的公差带相互交叠，如图 8-53 和图 8-54 所示。在过渡配合中，间隙或过盈的极限为最大间隙和最大过盈。其配合究竟是出现间隙或过盈，只有通过孔、轴实际尺寸的比较或试装才能知道，分析图 8-54 可弄清这个道理。过渡配合主要用于孔、轴间的定位连接。

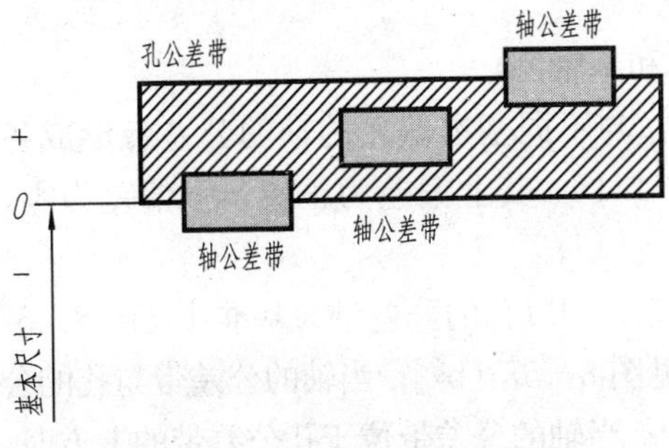

图 8-53　过渡配合公差带图解

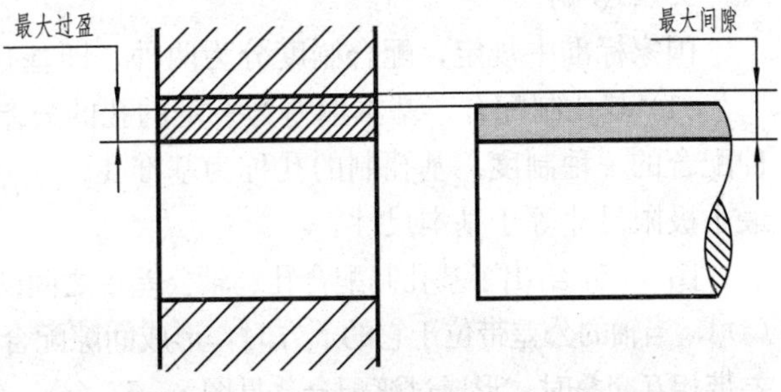

图 8-54　过渡配合的最大间隙和最大过盈

2. 标准公差与基本偏差

公差带由公差带大小和公差带位置这两个要素组成。公差带大小由标准公差确定，公差带位置由基本偏差确定，如图 8-55 所示。

(1) 标准公差（IT）。在极限与配合制中，标准公差是国家标准规定的确定公差带大小的任一公差。“IT”是标准公差的代号，阿拉伯数字表示其公差等级。

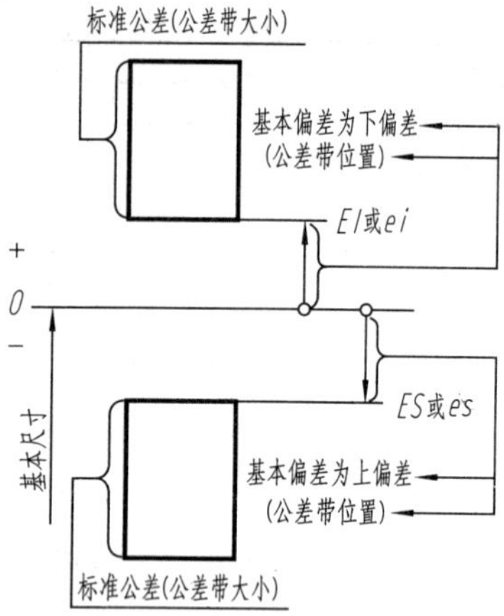

图 8-55 标准公差与基本偏差

标准公差等级分为 IT01、IT0、IT1～IT18，共 20 级。从 IT01 至 IT18 等级依次降低，而相应的标准公差数值依次增大，示意如下：

高　　　　公差数值　　　　低

←－－－－－－－－－－－－－－－－

IT01、IT0、IT1、IT2、…、IT18

－－－－－－－－－－－－－－－－→

小　　　　公差数值　　　　大

各级标准公差的数值，可查阅附表。从表中可以看出，同一公差等级（如 IT7）对所有基本尺寸的一组公差值由小到大。这是因为随着尺寸的增大，其零件的加工误差也随之增大，所以它们都应视为具有同等精确程度。

(2) 基本偏差。在极限与配合制中，确定公差带相对零线位置的那个极限偏差称为基本偏差。它可以是上偏差或下偏差，一般为靠近零线的那个偏差。当公差带位于零线上方时，基本偏差为下偏差；当公差带位于零线下方时，基本偏差为上偏差，如图 8-55 所示。

国家标准对孔和轴各规定了 28 个基本偏差。基本偏差代号用拉丁字母表示，大写字母表示孔，小写字母表示轴。基本偏差系列见图 8-56。其中，A～H（a～h）用于间隙配合；J～ZC（j～zc）用于过渡配合或过盈配合。从图 8-56 中还可以看到，孔的基本偏差 A～H 为下偏差，J～ZC 为上偏差；轴的基本偏差 a～h 为上偏差，j～zc 为下偏差；JS 和 js 的公差带对称地分布于零线两边，孔和轴的上、下偏差分别都是＋IT/2、－IT/2 。基本偏差系列图只表示公差带的位置，不表示公差带的大小。因此，公差带只画出属于基本偏差的一端，另一端则是开口的，即公差带的另一端应由标准公差来限定。

3. 配合制

国家标准中规定，配合制度分为两种，即基孔制和基轴制。

(1) 基孔制配合。基本偏差为一定的孔的公差带，与不同基本偏差的轴的公差带形成各种配合的一种制度。基孔制的孔称为基准孔，代号为“H”，其上偏差为正值，下偏差为零，最小极限尺寸等于基本尺寸。

图 8-57 给出了基孔制配合孔、轴公差带之间的关系，即以孔的公差带为基准［见图 8-57（a）］，当轴的公差带位于它的下方时，形成间隙配合［见图 8-57（b）］；当轴的公差带与孔的公差带相互交叠时，形成过渡配合［见图 8-57（c）、（d）］；当轴的公差带位于孔公差带的上方时，则形成过盈配合［见图 8-57（e）］。

实际上，通过图 8-57 中所列的孔、轴极限偏差，联想其公差带图（见图 8-57），即可直接判断出配合类别。

(2) 基轴制配合。基本偏差为一定的轴的公差带，与不同基本偏差的孔的公差带形成各

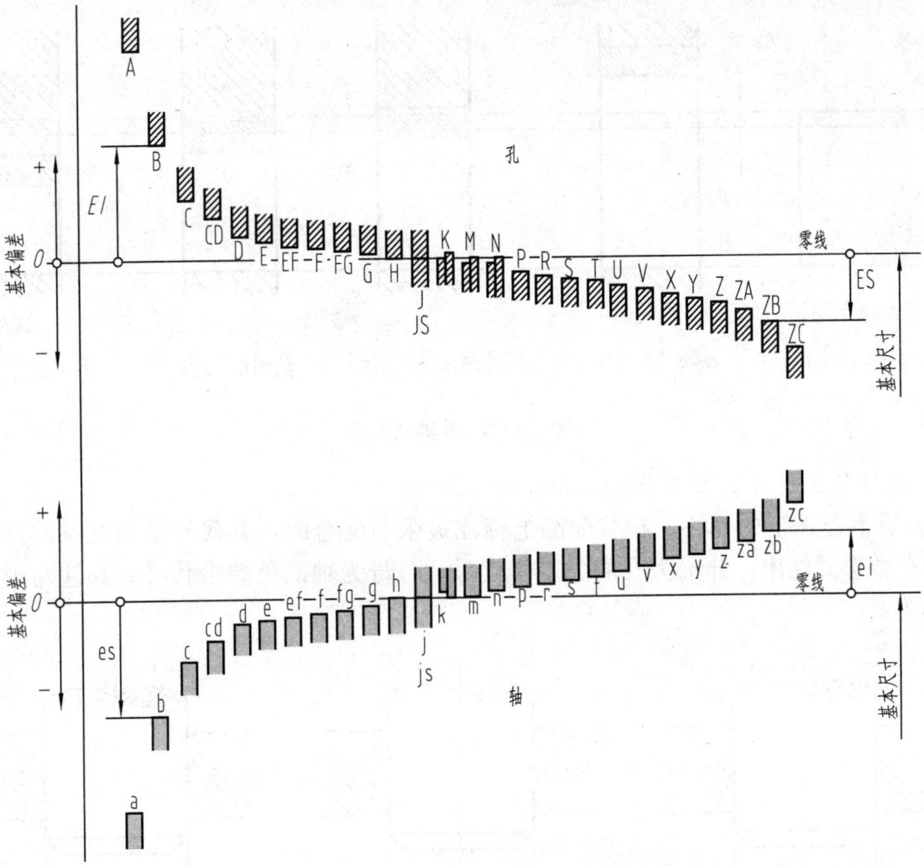

图 8-56 基本偏差系列示意图

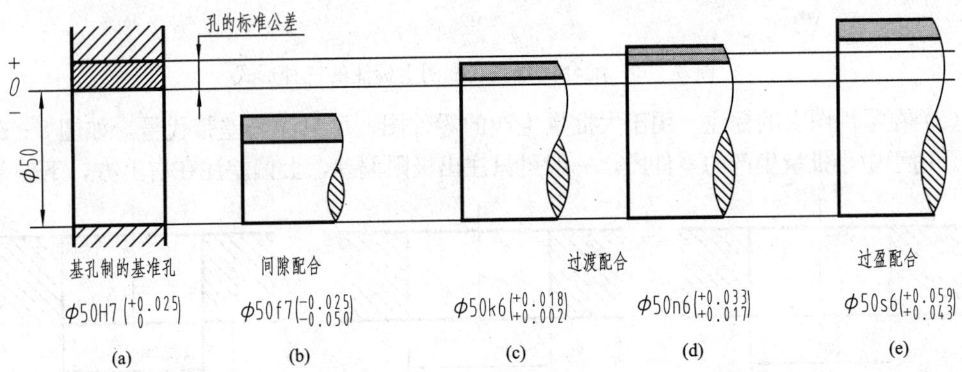

图 8-57 基孔制配合

种配合的一种制度。基轴制的轴称为基准轴，代号为“h”，其上偏差为零，下偏差为负值，最大极限尺寸等于基本尺寸（见图 8-58）。

基轴制配合，就是将轴的公差带保持一定，通过改变孔的公差带，使孔、轴之间形成松紧程度不同的间隙配合、过渡配合和过盈配合，以满足不同的使用要求。基轴制配合公差带图解如图 8-58 所示，其分析方法与图 8-57 相类似，此处不再赘述。

关于基准制的选择，国家标准明确规定，在一般情况下，应优先采用基孔制配合。

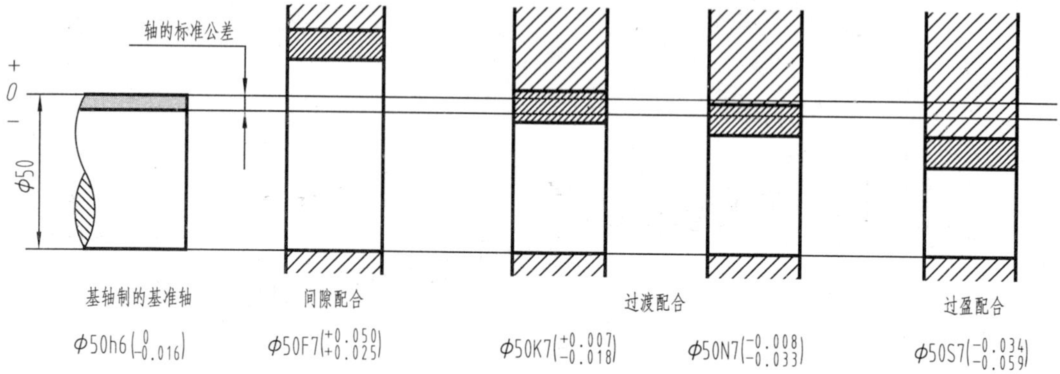

图 8－58　基轴制配合

4. 极限与配合的标注（GB/T 4458.5—2003）

（1）在装配图上的标注。在装配图上标注极限与配合时，其代号必须在基本尺寸的右边，用分数形式注出，分子为孔的公差带代号，分母为轴的公差带代号。其注写形式有三种，如图 8－59 所示。

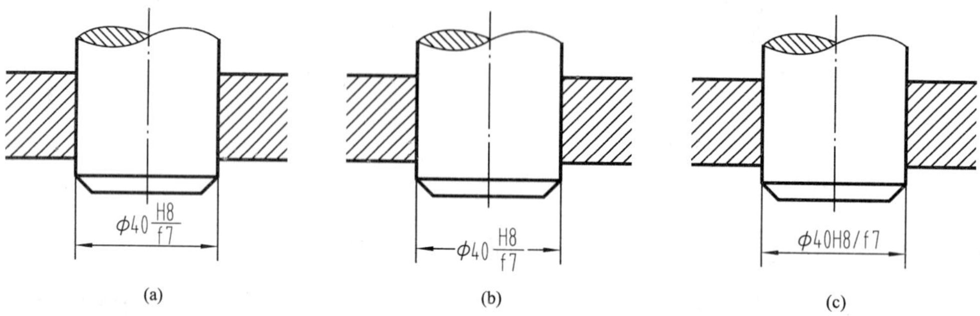

图 8－59　配合代号在装配图上标注的三种形式

（2）在零件图上的标注。用于大批量生产的零件图，可只注公差带代号，如图 8－60（a）所示。用于中小批量生产的零件图，一般可只注出极限偏差，上偏差注在右上方，下偏差应与

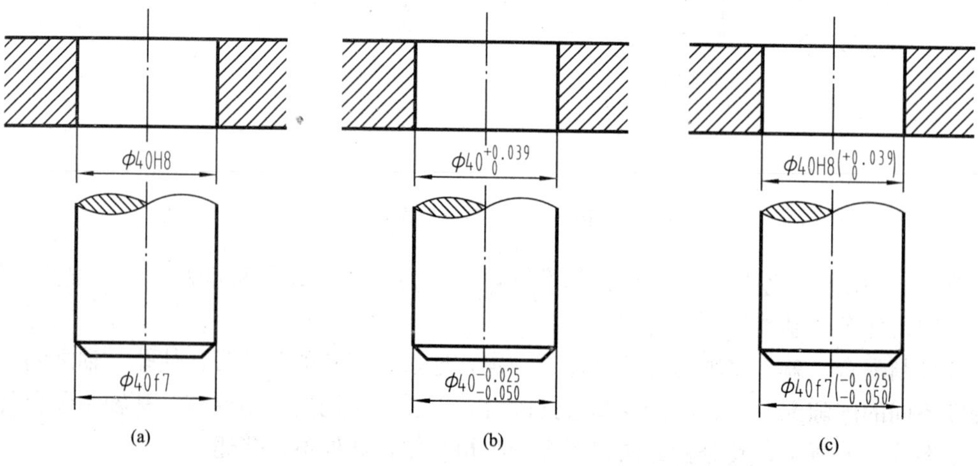

图 8－60　公差带代号、极限偏差在零件图上标注的三种形式

基本尺寸注在同一底线上，如图 8－60（b）所示。如果需要同时注出公差带代号和对应的极限偏差值，则其极限偏差值应加上圆括号，如图 8－60（c）所示。

标注极限偏差时应注意：上、下偏差数字的字号应比基本尺寸数字的字号小一号；上、下偏差的小数点必须对齐，小数点后右端的“0”一般不予注出，如$^{-0.060}_{-0.090}$应写成$^{-0.06}_{-0.09}$；如果为了使上、下偏差值小数点后的位数相同，可以用“0”补齐，如$^{-0.025}_{-0.05}$可写成$^{-0.025}_{-0.050}$，见图 8－60（b）。当上偏差或下偏差为“零”时，用数字“0”标出，并与下偏差或上偏差的小数点前的个位数对齐，如图 8－60（b）所示。当上、下偏差的绝对值相同时，偏差数字可以只注写一次，并应在偏差数字与基本尺寸之间注出符号“±”，且两者数字高度相同，如 $\phi80\pm0.03$。

5. 配合代号识读举例

表 8－10 列出了识读配合代号的实例，请读者注意横向内容的分析和比较，并根据给出的配合代号查阅附表，与表中的数值进行核对，再根据孔、轴的极限偏差，查出它们的公差带代号。

表 8－10　　配合代号的识读举例

代号 \ 项目	孔的极限偏差	轴的极限偏差	公差	配合制度与类别	公差带图解
$\phi60\frac{H7}{n6}$	+0.03 0	+0.039 +0.020	0.03 0.019	基孔制过渡配合	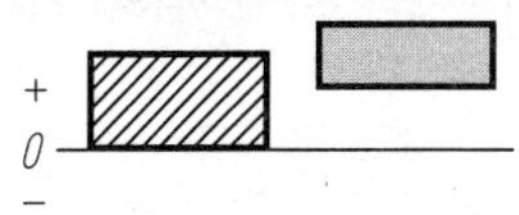
$\phi20\frac{H7}{s6}$	+0.021 0	+0.048 +0.035	0.021 0.013	基孔制过盈配合	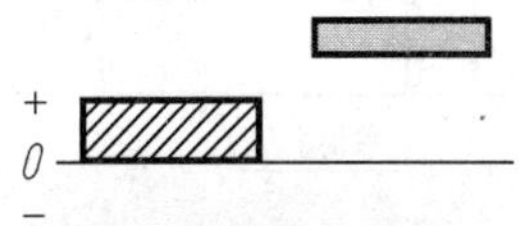
$\phi30\frac{H8}{f7}$	+0.033 0	−0.020 −0.041	0.033 0.021	基孔制间隙配合	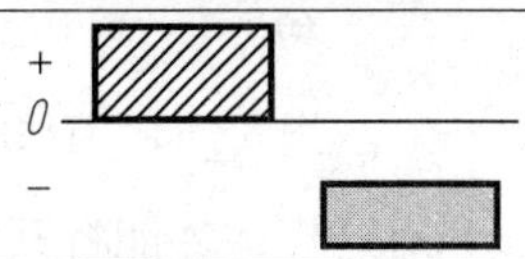
$\phi24\frac{C7}{h6}$	+0.028 +0.007	0 −0.013	0.021 0.013	基轴制间隙配合	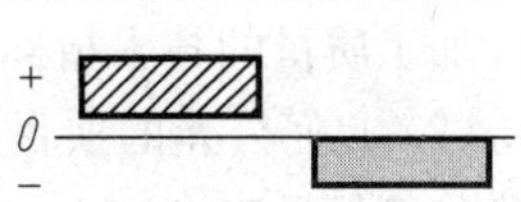
$\phi100\frac{K7}{h6}$	+0.010 −0.025	0 −0.022	0.035 0.022	基轴制过渡配合	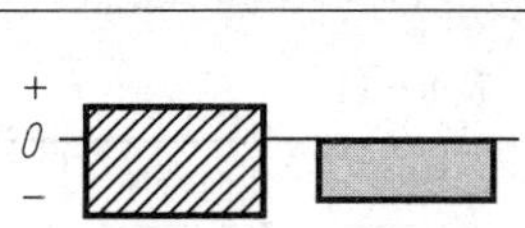
$\phi75\frac{R7}{h6}$	−0.032 −0.062	0 −0.019	0.03 0.019	基轴制过盈配合	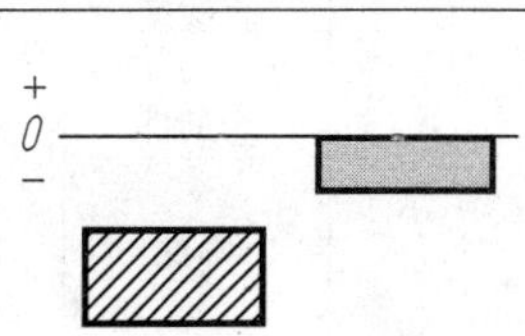
$\phi50\frac{H6}{h5}$	+0.016 0	0 −0.011	0.016 0.011	基孔制，也可视为基轴制，是最小间隙为零的一种间隙配合	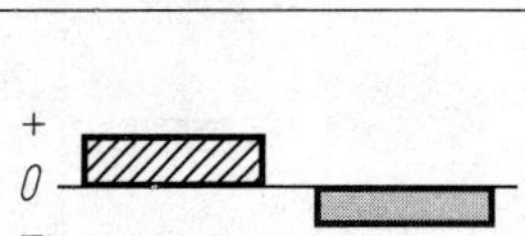

8.4.3 几何公差

1. 几何公差概述

(1) 基本概念。在生产实际中，经过加工的零件，不但会产生尺寸误差，而且会产生形状和位置误差。例如，图 8－61（a）所示的理想形状的销轴，而加工后的实际形状则是轴线变弯［见图 8－61（b）］，因而产生直线度误差。又如，图 8－62（a）所示的要求严格的四棱柱，加工后的实际位置却是上表面倾斜［见图 8－62（b）］，因而产生平行度误差。

(a) (b)

图 8－61 形状误差

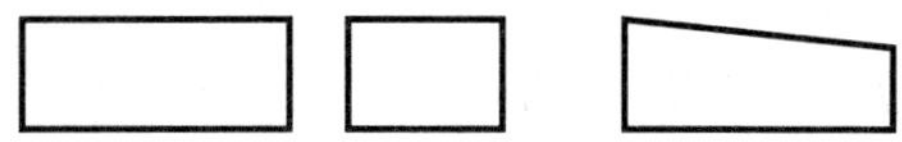

(a) (b)

图 8－62 位置误差

如果零件存在严重的形状和位置误差，将使其装配困难，影响机器的质量。因此，对于精度要求较高的零件，除给出尺寸公差外，还应根据设计要求，合理地确定出形状和位置误差的最大允许值。例如，图 8－63（a）中的 ϕ0.08，即销轴轴线必须位于直径为公差值 ϕ0.08 的圆柱面内，如图 8－63（b）所示。又如，图 8－64（a）中的 0.01，即上表面必须位于距离为公差值 0.01 且平行于基准表面 *A* 的两平行平面之间，如图 8－64（b）所示。

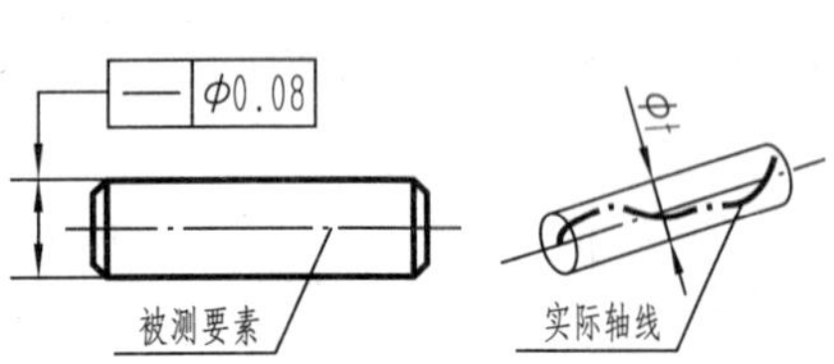

(a) (b)

图 8－63 直线度公差

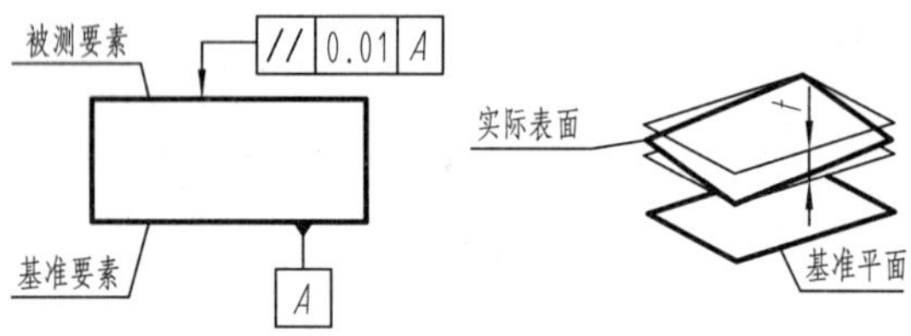

(a) (b)

图 8－64 平行度公差

只有这样，才能将其误差控制在一个合理的范围之内。为此，国家标准规定了一项保证零件加工质量的技术指标——形状公差和位置公差（简称几何公差）。

(2) 几何公差的项目及符号。国家标准 GB/T 1182—2008 中规定了几何公差，其项目名称与符号见表 8－11。

表 8－11 几何公差项目名称与符号

公差类型	几何特征	符号	有无基准	公差类型	几何特征	符号	有无基准
形状公差	直线度	—	无	方向公差	平行度	//	有
	平面度	⏥	无		垂直度	⊥	有
	圆度	○	无		倾斜度	∠	有
	圆柱度	⌭	无		线轮廓度	⌒	有
	线轮廓度	⌒	无		面轮廓度	⌓	有
	面轮廓度	⌓	无				

续表

公差类型	几何特征	符号	有无基准	公差类型	几何特征	符号	有无基准
位置公差	位置度	⌖	有或无	跳动公差	圆跳动	↗	有
	同心度	◎	有		全跳动	⌰	有
	同轴度	◎	有				
	对称度	⌯	有				
	线轮廓度	⌒	有				
	面轮廓度	⌓	有				

2. 几何公差的标注

(1) 公差框格。

1) 在图样中，几何公差应以框格的形式进行标注，其标注内容及框格等的绘制规定如图 8-65 所示（框格、符号的线条粗细与联用字体的笔画宽度相同）。

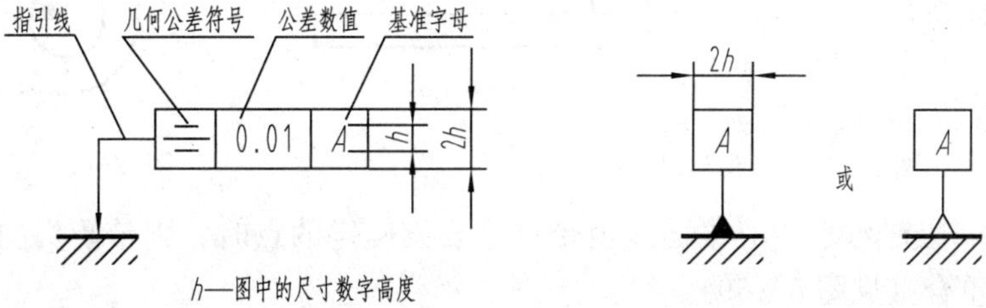

(a) (b)

图 8-65 几何公差代号与基准符号

(a) 几何公差代号；(b) 基准代号

2) 公差值用线性数值表示，如果公差带是圆形或圆柱形的，则在公差值前加注“ϕ”，见图 8-66 (a)～(c)；如果是球形，则加注“$S\phi$”，见图 8-66 (d)；根据需要，可用一个或多个字母表示基准要素，见图 8-66 (b)～(d)。

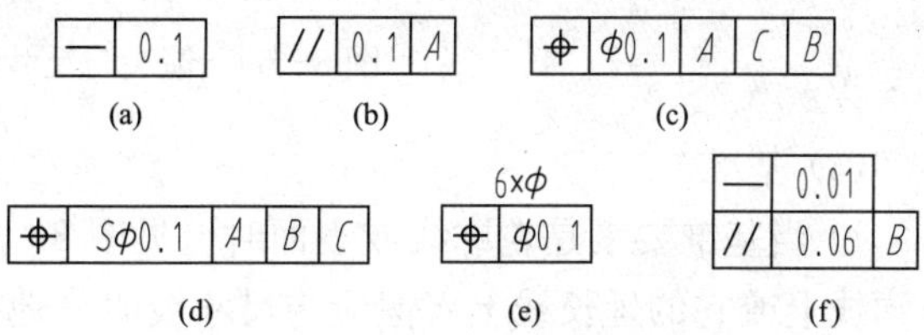

图 8-66 公差值和基准要素的注法

3) 当一个以上要素作为被测要素，如六个要素，应在框格上方标明，如“6×ϕ”、“6 槽”，见图 8-66 (e)。

4) 如果对同一要素有一个以上的公差特征项目要求，为方便起见，可将一个框格放在另一个框格的下面，见图 8-66 (f)。

5) 如要求在公差带内进一步限定被测要素的形状，则应在公差值后面加注符号，见表 8-12。

(2) 被测要素。用带箭头的指引线将框格与被测要素相连，按以下方式标注。

表 8-12　　公差值后面符号的含义

含　义	符　号	示　例
只许中间向材料内凹下	(—)	— | t (—)
只许中间向材料外凸起	(+)	▱ | t (+)
只许从左至右减小	(▷)	⌭ | t (▷)
只许从右至左减小	(◁)	⌭ | t (◁)

1）当公差涉及轮廓线或表面时（见图 8-67），将箭头置于要素的轮廓线或轮廓线的延长线上（但必须与尺寸线明显分开）。

2）当指向实际表面时（见图 8-68），箭头可置于带点的参考线上，该点指向实际表面上。

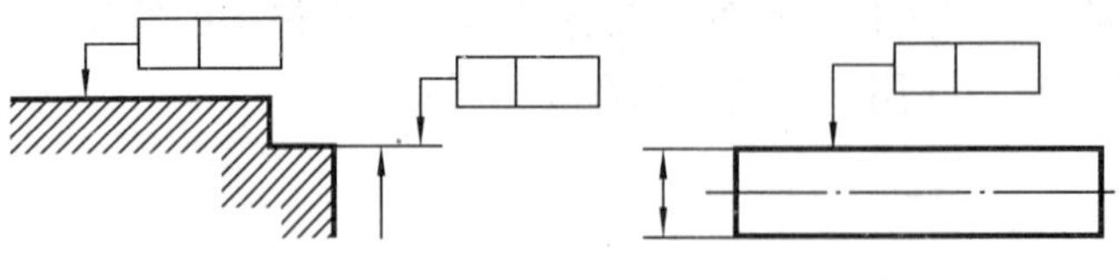

图 8-67　箭头与尺寸线分开

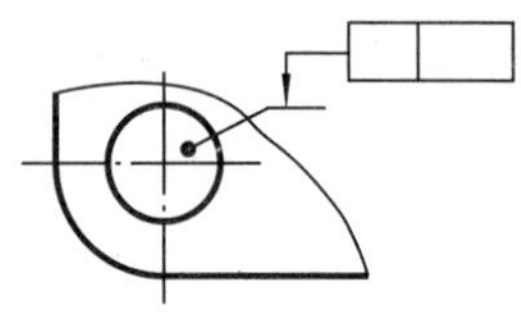

图 8-68　箭头置于参考线

3）当公差涉及轴线、中心平面或由带尺寸要素确定的点时，则带箭头的指引线应与尺寸线的延长线重合（见图 8-69）。

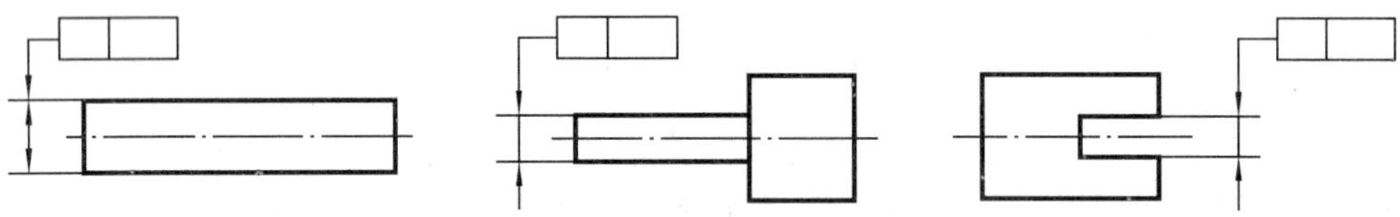

图 8-69　箭头与尺寸线的延长线重合

（3）基准。

1）当基准要素是轮廓线或表面时（见图 8-70），基准字母的短横线应置放在要素的外轮廓线上或它的延长线上（但应与尺寸线明显地错开），基准符号还可置于用圆点指向实际表面的参考线上（见图 8-71）。

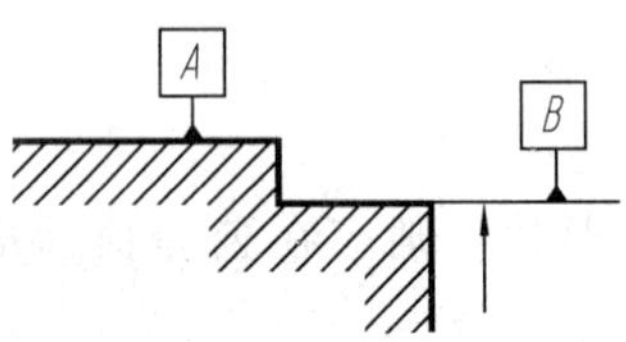

图 8-70　基准符号与尺寸线错开

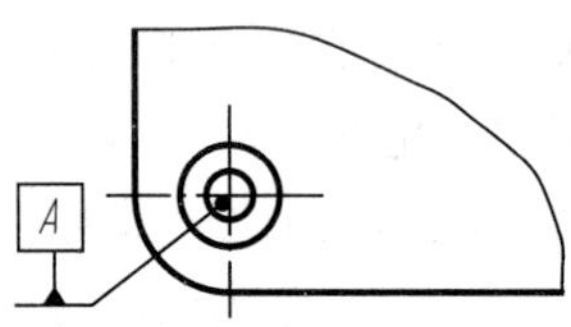

图 8-71　基准符号置于参考线上

2）当基准要素是轴线或中心平面或由带尺寸的要素确定的点时，则基准符号中的线与尺寸线对齐（见图 8－72）。如尺寸线处安排不下两个箭头，则另一箭头可用短横线代替［见图 8－72（b）、（c）］。

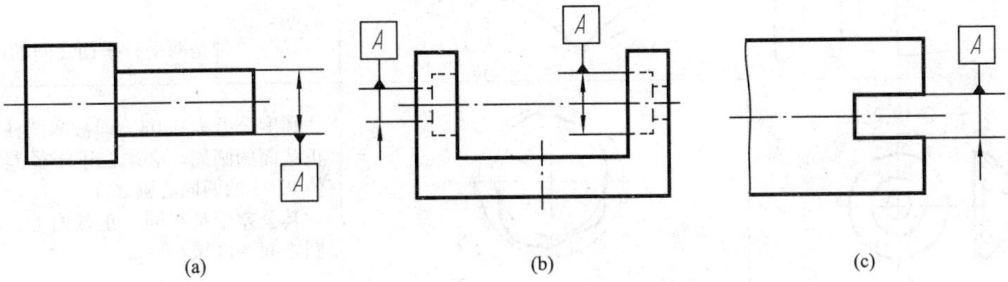

图 8－72 基准符号与尺寸线一致

3. 几何公差的识读

识读图 8－73 所注的各项几何公差，并解释其含义。

⌭ 0.005 表示圆柱度公差（形状公差）。即 ϕ16f7 圆柱面的圆柱度公差为 0.005mm，其公差带是半径差为 0.005mm 的两同轴圆柱面之间的区域。表明该被测圆柱面必须位于半径差为公差值 0.005mm 的两同轴圆柱面之间。

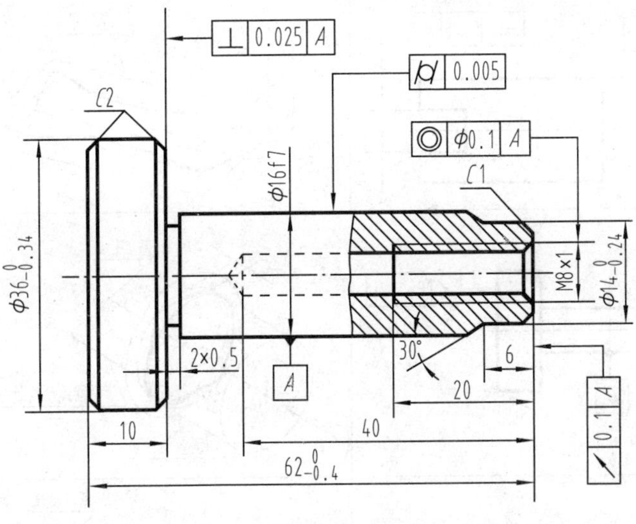

图 8－73 几何公差综合标注示例

◎ ϕ0.1 A 表示同轴度公差（位置公差）。即 M8×1 的轴线对基准 A 的同轴度公差为 0.1mm，其公差带是与基准 A 同轴，直径为 0.1mm 的圆柱面内的区域。表明被测圆柱面的轴线必须位于直径为公差值 ϕ0.1mm，且与基准轴线 A 同轴的圆柱面内。

↗ 0.1 A 表示端面圆跳动公差（位置公差）。即 $\phi 14_{-0.24}^{\ 0}$ 的端面对基准 A 的端面圆跳动公差为 0.1mm，其公差带是在与基准同轴的任一半径位置的测量圆柱面上距离为 0.1mm 的两圆之间的区域。表明被测面围绕基准线 A（基准轴线）旋转一周时，在任一测量圆柱面内轴向的跳动量均不得大于 0.1mm。

⊥ 0.025 A 表示垂直度公差（位置公差）。即 $\phi 36_{-0.34}^{\ 0}$ 的右端面对基准 A 的垂直度公差为 0.025mm，其公差带是距离为公差值 0.025mm，且垂直于基准线的两平行平面之间的区域。表明该被测面必须位于距离为公差值 0.025mm，且垂直予基准线 A（基准轴线）的两平行平面之间。下面再举几例（见表 8－13），供读者自行阅读。

表 8-13　　几何公差的识读

标注示例	公差带图	识读与解释
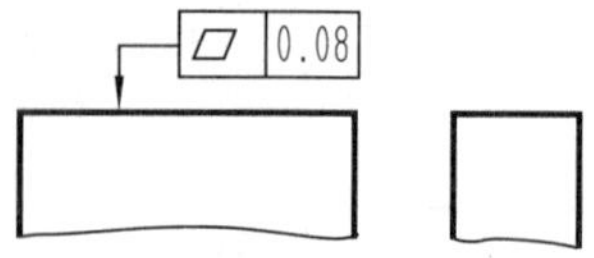	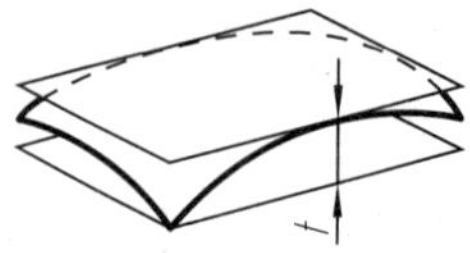	平面度公差为 0.08。即被测表面必须位于距离为公差值 0.08 的两平行平面之间。 其公差带是两平行平面之间的区域
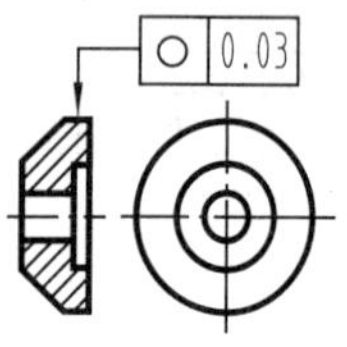	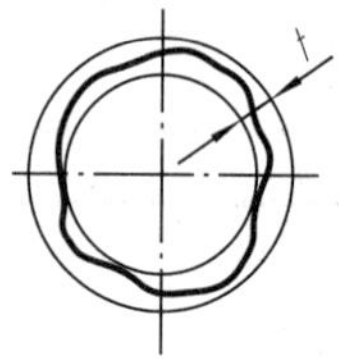	圆度公差为 0.03。即被测圆柱面任一正截面的圆周，必须位于半径差为公差值 0.03 的两同心圆之间。 其公差带是在同一正截面上、两同心圆之间的区域
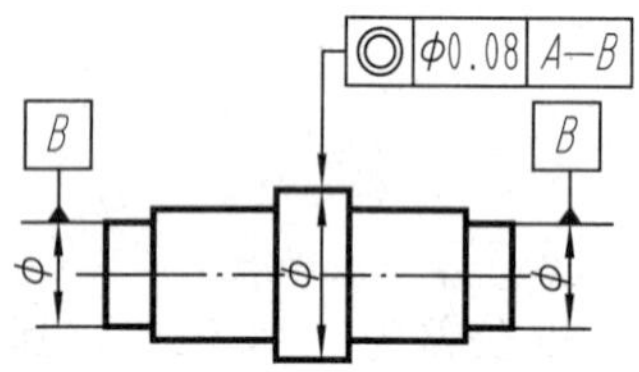	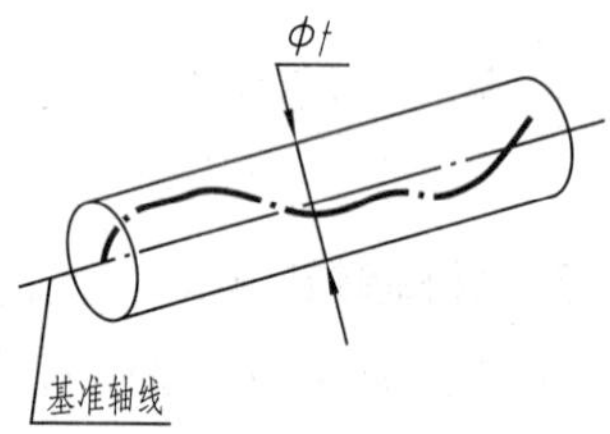	同轴度公差为 ϕ0.08。被测为大圆柱轴线，基准为两个小圆柱轴线。即大圆柱面的轴线，必须位于直径为公差值 ϕ0.08 且与公共基准线 A—B（公共基准轴线）同轴的圆柱面内。 其公差带是圆柱面内的区域，该圆柱面的轴线与基准轴线同轴
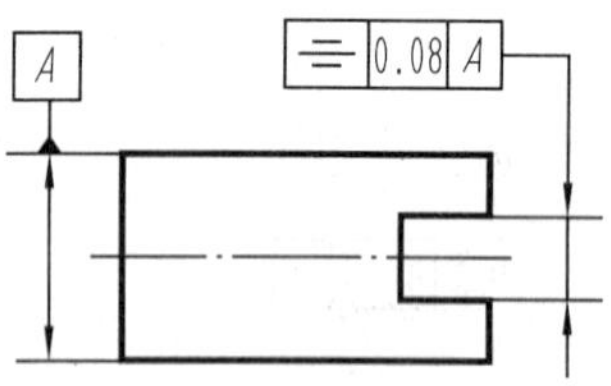	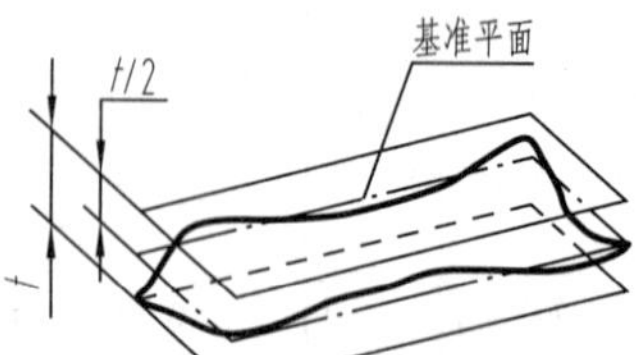	对称度公差为 0.08。被测为槽的中心平面，基准为整个机件同向的中心平面。即被测中心平面，必须位于距离为公差值 0.08 且相对于基准中心平面 A 对称配置的两平行平面之间。 其公差带是对称配置的两平行平面之间的区域
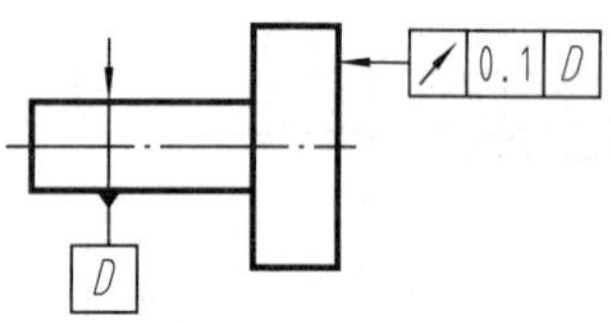	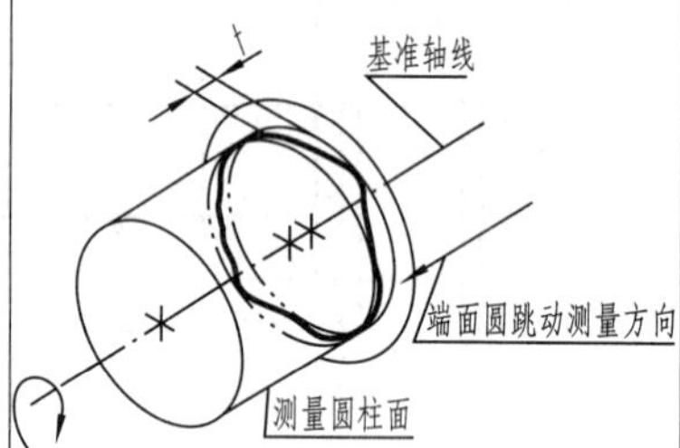	端面圆跳动公差为 0.1。被测为大圆柱右端面上的某一固定参考点，基准为小圆柱轴线。即被测面围绕基准线 D 旋转一周时，在任一测量圆柱面内轴向的跳动量均不得大于 0.1。 其公差带是在与基准同轴的任一半径位置的测量圆柱面上的两圆之间的区域
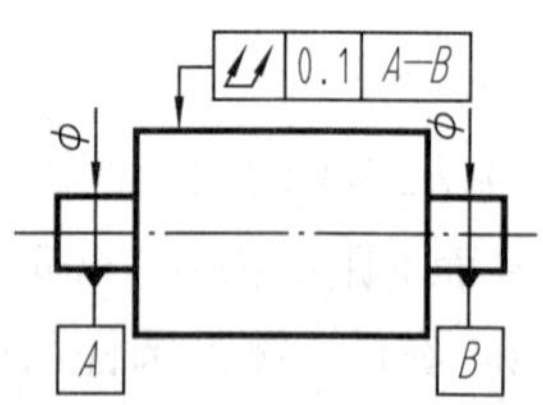	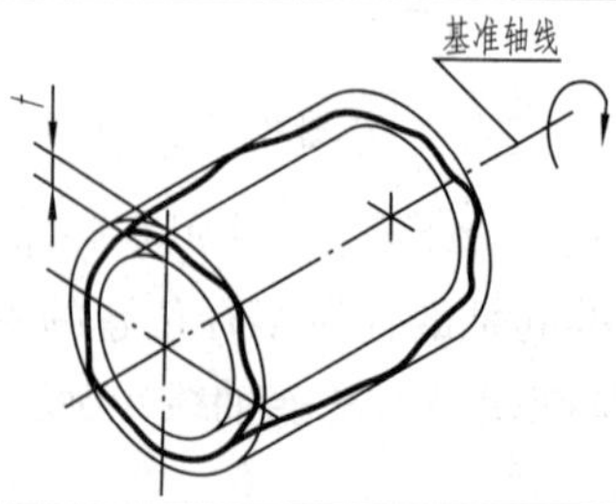	径向全跳动公差为 0.1。被测为大圆柱面，基准为两个小圆柱轴线。即被测要素围绕公共基准线 A—B 做若干次旋转，并在测量仪器与工件间同时作轴向的相对移动时，被测要素上各点间的示值差均不得大于 0.1。 其公差带是与基准同轴的两圆柱面之间的区域

8.5　零件上常见的工艺结构

零件的制造过程，通常是先制造出毛坯件，再将毛坯件经机械加工制作成零件。因此，在绘制零件图时，必须对零件上的某些结构（如铸造圆角、退刀槽等）进行合理的设计和规范的表达，以符合铸造工艺和机械加工工艺的要求。下面将零件上常见的工艺结构作以简单地介绍。

8.5.1 铸造工艺结构

1. 起模斜度

造型时，为了能将木模顺利地从砂型中提取出来，一般常在铸件的内外壁上沿起模方向设计出斜度，这个斜度称为起模斜度，如图 8-74（a）所示。起模斜度一般按 1∶20 选取，也可以角度表示（木模造型取 1°～3°）。该斜度在零件图上一般不画、不标。如有特殊要求，可在技术要求中说明。

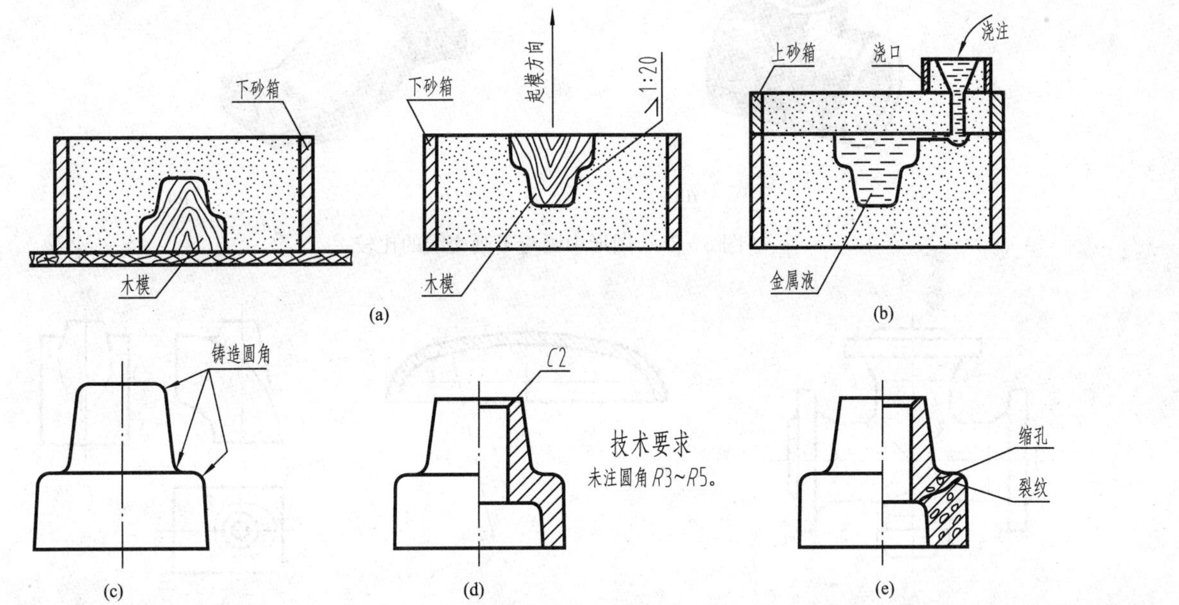

图 8-74 起模斜度、铸造圆角和铸件壁厚

(a) 起模斜度；(b) 浇铸示意图；(c) 倒置的铸件；(d) 加工后的铸件；(e) 壁厚不匀

2. 铸造圆角

为了便于脱模和避免砂型尖角在浇注时［见图 8-74（a）、（b）］发生落砂，以及防止铸件两表面的尖角处出现裂纹、缩孔，往往将铸件转角处做成圆角，如图 8-74（c）所示。在零件图上，该圆角一般应画出并标注圆角半径。当圆角半径相同（或多数相同）时，也可将其半径尺寸在技术要求中统一注写，如图 8-74（d）所示。

3. 铸件壁厚

铸件壁厚应尽量均匀或采用逐渐过渡的结构，如图 8-74（d）所示。否则，在壁厚处极易形成缩孔或在壁厚突变处产生裂纹，如图 8-74（e）所示。

4. 过渡线

由于有铸造圆角，使得铸件表面的交线变得不够明显，若不画出这些线，零件的结构则显得含糊不清，如图 8-75（a）、（c）所示。

为了便于看图及区分不同表面，图样中仍须按没有圆角时交线的位置，画出这些不太明显的线，此线称过渡线，其投影用细实线表示，且不宜与轮廓线相连，如图 8-75（b）、（d）所示。

在铸件的内、外表面上，过渡线随处可见，看图、画图都会经常遇到。下面，再识读几张其应用图例（见图 8-76～图 8-78），进一步熟悉它的画法和读法。

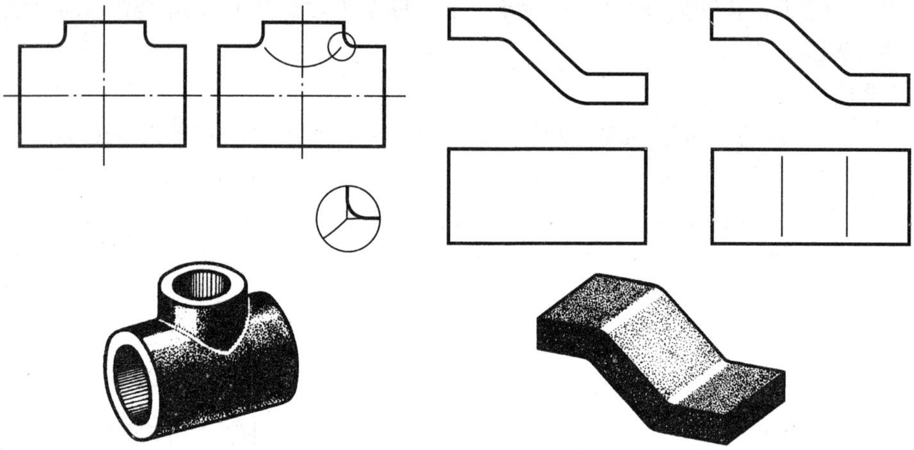

(a) (b) (c) (d)

图 8 - 75 图形中画与不画交线的比较

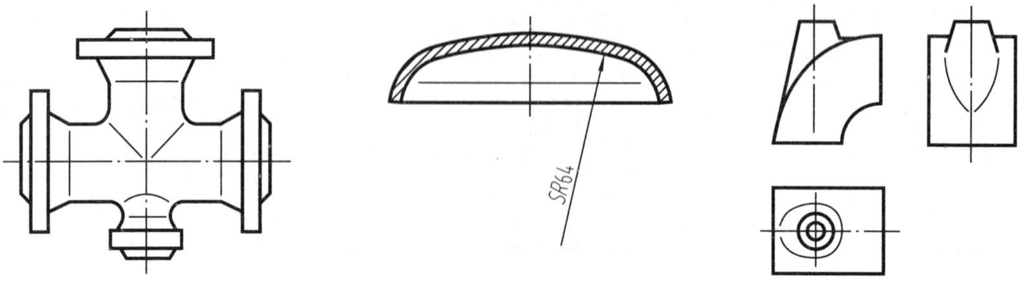

(a) (b) (c)

图 8 - 76 过渡线的画法

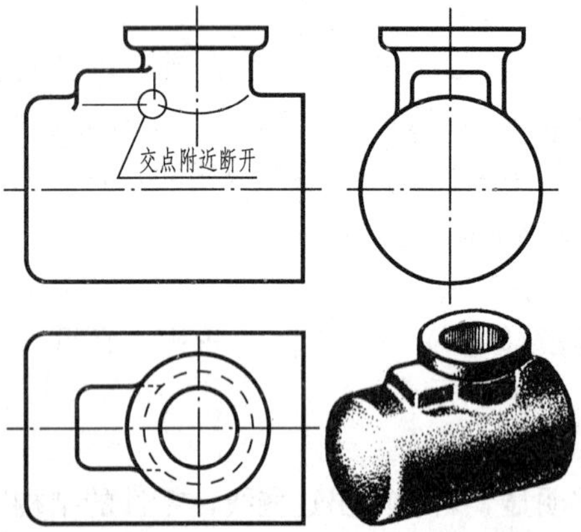

图 8 - 77 三条过渡线汇交时的画法

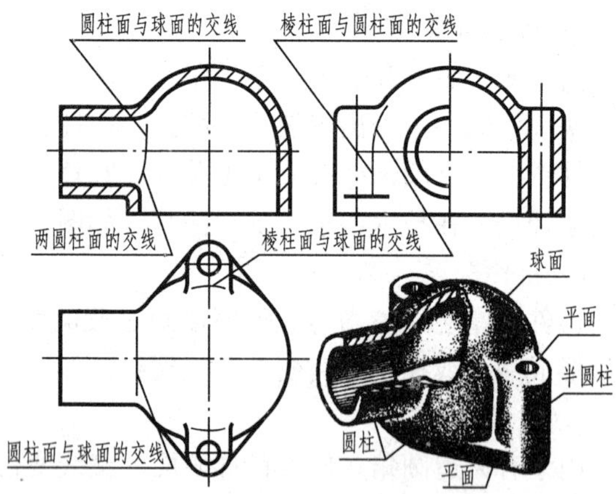

图 8 - 78 过渡线画法实例

在不致引起误解时，图形中的过渡线、相贯线可以简化，例如用圆弧或直线代替非圆曲线，如图 8 - 79（a）所示。图 8 - 79（b）所示为简化前的画法，旧标准中过渡线的投影用粗实线绘制。

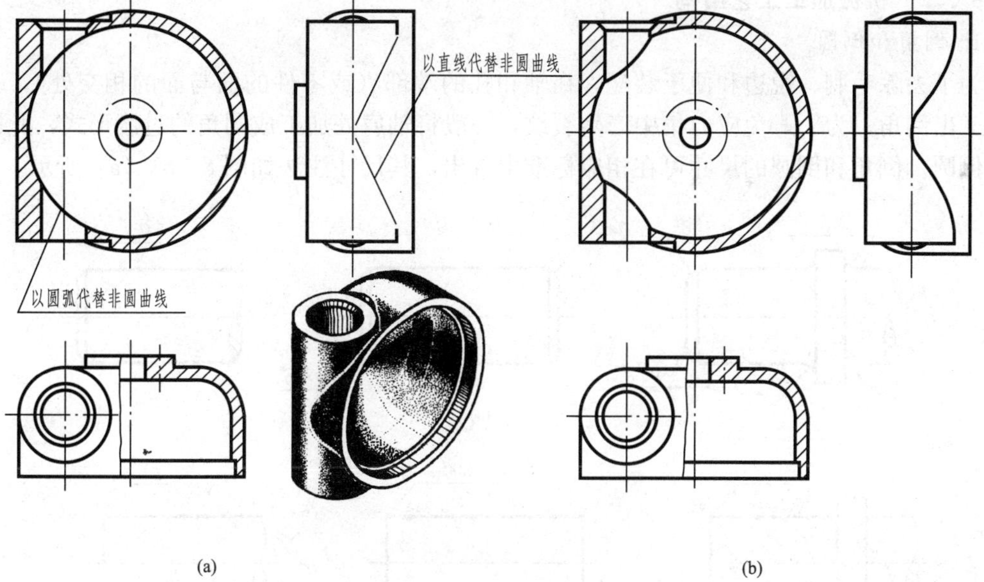

图 8-79 过渡线的简化画法

(a) 简化后；(b) 简化前

在画肋板（杆身）与圆柱（连杆头部）组合的过渡线时，其过渡线的形状与肋板的断面形状、肋板与圆柱的组合形式有关，如图 8-80 中的主、俯视图所示。此上的主视图为简化画法，省略了铸造圆角，实际上是相贯线的投影。

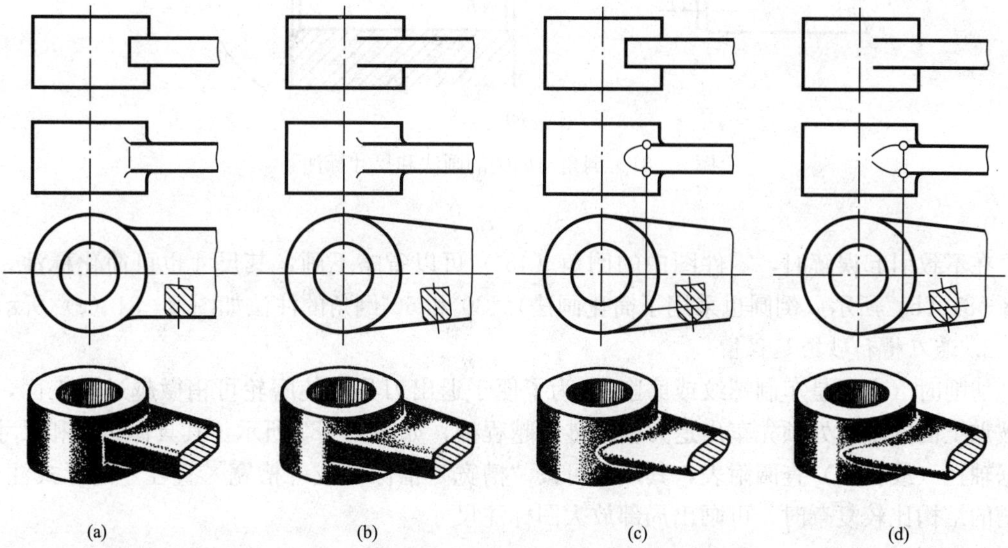

图 8-80 过渡线的简化画法

(a) 相交；(b) 相切；(c) 相交；(d) 相切

在生产实际中，对于一般铸、锻件表面的过渡线画法要求并不高，只要求在图样上将组成机件的各个几何体的形状、大小和相对位置清楚地表示出来即可，因为过渡线会在生产过程中自然形成。

8.5.2　机械加工工艺结构

1. 倒角和倒圆

为了去除毛刺、锐边和便于装配，在轴和孔的端部（或零件的面与面的相交处），一般都加工出倒角；为了避免应力集中产生裂纹，一般将轴肩处加工成圆角的过渡形式，此圆角称为倒圆。倒角和倒圆的尺寸可在相应标准中查出，其尺寸注法如图 8-81（a）所示。

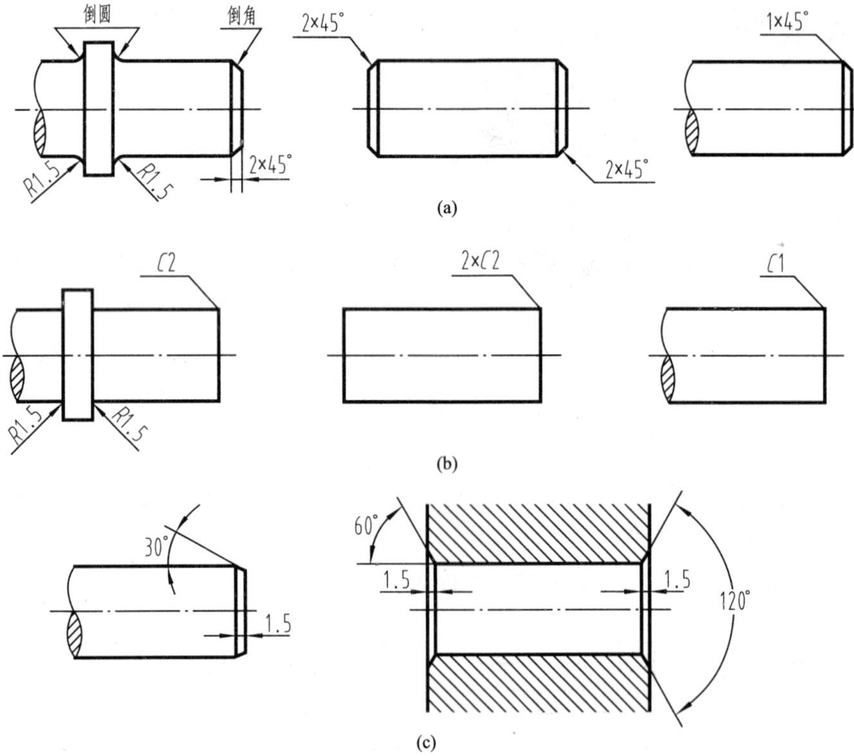

图 8-81　倒角与倒圆的画法和尺寸标注

在不致引起误解时，零件图中的倒角（45°）可以省略不画，其尺寸也可简化标注，如图 8-81（b）所示（倒圆也采用了简化画法）。30°和 60°倒角的注法如图 8-81（c）所示。

2. 退刀槽和砂轮越程槽

切削时（主要是车制螺纹或磨削），为了便于退出刀具或使磨轮可稍微越过加工面，常在被加工面的轴肩处预先车出退刀槽或砂轮越程槽，如图 8-82 所示。其具体结构和尺寸需根据轴径（或孔径）查阅附表，其尺寸可按“槽宽×槽深”或“槽宽×直径”的形式注出。当槽的结构比较复杂时，可画出局部放大图标注尺寸。

3. 凸台和凹坑

为了使零件表面接触良好并减少加工面积，常在铸件的接触部位铸出凸台或凹坑，其常见形式如图 8-83 所示。

4. 钻孔结构

钻孔时，钻头的轴线应与被加工表面垂直，否则会使钻头弯曲甚至折断，如图 8-84（a）所示。因此，当零件表面倾斜时，可设置凸台或凹坑，如图 8-84（b）、（c）所示。钻头单边受力也容易折断，因此，对于钻头钻透处的结构，也要设置凸台使孔完整，如图 8－84（d）、（e）所示。

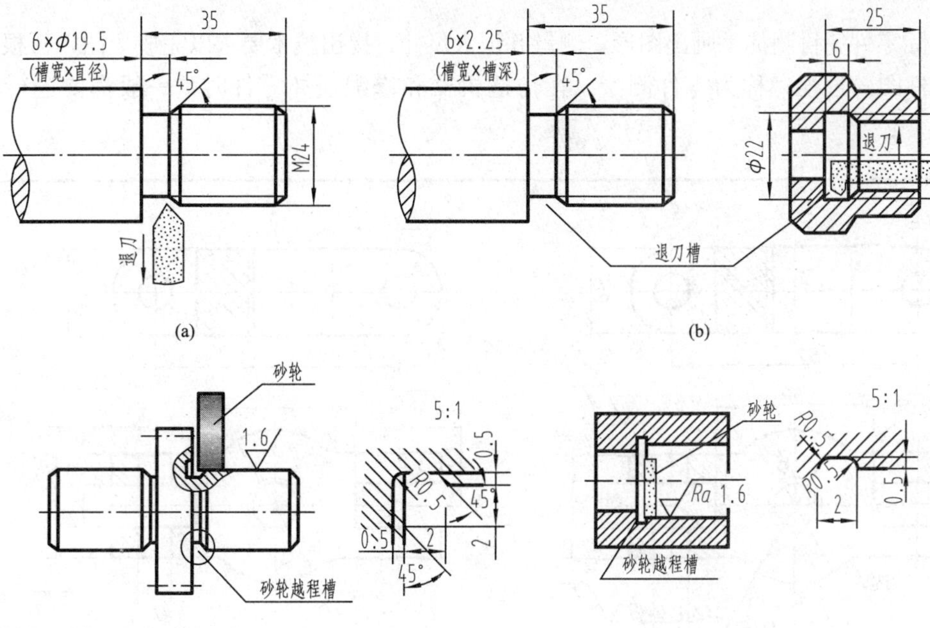

图 8－82 退刀槽和砂轮越程槽

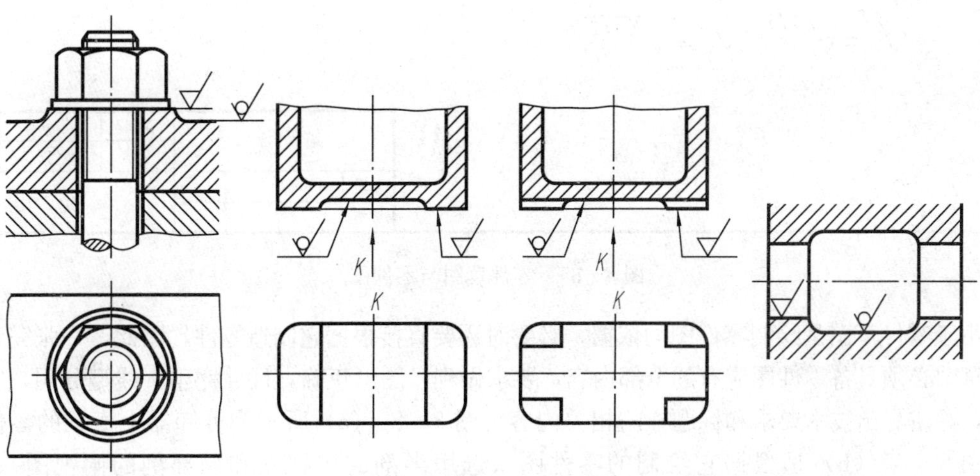

图 8－83 凸台与凹坑

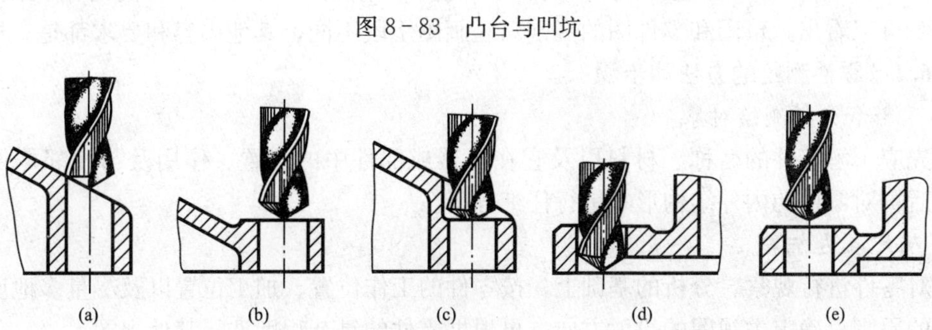

图 8－84 钻孔结构

8.6 零 件 测 绘

对实际零件凭目测徒手画出图形，测量并记入尺寸，提出技术要求以完成草图，再根据草图画出零件图的过程，称为零件测绘。在仿造机器和修配损坏零件时，一般都要进行零件测绘。

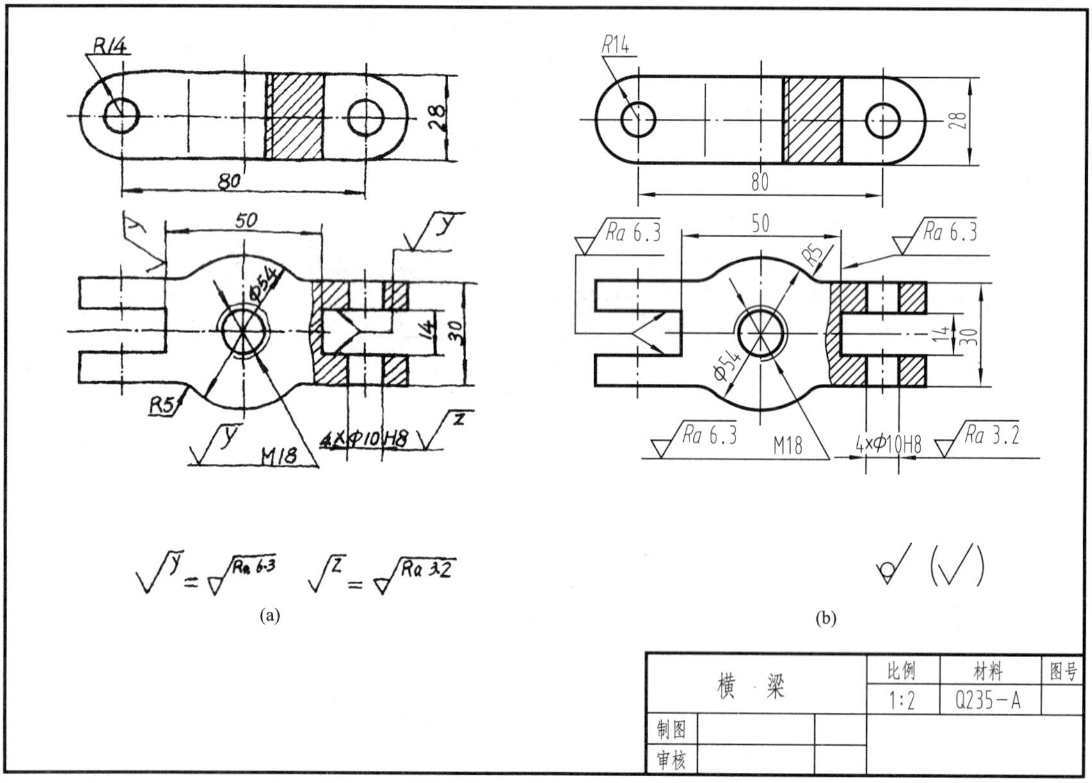

图 8-85 零件草图与零件图

由于零件草图是绘制零件图的依据，必要时还要直接根据它制造零件，因此，一张完整的零件草图必须具备零件图应有的全部内容，要求做到：图形正确，尺寸完整，线型分明，字体工整，并注写出技术要求和标题栏的相关内容。图 8-85（a）所示为拆卸器上横梁的零件草图，图 8-85（b）是根据它绘制的零件图（选用半剖的主视图和局部剖的俯视图）。从图 8-85 可以看出，草图和零件图的区别只是画图手段不同，其他内容和要求都是一样的。

8.6.1 零件测绘的方法和步骤

1. 了解和分析测绘对象

首先应了解零件的名称、材料以及它在机器或部件中的位置、作用及与相邻零件的关系，然后再对零件的内外结构形状进行仔细分析。

2. 确定表达方案

在对零件进行观察、分析的基础上，按零件的工作位置、加工位置以及尽量多地反映形状特征的原则，确定主视图的投射方向，再根据零件的复杂程度选择其他视图。

3. 绘制零件草图

(1) 绘制图形。根据确定的表达方案，徒手画出图形（一般用方格纸绘制）。绘制图形的步骤，如选取（目测）比例、布图、起底稿、描深图线等，与前面介绍的画图步骤相同，不再多述。但需注意两点：①零件上的制造缺陷（如砂眼、气孔等），以及由于长期使用造成的磨损、碰伤等，均不应画出；②零件上的细小结构（如铸造圆角、倒角、倒圆、退刀槽、砂轮越程槽、凸台和凹坑等）必须画出（或按规定注明）。

(2) 标注尺寸。先选定基准，再标注尺寸。具体应注意三点：①先集中画出所有的尺寸界线、尺寸线和箭头，然后再依次测量、逐个记入尺寸数字；②零件上标准结构（如键槽、退刀槽、销孔、中心孔、螺纹等）的尺寸，必须查阅国家标准，并予以标准化；③与相邻零件相关的尺寸（如孔的定位尺寸、配合尺寸等）必须一致。

(3) 注写技术要求。零件上的表面结构、尺寸公差、几何公差等技术要求，通常可采用类比法给出。具体应注意三点：①主要尺寸要保证其精度，并给出公差；②有相对运动的表面及对形状、位置要求较严格的线、面等要素，要给出既合理又经济的结构和几何公差要求；③有配合关系的孔与轴，必要时应查阅与其相结合的轴与孔的相应资料（装配图或零件图），核准配合制度和配合性质。

只有这样，经测绘而制造出的零件，才能顺利地装配到机器上去并达到其功能要求。

(4) 填写标题栏。一般可填写零件的名称、材料及绘图者的姓名、完成时间等。

4. 根据零件草图画零件图

草图完成后，便要根据它绘制零件图，其绘图方法和步骤同前，此处不再赘述。

8.6.2 零件尺寸的测量方法

测量尺寸是零件测绘过程中一个很重要的环节，尺寸测量得准确与否，将直接影响机器的装配和工作性能，因此测量尺寸要谨慎。

测量时，应根据对尺寸精度要求的不同选用不同的测量工具。常用的量具有钢直尺，内、外卡钳等；精密的量具有游标卡尺、千分尺等；此外，还有专用量具，如螺纹样板、圆角规等。

零件上常见几何尺寸的测量方法见表 8-14。

表 8-14　　**零件尺寸的测量方法**

项目	图例与说明	项目	图例与说明
直线尺寸	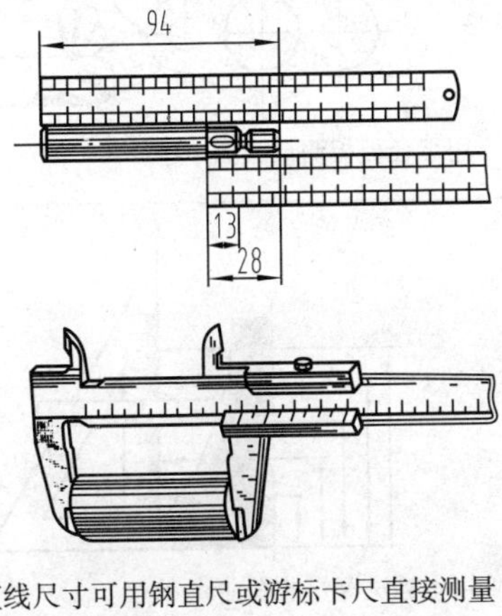 直线尺寸可用钢直尺或游标卡尺直接测量	壁厚尺寸	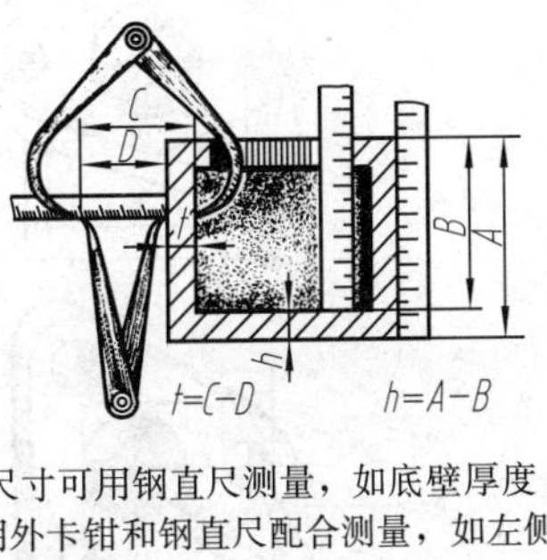 壁厚尺寸可用钢直尺测量，如底壁厚度 $h=A-B$；或用外卡钳和钢直尺配合测量，如左侧壁的厚度 $t=C-D$

续表

项目	图例与说明
直径尺寸	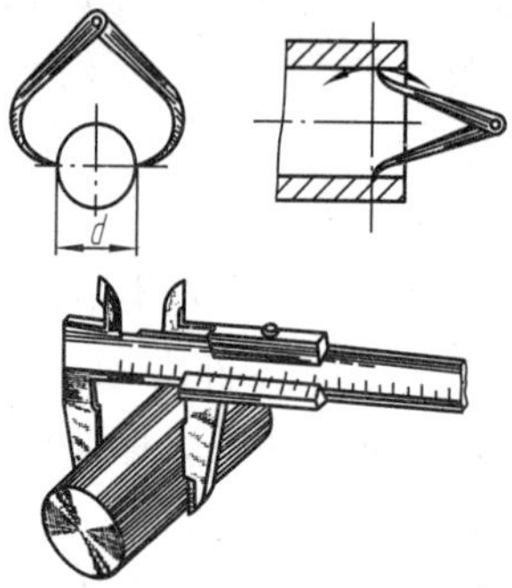 直径尺寸可用内、外卡钳间接测量或用游标卡尺直接测量
齿顶圆直径	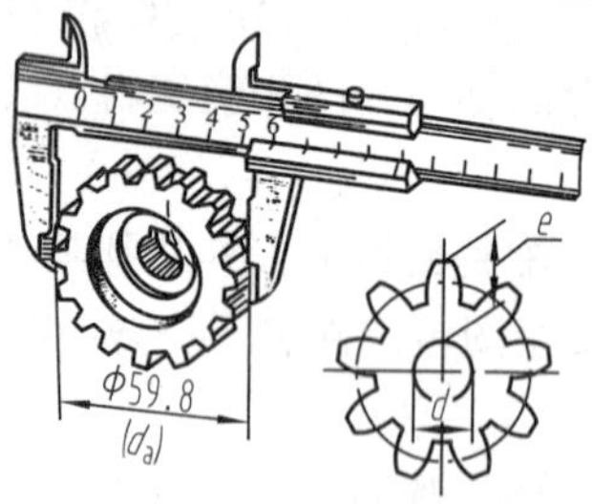 偶数齿，齿轮的齿顶圆直径可用游标卡尺直接测得（见上图）；奇数齿可间接测量（见下图）
曲面曲线的轮廓	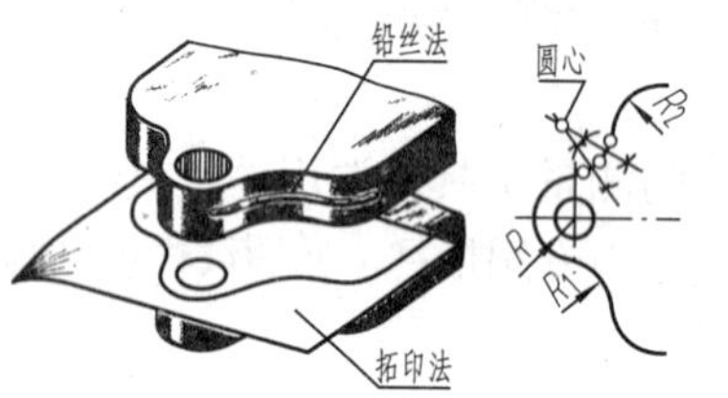 对精确度要求不高的曲面轮廓，可以用拓印法在纸上拓印出它的轮廓形状，然后用几何作图的方法求出各连接圆弧的尺寸和圆心位置
孔间距	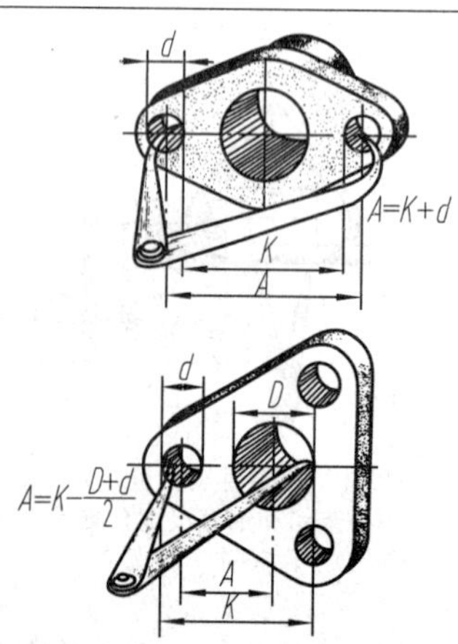 孔间距可用内、外卡钳和钢直尺结合测量

项目	图例与说明
中心高	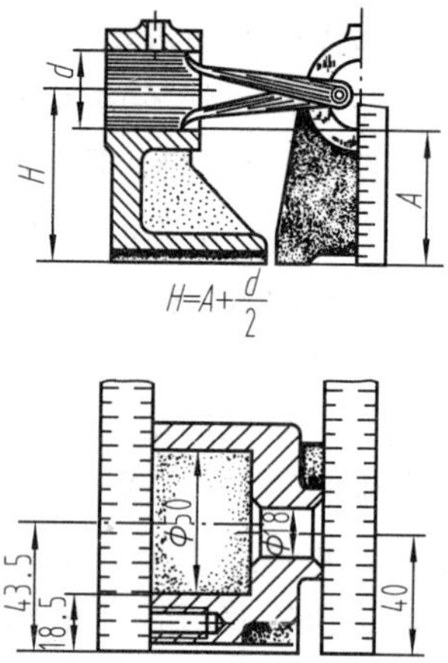 中心高可用钢直尺或用钢直尺和内卡钳配合测量，即 $H=A+d/2$（见上图）。 下图左侧的中心高：43.5=18.5+50/2
螺距	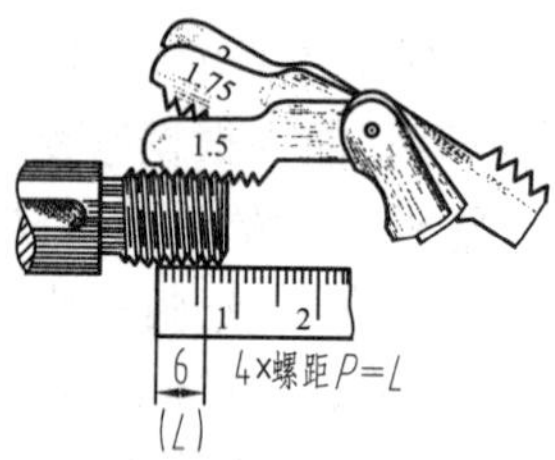 螺纹的螺距应该用螺纹样板直接测得（见图的上方），也可用钢直尺测量（见图的下方）。$P=1.5$
曲面曲线的轮廓	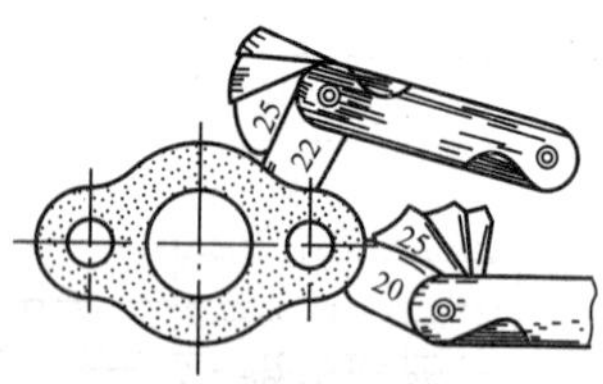 用半径板板测量圆弧半径 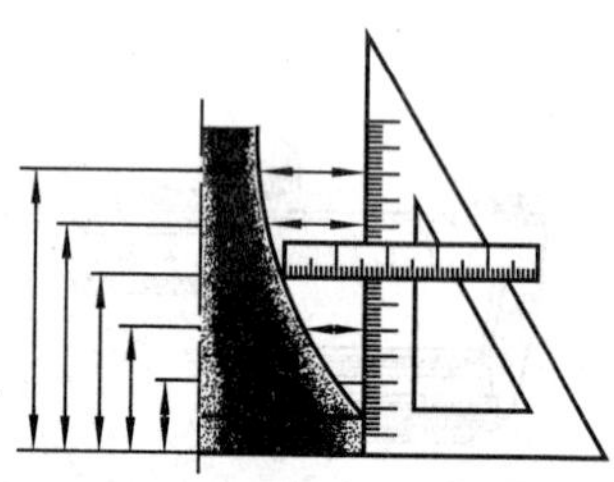 用坐标法测量非圆曲线

8.7 看 零 件 图

8.7.1 读图要求

看零件图的要求是：了解零件的名称、所用材料及其在机器或部件中的作用。通过分析视图、尺寸和技术要求，想象出零件各组成部分的结构形状和相对位置，从而在头脑中建立起一个完整的、具体的零件形象，并对其复杂程度、要求高低和制作方法做到心中有数，以便设计加工过程。

8.7.2 看图的方法和步骤

1. 看图的方法

看零件图的基本方法仍然是形体分析法和线面分析法。

较复杂的零件图，由于其视图、尺寸数量及各种代号都较多，初学者看图时往往不知从何处看起，甚至会产生畏惧心理。其实，就图形而言，看多个视图与看三视图的道理一样。视图数量多，主要是因为组成零件的形体较多，所以将表示每个形体的三视图组合起来，加之它们之间有些重叠的部位，图形就显得繁杂了。实际上，对每一个基本形体来说，仍然是只用2～3个视图就可以确定它的形状。所以看图时，只要善于运用形体分析法，按组成部分“分块”看，就可将复杂的问题分解成几个简单的问题处理了。

2. 看图的步骤

(1) 看标题栏。了解零件的名称、材料、绘图比例等，为联想零件在机器中的作用、制造要求以及有关结构形状等提供线索。

(2) 分析视图。先根据视图的配置和有关标注，判断出视图的名称和剖切位置，明确它们之间的投影关系。进而抓住图形特征，分部分联想形状，合起来联想整体。

(3) 分析尺寸。先分析长、宽、高三个方向的尺寸基准，再找出各部分的定位尺寸和定形尺寸，分辨出哪些是主要尺寸，最后还要检查尺寸标注是否齐全和合理。

(4) 分析技术要求。可根据表面结构、尺寸公差、几何公差以及其他技术要求，确定哪些是要求加工的表面以及精度的高低等。

(5) 综合归纳。将识读零件图所得到的全部信息加以综合归纳，对所示零件的结构、尺寸及技术要求都有一个完整的认识，这样才算真正将图看懂。

看图时，上述的每一步骤都不能孤立地进行，应视其情况灵活运用。此外，看图时还应参考有关的技术资料和相关的装配图或同类产品的零件图。

【例8-1】 识读支架的零件图（见图8-86）。

(1) 读标题栏。该零件的名称是支架，是用来支承轴的，材料为灰铸铁（HT150），比例为1∶2。

(2) 分析视图。图中共有五个图形：三个基本视图、一个按向视图形式配置的局部视图*C*和一个移出断面图。主视图是外形图；俯视图*B—B*是全剖视图，是用水平面剖切的；左视图*A—A*也是全剖视图，是用两个平行的侧平面剖切的；局部视图*C*是移位配置的；断面画在剖切线的延长线上，表示肋板的剖面形状。

从主视图可以看出上部圆筒、凸台、中部支承板、肋板和下部底板的主要结构形状和它们之间的相对位置；从俯视图可以看出底板、安装板（槽）的形状及支承板、肋板间的相对

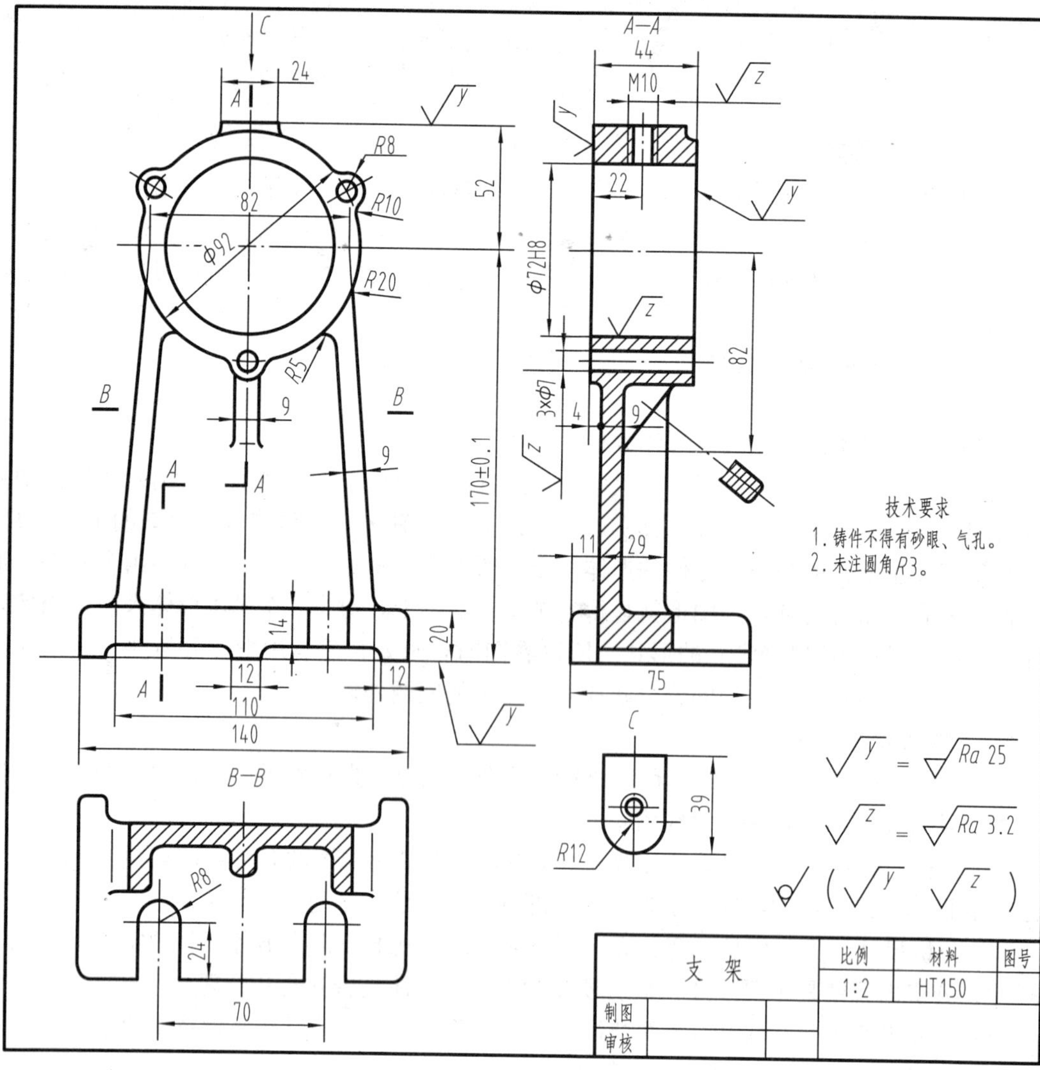

图 8-86 支架零件图

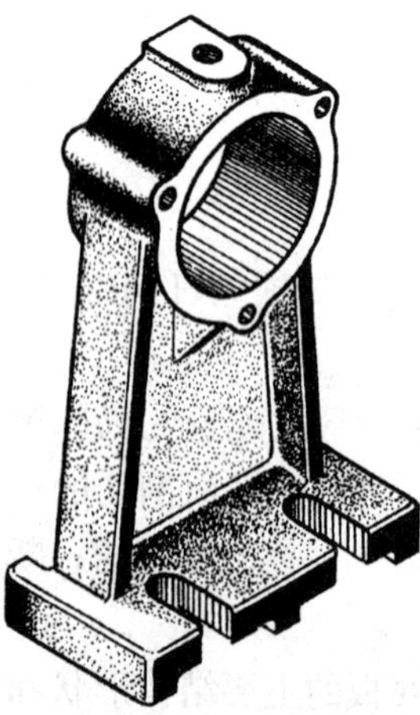

图 8-87 支架的轴测图

位置；局部视图反映出带有螺孔的凸台形状。综上所述，再配合全剖的左视图，则支架由圆筒、支承板、肋板、底板及油孔凸台组成的情况就很清楚了。整个支架的形状如图 8-87 所示。

(3) 分析尺寸。从图中可以看出，其长度方向尺寸以对称面为主要基准，标注出安装槽的定位尺寸 70，还有尺寸 9、24、82、12、110、140 等；宽度方向尺寸以圆筒后端面为主要基准，标注出支承板定位尺寸 4；高度方向尺寸以底板的底面为主要基准，标注出支架的中心高 170±0.1，这是影响工作性能的定位尺寸，圆筒孔径 φ72H8 是配合尺寸，它们都是支架的主要尺寸。各组成部分的定形尺寸、定位尺寸请读者自行分析。

(4) 分析技术要求。圆筒孔径 φ72 中心高注出了公差带代号，轴孔表面属于配合面，要求较高，*Ra* 值为 3.2μm。这些指标在加工时应予以保证。

通过上述分析可以看出，叉架类零件的结构比较复杂，它需经过多种加工。一般需用三个主要视图，主视图常按工作位置和结构形状确定。尺寸基准一般为安装面、中心对称面和工作部分的端面。技术要求应把工作（支承）部分和安装面的精度定得高一些，轴孔的中心高是其中最重要的尺寸，通常应给出公差。

3. 箱体类零件

箱体类零件用来支承、包容、保护运动零件或其他零件，也起定位和密封作用。这类零件多为铸件，结构形状比前三类零件复杂。其主体通常由薄壁所围成的较大空腔和供安装用的底板构成；箱壁上有安装轴承用的圆筒或半圆筒，并有肋板加固；此外。还有凸台、凹坑、铸造圆角、螺孔、销孔、倒角等细小结构。

【例 8-2】 识读壳体零件图（见图 8-88）。

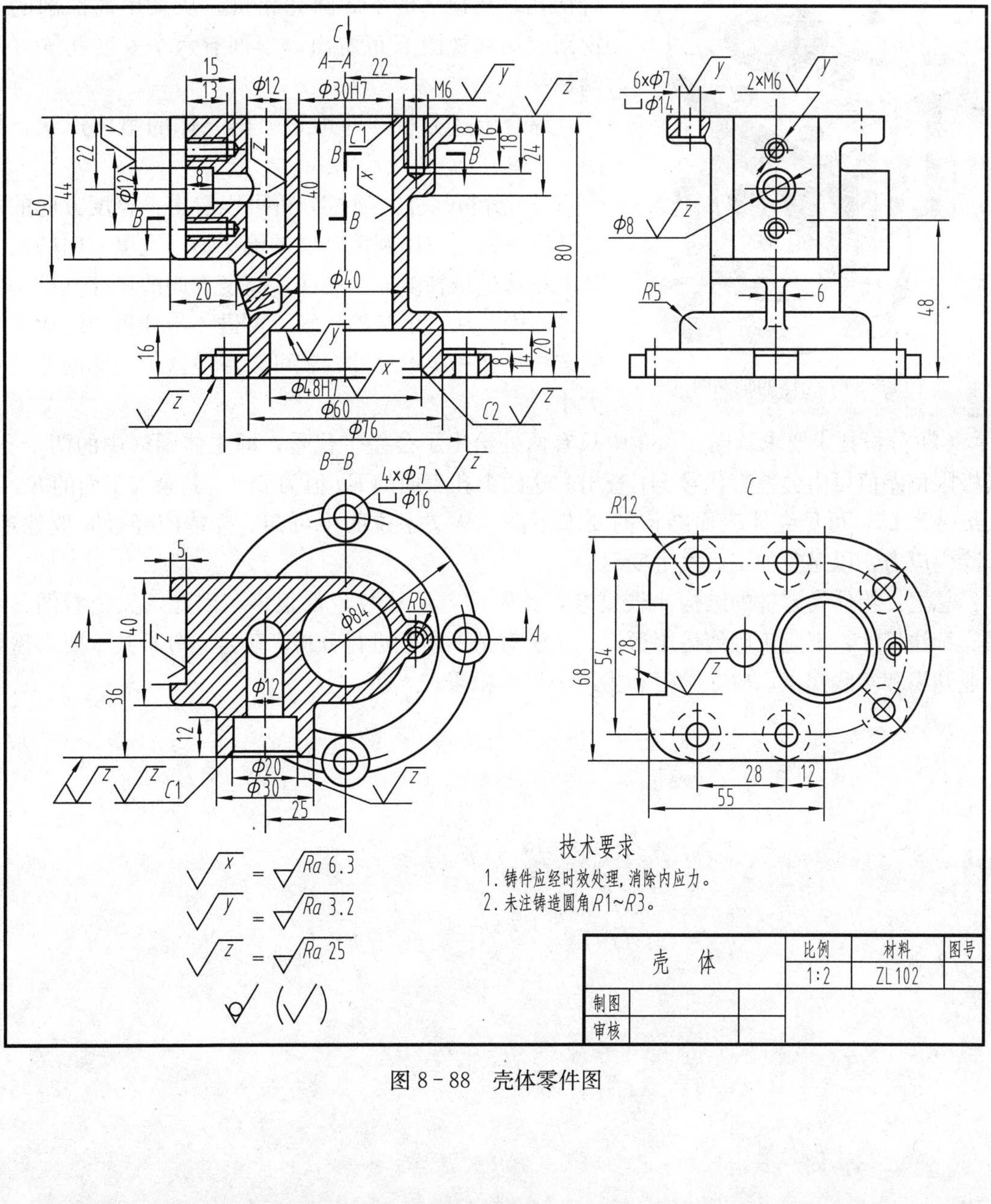

图 8-88 壳体零件图

(1) 看标题栏。零件的名称是壳体，属箱体类零件。材料是铸造铝合金，绘图比例为 1∶2，该零件为铸件。

(2) 分析视图。共有五个图形，即主、俯、左三个基本视图，一个局部视图和一个断面图。主视图 $A—A$ 是全剖视图，由单一的正平面剖切，表达内部形状。俯视图 $B—B$ 是由两个水平面剖切的全剖视图，表达内部和底板的形状。局部剖的左视图和局部视图 C，主要表达外形及顶面形状。重合断面表示肋板的宽度。由此可知，该壳体是由主体圆筒，上、下底板，左凸块、前圆筒及肋板等部分组成的。

再看细部结构：顶部有 ϕ30H7 通孔、ϕ12 盲孔和 M6 螺孔；底部的 ϕ48H7 孔与 ϕ30H7 孔相通，底板上还有四个锪平的安装孔 ϕ7。结合主、俯、左三个视图看，左侧为带有凹槽的凸块，在凹槽的左端面有 ϕ12、ϕ8 的阶梯孔，与顶部 ϕ12 孔相通；在该阶梯孔的上、下方各有一个螺孔 M6。在前方圆筒上，有 ϕ20、ϕ12 的阶梯孔，与顶部的 ϕ12 圆孔相贯。从采用局部剖的左视图和局部视图 C 可看出，顶部有六个安装孔 ϕ7（下端锪平）。

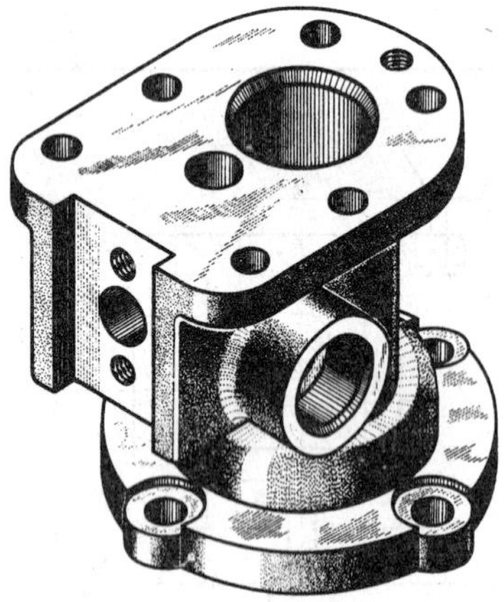

图 8-89 壳体的轴测图

综合上述分析，即可想象出壳体的整体形状，如图 8-89 所示。

(3) 分析尺寸。通过分析可以看出，长度方向的尺寸基准是通过主体圆筒轴线的侧平面，宽度方向的尺寸基准是通过该轴线的正平面，高度方向的尺寸基准是底板的底面。从三个基准出发，再进一步分析各组成部分的定位尺寸和定形尺寸，就可以看懂这个壳体的形状和大小。

(4) 分析技术要求。图 8-88 中只有两处给出了公差带代号，即主体圆筒中的两个孔，其极限偏差值可由公差带代号 H7 查出。这两个孔表面的 Ra 值为 6.3，其余加工面的 Ra 值大部分为 25，可见壳体表面结构的要求不高。从文字说明中可知，壳体应经过时效处理，消除内应力，以避免加工后发生变形。

总之，箱体类零件的结构比较复杂，其图形、尺寸数量都很多，因此，无论看图、画图、标注尺寸，都应正确地运用形体分析法有条不紊地进行分析。确定、分析技术要求需要专业知识和实践知识，应在学习和生产中逐步积累。

第9章　装　配　图

9.1　装配图的作用和内容

任何一台机器都是由若干部件和零件构成的，而部件也是由若干零件按一定装配关系和技术要求装配而成的。

装配图主要表达机器或部件的工作原理、性能要求、各零件间的连接及装配关系和主要零件的结构形状，以及在装配、检验、安装时所需的尺寸数据和技术要求。

9.1.1　装配图的作用

(1) 在设计机器或部件过程中，一般先根据设计思想画出装配示意图，再根据装配示意图画出装配图，然后根据装配图进行零件设计并画出零件图（即拆图）。

(2) 在产品制造中，装配图是制订装配工艺规程，进行装配、检验的主要技术文件。

(3) 在机器使用及维修时，装配图还是安装、调试、操作、检修机器和部件的重要依据。

9.1.2　装配图的内容

一张完整的装配图应具有以下几方面的内容。

1. 一组视图

用一组视图（一般或特殊表达法）完整、清晰、准确地表达装配体（机器或部件）的工作原理和结构特点、各零件的相互位置及装配关系、重要零件的主要结构形状。

正滑动轴承是一种较为常用的部件，图 9-1 所示为它的轴测分解图，图 9-2 所示为它的部件装配图。图 9-2 中采用了三个基本视图，由于结构基本对称，所以三个视图均采用了半剖视图，能够比较清楚地表达出轴承盖、轴承座和上下轴衬的装配关系。

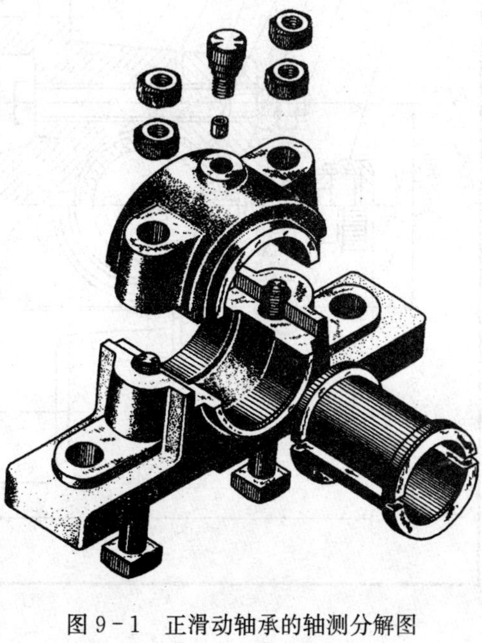

图 9-1　正滑动轴承的轴测分解图

2. 必要的尺寸

在装配图上必须标出表示装配体的性能、规格以及在装配、检验、安装、运输时所需的尺寸。如图 9-2 中的轴孔直径 ϕ50H8 为规格尺寸，180 和 2×ϕ17 等为安装尺寸，ϕ60H8/k6 和 90H9/f9 等为装配尺寸，240、160 和 80 为总体尺寸。

3. 技术要求

用文字或代号说明装配体的性能以及在装配、检验、安装、调试时所需达到的技术条件和要求。如图 9-2 中有一条技术要求是装配结束后要进行接触面着色检查。

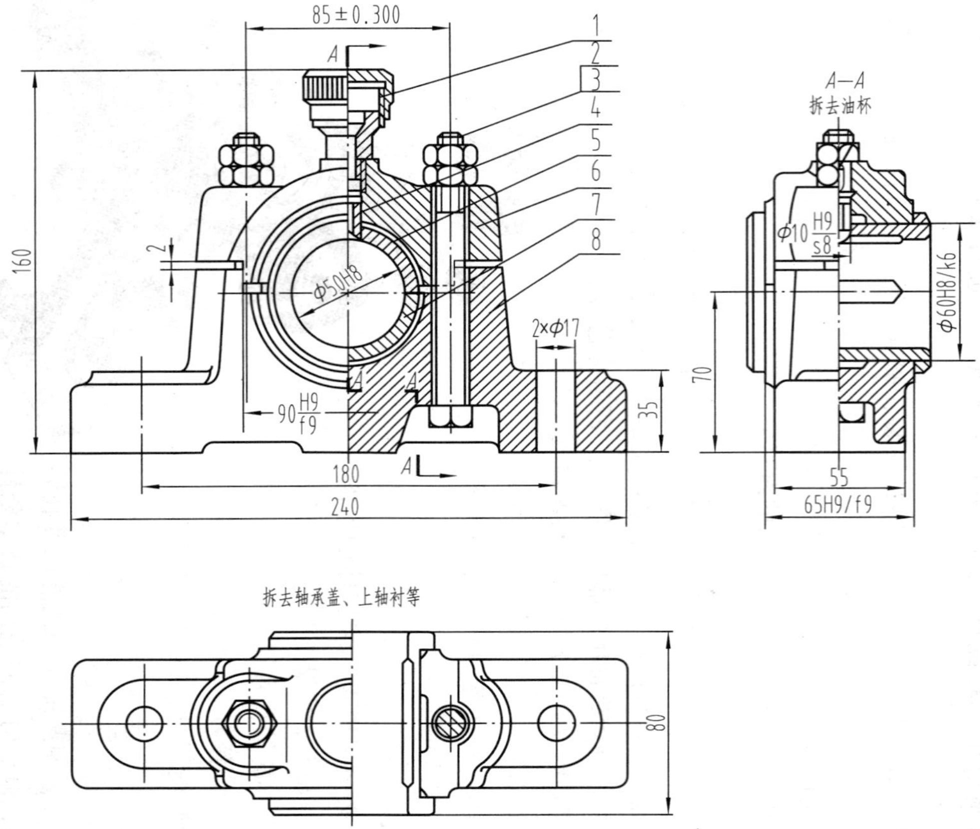

技术要求

1. 轴衬与轴承座、轴承盖用着色法检查接触情况。下轴衬与轴承座接触面不得小于50%,上轴衬与轴承盖接触面不得小于40%。

2. 装配时,轴承盖与轴承座间加垫片调整,保证轴与轴衬间隙0.05～0.06,接触面积在25mm²内不少于15～25点。

3. 轴承装配达到上述要求后,加工油孔和油槽。

4. 轴衬最大单位压力$p \leqslant 29.4$MPa。

序号	名称	数量	材料			备注
8	轴承座	1	HT150			
7	下轴衬	1	ZCuAl10Fe3			
6	轴承盖	1	HT150			
5	上轴衬	1	ZCuAl10Fe3			
4	轴衬固定套	1	Q235-A			
3	螺栓M1×130	2				GB/T 8—1988
2	螺母M12	4				GB/T 6170—2000
1	油杯12	1				JB/T 7940.3—1995
正滑动轴承		比例	1:1	共4张		01
		重量		共1张		
制图						
设计						
审核						

图 9－2　正滑动轴承的装配图

4. 零件（或部件）序号和明细表

在装配图上，应对每个不同的零件（或组件）编写序号，在明细表中依次填写对应零件（或组件）的序号、名称、数量、材料、图号及标准件的规格、标准代号等内容。

5. 标题栏

标题栏的内容包括：机器或部件的名称、绘图比例、重量、图号及制图、设计、审核人员的签名和设计单位等。绘图及审核人员签名后就要对图纸的技术质量负责。

9.2 装配图的表达方法

前面介绍的零件的各种表达方法，如视图、剖视图、断面图、局部放大图等，同样适用于装配图。但由于装配图的重点是表达机器或部件的工作原理、性能要求、各零件间的连接及装配关系和主要零件的结构形状，因此还有一些规定画法、特殊画法和简化画法。

9.2.1 规定画法

(1) 相邻两零件的接触表面和配合表面只画一条公用的轮廓线，两零件的不接触表面和非配合表面画两条轮廓线（画出两表面各自的轮廓线）。若间隙过小时，可采用夸大画法。如图 9－3 中键的两侧与轴上键槽的两侧面为配合面，所以只画一条线，键上面与孔键槽的底面为不接触面，所以应画两条线。

(2) 两个以上的金属零件相互邻接时，剖面线的倾斜方向应相反，或方向相同但间隔不同；同一零件在各视图上的剖面线方向和间隔必须一致，如图 9－4 所示。当零件厚度在 2mm 以下时，允许以涂黑代替剖面线（如图 9－8 中的件 9）。

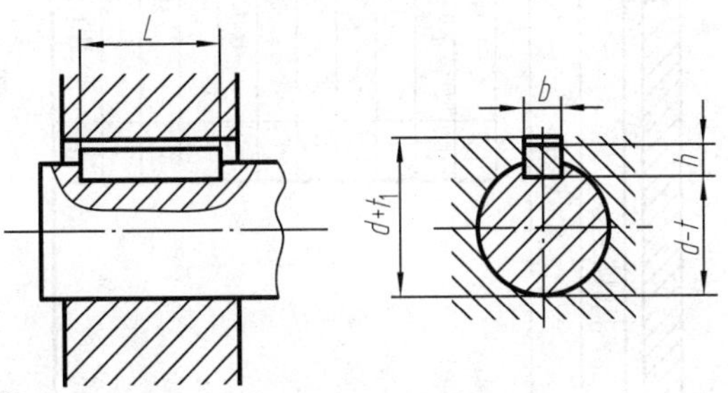

图 9－3 接触面与非接触面图

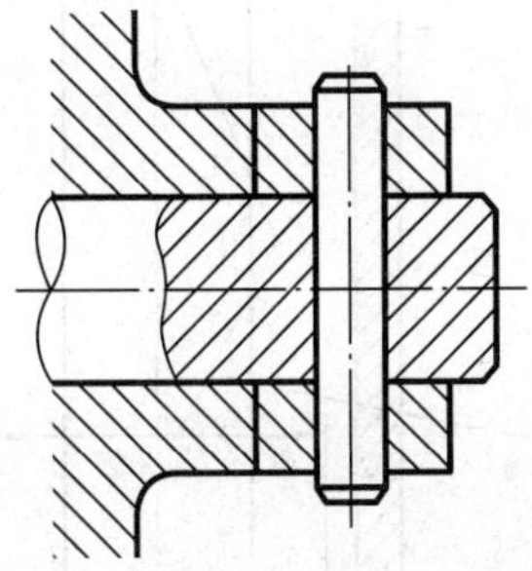

图 9－4 几个相邻零件剖面线的画法

(3) 对于螺钉、螺母、垫圈等紧固件以及轴、手柄、球、杆等实心零件，若按纵向剖切，且剖切平面通过其对称平面或轴线时，这些零件均按不剖绘制。如需要特别表明零件的凹槽、键槽、销孔等结构时，可采用局部剖视表示，如图 9－5 中的件 7 轴。

9.2.2 特殊表达方法

1. 拆卸画法

当某些零件遮住了其后面需要表达的零件时，或在某一视图上不需要画出某些零件时，可假想将这些零件拆去，只画出所需表达部分的视图，如图 9－5 铣刀头装配图中的左视图；也可选择沿零件结合面进行剖切的画法，如图 9－2 所示的滑动轴承装配图中俯视图的画法，左半部分沿轴承盖与轴承座的结合面剖开，拆去上面部分，以表示轴瓦和轴承座的装配情况。用拆卸画法画图时，应在视图上方标注“拆去件××”等字样。

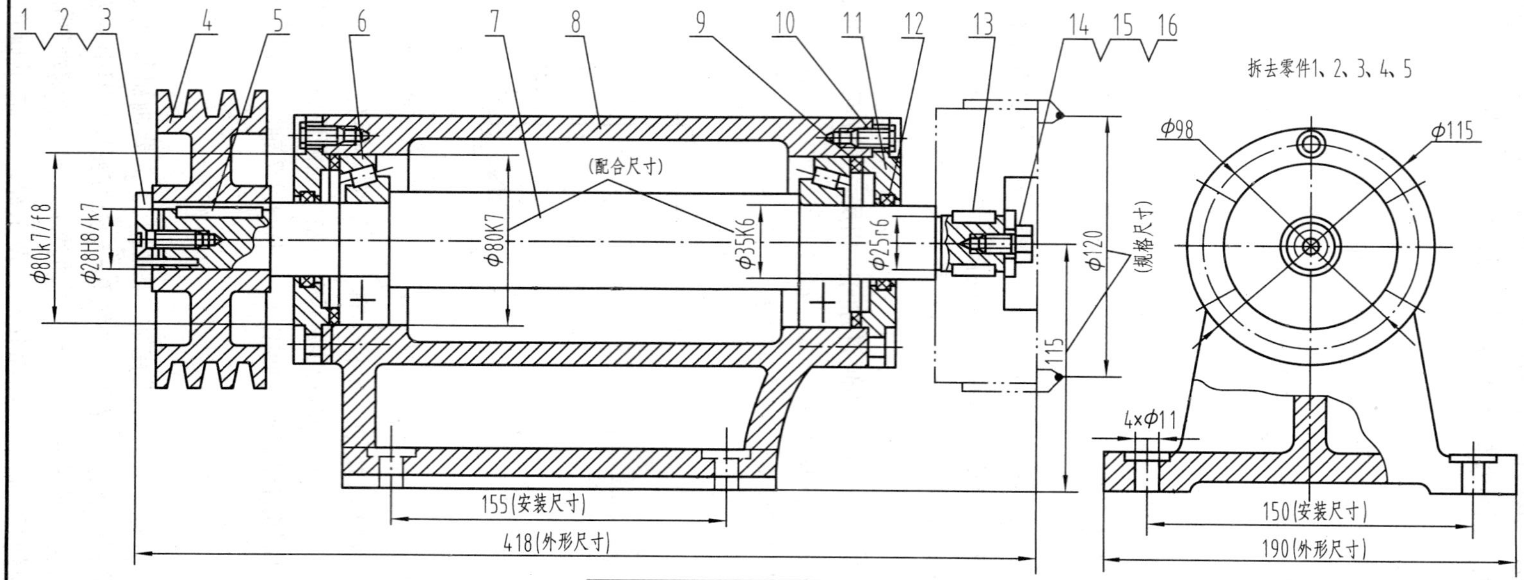

技术要求

1.主轴轴线对底座的平行度公差0.04/100。
2.刀盘定位轴颈的径向圆跳动公差为0.02。
3.刀盘定位端面对φ25轴线的端面圆跳动公差为0.02。
4.铣刀盘轴端的轴向窜动不大于0.01。

序号	零件名称	数量	材料	备注
16	垫圈6	1	65Mn	GB/T 93—1987
15	螺栓M6×30	1	Q235	GB/T 5782—2000
14	挡圈35	1	35	GB/T 892—1986
13	键8×20	2	45	GB/T1096—2003
12	毡圈	2	羊毛毡	
11	端盖	2	HT200	
10	螺钉M8×22	12	Q235	GB/T 70—1985
9	调整环	2	35	
8	座体	1	HT200	
7	轴	1	45	
6	轴承30307	2		GB/T 297—1994
5	键8×30	1	45	GB/T 1096—2003
4	带轮	1	HT150	
3	销A3×12	1	35	GB/T 119—2000
2	螺钉M6×18	1	Q235	GB/T 68—2000
1	挡圈35	1	35	GB/T 891—1986

铣刀头			比例		(图号)
			件数		
制图			第 张		共 张
班级			(校名)		
审核					

图 9-5 铣刀头装配图

2. 假想画法

(1) 在机器（或部件）中，有些零件做往复运动、转动或摆动。为了表示运动零件的极限位置或中间位置，常把它画在一个极限位置上，再用细双点画线画出其余位置的假想投影，以表示零件的另一极限位置，并注上尺寸，如图 9-6 中主视图所示。

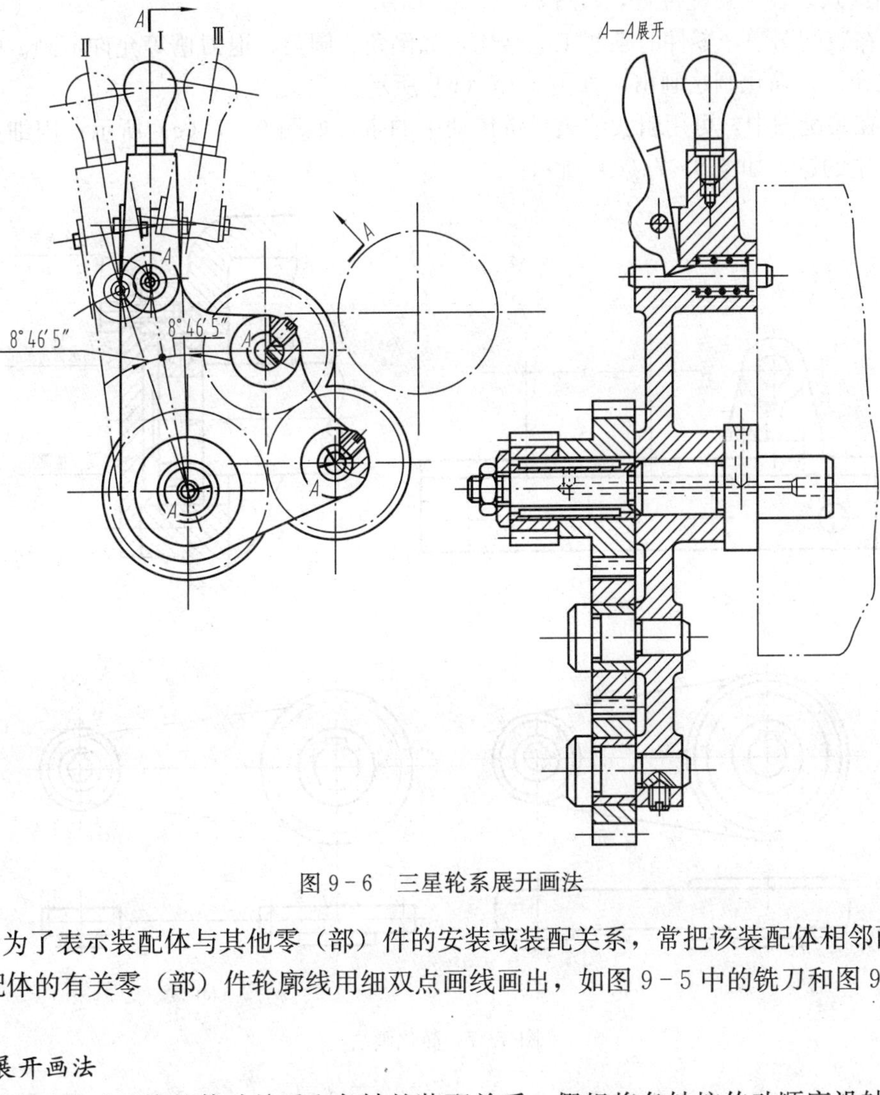

图 9-6　三星轮系展开画法

(2) 为了表示装配体与其他零（部）件的安装或装配关系，常把该装配体相邻而又不属于该装配体的有关零（部）件轮廓线用细双点画线画出，如图 9-5 中的铣刀和图 9-6 中的主轴箱。

3. 展开画法

为了表达传动系统的传动关系和各轴的装配关系，假想将各轴按传动顺序沿轴线剖开，并展开在同一平面上。这种展开画法常用于表达机床的主轴箱、进给箱、汽车的变速箱等装置，展开图必须进行标注，如图 9-6 中左视图所示。

4. 夸大画法

在装配图中，非配合面的微小间隙、薄片零件、细丝弹簧等，若按其实际尺寸很难画出或难以明显表示时，均可不按比例而采用夸大画出。如图 9-3 中键与齿轮上键槽之间的间隙，就采用了夸大画法。

5. 单独表示某个零件的画法

在装配图中，如果需要表达某个零件的结构形状时，可单独画出该零件的某一视图，但必须在该视图上方注出零件的名称，在相应视图的附近用箭头指明投影方向，并注上相同的字母。

9.2.3 简化画法

(1) 对于装配图中若干相同的零件组（如螺栓连接），可仅详细地画出一组或几组，其余只用细点画线表示装配位置，如图 9-7（a）所示。

(2) 在装配图中，零件的某些工艺结构，如倒角、圆角、退刀槽等允许不画。螺栓头部和螺母也允许按简化画法画出，如图 9-7（b）所示。

(3) 在装配图中，可用粗实线表示带传动中的带，如图 9-7（c）所示；用细点画线表示链传动中的链，如图 9-7（d）所示。

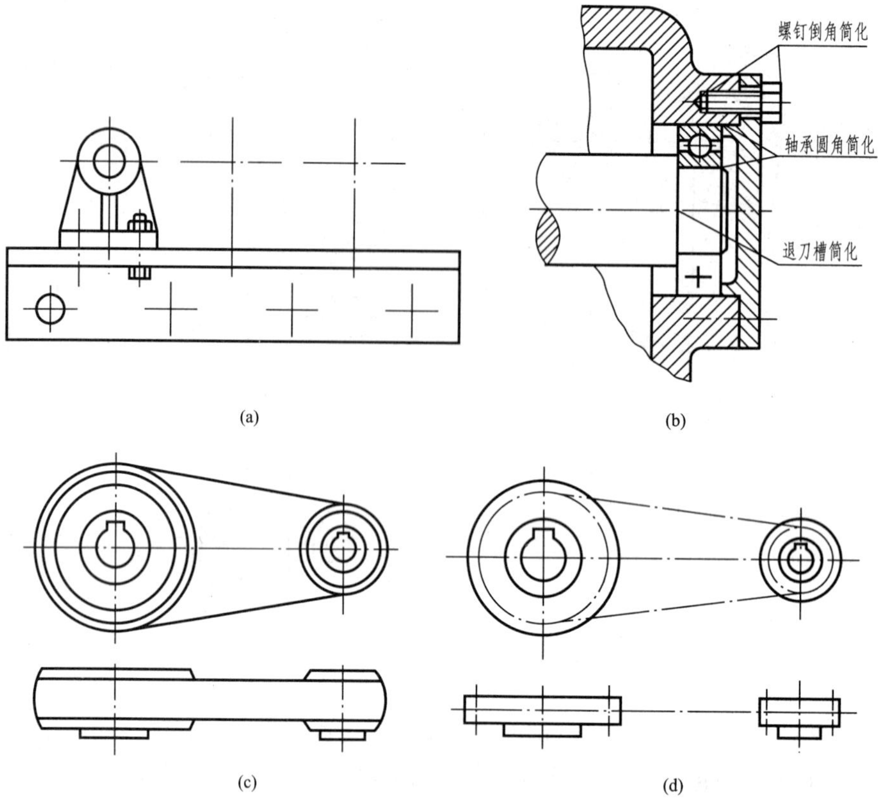

图 9-7 简化画法

9.3 装配图的尺寸标注和技术要求

9.3.1 尺寸标注

装配图的作用与零件图不同，所以在装配图中不必把制造零件所需的尺寸都标出来，只要求标注出与装配体（机器或部件）性能、装配、安装、检验、运输等有关的尺寸。装配图中的尺寸可分为以下几类。

1. 性能（或规格）尺寸

性能（或规格）尺寸是表示装配体的性能或规格的尺寸。这类尺寸是该装配体设计画图前就已确定，是设计或使用机器的依据。例如，图 9－2 滑动轴承的孔径 ϕ50H8，图 9－5 铣刀头的中心高 115 及铣刀直径 ϕ120。

2. 装配尺寸

装配尺寸是表示装配体各零件之间装配关系的尺寸，通常包含配合尺寸和相对位置尺寸。

(1) 配合尺寸。它是表示两个零件之间配合性质的尺寸，一般用配合代号注出。例如，图 9－2 中的 90H9/f9、65H9/f9，图 9－5 中的轴承内、外圈上所注的尺寸 ϕ80K7、ϕ35K6 等。

(2) 相对位置尺寸。它是零件装配时相关联的零件或部件之间较重要的相对位置尺寸。例如，图 9－24 中两齿轮中心距 28.76±0.02。

3. 安装尺寸

安装尺寸是将装配体安装到地基或其他设备上所需要的尺寸。例如，图 9－2 中的 180、2×ϕ17，图 9－5 中的 155、150、4×ϕ11 等。

4. 外形尺寸

外形尺寸是装配体在长、宽、高三个方向上的最大尺寸，它们提供了装配体在包装、运输和安装过程中所占的空间大小。例如，图 9－2 中的 240、80、160，图 9－5 中的 418、190 等。

5. 其他重要尺寸

其他重要尺寸是在设计中经过计算或根据某种需要而确定的，但又不属于上述几类尺寸的一些重要尺寸。例如，图 9－2 中的尺寸 2。

上述五类尺寸，彼此间往往有某种关联，即有的尺寸往往同时具有几种不同的含义。如图 9－2 所示主视图上的尺寸 240，它既是总体尺寸，又是零件的主要尺寸。此外，在一张装配图中也不一定要标全这五类尺寸，在标注时应根据装配体的构造情况具体分析。

9.3.2 技术要求

不同性能的装配体，其技术要求各不相同。拟定技术要求时，一般可以从以下几个方面考虑。

(1) 装配要求：指装配体在装配过程中需注意的事项及装配后应达到的要求，如精确度、装配间隙、润滑要求等，如图 9－2 所示。

(2) 检验要求：指对装配体基本性能的检验、试验及操作时的要求。

(3) 使用要求：指对装配体的规格、参数及维护、保养、使用时的注意事项及要求。

装配图中的技术要求，通常用文字书写在明细栏的上方或图纸下方的空白处。

9.4 装配图上的零部件序号和明细栏

为了便于读图和图样管理，装配图上所有的零、部件必须编写序号，并在标题栏上方编制相应的明细栏。

9.4.1 编写序号的方法

1. 一般规定

(1) 装配图中所有的零、部件都必须编写序号，并与明细栏中的序号一致。

(2) 装配图中相同的零件、部件用一个序号，一般只标注一次，其数量填在明细栏内。

(3) 装配图上的标准化部件（如油杯、滚动轴承、电动机等），在图中可看做一个整体，即当做一件，只编写一个序号。

2. 序号的注写形式

(1) 在所指零、部件的可见轮廓内画一圆点，然后从圆点开始画指引线（细实线），在指引线的另一端附近直接注写序号，序号的字高比该装配图中所注写尺寸数字高度大两号，如图 9－8（a）所示。

(2) 在指引线的另一端画一水平线或圆（细实线），在水平线或圆内注写序号，序号的字高比该装配图中所注写尺寸数字高度大一号或两号，如图 9－8（b）所示。

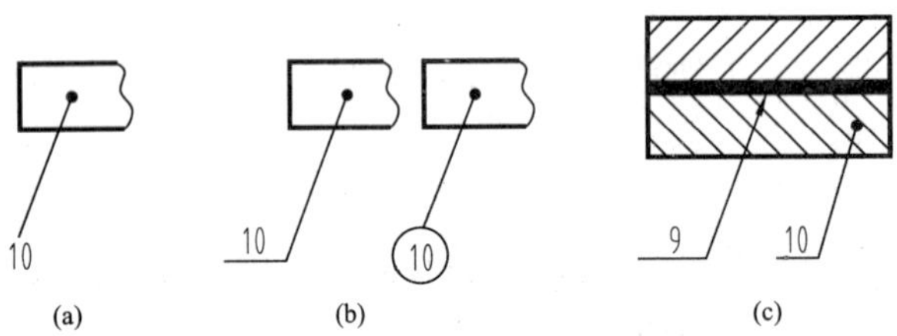

图 9－8　序号的形式

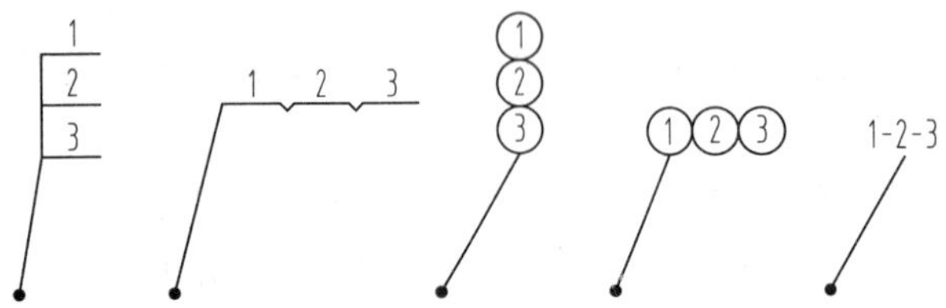

图 9－9　紧固件的编号形式

(3) 若所指部分（很薄的零件或涂黑的剖面）可见轮廓内不便画圆点时，可在指引线的末端画出箭头，并指向该部分的轮廓，如图 9－8（c）所示。

在同一张装配图中，编写序号的形式应一致。

3. 指引线的画法

指引线相互不能相交，当通过剖面线的区域时不能与剖面线平行。必要时，指引线可以画成折线，但只可曲折一次。

一组紧固件及装配关系清楚的零件组，可采用公共指引线编号，如图 9－9所示。

4. 序号的排列

按水平或垂直方向排列整齐，并按顺时针或逆时针的顺序排列，如图 9－2 和 9－5 所示。

具体编写序号时可采用这样的顺序：在需要编号的零、部件的可见轮廓内画一圆点，然后画出指引线和横线（或圆），检查无重复、无遗漏后，再统一填写序号（数字），这样可避免出错。

9.4.2　明细栏

明细栏是装配体全部零件的详细目录，表中填有零件的序号、代号、名称、数量、材料、备注等，可按实际需要增加或减少，格式如图 9－10 所示。

明细栏一般配置在装配图中标题栏的上方，明细栏内零件序号自下而上按顺序填写，如图 9－2 所示。当位置不够时明细栏的一部分可以移放在标题栏的左边继续填写，如图 9－5 所示。需要注意的是，明细栏和标题栏的分界线是粗实线，明细栏的外框是粗实线，明细栏的横线和内部竖线均为细实线（包括最上面一条横线）。

明细栏中所填零件序号应和装配图中所编零件的序号一致。因此，应先编制零件序号再填写明细栏。

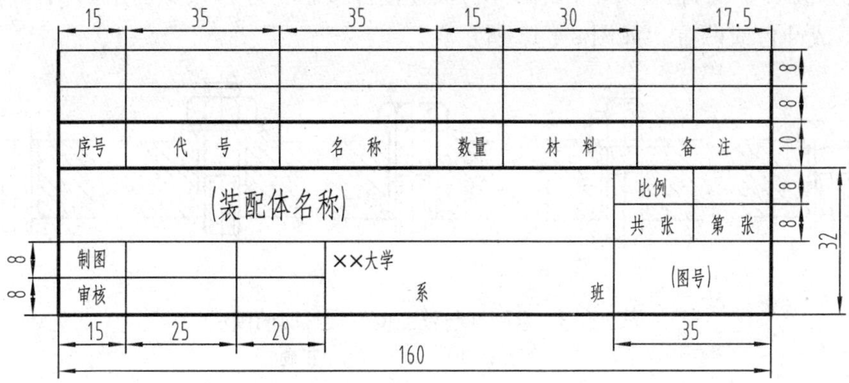

图 9－10 明细栏格式

9.5 常见的装配工艺结构

了解装配体上一些有关装配的工艺结构和常见装置，可使图样绘制的更合理，更能满足装配要求，也有助于读装配图时理解零件间的装配关系和零件的结构特征。

9.5.1 装配工艺结构

(1) 两个零件在同一个方向上，只能有一个接触面或配合面。这样，既可保证接触面达到良好的接触，又便于零件的加工制造，如图 9－11 所示。

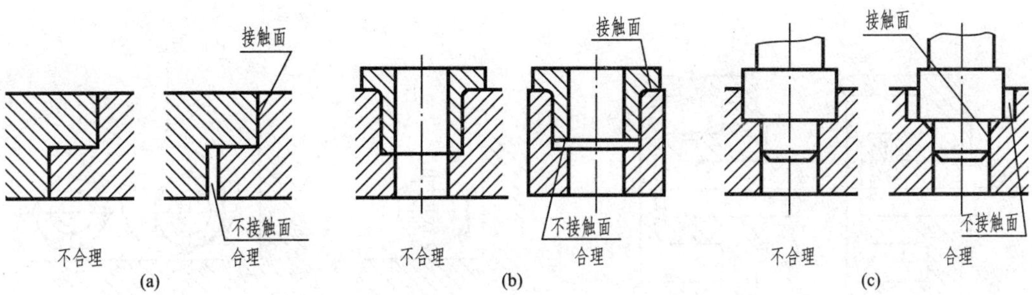

图 9－11 两零件接触面的画法

(2) 轴肩面和孔端面相接触时，应在孔的接触端面加工成倒角，或在轴肩处制成倒圆或加工出退刀槽，以保证孔的端面与轴肩面的接触良好，如图 9－12 所示。

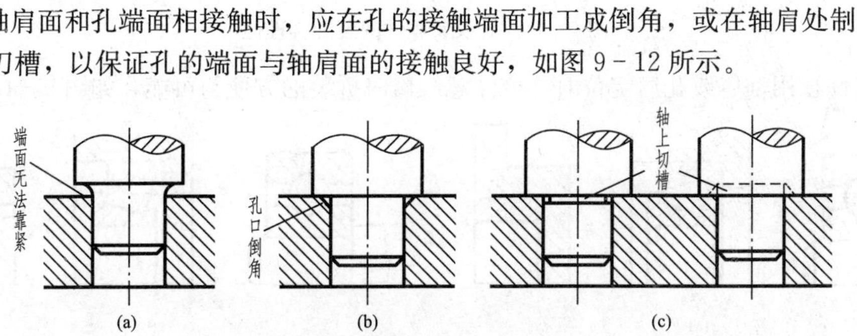

图 9－12 轴肩与孔口接触的画法

(a) 不合理；(b) 孔口倒角；(c) 轴肩切槽

(3) 为使螺栓、螺钉、垫圈等紧固件与被连接件接触良好，减少加工面积，应把被连接件表面加工成凸台或凹坑，如图 9-13 所示。

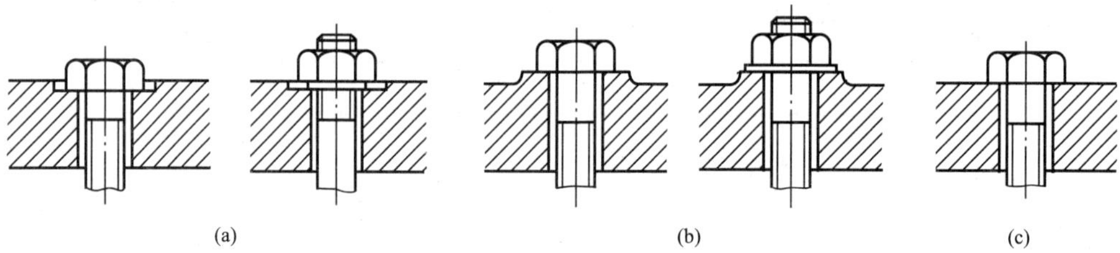

图 9-13　紧固件与被连接件接触面的画法

(a) 沉孔；(b) 凸台；(c) 不正确

(4) 为保证两零件在装拆前后不致降低装配精度，通常用圆柱销或圆锥销将两零件定位。为了便于加工和拆装，最好将销孔制成通孔。

(5) 考虑维修、安装、拆卸的方便，应注意以下几点。

1) 当零件用螺纹紧固件连接时，应考虑到拆装的方便与可能，要留足拆装的活动空间，如图 9-14 所示。

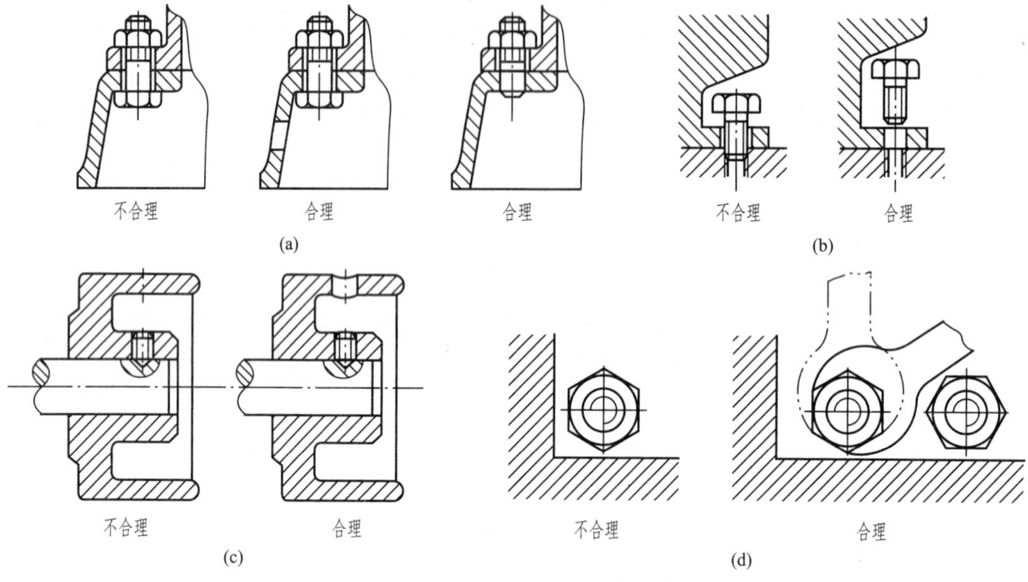

图 9-14　螺纹紧固件的装配合理性

2) 零件在用轴肩或孔肩定位时，应注意维修时拆装的方便与可能，如图 9-15 所示。

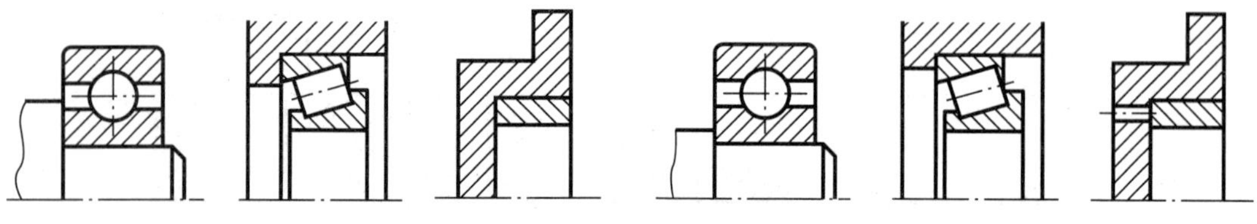

图 9-15　装配结构要便于拆卸

(a) 不利拆卸；(b) 利于拆卸

9.5.2 机器上的常见装置

1. 螺纹防松装置

为了防止机器在工作中由于振动而使螺纹紧固件松开，常采用双螺母、弹簧垫圈、止动垫圈、开口销等防松装置，其结构如图 9-16 所示。

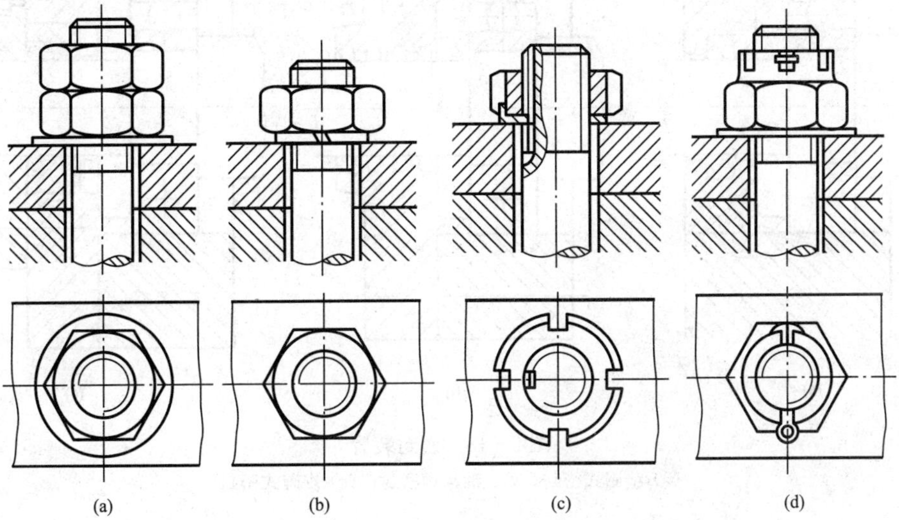

图 9-16 螺纹防松装置

(a) 双螺母；(b) 弹簧垫圈；(c) 止动垫圈；(d) 开口销

2. 滚动轴承的固定装置

为了防止滚动轴承产生轴向窜动，必须采用一定的结构来固定其内、外圈。常用的轴向定位结构形式有肘尖、台肩、弹性挡圈、端盖凸缘、圆螺母和止退垫圈、轴端挡圈等，如图 9-17 所示。

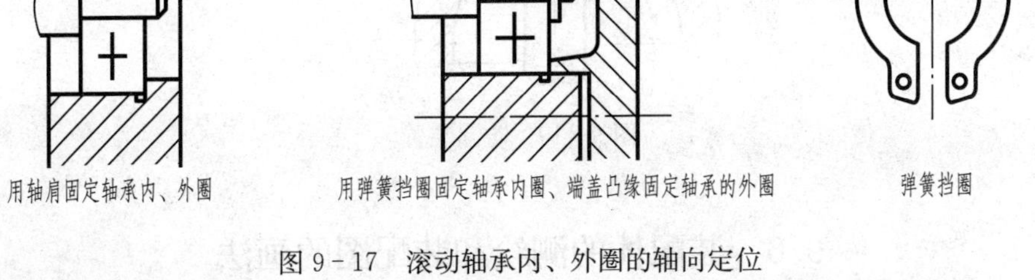

图 9-17 滚动轴承内、外圈的轴向定位

3. 密封装置

(1) 滚动轴承的密封。为了防止外部的杂质、水分进入轴承以及轴承润滑剂渗漏，滚动

轴承应进行密封。常用的密封方式如图 9－18 所示。

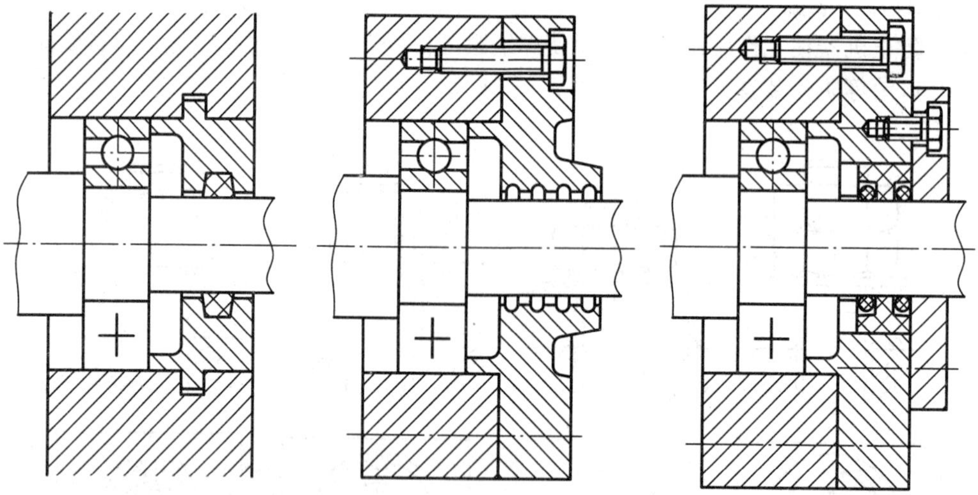

(a) (b) (c)

图 9－18 密封装置

(a) 毡圈式密封；(b) 油沟槽密封；(c) 皮碗式密封

(2) 防漏装置。在机器的转动或滑动杆（阀杆、活塞杆等）伸出阀体（箱体）的地方，做成一填料箱，填入具有特殊性质的软性材料（如石棉绳），用压盖或螺母将填料压紧，使填料紧贴在轴（杆）上，起密封、防漏、防尘作用，如图 9－19 所示。

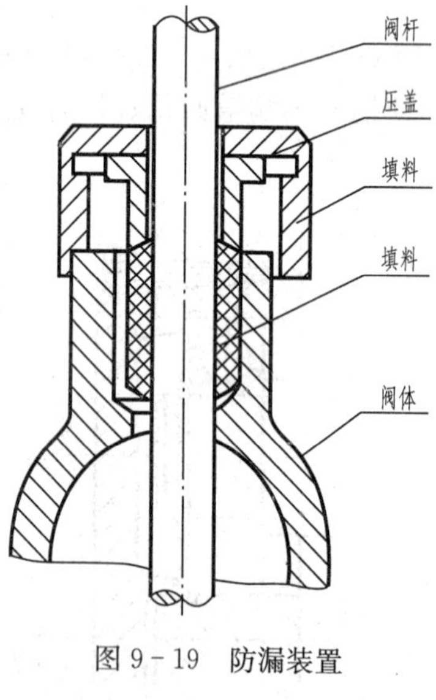

图 9－19 防漏装置

9.6 装配体的测绘和装配图的画法

9.6.1 装配体的测绘

装配体的测绘是根据现有的部件（或机器），先画出零件草图，再画出装配图、零件图等整套图样的过程。下面以齿轮油泵为例介绍装配体的测绘方法和步骤。

1. 了解测绘对象

(1) 明确测绘部件的目的。若为了设计新产品提供参考图样而测绘时，可以对部件进行完善和修改；若为维修制作备件，测绘时必须准确、完整，不允许修改。

(2) 通过观察和拆卸，了解部件的用途、性能、工作原理、结构特点，各零件间的装配关系、相互位置等。有产品说明书时，可对照说明书上的图来看，也可以参考同类产品的有关资料。总之，只有充分地了解测绘对象，才能使测绘工作顺利进行。

齿轮油泵是机器润滑、供油系统中的一个常用部件，其体积较小，要求传动平稳，保证供油，不能渗漏。主要由泵体，左、右端盖，运动零件（传动齿轮轴、齿轮轴等），密封零件以及标准件等构成。图 9－20 所示为其轴测装配图。

齿轮油泵的工作原理如图 9－21 所示。当一对齿轮在泵体内做啮合传动时，主动齿轮逆时针方向旋转，带动从动齿轮顺时针方向旋转，齿轮啮合区内右侧的轮齿逐渐脱开啮合，空腔体积增大而压力降低，油箱内的油在大气压力作用下，通过进油口被吸入泵内；而啮合区内左侧的轮齿逐渐进入啮合，空腔体积较小而压力增大，随着齿轮的传动而被齿槽带至左边的油就从出油口排出，经管道送至机器中需要润滑的部位。

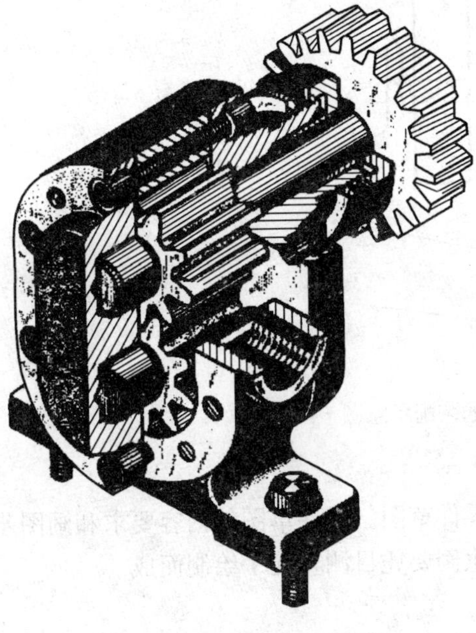

图 9－20 齿轮油泵的轴测图

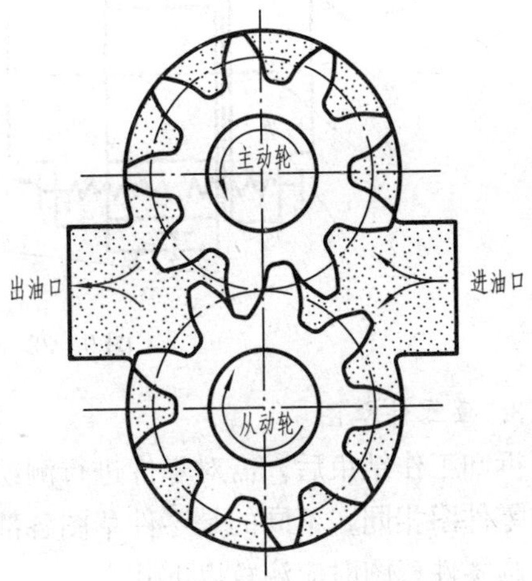

图 9－21 齿轮油泵的工作原理图

凡属泵、阀类的部件都要考虑防漏问题。为此，在泵体与泵盖的结合处加入了垫片，并在传动齿轮轴的伸出端用填料、轴套、压紧螺母加以密封。

2. 拆卸部件、画装配示意图

在初步了解装配体功能的基础上，按一定顺序拆卸零件，可以进一步了解部件的结构、工作原理、装配关系。拆卸时须注意：为防止丢失和混淆，应将零件进行编号；对不便拆卸的连接、过盈配合的零件尽量不拆，以免损坏零件或影响配合精度；标准件和非标准件最好分类保管。

齿轮油泵的拆卸顺序：拆螺钉、销钉→端盖→齿轮轴→螺母及垫圈→填料压盖及填料。

拆卸的过程中观察到，齿轮油泵的左、右端盖与泵体用螺钉连接、用销钉准确定位；齿轮的轴向定位靠齿轮端面与泵体内腔底面及端盖内侧面接触而定位；为了防止漏油及灰尘、水分进入泵体内影响齿轮传动，在主动齿轮轴的伸出端设有密封装置；端盖与泵体之间有垫片，垫片的另一个作用是调整齿轮的轴向间隙。

对零件较多的部件，为便于拆卸后重装和为画装配图提供参考，在拆卸的过程中，应同时画出装配示意图。它是用规定符号和简单的线条绘制的图样，是一种表意性的图示方法，用以记录部件中各零件间的相互位置、连接关系和配合性质，注明零件的名称、数量、编号等。

装配示意图的画法：对一般零件可按其外形和机构特定形象画出零件的大致轮廓。一般从主要零件和较大的零件入手，按装配顺序和零件的位置逐个画出示意图，可将零件当做透明体，其表示可不受前后层次的限制，并尽量把所有零件都集中在一个视图上表达出来。实在无法表达清楚时，才画出第二个视图（应与第一个视图保持投影关系）。

图 9－20 所示齿轮油泵的装配示意图如图 9－22 所示。

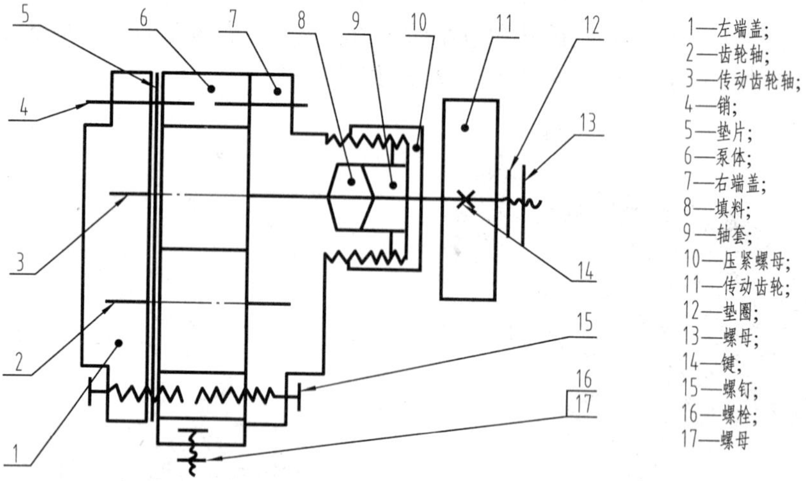

图 9－22　齿轮油泵的装配示意图

3. 画零件草图

拆卸工作结束后，需对零件进行测绘，画出零件草图。零件草图的内容要求和画图步骤都与零件图相同，不同的是零件草图各部分尺寸比例要凭目测，徒手绘制而成。

画零件草图时应注意以下几点。

(1) 标准件可不画草图，但要测出其规格尺寸，然后查阅标准手册，按规定标记登记在标准明细栏内（如螺栓 GB/T 5781—2000　M16×70）。

(2) 零件上的所有工艺结构均应画出，并且其上的标准结构要素（如螺纹、键槽）的尺寸在测量以后，应查阅有关手册，核对确定。

(3) 注意零件间有配合、连接关系的尺寸的协调与一致性。如图 9－2 中的上轴衬、下轴衬分别与轴承盖、轴承座的配合尺寸 $\phi60H8/k6$，轴承座、轴承盖上两螺栓孔间的距离 85 和座与盖的宽度 65 等尺寸必须协调一致，并应将其同时标注在相关零件图上。

4. 画装配图和零件图

根据零件草图和装配示意图绘制装配图，再根据装配图和零件草图绘制零件图。

9.6.2　装配图的画法

装配图要表达出装配体的工作原理、装配关系和主要零件的结构形状。画装配图的过程是一次检验、校对零件形状和尺寸的过程。草图中如有错误或不妥之处，应及时改正，保证在装配图上正确反应出零件之间的装配关系，以便顺利地拆画零件图。

1. 选择表达方案

(1) 主视图的选择。要选好装配图的主视图，应注意以下问题。

1) 一般将机器或部件按工作位置或习惯位置放置。

2) 应选择最能反映装配体的主要装配关系、传动路线和外形特征的那个视图作为主视图。

(2) 其他视图的选择。主视图选定以后，对其他视图的选择考虑以下几点。

1) 分析还有哪些装配关系、工作原理及零件的主要结构形状还没有表达清楚，从而选择适当的视图和相应的表达方法。

2) 尽量用基本视图或者在基本视图上作剖视（包括拆卸画法、沿零件结合面剖切的画法等）来表达有关内容。

3) 要注意合理地布置视图位置，使图形清晰、布局匀称，以方便看图。

确定装配体的表达方案时，可以多设计几套方案，每套方案一般都有优缺点，通过分析再选择比较理想的表达方案。

根据图 9 - 22 所示的齿轮油泵装配示意图，确定其表达方案如下：以能表达油泵的形状结构和安装情况的一面作为主视图，并采用全剖视，把油泵主要零件之间的相对位置、装配关系、连接方式等表达出来；由于结构对称，所以左视图采用沿结合面剖切的半剖视图，这就清楚地表达出齿轮油泵的工作原理和螺钉的分布位置；此外，左视图还采用沿进油口轴线取局部剖视，分别表达进油口的结构及安装孔的现状。最终方案如图 9 - 24 所示。

2. 绘图准备工作

表达方案确定以后，根据装配体的大小、复杂程度及视图数量确定图纸幅面和绘图比例。布图时，应同时考虑尺寸标注、技术要求、零件序号、明细栏及标题栏等所需要的位置。

3. 装配图的画图步骤

(1) 绘制各视图的主要基准线。主要基准线一般是指主要的轴线（装配干线）、对称中心线、主要零件的基面或端面等，如图 9 - 23 (a) 所示。

(2) 绘制主体结构和与之相关的重要零件。不同的装配体，其主体结构不尽相同，但在绘图时都应首先绘制出主体结构的轮廓。与主体结构相接的重要零件要相继画出。齿轮油泵的主要零件是泵体、轴、泵盖和齿轮。画出泵体和轴的主要轮廓线后，接着画齿轮、泵盖的轮廓线。图 9 - 23 (b) 中首先画出了泵体和轴的轮廓，接着画出齿轮、泵盖等，如图 9 - 23 (c) 所示。

(3) 依次画出其他次要零件和细部结构，要保证各零件之间的正确装配关系和连接关系，如图 9 - 23 (d) 所示。螺纹连接是一种常用的机械连接方式，每种螺纹连接及其所在的装配体中的部位一定要表达清楚。对不同种类的螺纹连接以及键连接、销连接、齿轮啮合等都应作局部剖视，以便清楚地表达装配体上的各种连接形式。这些表达将有助于识读装配图和拆卸维修。画剖视图时，要尽量从主要轴线围绕装配干线逐个零件由里向外画，这样可避免将被遮住的不可见零件轮廓线画上去。

(4) 检查核对底稿，确定无误后，画剖面线，标注尺寸，对零件进行编号，填写明细栏。

(5) 最后加深图线，注写技术要求，填写标题栏，完成全图，如图 9 - 24 所示。

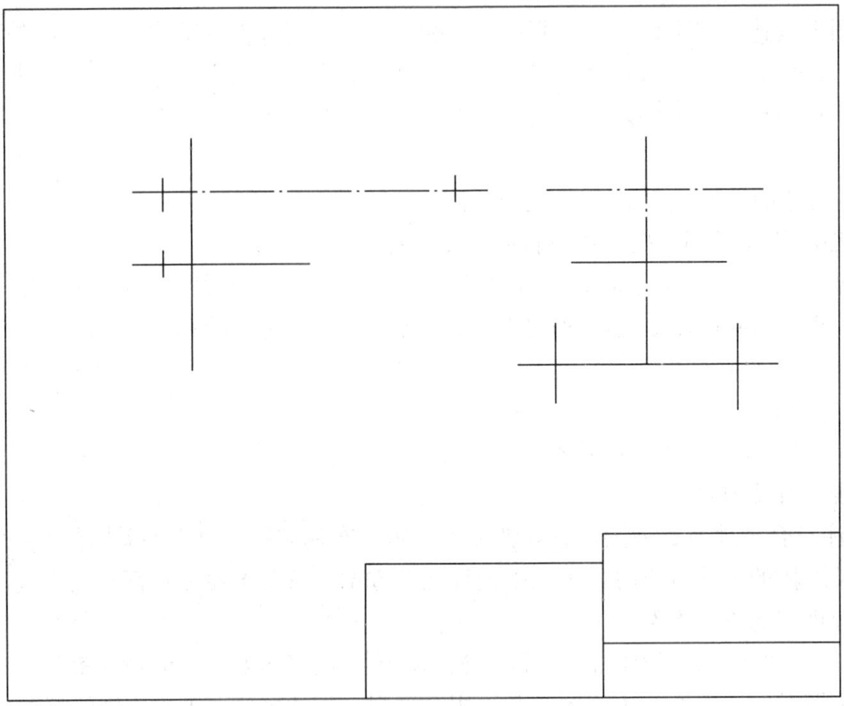

(a)

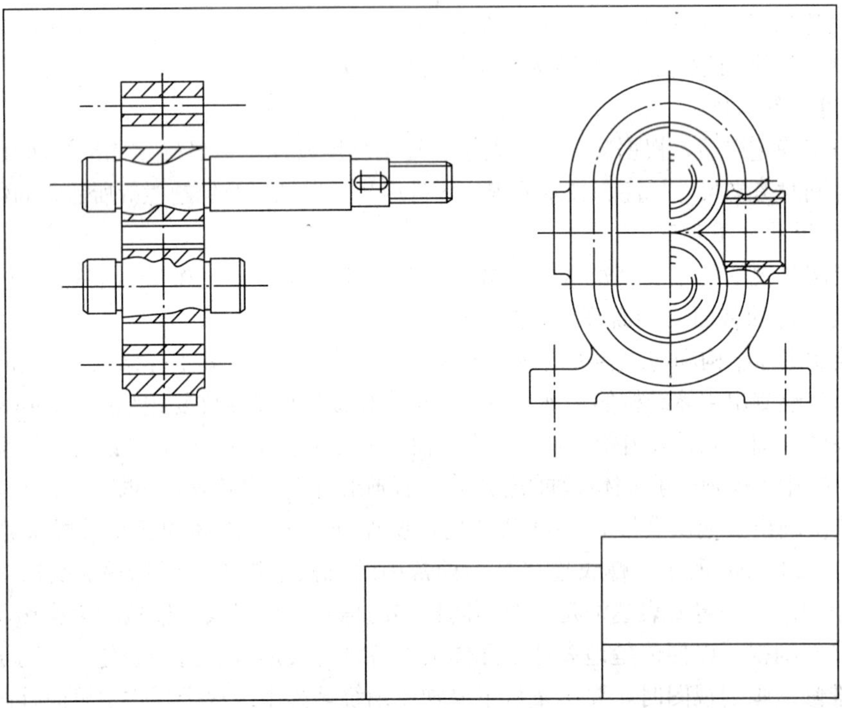

(b)

图 9-23　齿轮油泵画图步骤（一）

(a) 画基准线；(b) 画泵体、轴、齿轮轴

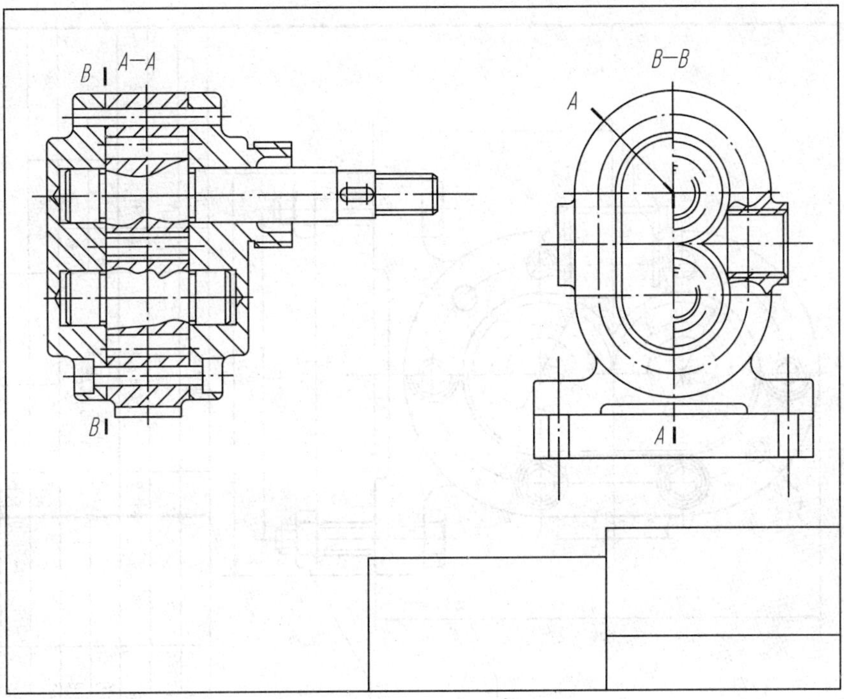

(c)

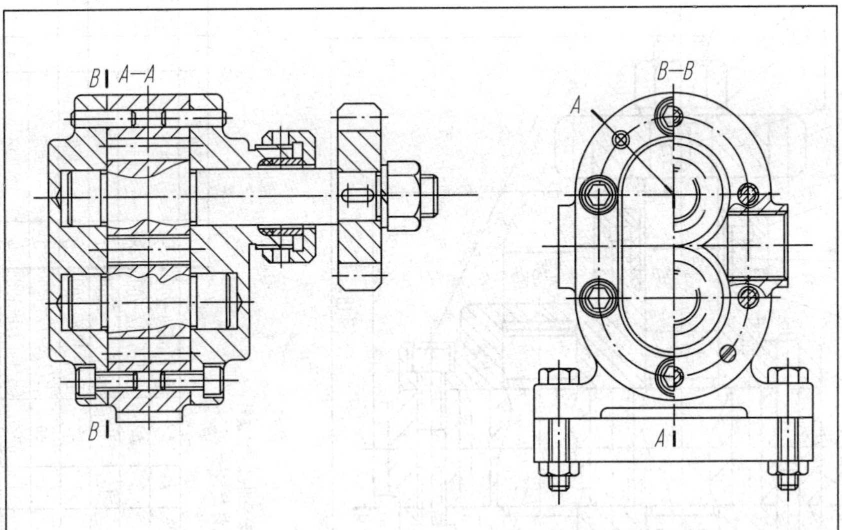

(d)

图 9-23 齿轮油泵画图步骤（二）

(c) 画齿轮、左右泵盖；(d) 画压紧螺母、传动齿轮等

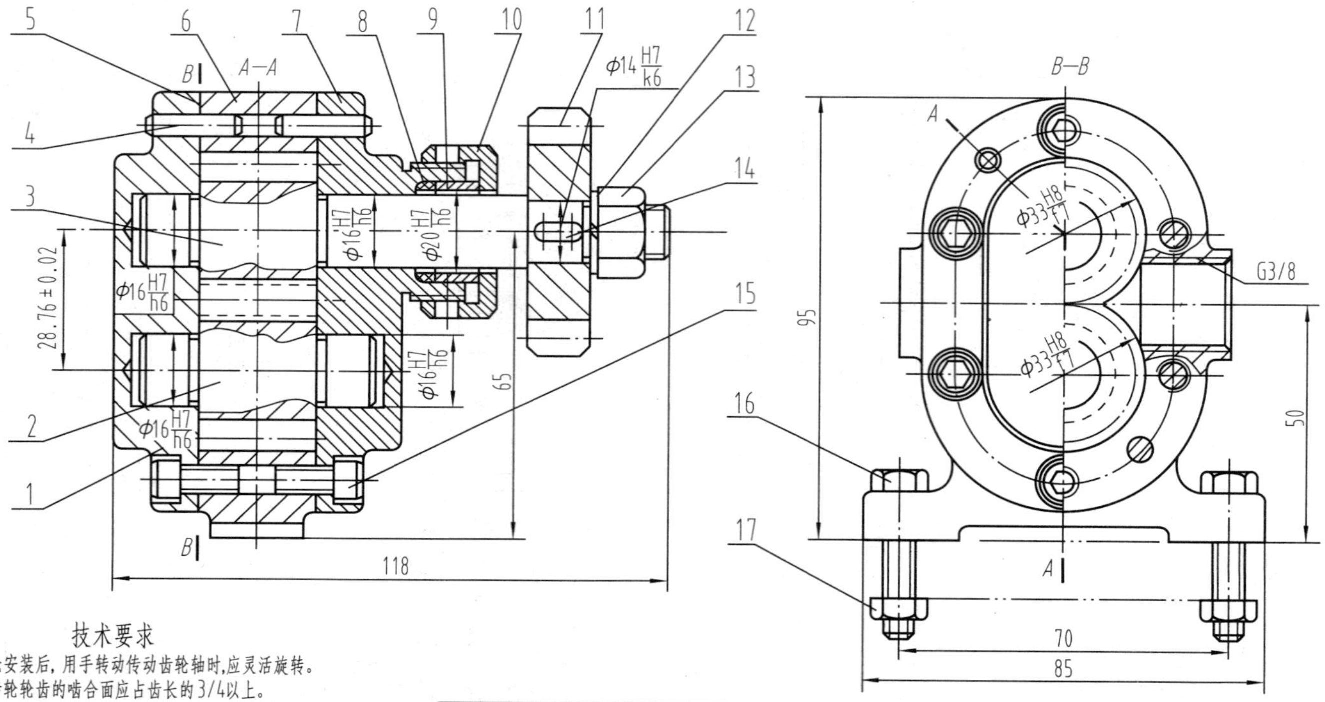

技术要求

1. 齿轮安装后,用手转动传动齿轮轴时,应灵活旋转。
2. 两齿轮轮齿的啮合面应占齿长的3/4以上。

序号	零件名称	数量	材料	备注
17	螺母M6	2	A3	GB/T 6170—2000
16	螺栓M6×28	2	A3	GB/T 5782—2000
15	螺钉M6×16	12	35	GB/T 70—2000
14	销4×10	1	45	GB/T 1096—2003
13	螺母M12×1.5	1	35	GB/T 6170—1986
12	垫圈12	1	65Mn	GB/T 97.1—1985
11	传动齿轮	1	45	
10	压紧螺母	1	35	
9	轴套	1	ZCuSn5Pb5Zn5	
8	密封圈	1	橡胶	
7	右端盖	1	HT200	
6	泵体	1	HT200	
5	垫片	2	纸	
4	销A5×18	4	45	GB/T 119—2000
3	传动齿轮轴	1	45	m=3, z=9
2	齿轮轴	1	45	m=3, z=9
1	左端盖	1	HT200	

齿轮液压泵		比例	1:1	(图号)
		件数	1	
制图		第 张		共 张
校核		(校名)		
审核				

图9-24 齿轮油泵装配图

齿轮油泵有主动齿轮轴系和从动齿轮轴系两条装配线，为了保证轴在孔中既能转动，又可减小或避免轴的径向跳动，轴和孔的配合尺寸确定为ϕ16H7/h6，属基孔制间隙配合。

传动齿轮 11 和齿轮轴 3 的配合为ϕ14H7/k6，属基孔制过渡配合。这种轴、孔两零件间较紧密的配合，有利于和键一起将两零件连成一体传递动力。

由于齿轮轴在泵体、端盖的轴孔内是转动的，齿轮轴与泵体内腔的配合尺寸确定为ϕ33H8/f7，属基孔制间隙配合。

尺寸 28.76±0.02 是经过计算而定的，它反映出对齿轮啮合中心距的要求，这个尺寸准确与否将会直接影响齿轮的传动情况。

轴套 9 起压紧密封圈 8 的作用，它不能转动，应与轴之间有一定的间隙，故确定轴套与轴的配合尺寸为ϕ20H7/h6。

另外，还需标注规格尺寸 G3/8，装配尺寸 50 和 65，安装尺寸 70，总体尺寸 118、85 和 95。

而绘制铣刀头装配图（见图 9-5）的过程可按图 9-25 所示顺序进行。

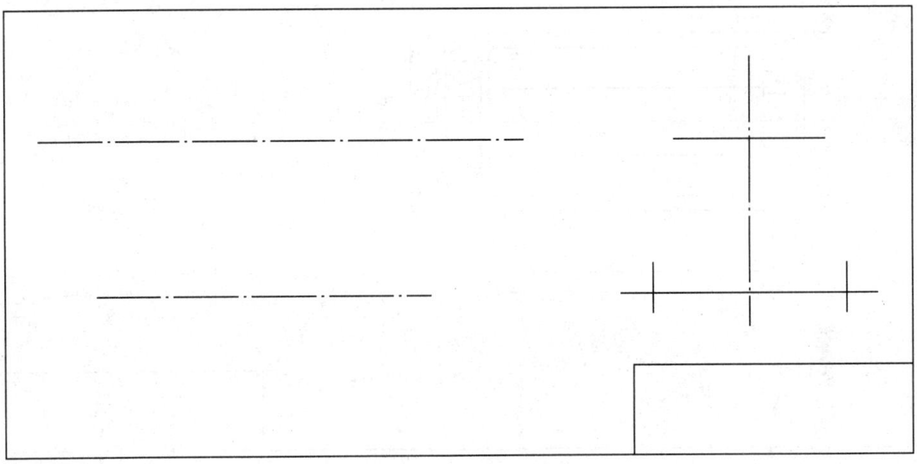

(a)

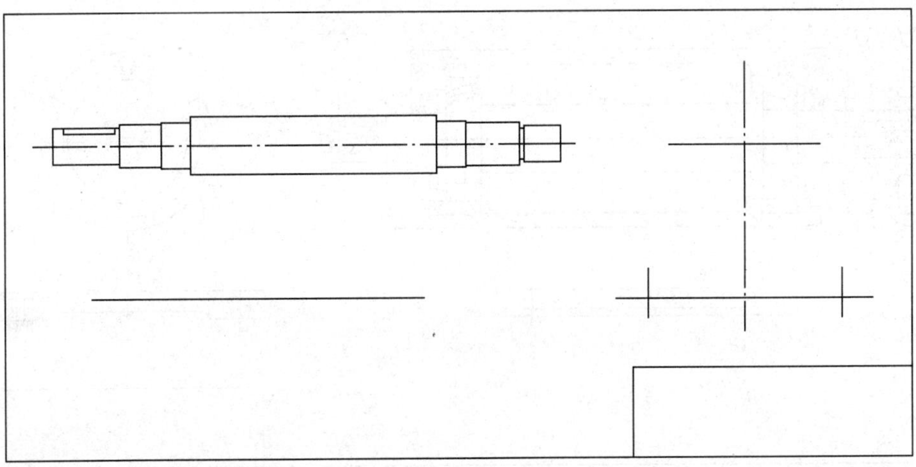

(b)

图 9-25 画铣刀头装配图（一）

(a) 画基准线；(b) 画轴

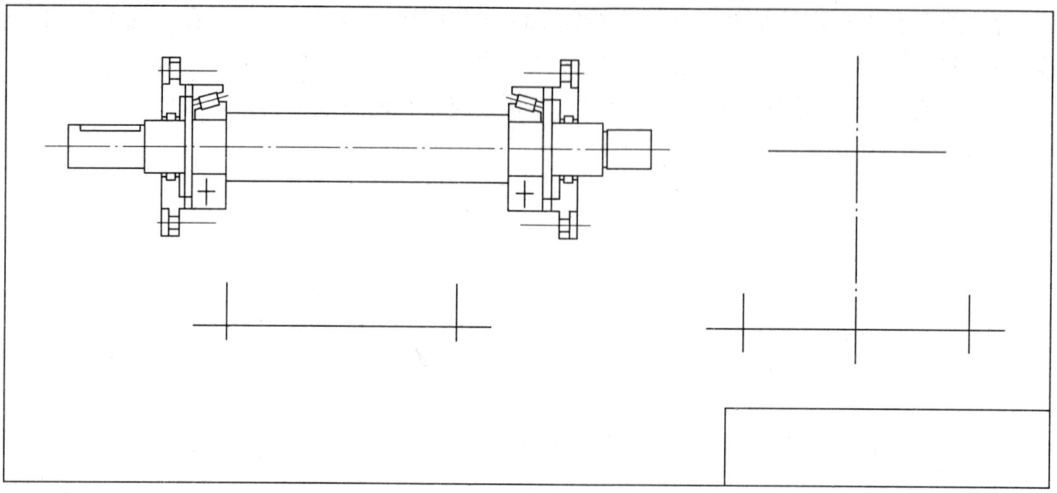

(c)

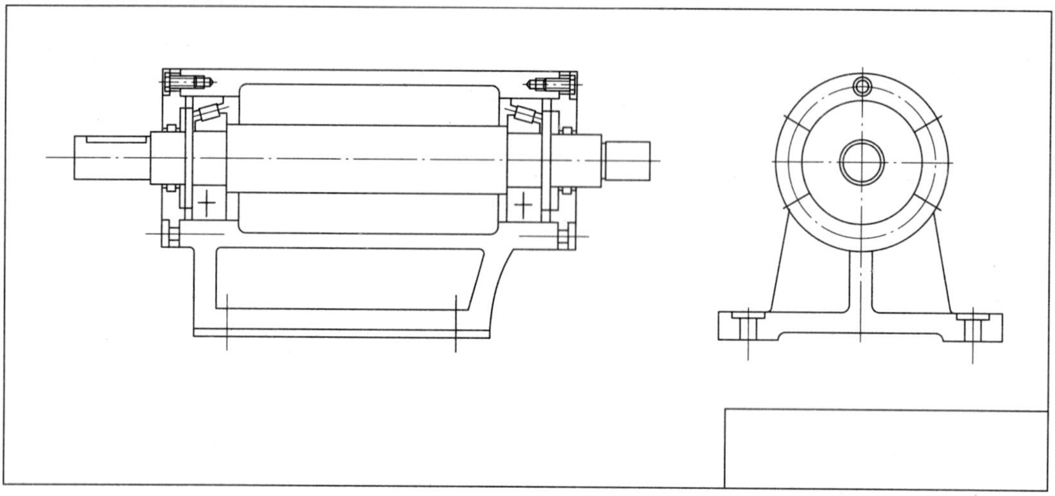

(d)

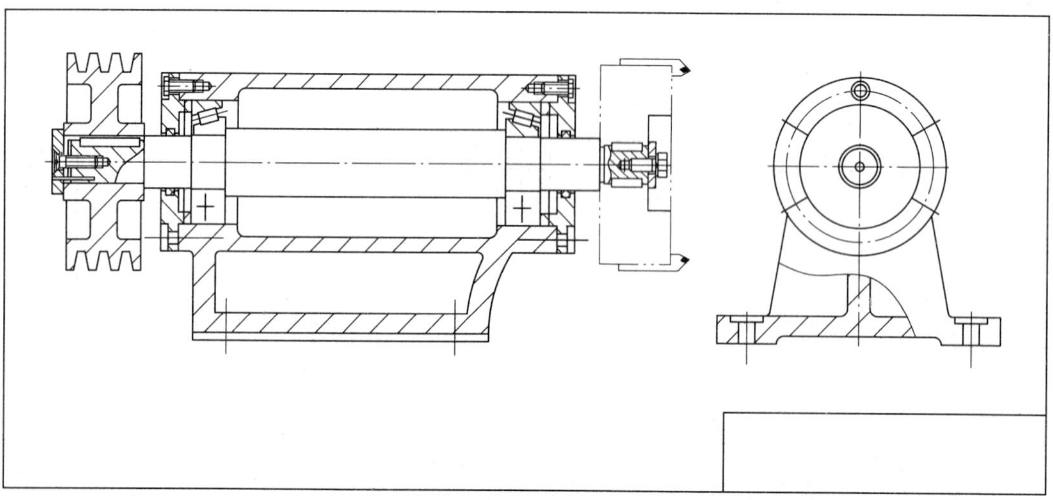

(e)

图 9-25 画铣刀头装配图（二）

（c）画轴承、垫圈和端盖；（d）画座体、螺钉等；（e）画带轮、铣刀盘、键等

9.7 读装配图和由装配图拆画零件图

在生产工作中，经常要看装配图。例如在设计过程中，要按照装配图来设计零件；在装配机器时，要按照装配图来安装零件或部件；在使用和维修机器时，需参阅装配图来了解具体结构等。因此，读装配图是工程技术人员必备的一种能力。

读装配图应特别注意从装配体中分离出每一个零件，并分析其主要结构形状和作用，以及和其他零件的关系（各零件之间的相对位置、装配关系和连接固定方式）；然后再将各个零件合在一起，分析装配体的性能、工作原理及防松、润滑、密封等系统的原理和机构，必要时还需查阅有关的专业资料。

9.7.1 读装配图的方法和步骤

1. 概括了解

(1) 看标题栏并参阅有关资料（如说明书），了解装配体的名称、用途和使用性能。

(2) 看零件编号和明细栏，了解零件的名称、数量及其在图中的位置。

由图 9-26 所示装配图的标题栏可知，该装配体名称为阀，是安装在液体管路中，用以控制管路的“通”与“不通”。由明细栏和外形尺寸可知它由 7 个零件组成，结构不太复杂。

(3) 分析视图，弄清各个视图的名称、所采用的表达方法和所表达的主要内容及视图间的投影关系、剖切位置，并结合标注的尺寸，想象出主要零件的主要结构现状。

阀装配图采用了主视图（全剖视图）、俯视图（全剖视图）和左视图三个基本视图和一个 B 向局部视图的表达方法。有一条装配轴线，阀通过阀体上的 Rp1/2 螺纹孔、$\phi12$ 的螺栓孔和管接头上的 G3/4 螺孔装入液体管路中。

2. 分析工作原理和装配关系

在概括了解的基础上，应对照各视图进一步研究机器或部件的工作原理和装配关系，这是看懂装配图的一个重要环节。看图时应先从反映工作原理的视图入手，分析机器或部件中零件的运动情况，从而了解工作原理；然后再根据投影规律，从反映装配关系的视图入手，分析各条装配轴线，弄清零件间的配合要求、定位和连接方式等。

图 9-26 所示阀的工作原理从主视图看最为清楚。当杆 1 受外力作用向左移动时，钢球 4 压缩弹簧 5，阀门打开；当去掉外力时，钢球在弹簧作用下将阀门关闭。旋塞 7 可以调整弹簧作用力的大小。

阀的装配关系也从主视图看将最清楚。左侧将钢球 4、弹簧 5 依次装入管接头 6 中，然后将旋塞 7 拧入管接头，调整好弹簧压力，再将管接头拧入阀体左侧的 M30×1.5 螺孔中。右侧将杆 1 装入塞子 2 的孔中，再将塞子 2 拧入阀体右侧的 M30×1.5 螺孔中。杆 1 和管接头 6 径向有 1.5mm 的间隙，管路接通时，液体由此间隙流过。

3. 分析零件结构形状

分析时，以主视图为中心，先看简单件，后看复杂件。即分析清楚标准件、常用件及其他简单零件的结构后，再将其从图中“剥离”出去，然后集中精力分析剩下的复杂零件。

应先在各视图中分离出该零件的范围和对应关系，利用剖面线的倾斜方向和间距、零件

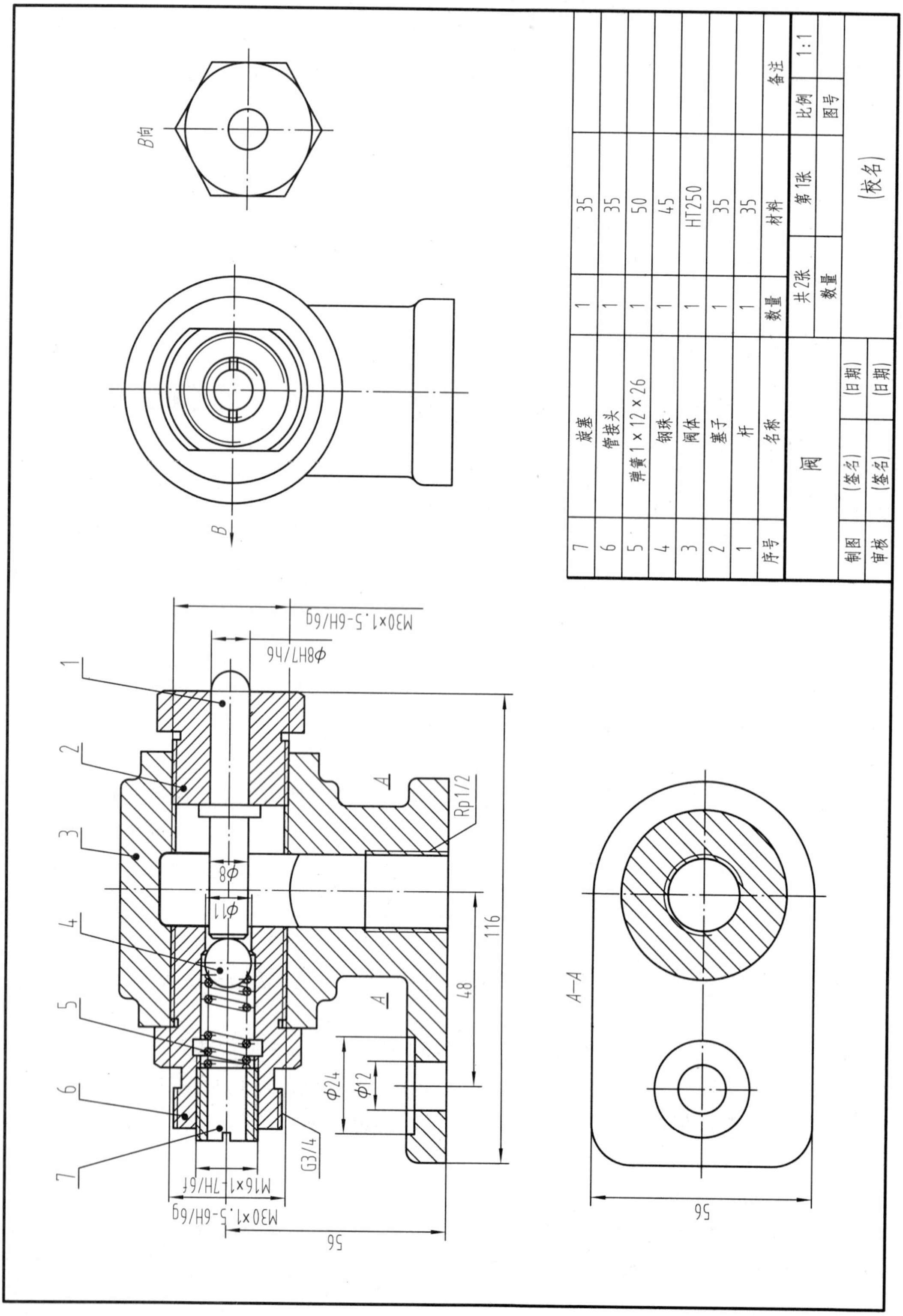
B向
B
A
A—A
M30×1.5-6H/6g
φ8H7/h6
Rp1/2
φ8
φ11
116
48
φ24
φ12
G3/4
M16×1-7H/6f
56
1
2
3
4
5
6
7
7 旋塞 1 35
6 管接头 1 35
5 弹簧1×12×26 1 50
4 钢珠 1 45
3 阀体 1 HT250
2 塞子 1 35
1 杆 1 35
序号 名称 数量 材料 备注
阀
共2张 第1张 比例 1:1
数量 图号
制图 (签名) (日期)
审核 (签名) (日期)
(校名)

图 9-26 阀装配图

的编号、装配图的规定画法和特殊表达方法（如实心轴不剖的规定等），并借助三角板、分规等仪器帮助查找投影关系，想象出其形状及结构。

9.7.2 由装配图拆画零件图

在设计新机器时，一般先画出装配图，确定主要结构，然后根据装配图拆画零件图，这一过程称为拆图。拆图的过程也是继续设计的过程。

1. 拆画零件图的要求

(1) 拆图前，必须认真阅读装配图，全面深入理解设计意图，分析清楚装配关系、技术要求和各个零件的基本结构形状及作用。

(2) 画图时，要从设计方面考虑零件的作用和要求，从工艺方面考虑零件的制造和装配，使所画的零件图既符合设计要求又满足工艺要求。

2. 拆画零件图应注意的问题

(1) 零件的视图表达方案应根据零件的结构形状，按照零件图的视图选择原则确定，而不能盲目照抄装配图。一般情况下，叉架、箱体类零件主视图所选的方位与装配图一致，这样便于装配时对照；而轴套类零件，一般按主要加工位置（轴线水平放置）选取主视图。

(2) 零件在装配图中没有表达清楚的形状，拆图时也应根据零件的功用加以补充和完善。在装配图中允许不画的零件的工艺结构（如倒角、圆角、退刀槽等），在零件图中应全部画出，并加以标准化。

(3) 零件图的尺寸，除在装配图中注出者外，其余尺寸都在图上按比例直接量取，并圆整。与标准件连接或配合的尺寸，如螺纹、倒角、退刀槽等要查标准注出。有配合要求的表面及重要的相对位置尺寸，要注出尺寸的公差带代号或偏差数值。

(4) 标注零件各表面粗糙度、形位公差等技术要求时应根据零件各部分的功能、作用和工作要求，合理选择精度要求，同时还应使标注数据符合有关标准。

零件图上技术要求的确定涉及许多专业知识，可以参照有关资料和同类产品零件用类比法确定。对于表面粗糙度初学者可依照以下三条初步确定标注范围。

(1) 配合表面：*Ra* 值取 3.2～0.8，尺寸公差等级高的表面 *Ra* 取较小值。

(2) 接触面：*Ra* 值取 6.3～3.2，如零件的定位底面 *Ra* 可取 3.2，一般端面可取 6.3 等。

(3) 需加工的自由表面（不与其他零件接触的表面）：*Ra* 值可取 25～12.5，如螺栓孔等。

3. 拆画零件图举例

【例 9-1】 由图 9-26 阀装配图拆画阀体零件图。

作图：(1) 读懂装配图。首先将阀体 3 从主、俯、左三个视图中分离出来，然后想象其形状。阀体内形腔的形状，因左、俯视图没有表达，不易想象。但通过主视图中 Rp1/2 螺孔上方相贯线形状可知，阀体形腔为圆柱形，轴线水平放置，且圆柱孔的长度等于 Rp1/2 螺孔的直径，如图 9-27 所示。

(2) 确定视图表达方案。读懂零件的形状后，要根据零件的结构形状及在装配图中的工作位置或零件的加工位置，重新选择视图，确定表达方案。此时可以参考装配图的表达方案，但要注意不受原装配图的限制。如图 9-28 所示阀体的表达方法，主、俯视图和装配图相同，左视图采用了半剖视图。

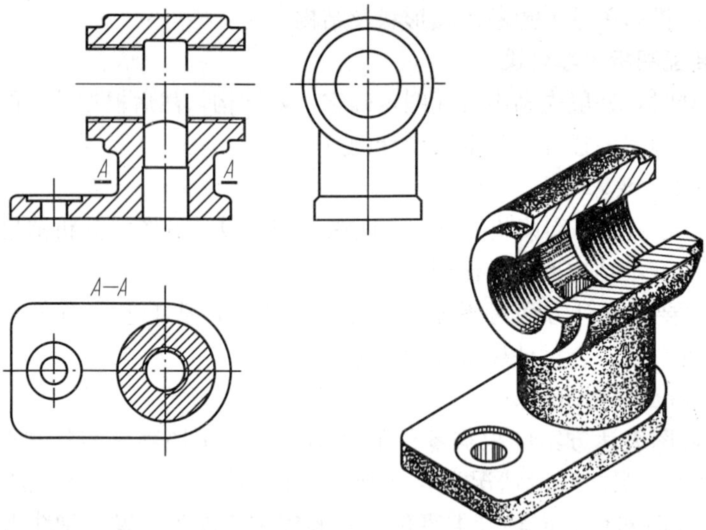

图 9-27　拆画装配图过程（分离阀体）

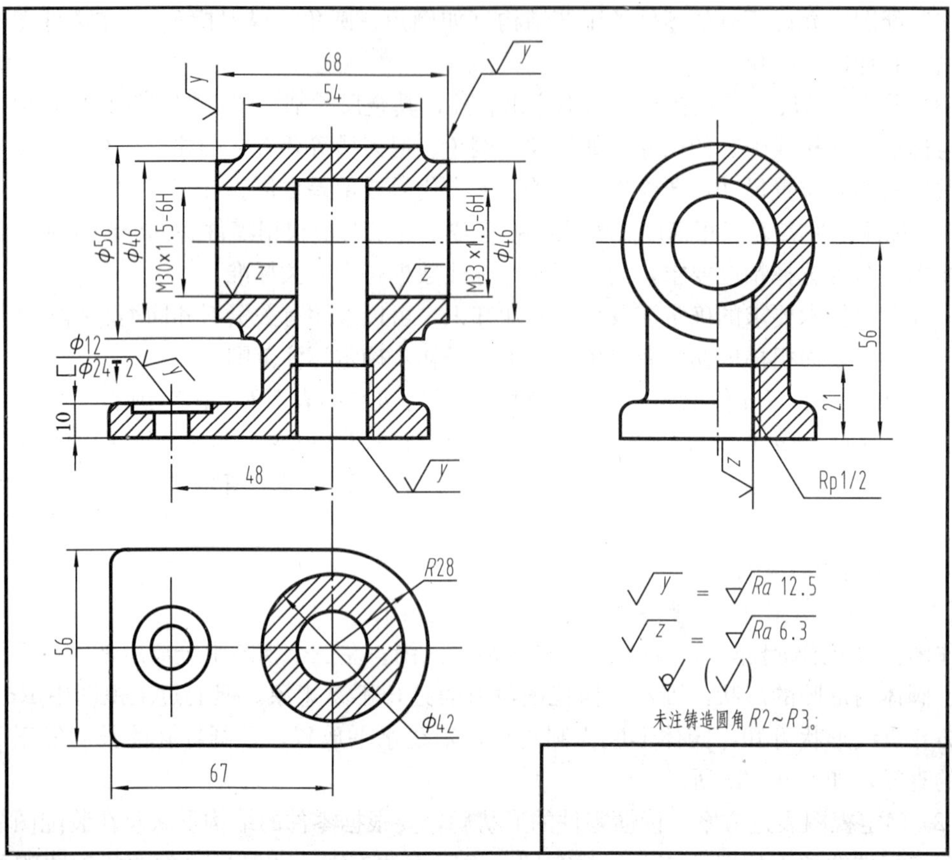

图 9-28　阀体零件图

(3) 标注尺寸。由于装配图给出的尺寸较少，而在零件图上应标注出加工零件所需要的全部尺寸，所以很多尺寸必须在拆画零件图时确定下来。在图 9-28 所示的阀体零件图中，M30×1.5−6H、Rp1/2、48、56、ϕ12、ϕ24 这些尺寸是从装配图上抄注的，它们有的是配合尺寸，有的是定位尺寸、连接尺寸。ϕ36 是通过查阅标准（内螺纹退刀槽）而定的，其余尺寸是装配图上未注出的，通过测量后圆整确定的。

(4) 确定技术要求。根据阀装配图上的要求确定技术要求。阀体表面粗糙度值确定如下：有配合的表面其表面粗糙度的参数值要小，故给出的 Ra 为 6.3；其他表面的表面粗糙度值按常规给出。

【例 9-2】 由图 9-24 所示的齿轮油泵装配图拆画右端盖零件图。

作图：(1) 读懂装配图。根据零件序号 7 和剖面符号可分明看出右端盖的投影轮廓，左连接区、中支承区、右空心凸缘的结构比较清晰，但连接区、支承区的端面形状不明确，而左视图又没有直接表达，需全面分析后确定。

从主视图上看，左、右端盖的销孔、螺孔均与泵体贯通。从左视图上看，销孔、螺孔的分布情况很清楚。而两个端盖上的连接区、支承区的内部结构和它们所起的作用又基本相同，由此可确定右端盖的端面形状与左端盖的端面形状完全相同。

(2) 确定视图表达方案。经过分析和比较，确定主视图的投影方向与装配图一致。这样既突出了零件的结构形状特征，又符合该零件的安装位置、工作位置和加工位置。主视图采用全剖视，可将三个组成部分的外部结构及其相对位置反映出来，也将其内部结构（如阶梯孔、销孔、沉孔等）表达得很清楚。为了表达该件的端面形状，又能与装配图对照，也选择用左视图来表达，这样不仅图形显示的比较清晰，而且制图更为简便（与选择用右视图比较）。

(3) 尺寸标注。除了标注装配图上已给出的尺寸和可直接从装配图上量去的尺寸，还确定了几个特殊尺寸。

1) 根据 M6 查表确定内六角圆柱头螺钉用的沉孔尺寸，即 6×ϕ6.6 和沉孔 ϕ11 深 6.8，又确定了细牙普通螺纹 M27×1.5 的尺寸。

2) 查表确定退刀槽的尺寸 ϕ24.7 及螺纹长度 13。

3) 为了保证圆柱销定位的准确性，确定销孔应与泵体同钻铰。

4) 确定沉孔、销孔的定位尺寸 $R22$ 和 45°该尺寸必须与左端盖和泵体上的相关尺寸协调一致。

(4) 确定技术要求。根据齿轮油泵装配图上的要求确定技术要求。右端盖表面粗糙度值确定如下：有钻铰的孔和有相对运动的孔，其表面粗糙度的要求参数值较低，故给出的 Ra 值为 1.6；其他表面的表面粗糙度值按常规给出。

图 9-29 中右图所示为右端盖的零件图。

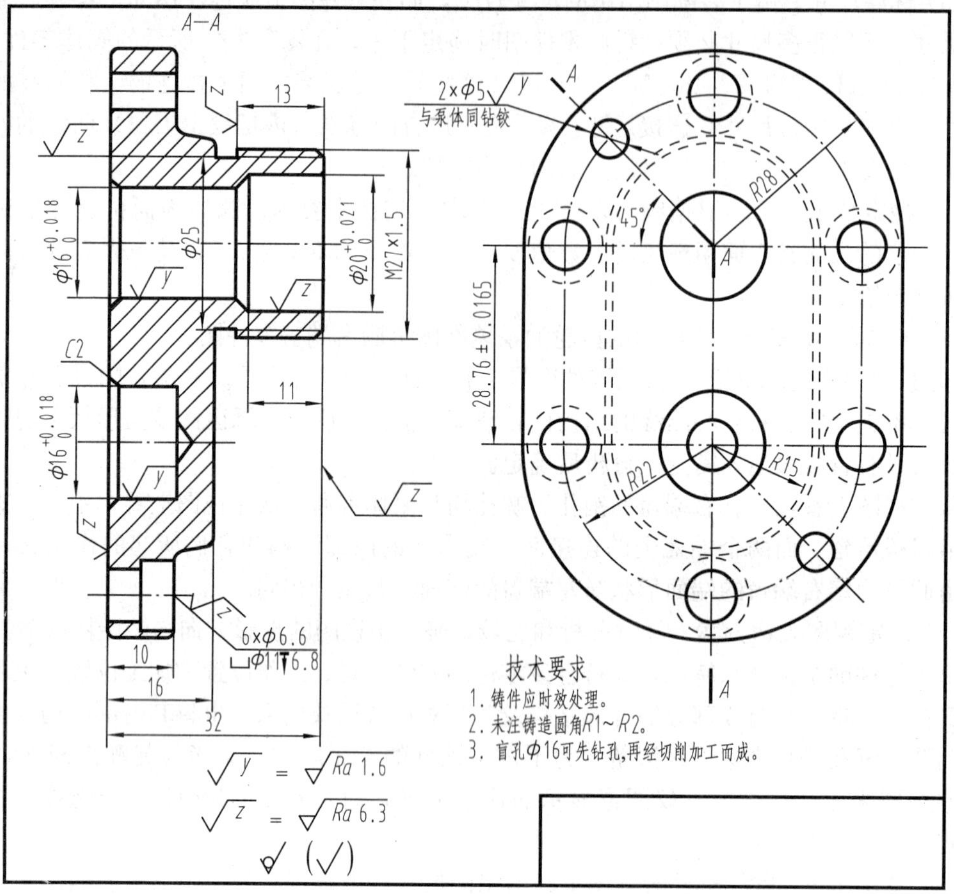
A—A
13
2×Φ5
与泵体同钻铰
R28
45°
Φ16+0.018 0
Φ25
Φ20+0.021 0
M27×1.5
28.76±0.0165
C2
11
R22
R15
6×Φ6.6
⌴Φ11↧6.8
10
16
32
技术要求
1. 铸件应时效处理。
2. 未注铸造圆角R1～R2。
3. 盲孔Φ16可先钻孔,再经切削加工而成。
y = Ra 1.6
z = Ra 6.3

图 9-29 右端盖零件

第10章 计 算 机 绘 图

计算机辅助设计（Computer Aided Design，CAD），是指用计算机的计算功能和高效的图形处理能力，对产品进行辅助设计分析、修改和优化。它综合了计算机知识和工程设计知识的成果，并且随着计算机硬件性能和软件功能的不断提高而逐渐完善。

AutoCAD是由美国Autodesk公司于20世纪80年代初为计算机上应用CAD技术而开发的绘图程序软件包，经过不断的完善，已经成为强有力的绘图工具，并在国际上广为流行。

AutoCAD可以绘制任意二维和三维图形。与传统的手工绘图相比，用AutoCAD绘图速度更快、精度更高，且便于修改。它具有体系结构开放、操作方便、易于掌握、应用广泛等特点，深受各行各业的工程技术人员的欢迎。AutoCAD已经在航空航天、造船、建筑、机械、电子、化工、轻纺等很多领域得到了广泛的应用，并取得了丰硕的成果和巨大的经济效益。

本书主要介绍应用AutoCAD 2006中文版绘制二维图样，包括环境设置、绘图、编辑及标注方法等。该软件保留了先前版本的全部功能，而且还增加了一些功能，使得设计人员工作时更加轻松、高效。

10.1 AutoCAD运行环境及基本操作

10.1.1 AutoCAD 2006中文版的工作界面

AutoCAD 2006中文版的工作界面如图10-1所示，主要由标题栏、绘图窗口、光标、下拉菜单栏、工具栏、状态栏、命令行窗口、坐标系图标、滚动条等组成。

10.1.2 下拉菜单和快捷菜单

1. 下拉菜单

图10-1所示的下拉菜单是主菜单。AutoCAD将其许多命令放在下拉菜单中。单击主菜单中的某一项，会引出相应的下拉菜单，如图10-2所示的“绘图”下拉菜单。

2. 快捷菜单

当光标位于不同位置时单击鼠标右键，AutoCAD会弹出快捷菜单。如当前光标位于工具栏上时单击鼠标右键，则弹出工具栏快捷菜单，如图10-3所示。

10.1.3 对话框

执行AutoCAD的某些命令后，会弹出相应的对话框。图10-4所示为自定义（工具栏）对话框。

10.1.4 工具栏

AutoCAD提供了许多工具栏，利用它可以方便地绘图。单击下拉菜单视图→工具栏，AutoCAD会弹出图10-4所示的对话框，利用该对话框可以打开或关闭某一工具栏。也可以利用图10-3所示的快捷菜单打开或关闭某一工具栏。

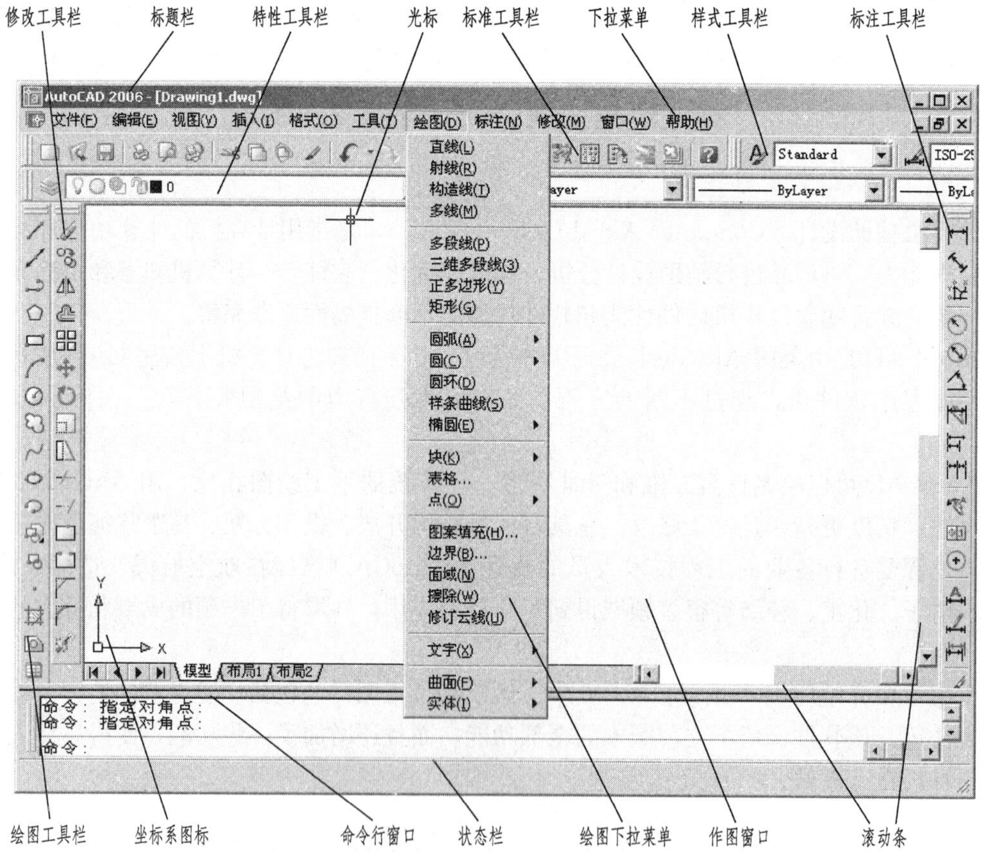

图 10-1 AutoCAD 2006 中文版的工作界面

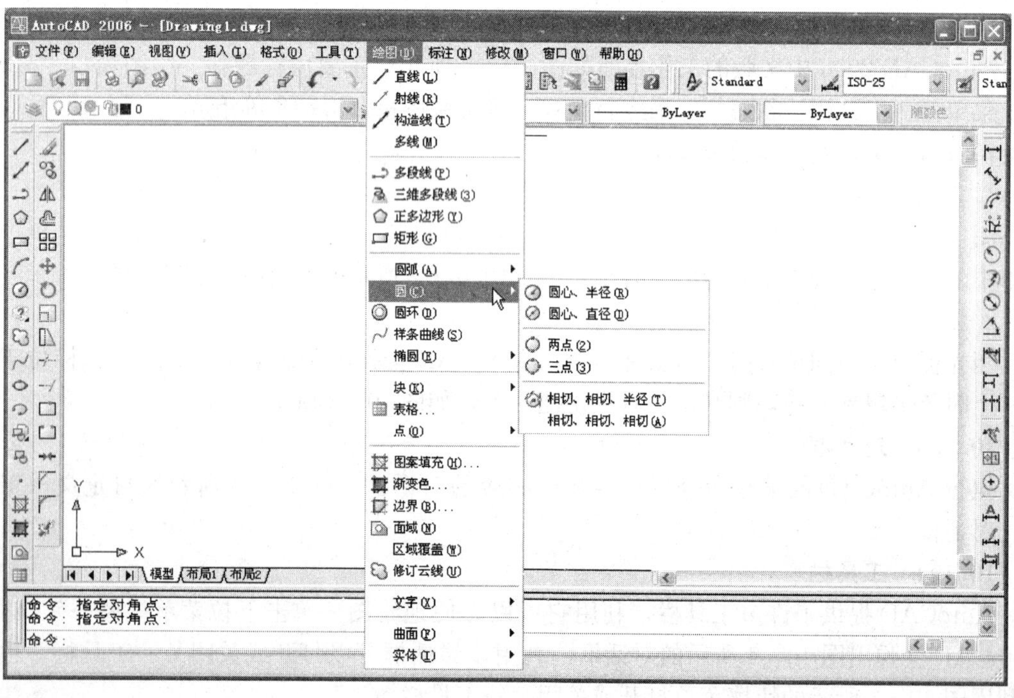

图 10-2 “绘图”下拉菜单

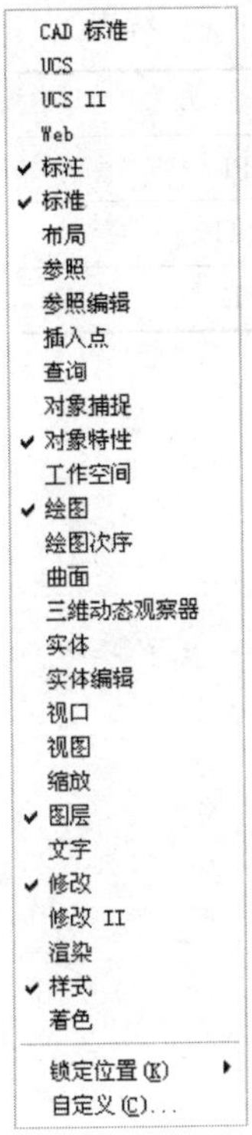

图 10-3 工具栏快捷菜单

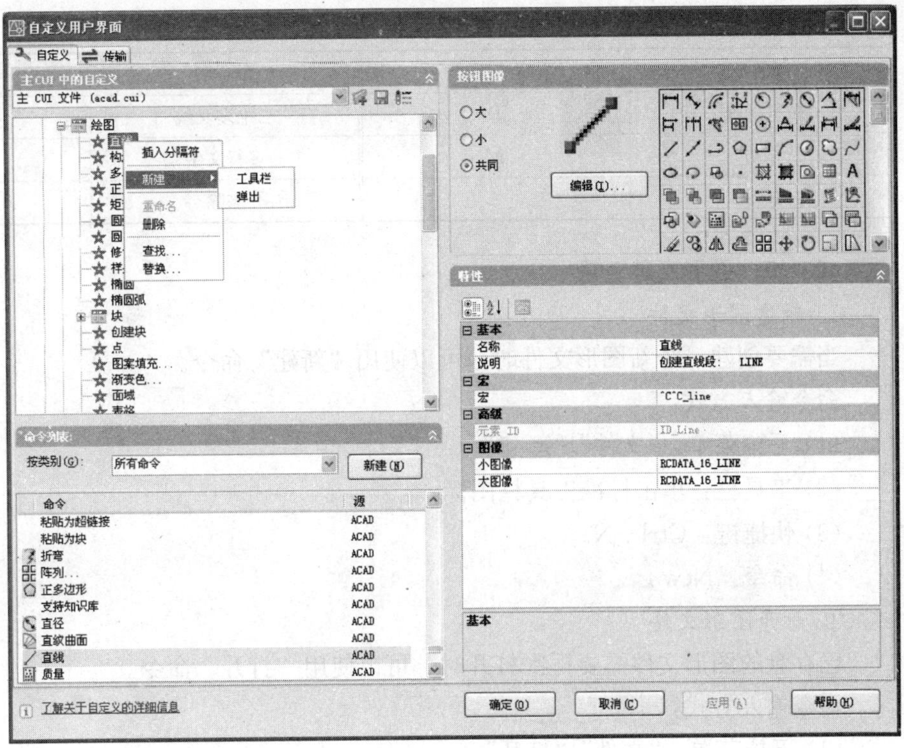

图 10-4 自定义(工具栏)对话框

10.1.5 常用功能键

AutoCAD 提供的常用功能键见表 10-1，也可以单击屏幕下面状态栏中的命令实现以上功能。

表 10-1 常用功能键

键	功能	键	功能
F1	调用 AutoCAD 帮助对话框	F6	控制状态行上坐标的显示方式
F2	打开或关闭文本窗口	F7	打开或关闭栅格
F3	打开或关闭对象捕捉	F8	打开或关闭正交
F5	等轴测平面切换	F10	打开或关闭捕捉

10.1.6 AutoCAD 命令的执行方法

可以通过下拉菜单、工具栏、快捷菜单、功能键等执行 AutoCAD 命令，也可以在命令行键入 AutoCAD 命令，然后按回车键执行。本书用“↙”表示回车。在命令行键入 AutoCAD 命令时，可以用命令的全称，也可用命令的简写方式，见表 10-2。

表 10-2 常用命令的简写

命令名	简写	命令名	简写
直线	L	图形缩放	Z
圆	C	单行文字	T

续表

命令名	简　　写	命令名	简　　写
恢复操作	R	二维多义线	PL
移动	M	多行文字	MT
圆弧	A	删除	E

10.1.7 图形文件管理

1. 新建图形文件

当需要创建一个新图形文件时，可以使用“新建”命令。

命令输入方式：

(1) 下拉菜单：“文件”|“新建”。

(2) 工具栏：单击标准工具栏图标。

(3) 快捷键：Ctrl+N。

(4) 命令：New↙。

2. 打开图形文件

已存盘的图形文件需要再次打开时，可以使用“打开”命令。

命令输入方式：

(1) 下拉菜单：“文件”|“打开”。

(2) 工具栏：单击标准工具栏图标。

(3) 快捷键：Ctrl+O。

(4) 命令：Open↙。

3. 存储图形文件

将图形文件以指定名字存盘或将图形文件换名存盘。

命令输入方式：

(1) 下拉菜单：“文件”|“另存为”。

(2) 命令：Save as↙。

命令：Save↙。

4. 快速存储图形文件

若当前图形文件已命名，不换名继续保存，可以使用“快速存盘”命令。

命令输入方式：

(1) 下拉菜单：“文件”|“保存”。

(2) 工具栏：单击标准工具栏图标。

(3) 快捷键：Ctrl+S。

(4) 命令：QSave↙。

5. 关闭图形文件

命令输入方式

(1) 下拉菜单：“文件”|“关闭”。

(2) 命令：Close↙。

10.2 基本绘图环境与基本绘图工具

在实际绘图时，首先要设置绘图环境，即设置图形界限、计数制、图层、线型等。在绘图过程中，还会经常使用捕捉、栅格、用户坐标、图形显示控制等工具。

10.2.1 设置图形界限

图形界限是指用户所设定的图形区域的大小。图形界限可以通过 Limits 命令随时改变。

Limits 命令的功能是设置绘图区的界限（即定义绘图纸的大小），控制绘图边界的限制。

命令输入方式：

(1) 下拉菜单："格式"|"图形界限"。

(2) 命令：Limits↙或 'Limits↙（作透明命令使用）。

命令输入后，可根据提示进行设置。

所谓透明命令，就是在执行某命令时可插入执行透明命令，执行完后，AutoCAD 又返回，继续执行原命令。

10.2.2 设置图形单位

无论何时开始绘制一个新的 AutoCAD 图形，都应先确定所采用的计数制及其精度、角度制，角度的度量方向等，这些可通过 Units 命令的对话框来设置，而且在绘图过程中，用户可以随时更改。若没有设置则采用 AutoCAD 的默认设置。

命令输入方式：

(1) 下拉菜单："格式"|"单位"。

(2) 命令：Units↙或 DDUnits↙。

命令输入后，可根据对话框的要求进行设置。

10.2.3 图形显示工具

在绘制图形过程中，经常需要对图形进行放大、缩小或移动，以便观察图形的局部、浏览图形整体和观察图形不同部分。

AutoCAD 图形显示命令为透明命令。AutoCAD 提供了图形显示控制的许多功能，本节将有选择地加以介绍。

1. 图形缩放（Zoom）

Zoom 命令的功能是放大或缩小屏幕上对象的视觉尺寸，但它的实际尺寸保持不变。

命令输入方式：

(1) 下拉菜单："视图"|"缩放"，选择其中的某一选项。

(2) 工具栏：单击标准工具栏"实时平移"、"实时缩放"、"窗口缩放"、"缩放上一个"四个缩放图标。

(3) 命令：Z↙。

执行该命令后，在命令行中将会出现如下提示信息：

指定窗口的角点，输入比例因子（nX 或 nXP），或者［全部（A）/中心（C）/动态（D）/范围（E）/上一个（P）/比例（S）/窗口（W）/对象（O）］<实时>：（要求选择其中一项）

下面对命令行提示信息中的部分选项加以介绍。

（1）指定窗口的角点，输入比例因子（nX 或 nXP）：利用窗口的角点或输入比例因子实现图形的缩放。

（2）全部（A）：显示当前全部图形。

（3）动态（D）：动态缩放指定图形。执行该选项后，窗口显示绿色点线的图框代表当前图形显示的大小范围。在线框中出现“×”时，直接移动鼠标可以平移图形；单击鼠标后再拖动线框的大小，最后单击鼠标右键选择“确认”，可以实现图形缩放。

（4）范围（E）：将当前图形尽可能大地显示在窗口内。

（5）上一个（P）：恢复上一次显示的图形。

（6）窗口（W）：窗口缩放指定图形。该选项对应于标准工具栏中的图标。执行该选项后，系统要求用户指定需要缩放区域的两个角点，然后按照该指定区域进行缩放。

（7）＜实时＞：实时缩放指定图形。该选项对应于标准工具栏中的图标，是默认选项。执行该命令后，按住鼠标左键向上移动光标为放大图形，向下移动光标为缩小图形，Enter 键结束命令。

2. 图形平移（Pan）

Pan 命令的功能是移动全图，使图纸的特定部分位于当前的显示屏幕中。

命令输入方式：

（1）下拉菜单：“视图”|“平移”|“实时平移”。

（2）工具栏：单击标准工具栏实时平移图标。

（3）命令：Pan↙。

执行命令后，屏幕上出现一个小手，用户可以按住鼠标的左键并拖动实施平移。如果按 Esc 键或 Enter 键，结束命令。

下拉菜单：“视图”|“平移”其他选项，用户可以根据提示操作即可。

10.2.4 图层的概念

1. 基本概念

图层是 AutoCAD 用户组织图形的最有效工具之一。

一幅图上可能有许多对象（如各种线型、符号、文字等），诸对象的性质可能不同。如果图纸是透明的，且各张纸有完全相同的坐标系，在画图时，把不同性质的对象画在不同的透明的纸上，画完后把各张纸叠在一起，就可得到一张完整的图形。这样做的优点是能对图形对象进行分类，便于图形的修改和使用。AutoCAD 的图层技术，就具有这一功能。

在 AutoCAD 中，一个图形可以实现分层管理，可以使得对图形的修改等编辑操作更加方便灵活。可以利用图层的性质，如不同的颜色、线型和线宽，来区分不同的对象。图层管理功能（打开/关闭、冻结/解冻、加锁/解锁等）可将某一层或几层上的对象全部更换颜色或线型、关闭不显示、不绘某几层或只绘某几层。

关于图层要说明以下几点。

（1）图层没厚度且透明。一幅图有相同的坐标系、绘图界限、显示缩放倍数，各层完全对齐。

（2）一个图形最多有 32000 层，完全能满足所有绘图的需要。每层上绘制的对象数没限制。

（3）同一图层上的对象最好是具有相同性质，如同一种颜色、同一种线型，这样便于管理，提高图形的质量和增加易读性。

2. 图层的特性

每个图层都有一些相关的基本特性，包括图层名、图层的状态（打开、冻结、锁定）和图层的显现形式（颜色、线型、线宽、打印样式等）。用户可以设置图层的特性。

当在图层上绘图时，必须先创建并命名图层。绘制在图层上的新对象特性（即颜色、线型、线宽等）的默认设置将是“随层”（Bylayer），表明新对象的特性将由图层的特性确定。用户也可以单独设置图层中对象的特性，单独设置的特性会覆盖对象由层继承来的特性。

10.2.5 图层特性管理器

利用“图层特性管理器”可以方便、快捷地设置新图层、图层的特性及控制图层的状态。可按下述方法之一打开“图层特性管理器”对话框（见图 10-5）：

(1) 下拉菜单：“格式”|“图层...”。

(2) 工具栏：单击“图层”工具栏中“图层”按钮。

(3) 命令：Layer（或 Ddlmodes）并按空格键或 Enter 键。

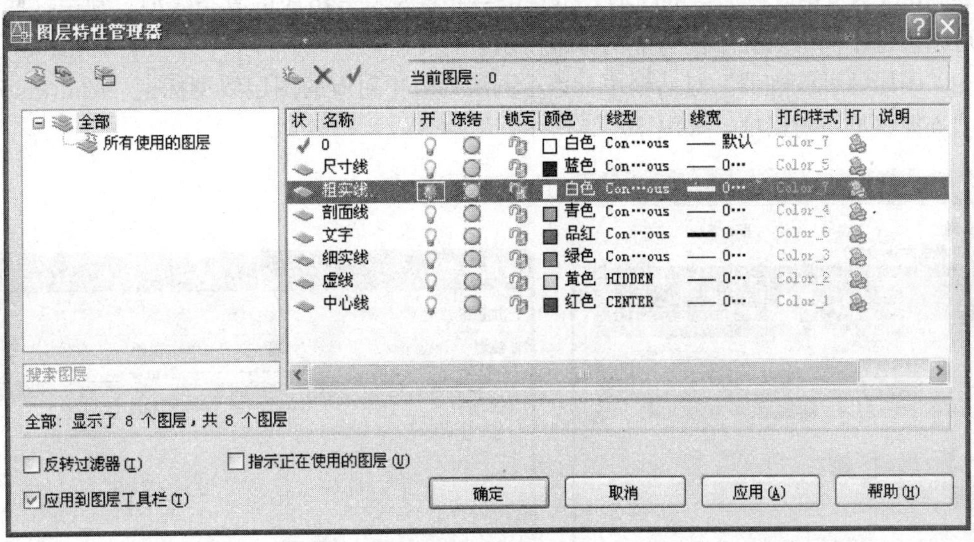

图 10-5 “图层特性管理器”对话框

“图层特性管理器”中列出了图层的名称及其特性和状态。在用户没有对“图层特性管理器”进行任何设置时，AutoCAD 会提供默认图层“0”层，其颜色为白色，线型为“连续实线”，线宽为“默认”，打印样式为“普通”，对图层 0 不可以进行删除和重命名操作。

1. 创建、删除、恢复图层

在“图层特性管理器”对话框中，单击“新建图层”按钮，在图层列表中可创建一个名为“图层×”的新图层。用户可以为图层重命名，如虚线、粗实线等。

如果用户要删除某一图层，需要先选择该图层，然后单击“删除图层”按钮。但是被删除的图层仍然显示在图层列表框中，只是在图层名前面做了删除标记。已经使用的图层不能删除。

如果要恢复已经删除的图层，先要选择该图层，然后再次单击“删除图层”按钮即可。此时，删除标记消失。

2. 设置图层颜色

在图层特性列表框的“颜色”列表中，单击对应图层颜色标记，打开“选择颜色”对话框，如图 10-6 所示。

在选择颜色对话框中，用户可以使用“索引颜色”、“真彩色”或“配色系统”选项卡为图层选择颜色。

图层的颜色是指在该图层上绘制图形对象时所采用的颜色，每个图层都可以设置各自的颜色，不同的图层也可以设置成相同或不同的颜色。另外，颜色还有标准颜色和灰度颜色之分，AutoCAD 中提供了最常用的 7 个标准颜色，即红色（Red）、黄色（Yellow）、绿色（Green）、青色（Cyan）、蓝色（Blue）、品红（Magenta）、黑色/白色（Black/White）。图层默认的颜色为黑色/白色。一般将图层颜色设置为标准颜色中的一种，以便于清晰的区别。

3. 设置图层线型

在 AutoCAD 中既有简单的线型，也有由一些特殊符号组成的复杂线型，利用这些线型基本可以满足不同国家和不同行业的标准要求。

在“图层特性管理器”对话框中，单击图层列表中对应的图层线型标记“Continuous”，打开“选择线型”对话框，如图 10-7 所示。

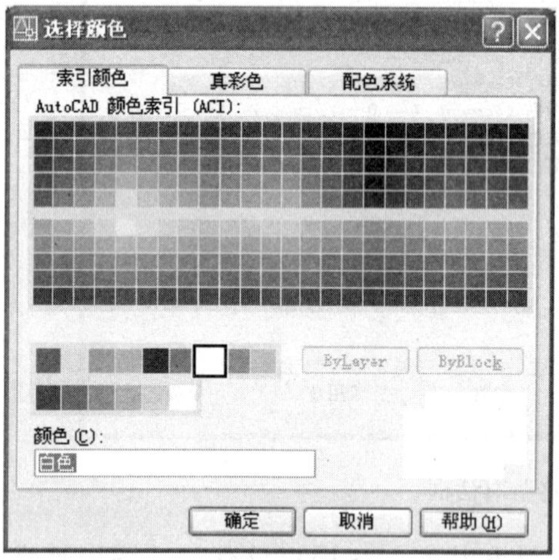

图 10-6 “选择颜色”对话框

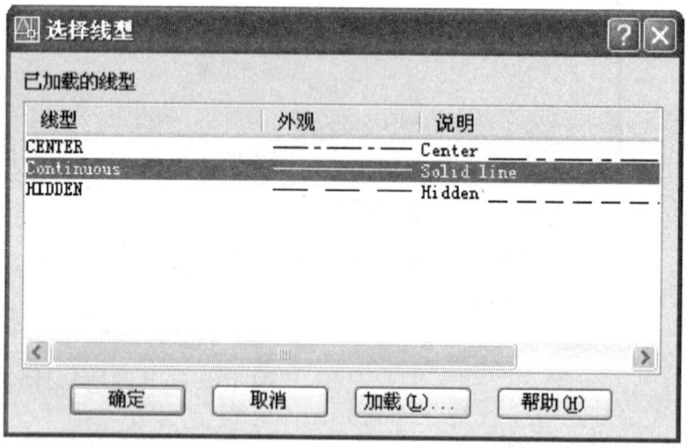

图 10-7 “选择线型”对话框

在“选择线型”对话框的“已加载的线型”列表框中选择一种线型，然后单击“确定”按钮，即可改变图层的线型。

如果在“选择线型”对话框中单击“加载（L）...”按钮，打开“加载或重载线型”对话框，如图 10-8 所示。用户可以从该对话框中选择需要加载的线型。

4. 设置图层的线宽

单击“图层特性管理器”对话框中对应的线宽标记“默认（线宽为 0.25）”，打开“线宽”对话框，如图 10-9 所示。在该对话框中选择所需要的线宽值，单击“确定”按钮即可。

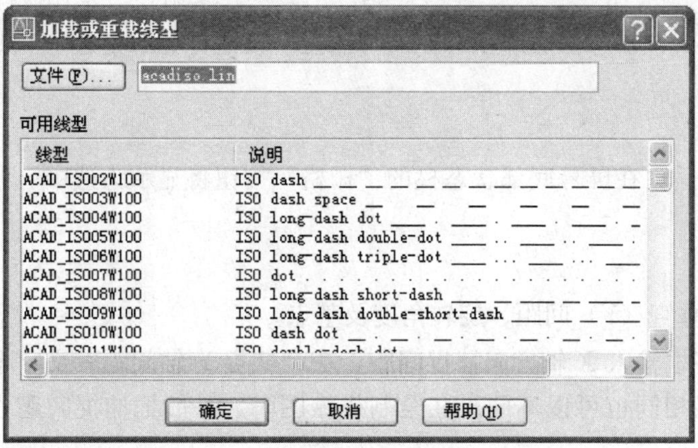

图 10-8 “加载或重载线型”对话框

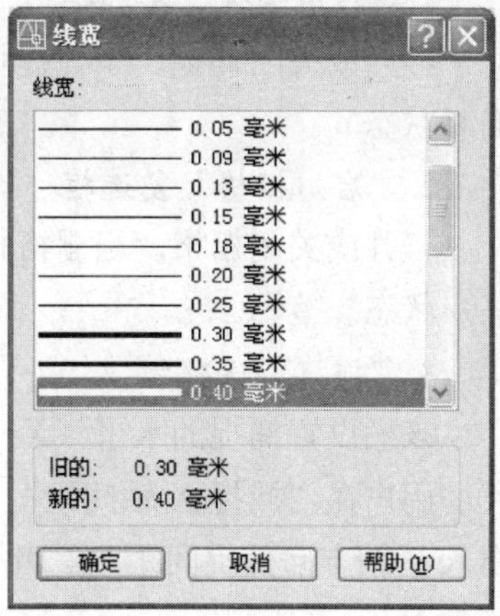

图 10-9 “线宽”对话框

5. 打印样式和打印

在“图层特性管理器”对话框的图层列表中，用户可以通过“打印样式”确定图层的打印样式。但如果使用彩色绘图仪，则不能改变这些打印样式。单击“打印”中的打印标记，可以设置图层是否打印。打印功能只对可见的图层起作用，即只对打开和解冻的图层起作用。

10.2.6 设置栅格和捕捉

“栅格”类似于坐标纸中格子线的概念，它是在屏幕上定义一个点阵，为作图过程提供参考。用户可以自行设置栅格的间距距离，在世界坐标系中，栅格只显示在图形界限内。栅格只是绘图辅助工具，而不是图形的一部分，所以不会被打印。

当鼠标移动时，有时很难精确定位到绘图区的一个点。“捕捉”是设置鼠标移动时每次移动的最小增量，捕捉的意义是保证快速准确的输入点。如果设置的捕捉间距和栅格间距一样，当捕捉打开后，会迫使光标落在最近的栅格点上，而不能停留在两点之间。

在“草图设置”对话框（见图 10-10）中可方便地设置栅格的各项参数、捕捉的各项参数及捕捉的样式和类型。

命令输入方式：

(1) 下拉菜单：“工具”|“草图设置”。

(2) 工具栏：在“捕捉”、“栅格”按钮上右击，从弹出的菜单上单击“设置”。

(3) 命令：Dsettings↙或 Osnap↙或 Ddrmodes↙。

注意，虽然上述三个命令都可以打开“草图设置”对话框，但当前的选项卡不一样。

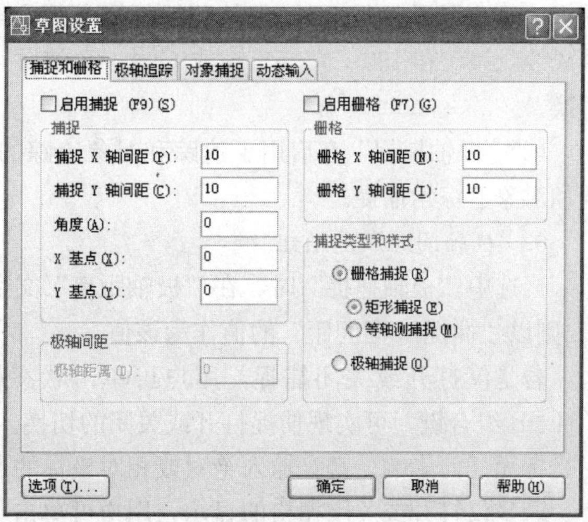

图 10-10 “草图设置”对话框

1.“启用捕捉”复选框

打开或关闭捕捉。当捕捉打开后，在屏幕底部状态栏的“捕捉”按钮将显示为选中（凹陷）状态。

2.“启用栅格”复选框

打开或关闭栅格。当栅格打开后，在屏幕底部状态栏的“栅格”按钮将显示为选中（凹陷）状态。

3.“捕捉”选项组

该栏设置捕捉的水平（X）和垂直（Y）间距、旋转角度及基点。

用户在“捕捉 X 轴间距”文字框输入 X 轴方向捕捉间距；在“捕捉 Y 轴间距”文字框输入 Y 轴方向捕捉间距，二者可以相同也可以不同。在绘制机械图时，一般把捕捉间距设置为无。

在“角度”文字框输入捕捉即光标旋转的角度。在绘图时，如果绘制与水平线有一定角度的图形，可设置此项。

在“X 基点”、“Y 基点”文字框输入旋转捕捉基点（旋转捕捉角的原点称为基点）。

4.“栅格”选项组

在“栅格 X 轴间距”文字框输入 X 轴方向栅格间距，在“栅格 Y 轴间距”文字框输入 Y 轴间距。

当栅格间距相对图形界限较小时，命令提示区将提示“栅格太密，无法显示”，当值为 0 时，AutoCAD 自动将栅格的间距设置为捕捉间距，而并不是间距为 0（不显示间距）。

在“栅格”选项组没有设置栅格旋转和基点的选项，这是因为栅格的旋转角度及基点总与捕捉的旋转及基点相一致。捕捉和栅格可以同时使用。捕捉间距和栅格间距可以相同，也可以不同。

5.“捕捉类型和样式”选项组

“捕捉类型和样式”选项组包括“栅格捕捉”和“极轴捕捉”两种。

(1)“栅格捕捉”又分为“矩形捕捉”和“等轴测捕捉”。矩形捕捉就是指前面所讲的捕捉（这也是默认情况）。等轴测捕捉通常用来绘制正等轴测图，栅格线及光标线与水平轴成 30°、90°和 150°，按 F5 键或 Ctrl＋E 键，可将栅格线和光标在 30°、90°和 150°之间切换。

(2)“极轴捕捉”在启用了追踪和对象追踪的情况下，当捕捉打开时，光标沿极轴追踪角和对象追踪角捕捉。

6.“极轴间距”选项组

当选中“极轴捕捉”时，在“极轴距离”文字框可设置沿极轴捕捉的间距。如果该值为 0，则以“捕捉 X 同间距”的值作为该值。

若是仅打开或关闭捕捉，用户可单击状态栏上的“捕捉”按钮。按 F9 功能键或按 Ctrl＋B 组合键，可实现捕捉打开或关闭的切换。实际绘图时捕捉可以随时打开或关闭，它对光标无任何影响。键盘输入绝对或相对坐标的点都不受捕捉的影响。

若是仅打开或关闭栅格的显示，用户可单击状态栏上的“栅格”按钮。按 F7 功能键或按 Ctrl＋G 组合键，可实现栅格打开或关闭的切换。关闭后再打开，栅格的间距不变。

10.2.7 设置正交

所谓正交，是在绘图时，指定每一个点后，连接光标和起点的橡皮筋线总是平行于 X 轴或 Y 轴，从而迫使第二点与第一点的连线平行于 X 轴或 Y 轴。当捕捉为等轴测模式时，正交还迫使直线平行于3个轴中的一个。

正交只有“开”和“关”两种状态。单击状态栏上的“正交”按钮或按F8功能键，可实现打开或关闭正交切换。当打开后，屏幕底部的状态栏上的“正交”按钮显示为被选中状态。

打开正交后，只能在垂直或水平方向画线或指定距离，而不管光标在屏幕上的位置。线的方向取决于光标在 X 轴方向上的移动距离和光标在 Y 轴方向上的移动变化。如果 X 方向的距离比 Y 方向大，则画水平线，如果 Y 方向的距离比 X 方向的距离大，则画垂直线。

注意：实际绘图时可随时打开或关闭正交，当画水平线或垂直线时一般要打开正交。

10.3 精确绘图工具

10.3.1 对象捕捉

实际绘图时，有时需要精确地找到已经绘出图形上的特殊点，如直线的端点和中点、圆的圆心、切点等，而这些点未必在设置的捕捉点上。要使光标精确地定位于这些点，就要利用“对象捕捉”的各种捕捉模式。

“对象捕捉”是AutoCAD提供的能使光标精确定位于已绘对象上的一个几何点的工具。

注意：不论是绘图命令、修改命令还是标注尺寸命令，只要AutoCAD要求输入一个点时，就可使用对象捕捉模式。

从命令行输入命令Osnap，或选择下拉菜单“工具”|“草图设置”，或用鼠标右击状态栏的“对象捕捉”按钮，从弹出的右键菜单中“设置”，都可打开“草图设置”对话框，选择其中的“对象捕捉”选项卡，如图10-11所示。在对话框中选择一种或多种所需的对象捕捉模式，这只要简单地用鼠标点取对话框中的捕捉模式选项即可。注意，每个复选框前面的一个几何图形便是捕捉标记。选中“启用对象捕捉”复选框，然后单击“确定”按钮，即打开“运行对象捕捉模式”。如果要全部选择或清除所有的对象捕捉模式，可用鼠标左键单击对话框中的“全部选择”或“全部清除”按钮。

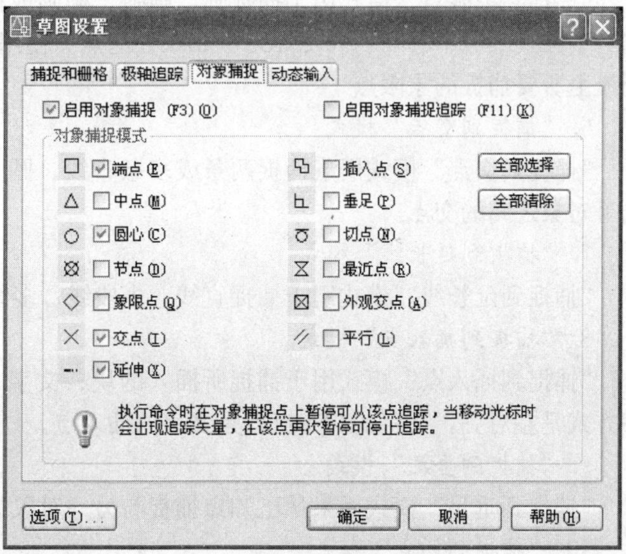

图10-11 “对象捕捉”选项卡

如果已经从“草图设置”对话框中选择好所需的对象捕捉模式，仅仅是运行对象捕捉模式，可单击状态栏上的“对象捕捉”按钮，或按F3功能键，按Ctrl+F组合键。

一旦打开对象捕捉模式，在AutoCAD某个命令要求指定一个点时，所设置的捕捉模式就自动起作用，并且根据光标在对象上位置的不同，自动选择相应的捕捉模式。例如，绘制图 10-12 中所示的虚线，在“草图设置”对话框中选中对象捕捉模式“端点”、“切点”、“圆心”和“中点”，则在每次输入点之前就不需再输入对象捕捉模式，只要光标接近捕捉点，捕捉标记便会自动出现。

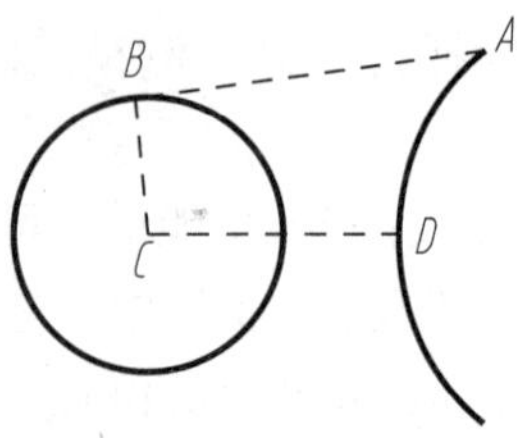

图 10-12 对象捕捉实例

只要处于对象捕捉模式中，将光标移动到一个捕捉点时，AutoCAD 就将显示捕捉标记和捕捉提示。不同的捕捉模式，捕捉标记也不同。如果在捕捉点上显示出捕捉标记和捕捉提示，就表明所选择的捕捉模式是有效的。

10.3.2 对象捕捉模式

1.“捕捉到端点”模式

“捕捉到端点模式”用于捕捉直线、圆弧、椭圆弧、多线、多段线、射线的端点，或捕捉多段线矩形、多段线多边形等的最近一个脚点。

2.“捕捉到中点”模式

“捕捉到中点”模式用于捕捉对象如直线、圆弧、椭圆弧、多线、多段线、构造线、实体或样条曲线的中点。对于构造线而言，“捕捉到中点”模式将捕捉到定义构造线的第一个点。如果直线或圆弧有宽度，则捕捉到边的中点。

3.“捕捉到圆心”模式

“捕捉到圆心”模式用于捕捉对象如圆弧、圆、椭圆或椭圆弧的中心。当命令的提示要求输入点时，先选择该模式，而后移动十字光标到圆的附近，捕捉圆心标记出现，单击鼠标左键，AutoCAD 自动选中圆心。

4.“捕捉到节点”模式

“捕捉到节点”模式用于捕捉一个用画点命令绘制的点对象。

5.“捕捉到象限点”模式

“捕捉到象限点”模式用于捕捉圆、圆弧、椭圆或椭圆弧的一个象限点。象限点是位于相对于圆或圆弧中心 0°、90°、180°、270°处的点。使用该模式时，用户应移动鼠标到最靠近圆弧上所要捕捉的象限点。

6.“捕捉到交点”模式

“捕捉到交点”模式用于捕捉两条或多条直线、圆（弧）、椭圆（弧）、样条曲线、多段线等对象之间的交点。

7.“捕捉到延长线”模式

“捕捉到延长线”模式用于捕捉直线、多段线、多线、圆弧、椭圆弧的延长线上的点。

8.“捕捉到插入点”模式

“捕捉到插入点”模式用于捕捉所插入的块、文字、行或特性的插入点。如果文字的对齐方式是左对齐，文字的对齐点就是文字的插入点。

9.“捕捉到垂足”模式

“捕捉到垂足”模式用来从已知点捕捉与另一对象的垂足点。

10.“捕捉到切点”模式

“捕捉到切点”模式用于捕捉到圆、圆弧、椭圆、椭圆弧、多段线、样条曲线等的切点。

11. “捕捉到最近点”模式

“捕捉到最近点”模式用于捕捉对象上离光标选择位置最近的点。

12. “捕捉到外观交点”模式

“捕捉到外观交点”模式用于捕捉在三维空间中实际不相交的直线、圆、圆弧、椭圆、椭圆弧、多线、多段线、射线、构造线或样条曲线的外观交点。

13. “捕捉到平行线”模式

“捕捉到平行线”模式用于画已知直线的平行线段。当要画一条已画直线的平行线时，先输入一点，待命令的提示要求输入另一点时，先输入“捕捉到平行线”模式，而后移动十字光标到已画直线上停顿一会，该对象上将会出现一条捕捉到平行线符号，表明已获取了该直线，再移动十字光标到平行线方向，将出现一条辅助直线（虚线），沿辅助线移动光标，随着光标的移动，在光标右下方显示平行线的角度，并动态地显示平行线的长度，到合适的位置单击鼠标左键，画出平行线。

14. “捕捉自”模式

“捕捉自”模式不同于其他捕捉几何特征点的模式。其他对象捕捉都是直接捕捉到对象上的几何特征点，而“捕捉自”是以一个临时参考点为基点，从基点偏移一定距离后再输入点。通常，临时参考点都是由其他捕捉模式得到的捕捉点。所以，此模式一般都是与其他捕捉模式一起使用。

10.3.3 自动追踪概念与极轴追踪

1. 自动追踪概念

“自动追踪”也是一种精确定位点的方法。当要求输入的点在一定的角度线上，或输入点与对象有一定的关系（如要求输入点与某个图形对象的特殊点在一条水平线或垂直线上）时，利用“自动追踪”确定点的位置非常有效。

2. 极轴追踪

如果要求输入的点在一定的角度线上，就可以使用极轴追踪功能。使用之前应在“草图设置”对话框的“极轴追踪”选项卡（见图10－13）中设置极轴追踪。

10.3.4 对象捕捉追踪

对象捕捉追踪是沿着基于对象捕捉点的对齐路径追踪，也就是选定若干参考点，经过参考点会出现对齐路径，在对齐路径上确定点。像极轴追踪一样，使用之前应设置对象捕捉追踪。

10.3.5 动态输入

动态输入显示是 AutoCAD 2006 的新增功能。它可以向用户提示命令执行过程中需执行的选择下一点的操作，还可以用此功能方便地进行待输

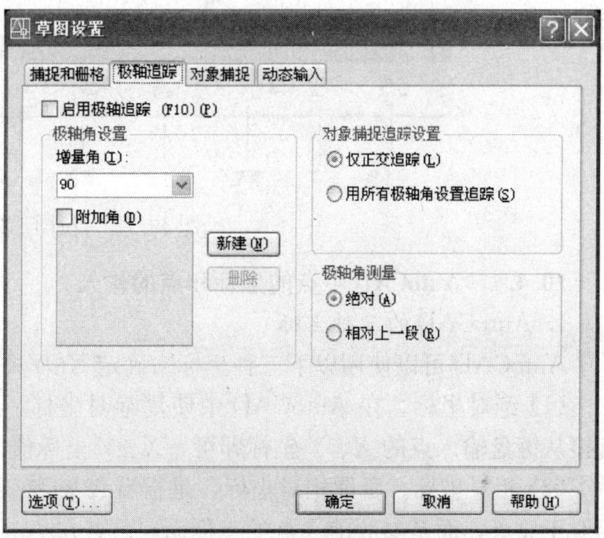

图10－13 “极轴追踪”选项卡

入点的位置提示，所有提示跟随鼠标在图面上指示点的移动而移动。

用鼠标右击状态栏的“DYN”按钮，从弹出的右键菜单中选择“设置”，弹出如图 10-14 所示的对话框，利用此对话框可设置动态输入时的各种选项。

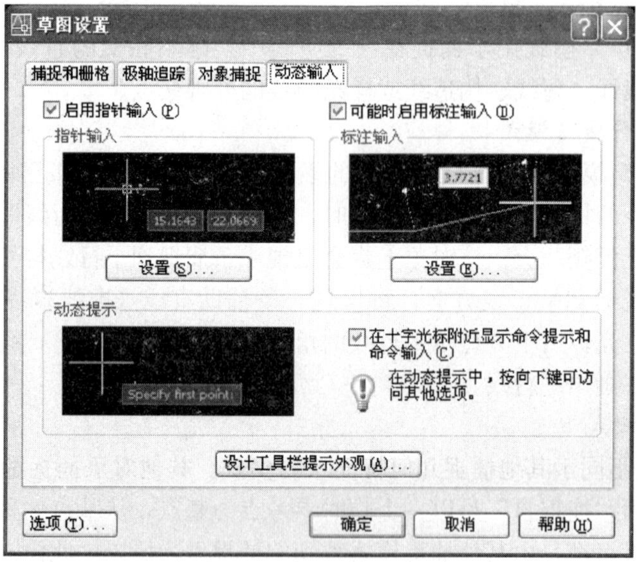

图 10-14 “动态输入”选项卡

10.4 常用基本绘图命令

AutoCAD 提供了丰富的绘图命令，利用这些命令可以绘制出各种基本图形对象，也可以利用工具栏绘图，如图 10-15 所示。

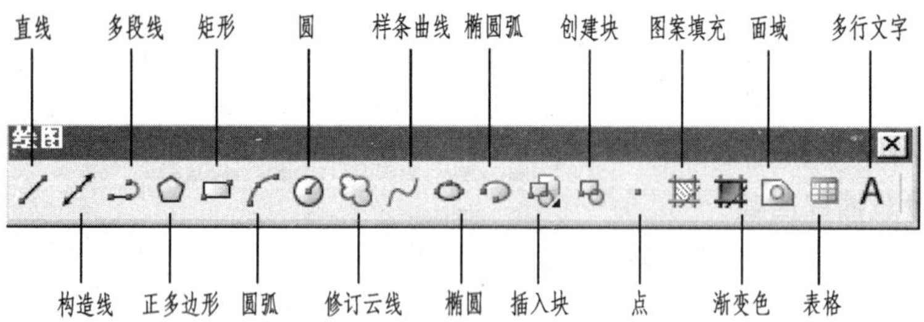

图 10-15 绘图工具栏

10.4.1 AutoCAD 中点的坐标和点的输入

1. AutoCAD 的三种坐标

AutoCAD 可以使用以下三种坐标来确定 *XOY* 平面内的点的位置坐标。

(1) 绝对坐标。在 AutoCAD 中使用绝对坐标，点的坐标以相对原点（0，0）来定位，直接从键盘输入点的 *X*、*Y* 坐标即可，*X*、*Y* 坐标值之间以逗号分开。

(2) 相对坐标。所谓相对坐标，是指沿 *X* 轴和 *Y* 轴的位移量（ΔX、ΔY）的大小，不是相对于原点，而是参照前一点的坐标而定。若在 AutoCAD 中利用键盘输入相对坐标来定位点，需采用@标志，输入格式为“@ΔX，ΔY”，表示这点坐标是相对前一点坐标的 *X* 坐标

加上 ΔX，Y 坐标加上 ΔY。

例如，用 Line 命令从 A 点到 B 点画一条直线，根据提示从键盘输入 A 点的坐标“80，90”，而 B 点是从键盘输入“@20，－20”得到，则 B 点在 A 点的右下方，A 与 B 的 X 和 Y 坐标各相差 20，B 点的绝对坐标为（100，70）。

（3）相对极坐标。相对极坐标通过定义某点与已知点之间的距离以及两点之间连线与水平轴（X 轴）的夹角来定位该点位置。若在 AutoCAD 中利用键盘输入相对坐标来定位点，则采用“@$D<\alpha$”形式，其中@是标志，D 为该点到已知点的距离，α 为两点连线与 X 轴的夹角，距离和夹角之间用“＜”号分开。例如，要绘制一条以 A 点为起点、距离为 60、与 X 轴夹角为 45°的直线 AB，当 A 点确定后，从键盘键入“@60＜45”，即得到 B 点。

注意：实际绘图时，从键盘键入点的坐标不要加引号，也不要加括号。

2. 点的输入

（1）用键盘输入点：输入点的绝对坐标，输入点的相对直角坐标，输入点的相对极坐标。

（2）用鼠标输入点：这是最常用的方法。当命令的提示要求点时，移动鼠标，把十字光标移到所需的位置，按下鼠标的左键即可。当所输入的点为图形对象上的特殊点时，可用“对象捕捉”方式输入特殊位置的点。

10.4.2 绘制直线

直线命令可以绘制一段也可以绘制多段连接的直线段，此时前一条直线的终点是下一条直线的起点，其中的每一段是独立的图形对象，可对每一段进行单独编辑。

直线命令的主要提示是“指定下一点:”，可以键入点的绝对坐标、相对坐标，或在屏幕上单击鼠标左键确定直线的端点。Line 命令在指定一点后会给出要求指定一个新的下一点提示。当画完一系列相互连接的线后，按 Enter 键终止命令 。

如果是用鼠标而不是用坐标定点，在起点和十字光标之间会显示一根橡皮筋线，这有助于观察线的位置。

命令输入方式：

（1）菜单：“绘图”|“直线”。

（2）工具栏：单击绘图工具栏图标。

（3）命令：Line↙。

命令输入后提示：（以绘制 A3 图幅界线为例进行说明）

指定第一点：0，0↙（用绝对坐标指定 A 点）

指定下一点或［放弃（U）］：420，0↙（用绝对坐标输入 B 点，画 AB 直线）

指定下一点或［闭合（C）/放弃（U）］：297↙（打开正交功能，将光标移至 B 点上方，输入 297，按 Enter 键，画 BC 线）

指定下一点或［闭合（C）/放弃（U）］：@420＜180↙（用相对极坐标输入 C 点，画 CD 直线）

指定下一点或［闭合（C）/放弃（U）］：c↙（由 D 点画至起始点 A，封闭线框，结束命令）

执行结果如图 10－16 所示。

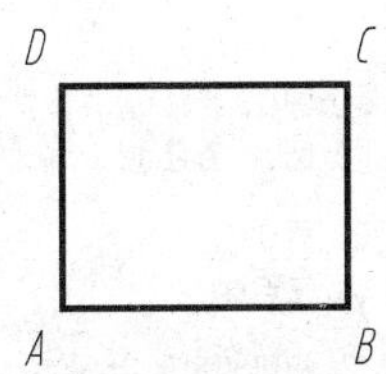

图 10－16 绘制 A3 图幅界线

各选项说明如下：

（1）闭合（C）。对提示键入“C”后按 Enter 键，可使最后一段直线段的终点与开始一段直线段的起点重合，形成闭合多边形，并结束 Line 命令。

(2) 放弃（U)。对提示键入“U”后按 Enter 键，可取消刚输入的一段，并继续提示输入下一点。

(3) 用“直线距离输入”方法定位点。这是一个隐含的、可自动执行的命令选项，它在 Line 命令的提示中并不出现。开始执行命令并指定了第一个点之后，移动光标到第二点的方向（不要输入点），然后输入相对于第一点的距离后回车即可确定第二点；再移动光标到第三点的方向（不要输入点），然后再输入相对于第二点的距离后回车即可确定第三点……此时，直线就以指定的长度和方向绘制出来。这是一种快速确定直线长度的好方法。

10.4.3　绘制圆弧

若设置 AutoCAD 角度测量方向逆时针为正（这也是系统的默认设置），绘制圆弧的默认方向是逆时针方向。

AutoCAD 提供了多种绘制圆弧的方式，默认方式是指定三点画弧。用户还可通过定义包含角度、半径、方向和圆弧长等参数的方法来绘制圆弧。用这些非默认方式绘制圆弧，可通过下拉菜单选择（见图 10－17），这是较简单的方法；也可以在工具栏输入命令，或从命令行键入命令后，对命令提示键入关键字选择。命令输入方式：

(1) 下拉菜单：“绘图”|“圆弧”。

(2) 工具栏：单击绘图工具栏图标。

(3) 命令：Arc↙或缩写 A↙。

图 10－17 中所列各种画圆弧方法如图 10－18 所示。

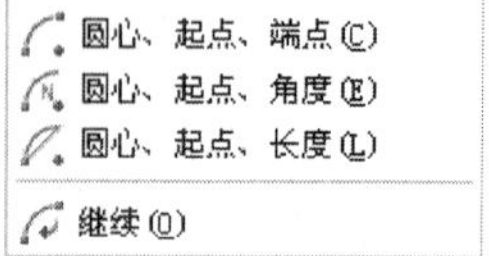

图 10－17　“绘制圆弧”菜单

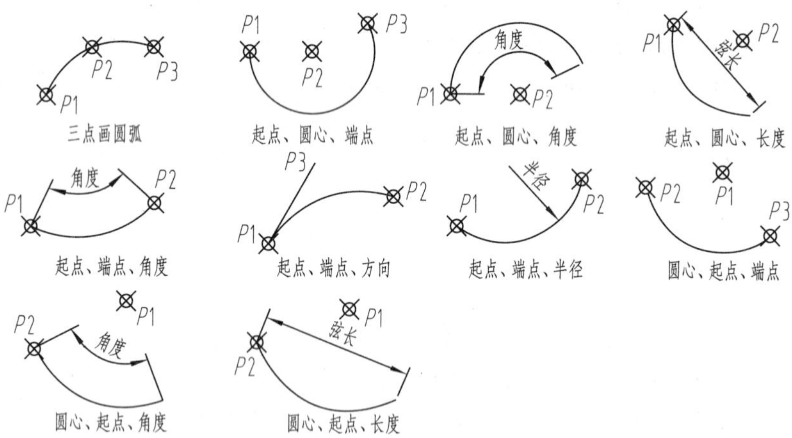

图 10－18　各种画圆弧方法

10.4.4　绘制圆

使用画圆命令可以绘制一个圆。AutoCAD 提供了 6 种方法绘制圆，可通过下拉菜单选择，如图 10－19 所示，这是较简便的方法。也可在工具栏输入命令或从命令行键入命令后，对命令提示键入关键字选择。

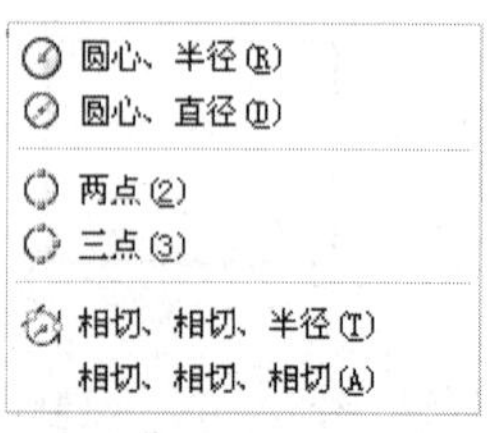

图 10－19　“绘制圆”菜单

命令输入方式：

(1) 下拉菜单："绘图"|"圆"。

(2) 工具栏：单击绘图工具栏图标。

(3) 命令：Circle↙。

下面对各种方法分别进行介绍，有关图例如图 10－20 所示。

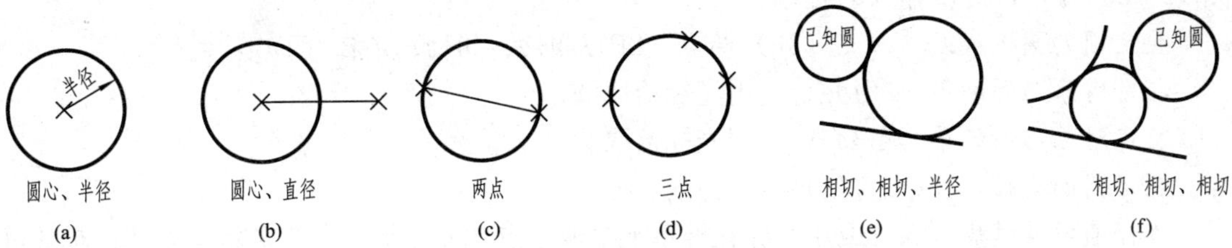

图 10－20 各种画圆方法

1. 圆心、半径

以给定的圆心和半径绘制一个圆，也是画圆的默认选项。命令输入后提示：

指定圆的圆心或［三点（3P）/两点（2P）/相切、相切、半径（T）］：(输入圆心)

指定圆的半径或［直径（D）］：(输入半径)

指定圆心时可用鼠标在屏幕上拾取点或从键盘输入点的坐标。半径值可从键盘输入；或移动光标在屏幕上拾取一点，以该点到圆心的距离为半径值。每次输入的半径值成为下一次绘制圆的默认半径值。

2. 圆心、直径

通过指定圆心和圆的直径绘制一个圆。命令输入后提示：

指定圆的圆心或［三点（3P）/两点（2P）/相切、相切、半径（T）］：(输入圆心)

指定圆的半径或［直径（D）］<(当前值)>：d↙

指定圆的直径 <122.368>：(输入直径)↙

指定圆心时可用鼠标在屏幕上拾取点或输入点的坐标。直径值可从键盘输入，或移动光标在屏幕上拾取一点，以该点到圆心的距离为半径值。每次输入的直径值成为下一次绘制圆的默认直径值。

3. 两点

通过给定两点（直径的两个端点）绘制一个圆。命令输入后提示：

指定圆的圆心或［三点（3P）/两点（2P）/相切、相切、半径（T）］：2p↙

指定圆直径的第一个端点：(输入一点)↙

指定圆直径的第二个端点：(输入一点)↙

指定圆直径的端点时，可用鼠标在屏幕上拾取点或输入点的坐标值。

4. 三点

通过给定圆上 3 点绘制一个圆。命令输入后提示：

指定圆的圆心或［三点（3P）/两点（2P）/相切、相切、半径（T）］：3p↙

指定圆上的第一点：(输入一点)↙

指定圆上的第二点：(输入一点)↙

指定圆上的第三点：(输入一点)↙

指定圆上的三点时，可用鼠标在屏幕上拾取点或从键盘输入点的坐标。

5. 相切、相切、半径

绘制与已知两个目标对象（如直线、圆、圆弧等）相切的圆。一旦光标移动到相切的对象上，将出现相切标记。例如，要绘制一个与已知一条直线和一个圆相切的圆［见图 10－20（e）］，命令输入后提示：

指定圆的圆心线或［三点（3P）/两点（2P）/相切、相切、半径（T）］：t↙

指定对象与圆的第一个切点：(用光标拾取圆)

指定对象与圆的第二个切点：(用光标拾取圆)

指定圆的半径：<(当前值)>：(输入半径)

半径值可从键盘键入；或用光标在屏幕上拾取一点，而后提示“指定第二点:”，对其再从屏幕上拾取一点响应，两点间的距离为半径值。

6. 相切、相切、相切

绘制出与三个目标对象相切的一个圆。此选项实际上是三点绘圆选项的调整。一旦光标移动到相切对象上，将出现相切标记，选中三个已知目标对象，AutoCAD 会自动找到三个切点，过该三点生成一个圆。例如，要绘制与一条直线、一个圆弧和一个圆同时相切的圆［见图 10－20（f）］，命令输入后提示：

指定圆的圆心或［三点（3P）/两点（2P）/相切、相切、半径（T）］：3p↙

指定圆上的第一点：tan 到（用光标拾取直线）

指定圆上的第二点：tan 到（用光标拾取圆弧）

指定圆上的第三点：tan 到（用光标拾取圆）

10.4.5 绘制点

点的主要用途是用来标记位置或作为参考点，如标志圆心、端点位置，作为一些编辑命令的参考点等。用户可以设置点的样式和大小。

1. 设置点的样式和大小

命令输入方式：

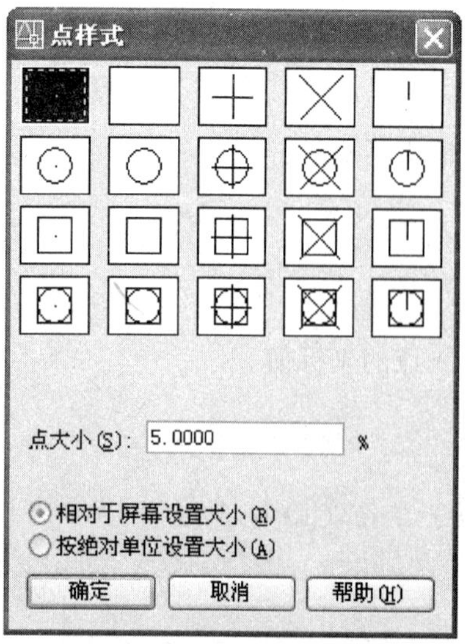

图 10－21 “点样式”对话框

(1) 下拉菜单：“格式”|“点样式”。

(2) 命令：Ddptype↙。

命令输入后，弹出如图 10－21 所示的对话框。

2. 绘制点

用户可以通过点命令绘制单点、多点、等分点和测量点。工具栏输入的 Point 命令用于绘制多点。

(1) 绘制单点。

命令输入方式：

1) 下拉菜单：“绘图”|“单点”。

2) 命令：Piont↙。

(2) 绘制多点。这时命令总提示指定一个点，可连续绘制多个点，要退出命令可按 Esc 键，或转而执行其他命令。

命令输入方式：

1) 下拉菜单："绘图"|"点"|"多点"。

2) 工具栏：单击绘图工具栏图标。

(3) 绘制等分点。绘制等分点是将一段线段（直线段、多段线、样条曲线、圆、圆弧、椭圆、矩形、多边形）分成几段，按当前设定的点样式绘制出各等分点位置。

命令输入方式：

1) 下拉菜单："绘图"|"点"|"定数等分"。

2) 命令：Divide↙。

(4) 绘制测量点。这是用户设定一段长度，按此长度在线段（直线段、多线段、样条曲线、圆、圆弧、椭圆、矩形、多边形）上，以当前设定的点样式依次绘制点标志，但不一定是等分。如直线的长度为100，设定每段的长度为30，后一段长度为10。

命令输入方式：

1) 下拉菜单："绘图"|"点"|"定距等分"。

2) 命令：Measure↙。

10.4.6 绘制矩形

绘制矩形很方便，只要用户定义矩形的两对角点即可。

命令输入方式：

(1) 下拉菜单："绘图"|"矩形"。

(2) 工具栏：单击绘图工具栏图标。

(3) 命令：Rectang↙或者 Rectangle↙。

命令输入后提示：

指定第一个角点或［倒角（C)/标高（E)/圆角（F)/厚度（T）宽度（W)］：(输入第一个角点或选择一个选项）

下面以指定两个对角点选项为例加以介绍。

用两对角点定义矩形是默认选项，接下来提示：

指定另一个角点或［尺寸（D)］：(输入第二个角点或键入D回车）

如果输入第二个角点，命令结束。

如果键入D回车继续提示：

指定矩形的长度＜当前值＞：(从键盘键入长度值或在屏幕上指定两点，两点间的距离为长度值）

指定矩形的宽度＜当前值＞：(从键盘键入长度值或在屏幕上指定两点，两点间的距离为宽度值）

指定另一角点或［尺寸（D)］：(输入另一个角点）

角点可用鼠标在屏幕上拾取点或键入点的坐标。

倒角（C)、圆角（F)、宽度（W)、厚度（T）等同上，此处不再赘述。

10.4.7 绘制正多边形

AutoCAD 提供了几种画正多边形的方法。正多边形的边数是3～1024的整数。

命令输入方式：

(1) 下拉菜单："绘图"|"正多边形"。

(2) 工具栏：单击绘图工具栏图标。

(3) 命令：Polygon↙。

命令输入后，AutoCAD首先提示：

输入边的数目<4>：(输入所要绘制正多边形边的数目)

输入的多边形的边数将成为下一次绘制正多边形的默认值。接下来提示：

指定多边形的中心点或［边（E)］：(输入中心点或键入E回车)

该提示的两个选项介绍如下。

1. 指定正多边形的中心点

指定多边形中心点是默认选项，用户可输入点坐标或者用鼠标在屏幕上指定一点。接下来提示：

输入选项［内接于（I)/外切于圆（C)］<I>：(键入I后回车，或直接回车，或键入C后回车)

(1) 若键入I后回车或直接回车，是画“内接于圆”的多边形（多边形的所有顶点都在一个假想圆的圆周上)，如图10-22所示（其中圆的半径为30)。接下来提示：

指定圆的半径：(输入半径30)↙

对于假想圆的半径，用户可以直接输入一个半径值，也可用鼠标拾取一个点，该点与中心点的连线长为半径，该点也是正多边形的一个顶点。

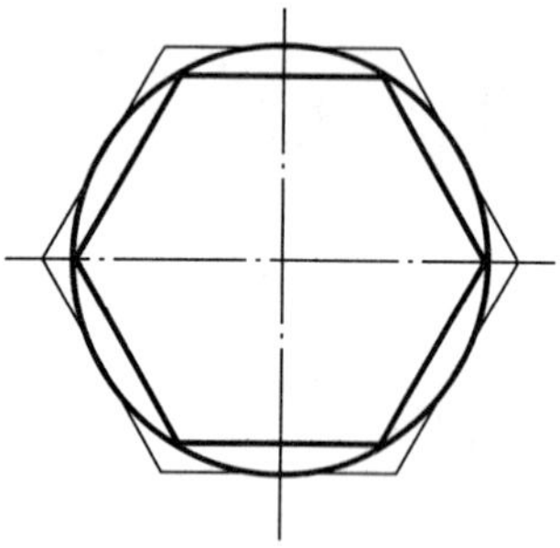

图10-22 正多边形的画法

(2) 若键入C后回车，是画“外切于圆”的多边形（多边形的各边与假想圆相切，而且切点正是多边形各条边的中点)，如图10-26所示。接下来提示：

指定圆的半径：(输入半径30)↙

半径值可以直接键入，也可用鼠标拾取一个点，该点与中心点的连线长为半径，该点也是正多边形一条边的中点。

从图10-22中可以看出，输入同样的半径值，绘制的正六边形边长不一样，采用外切于圆法边长要长一些。

2. 边（E)

若对“指定多边形的中心点或［边（E)］:”的提示输入“E”后回车，表示以正多边形一条边的方法来绘制，只要指定一条边的两个点，AutoCAD就按逆时针方向以该边为第一边绘制出一个正多边形。

10.4.8 绘制椭圆和椭圆弧

命令输入方式：

(1) 下拉菜单：“绘图”|“椭圆”。

(2) 工具栏：单击绘图工具栏图标。

(3) 命令：Ellipse↙。

AutoCAD提供了几种绘制椭圆的方法，下面对各种方法予以介绍。

1. 轴、端点

以一个轴的两端点和另一个轴半径长绘制椭圆是默认方式，命令输入后提示：

指定椭圆的轴端点或［圆弧（A)/中心点（C)］：(输入一点)

指定轴的另一个端点：(输入一点)

指定另一条半轴长度或［旋转（R)］:（输入另一半轴长度）↙

椭圆的轴端点可从键盘键入点的坐标，也可用鼠标在屏幕上单击。对另一条半轴长度可直接键入长度值，也可以移动鼠标，在屏幕的合适位置单击另一点，该点到椭圆中心点的距离为另一条半轴长。

2. 中心点

以中心点、一个轴的端点和另一个轴半轴长绘制椭圆，命令输入后提示：

指定椭圆的轴端点或［圆弧（A)/中心点（C)］:

指定椭圆的中心点：(输入一点)

指定轴的端点：(输入一点)

指定另一条半轴长度或［旋转（R)］:（输入另一半轴长度）↙

轴端点的输入，另一条半轴长度的输入长度值即旋转“选项”，同“以一个轴的两端点和另一个轴半轴长绘制椭圆”的解释一样。

3. 椭圆弧

AutoCAD 2006 在绘图工具栏添加了一个绘制椭圆弧的按钮，单击它可以绘制椭圆弧，其使用过程与用椭圆命令 Ellipse 绘制椭圆弧的过程类似。

10.4.9 绘制多段线

用多线段命令 Pline 可以绘出由直线或圆弧组成的逐段相连的整体线段。可以只有一段，也可以有若干段；每一段可以是直线，也可以是圆弧。每一段可以具有宽度，各段的宽度可以不同，同一段的宽度也可以不同。可以对多段线整体进行编辑，也可以对单段进行编辑。

使用 Pline 命令绘制的 0 宽度多段直线和用 Line 命令连续绘制的折线外观一样，不同的是多段线的所有段是形成一个整体对象，而用 Line 命令绘制的折线每一段是一个对象。

命令输入方式：

(1) 下拉菜单：“绘图”|“多段线”。

(2) 工具栏：单击绘图工具栏图标。

(3) 命令：Pline↙或 PL↙。

命令输入后，可按提示绘制图形。

10.4.10 绘制样条曲线

样条曲线是通过输入一系列的控制点形成一条光滑的曲线。样条曲线常用来绘制曲线，如机械图样中的波浪线等。

命令输入方式：

(1) 下拉菜单：“绘图”|“样条曲线”。

(2) 工具栏：单击绘图工具栏图标。

(3) 命令：Spline↙。

命令输入后提示：

指定一个点或［对象（O)］:

1. 指定多个点

这是默认选项，输入一系列的点形成样条曲线。

命令输入后提示：

指定第一个点或［对象（O）］：（输入一点）

指定下一点：（输入一点）

指定下一点或［闭合（C）/拟合公差（F）］<起点切向>：（输入一点）

指定下一点或［闭合（C）/拟合公差（F）］<起点切向>：（输入一点）

⋮

指定起点切向：（定义起始点切线方向）

指定端点切向：（定义终止点切线方向）

按 Enter 键结束，输入点或选择一选项。定义起点和终止点的方向后生成样条曲线，结束命令。也可对切向提示直接回车，起点（终点）的切向由第一点（最后一点）到第二点（倒数第二点）的方向确定。

注意一般绘图命令在点输入结束后按 Enter 键即结束命令，但样条曲线命令还要询问起点、终点的切线方向，把这两项确定后，命令才结束。如果使用相同的拟合点，但定义不同的起始点、终止点切线方向，绘制出的样条曲线不同。

2. 对象（O）

“对象（O）”选项用于将样条拟合的多段线转化为样条曲线。

10.4.11 构造线

构造线命令用于生成两端无限延长的直线。例如，为保证主视图、左视图和俯视图的投影关系，可使用构造线作为辅助线使图形对齐。

命令输入方式：

(1) 下拉菜单：“绘图”|“构造线”。

(2) 工具栏：单击绘图工具栏图标。

(3) 命令：Xline↙。

命令输入后提示：

指定点或［水平（H）/垂直（V）/角度（A）/二等分（B）/偏移（O）］：（输入一点或选择一个选项）

下面对各选项进行说明

1. 指定点

这是默认项，用来绘制通过指定两点的构造线。

2. 水平（H）

“H”选项是通过一点，生成一条过该点的水平构造线。

3. 垂直（V）

与“H”选项类似，“V”选项用于绘制多条垂直构造线。

4. 角度（A）

“A”选项用于绘制与水平方向或参考方向成一定角度的多条构造线。

5. 二等分（B）

若角由顶点、起点、端点（即终点）所成，“B”选项用于绘制过该角顶点的角平分线。

6. 偏移（O）

“O”选项用于绘制一条与已知直线平行，通过一点或与已知直线有一定距离的构造线。

10.4.12 图案填充

命令输入方式：

(1) 下拉菜单：“绘图”|“图案填充”。

(2) 工具栏：单击绘图工具栏图标 。

(3) 命令：Bhatch↙。

命令输入后，系统弹出“图案填充和渐变色”对话框，如图10-23所示。

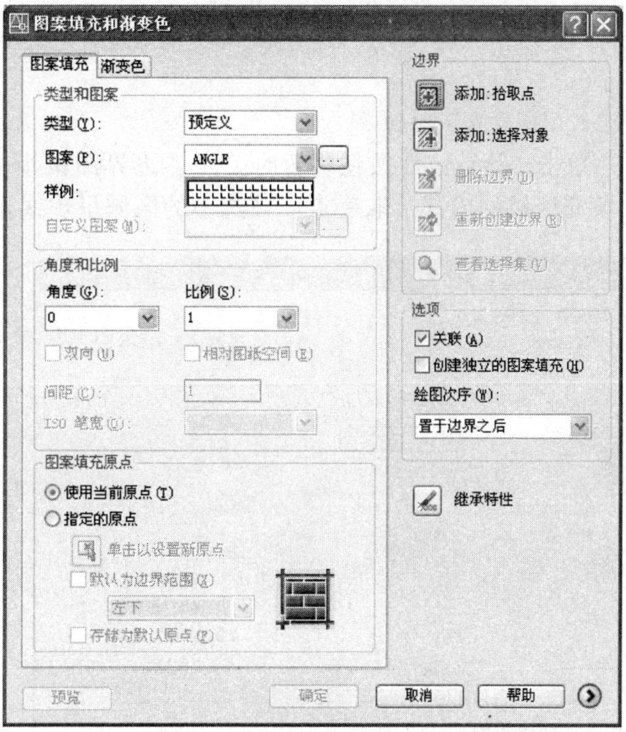

图10-23 “边界图案填充”对话框

1. “图案填充”选项卡

在“图案填充和渐变色”对话框的“图案填充”选项卡中（见图10-23），用户可以定义要使用的填充图案外观。

(1) 类型。在图案填充时，首先要选择一种图案，“类型”下拉列表用于设置图案的类型。在下拉列表中有“预定义”、“用户定义”和“自定义”三个选项。

(2) 图案。用户可在“图案”下拉列表中选择填充图案。“图案”下拉列表只有在“类型”下拉列表选择了“预定义”时才有效。在“图案”下拉列表中，列出了所有可用的“预定义”类填充图案；用户还可以单击“图案”下拉列表右边的“...”按钮，显示出“填充图案选项板”对话框，如图10-24所示。可单击对话框上部的选项卡，再从预览图片区中单击某个图片，然后单击“确定”按钮，来选择填充图案。

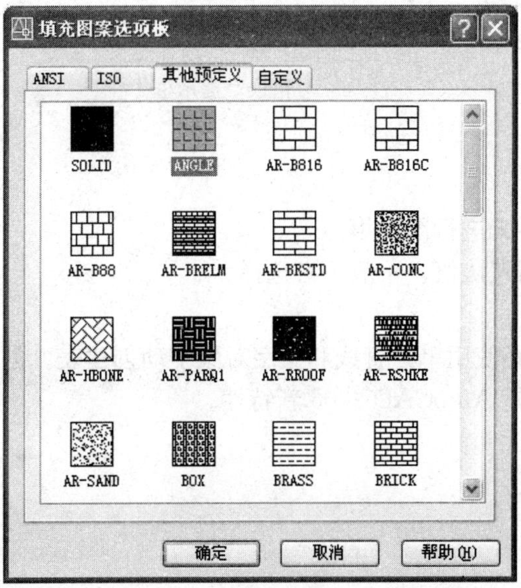

图10-24 “填充图案选项板”对话框

(3)“样例”框。“样例”框显示所选中填充图案的预览图片，单击此框也可显示图10-24所示的“填充图案选项板”对话框。

(4)“自定义图案”下拉列表。“自定义图案”下拉列表只有在“类型”下拉列表中选择了“自定义”时才有效。

(5)“角度”下拉列表。“角度”下拉列表可以让用户指定填充图案相对于当前用户坐标系UCS的 X 轴旋转角度。

(6)“比例”下拉列表。“比例”下拉列表只有在“类型”下拉列表中选择了“预定义”或“自定义”时才有效，用于设置填充图案的比例因子，以使图案的外观更稀疏或更稠密。

2. “渐变色”选项卡

“渐变色”选项卡用于改变实心填充的颜色，定义要应用的渐变填充的外观，如图 10－25 所示。

3. “拾取点”按钮

单击“拾取点”按钮将暂时关闭“边界图案填充”对话框，AutoCAD 命令行提示在填充区域的内部拾取一点，被选中的区域呈虚线显示。按 Enter 键后，AutoCAD 返回图 10－23 所示的对话框。确定后，完成图案填充。

如果 AutoCAD 发现所选择的点在边界线外或边界对象并非完全闭合时，将弹出“边界定义错误”提示框，提示未找到有效的图案填充边界，如图 10－26 所示。

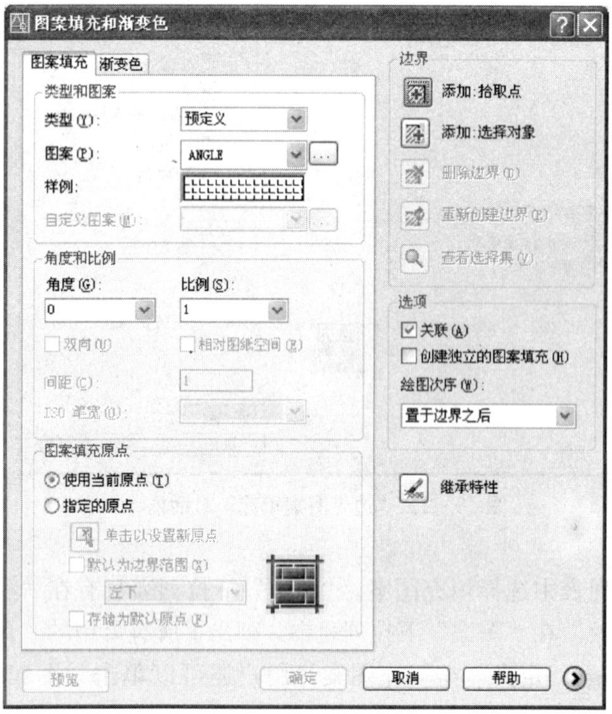

图 10－25 “渐变色”选项卡

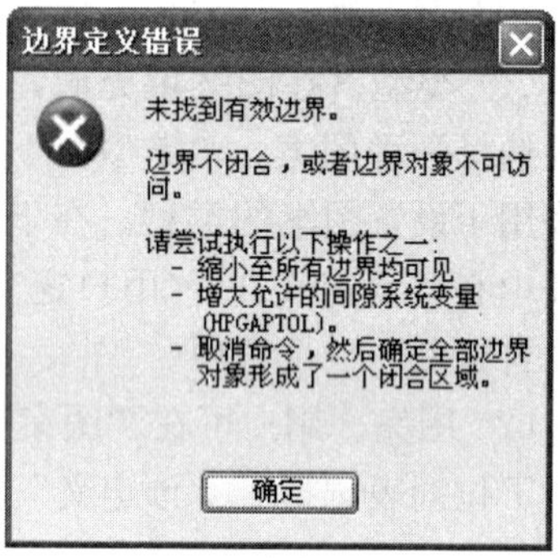

图 10－26 “边界定义错误”提示框

4. “选择”按钮

“选择”按钮是通过选择特定的对象作为边界来进行图案填充。

说明：图 10－23 所示对话框的操作，可采用默认值，一般不必选择。

10.4.13 表格

可以通过创建表对象来自动创建表格，而不必使用单独直线和文字对象手动创建表。创建表后，可以在表单元中输入文字或添加块，这是 AutoCAD 2006 新特性。

命令输入方式：

(1) 下拉菜单：“绘图”|“表格”。

(2) 工具栏：单击绘图工具栏图标▦。

(3) 命令：Table↙。

命令输入后，AutoCAD 显示“插入表格”对话框，如图 10－27 所示，可以设置其中的参数，并根据提示绘制表格和在表格中书写文字。

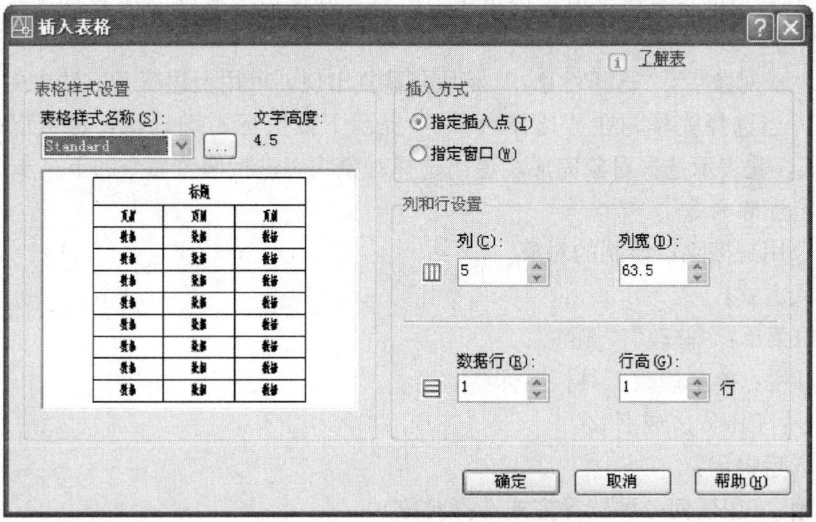

图 10-27 “插入表格”对话框

10.5 常用图形编辑命令

AutoCAD具有强大的图形编辑（即图形修改）功能，可以帮助用户合理地构造与组织图形，保证作图准确度，减少重复的绘图操作，进而提高绘图效率和图形质量。用户可以通过下拉菜单、输入命令和选取“修改”工具栏中的相应工具图标进行图形编辑操作，如图 10-28 所示。

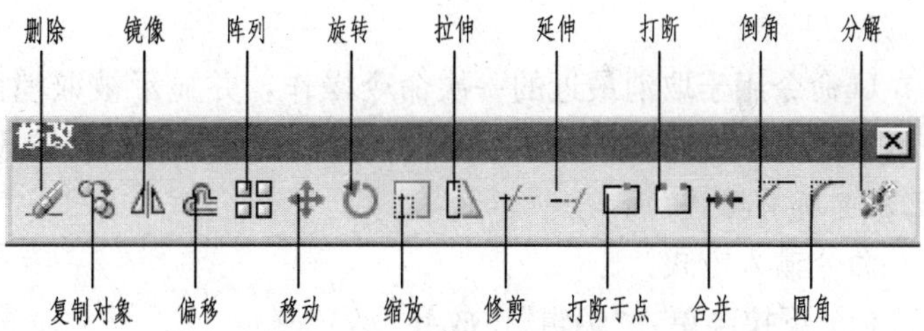

图 10-28 “修改”工具栏

10.5.1 对象选择方式

1. 拾取

一旦执行一个修改命令，命令行将出现提示“选择对象:”，这时 AutoCAD 将用一个小方框代替屏幕十字光标，这个小方框称为拾取框。移动鼠标，将拾取框放在待选对象上并按左键，选中对象，称为拾取。

2. Window 窗口

在“选择对象:”提示下，把光标（拾取框）移动到没有图形对象的位置，单击鼠标指定一点，命令行出现提示“指定对角点:”，向右移动光标，就会拉出一个实线矩形框，称为“Window”窗口，到合适的位置再单击鼠标指定另一点，则完全在矩形窗口中的对象被选中。

3. Crossing 窗口

在“选择对象:”提示下，把光标移动到没有图形对象的位置，单击鼠标指定一点，命令行出现提示“指定对角点：”，向左移动光标，就会拉出一个虚线矩形框，称为“Crossing”窗口，到合适的位置再单击鼠标指定另一点，则窗口区域内的及与窗口边界相交的对象都会被选中。

每选择一次对象后，“选择对象：”提示会重复出现，可用上述三种方法中的任意一种继续选择对象。当选择完毕，在“选择对象：”提示下按鼠标右键确认，也可以按空格键或Enter键确认，就表示选择对象完成，退出选择对象状态进行修改命令的下一步。

10.5.2 删除命令

删除命令用来擦除以绘制的对象。

命令输入方式：

(1) 下拉菜单：“修改”|“删除”。

(2) 工具栏：单击修改工具栏图标。

(3) 命令：Erase↙或E↙。

命令输入后提示：

选择对象：(用任何一种选择方式选择对象)

⋮

对象选择完后按Enter键。

10.5.3 放弃和重做命令

在AutoCAD中绘制和编辑图形时，往往会有操作错误，需要能够回到操作前的状态，即取消前一次命令，或者取消后又想恢复该命令，这就要用到U命令和Redo命令。

1. U命令

U命令用于取消最近的一次命令操作，并显示被取消命令的名称。连续多次使用U命令可以取消最近的一系列命令操作，直到回到当前编辑阶段开始时的图形状态（命令行提示“已放弃所有操作”）。

命令输入方式：

(1) 下拉菜单：“编辑”|“放弃”。

(2) 工具栏：单击标准工具栏图标。

(3) 命令：U↙。

(4) 快捷菜单：在无命令激活且没有对象被选中时，在绘图区右击鼠标，弹出快捷菜单，从中选中“放弃（U）”。

例如，如果误擦除了有用的图形对象，可使用“U”命令放弃刚才的擦除，恢复图形对象。

注意：如果一个命令有子命令，或者在执行中有使用透明命令，当执行U命令时，整个命令序列都被取消。

2. Redo命令

Redo命令用于恢复由U命令刚取消的一个命令操作，它必须在U命令后立即执行。

命令输入方式：

(1) 下拉菜单：“编辑”|“重做”。

(2) 工具栏：单击标准工具栏图标。

(3) 命令：Redo↙。

(4) 快捷菜单：在无命令激活且没有对象被选中时，在绘图区单击鼠标右键，弹出快捷菜单，从中选中“重做（D)”。

命令一旦输入即被执行。

10.5.4 复制对象

复制对象命令用于将选择的对象可以复制一次，也可以复制多次（即多重复制)。

命令输入方式：

(1) 下拉菜单：“修改”|“复制”。

(2) 工具栏：单击修改工具栏图标。

(3) 命令：Copy↙。

1. 指定基点、目标点的复制

命令输入后提示：

选择对象：(用任何一种选择方式选择对象)

选择对象：↙

指定基点或位移：(输入一点作为基点)

指定位移的第二点或＜用第一点作位移＞：(输入一点作为复制的目标点)

指定位移的第二点：用户可继续输入多个点作为复制的目标点进行多次复制，直到按Enter键结束命令。

2. 指定基点、距离复制

命令输入后提示：

选择对象：(选择下面的同心圆及其中心线)

选择对象：↙

指定基点或位移：(输入一点作为基点)

指定位移的第二点或＜用第一点作位移＞：80↙（使橡皮筋与水平方向成30°)

指定位移的第二点：用户可继续输入多个点作为复制的目标点进行多次复制，直到按Enter键结束命令。如图10-29所示。

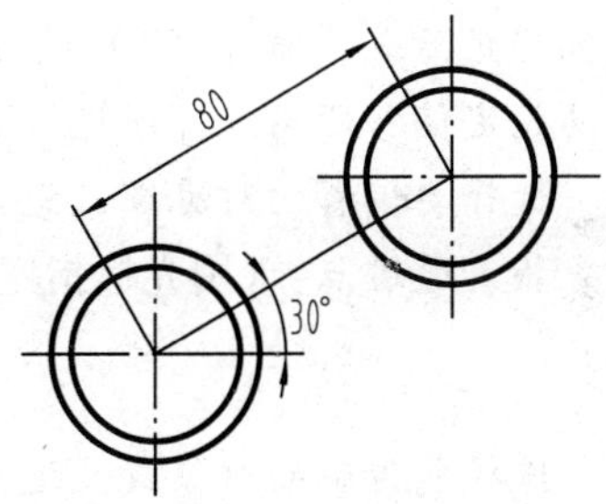

图10-29 “一次复制”实例

10.5.5 偏移命令

使用偏移命令可创建同心圆（弧)、平行线和平行曲线等对象。

命令输入方式：

(1) 下拉菜单：“修改”|“偏移”。

(2) 工具栏：单击修改工具栏图标。

(3) 命令：Offset↙。

偏移命令主要有以下几种使用方式。

1. 给定偏移距离和偏移方向等距离偏移

这种方式是先给定偏移距离，然后选择被偏移对象，再指定在被偏移对象的那一侧创建一个新对象，可重复选择相同或不同的被偏移对象进行等距离偏移。命令输入后提示：

指定偏移距离或［通过（T)］＜通过＞：(输入一个偏移值)

选择要偏移的对象或<退出>：(用光标拾取一个要被偏移的对象)

指定点以确定偏移所在一侧：(用光标在被偏移对象的一侧拾取一点)

⋮

选择要偏移的对象或<退出>：

偏移距离可以从键盘键入，也可以用光标指定两点，AutoCAD 把两点之间的长度作为偏移距离。如果重复选择相同的被偏移对象，可生成一系列相似图形的对象，各图形对象之间等距，如等距同心圆、相似多边形等，如图 10－30 所示。

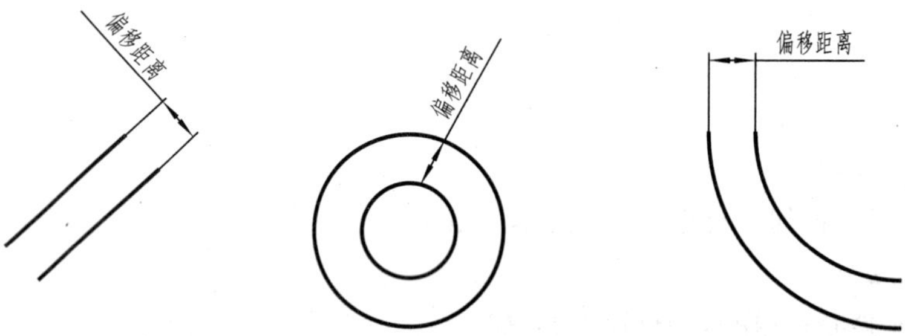

图 10－30　给定偏移距离和偏移方向等距离偏移

2. 通过指定点偏移

这是指定偏移后新对象所通过（或延长通过）的偏移点进行偏移。当然要选择提示“指定偏移距离或［通过（T)］:”的“T”选项。命令输入后提示：

指定偏移距离或［通过（T)］<0. 0000>：t↙

选择要偏移的对象或<退出>：(用光标拾取一个要被偏移的对象)

指定通过点：(用光标指定新对象通过的点)

⋮

选择要偏移的对象或<退出>：

若要使新对象通过指定的点，采用这种方式较好。

当提示是“指定偏移距离或［通过（T)］<通过>:”形式时，若仍采用通过指定点偏移方式，则不必再键入“T”，直接按 Enter 键确认即可。

10.5.6　修剪命令

修剪命令是一个非常有用的编辑命令，它可以一个或多个对象为边界，把图形中与边界相交（或延长相交）的被修剪对象从边界的一侧剪掉。使用修剪命令可以修剪圆、圆弧、椭圆弧、直线、非闭合的二维和三维多段线、样条曲线、构造线等对象。

命令输入方式：

(1) 下拉菜单：“修改”|“修剪”。

(2) 工具栏：单击修改工具栏图标。

(3) 命令：Trim↙。

Trim 命令有以下几个选项。

1. 选择要修剪的对象

该选项是默认选项，命令输入后先在命令行显示 Trim 命令的当前设置，然后提示选择用来修剪对象的剪切边。剪切边可以有多条，按 Enter 键结束剪切边的选择；再选择被修剪的对象，每选中一个对象，则剪掉对象超出与剪切边相交点（或延长相交点）的部分。每修剪掉一个被剪对象，提示重复，连续选择被修剪的对象，可修剪多个对象，直到按 Enter 键结束命令。命令输入后提示：

当前设置：投影＝UCS 边＝无

选择剪切边...

选择对象：（用任何一种选择方式选择对象作为剪切边，或按 Enter 键选择所有对象作为可能的剪切边。）

⋮

选择对象：↙（结束选择修剪边界）

选择要修剪的对象，按住 Shift 键选择要延伸的对象，或［投影（P）/边（E）放弃（U）］：（用光标拾取方式或 Fence 方式选择要被修剪的对象）

⋮

选择要修剪的对象，按住 Shift 键选择要延伸的对象，或［投影（P）/边（E）放弃（U）］：（用光标拾取方式或 Fence 方式选择要被修剪的对象）

选择要修剪的对象，按住 Shift 键选择要延伸的对象，或［投影（P）/边（E）放弃（U）］：↙

注意：在命令的使用过程中，一定要清楚哪个对象是剪切边，哪个对象是要被修剪的对象以及要剪掉剪切边的哪一侧，如图 10－31 所示。

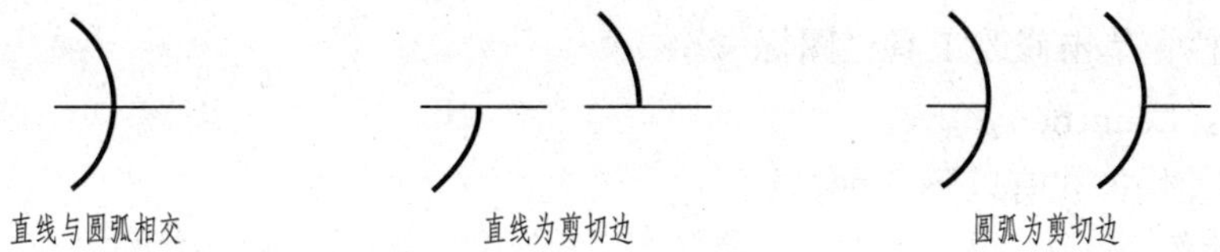

图 10－31　不同的修剪边

由于被修剪对象也可作为剪切边，所以在选择剪切边时，可不区分是被修剪对象还是剪切边，一次选中多个对象作为剪切边，如图 10－32 所示。

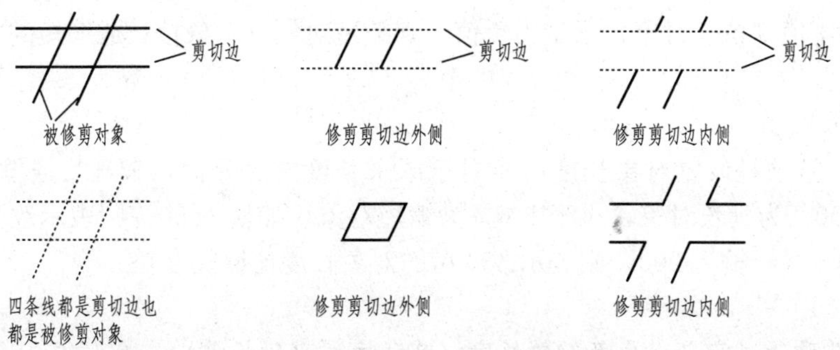

图 10－32　不同的修剪边侧

当修剪一个圆、椭圆、用“矩形”命令画的矩形、用“多边形”命令画的多边形等闭合图形时，它们必须与剪切边有两个交点才能使用剪切命令，如图 10－33（a）所示图形则不能使用剪切命令。

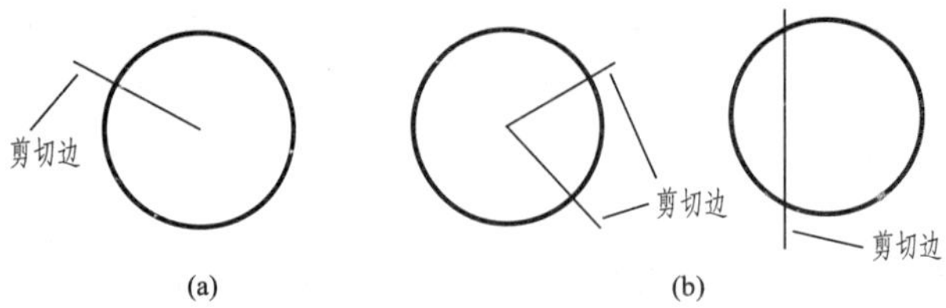

图 10－33 闭合图形的修剪边

（a）剪切边与圆有一个交点；（b）剪切边与圆有两个交点

2. 按住 Shift 键选择要延伸的对象

这是把命令的修剪模式暂时转换为延伸模式，即把剪切边作为延伸边界，而被修剪对象作为被延伸对象。

3. 投影（P）

“投影”选项用于设置修剪对象时 AutoCAD 所使用的投影模式。

4. 边（E）

有些被修剪对象可能与剪切边不相交，但如果把剪切边延伸，被修剪对象就与其相交。

5. 放弃（U）

该选项用于取消 Trim 最近所作的一次修剪。

10.5.7 拉长命令

拉长命令用于改变所选对象的长度以及圆弧的圆心角。它可用来拉长或缩短直线、多段线、椭圆弧和圆弧，对样条曲线只能缩短。拉长命令闭合的对象（如圆、多段线矩形等）只起测量作用，不能改变其长度。

命令输入方式：

（1）下拉菜单：“修改”|“拉长”。

（2）工具栏：单击修改工具栏图标。

（3）命令：Lengthen ↙。

该命令的使用方式有以下几种。

1. 选择对象

这是默认选项，起测量作用。当选择了一个对象后，显示其当前长度值。对于圆弧，还显示其包含的圆心角。

2. 增量（DE）

“增量”选项是给定一个长度的增量或角度增量，用来增加减小选中对象的长度或角度。给定的增量为正值则拉长对象；增量为负值，则缩短对象。对象拉长或缩短的方向与选择对象的位置有关。

3. 百分数（P）

“百分数”选项是设置对象长度后相对于原来长度的百分比，来延长或缩短一个对象。百分比大于 100％为延长对象，小于 100％为缩短对象。如输入 50，则表示改变后的对象长度为原长度的一半；输入 200，则表示改变后的对象长度比原长度长一倍。

4. 全部（T）

“全部”选项通过定义一个新的总长度（或角度）来延长缩短一个对象，从固端点量起，使它的绝对长度（或角度）等于定义的新长度（或角度）。如果原来总长度（或角度）大于新的总长度（或角度），则缩短对象；反之，则延长对象。对象将在最靠近选择点的端点处被延长或缩短。

5. 动态（DY）

“动态”选项用于打开动态拉长或缩短模式。对于这种方式，一旦拾取了对象，远离拾取点一个端点固定不变，靠近拾取点的一个端点随光标的移动而移动，从而可动态地改变对象的长度。对于圆弧和椭圆弧，动态改变以后，圆弧的半径及椭圆弧的形状保持不变。

10.5.8 延伸命令

Extend 命令用于将某个对象延长到与别的对象相交。该命令可延伸的对象包括圆弧、椭圆弧、直线、非闭合的二维和三维多段线等。该命令的操作与 Trim 命令类似，可看做是 Trim 命令的相反命令。

命令输入方式：

(1) 下拉菜单：“修改”|“延伸”。

(2) 工具栏：单击修改工具栏图标。

(3) 命令：Extend↙。

Extend 命令个选项介绍重略，用户可按提示进行操作。

10.5.9 打断

打断命令用于将已经绘制的对象断成两半或剪掉对象上的一部分，可以剪掉对象中间的一部分，也可以把对象的一端剪掉，如图 10-34 所示。打断命令可以断开或剪掉线类样条曲线、矩形、多边形等。

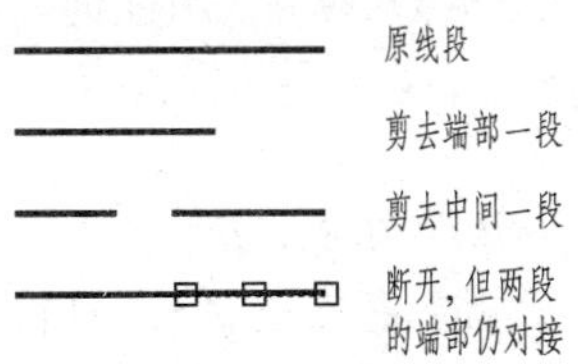

图 10-34　打断示例

命令输入方式：

(1) 下拉菜单：“修改”|“打断”。

(2) 工具栏：单击修改工具栏图标。

(3) 命令：Break↙。

使用拾取的选择方法选择对象，拾取点就成为对象上的第一打断点。命令输入后提示：

选择对象：(在要断开的对象上拾取一点)

指定第二个打断点或［第一点（F)]：(输入另一点)

这是实际绘图的时最常用的方法。

注意：打断命令用于圆时，按逆时针方向剪掉圆上的第一断开点到第二断开点的那段圆弧，因而两点选取顺序不同可能导致不同的结果。

10.5.10 移动

若用户希望将绘制好的对象原样不变（指尺寸和方向）地从一个地方移动到另一个地方，可使用移动命令。

命令输入方式：

(1) 下拉菜单：“修改”|“移动”。

(2) 工具栏：单击修改工具栏图标。

(3) 命令：Move↙或 M↙。

该命令具体操作跟 Copy 命令非常相似，具体方式如下几种。

1. 指定基点、目标点移动

这是在绘图中最常用的方式。这种方式是先选择要移动的对象，选择好对象后回车确认，然后指定一个基准点，接下来再指定移动的目标点。定义好两点后，对象被移动。命令输入后操作如下：

选择对象：（用任何一种选择方式选择对象）

⋮

选择对象：↙

指定基点或位移：（输入一点作为基点）

指定位移的第二点或＜用第一点作位移＞：（输入一点作为移动的目标点）

基点一般选定图形对象的一个特殊点，如角点、圆心等。输入点时，可从键盘键入点的坐标，也可用鼠标在屏幕上拾取。

技巧：为精确定位，用鼠标输入基点，目标点时，可结合使用对象捕捉，即在输入点之前先执行一种对象捕捉方式，然后再输入点。

2. 指定基点、距离移动

这种方式是选择好对象后指定一个基准点，接下来移动光标，使光标橡皮筋的方向为对象移动的方向，对“指定位移的第二点或＜用第一点作位移＞：”的提示输入一个数值，而后按 Enter 键确认，则移动完成。对方向和距离已知的对象移动，这种方法较好。命令输入后提示：

选择对象：（用任何一种选择方式选择对象）

⋮

选择对象：↙

指定基点或位移：（输入一点作为基点）

指定位移的第二点或＜用第一点作位移＞：（键入一个距离值）↙

3. 以点坐标作为位移移动

这种方式是选择好对象后，对“指定基点或位移：”的提示输入一点（可以是直角坐标，也可以是极坐标），而对“指定位移的第二点或者＜用第一点作位移＞：”的提示直接按 Enter 键确认。这时，AutoCAD 把在提示“指定基点或位移：”后输入的点的直角坐标值，作为相对选中对象的横向和纵向移动距离，把输入的点的极坐标值作为相对选中对象的移动距离和角度。命令输入后提示：

选择对象：（用任何一种选择方式选择对象）

⋮

选择对象：↙

指定基点或位移：（输入一点）

指定位移的第二点或＜用第一点作位移＞：↙

有了移动命令，绘图时可以使图形的位置在任何地方，可以随时调整图形之间的间距，甚至可以在图形内部画图。

10.5.11 旋转

使用该命令可将选定的对象旋转一定的角度。

命令输入方式：

(1) 下拉菜单：“修改”|“旋转”。

(2) 工具栏：单击修改工具栏图标。

(3) 命令：Rotate↙。

1. 指定旋转角度

命令输入后提示：

UCS当前的正角方向：ANGDIR=逆时针 ANGBASE=0

选择对象：(用任何一种选择方式选择对象)

⋮

选择对象：↙

指定基点：(输入一点)

指定旋转角度或［参照（R)]：(输入旋转角度）↙

基点一般选定图形对象的一个特殊点，如角点、圆心等。输入点时，可从键盘键入点的坐标，也可用鼠标在屏幕上拾取。旋转角度可从键盘键入，角度为正值，对象按逆时针旋转；角度为负值，对象按顺时针旋转。对旋转角度也可不从键盘键入，而是移动鼠标，随着光标的移动，选中的对象也旋转，待到合适的位置，在屏幕上拾取一点，旋转完成。

2. 参照（R)

这种方式是给定一个参考角度，以此为基础旋转选中对象。

10.5.12 比例缩放命令

使用比例缩放命令可将所选中的对象关于某个基准点沿 X 轴和 Y 轴方向以相同比例放大或缩小，即 X、Y 方向尺寸缩放比例相同，这样缩放后确保不改变原对象的形状。比例缩放改变图形对象的实际尺寸大小，因而如果一个图形已经标注了尺寸（注意，使用的是AutoCAD自动测量的尺寸），对其使用比例缩放命令后，其标注的尺寸大小也会改变。如图10-35所示，把左图放大一倍得到右图，尺寸数字也相应增大一倍。

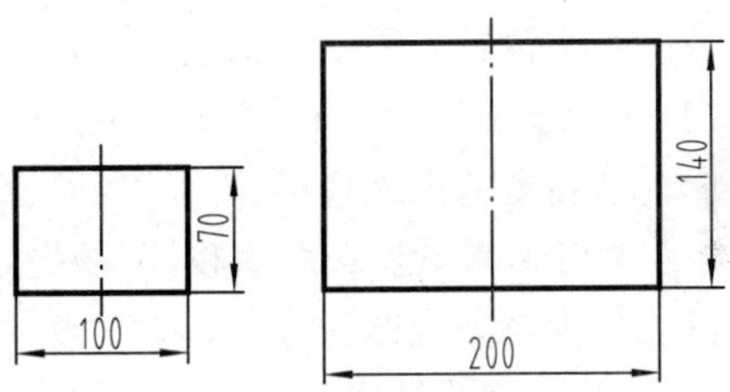

图10-35 “比例缩放”的尺寸改变

命令输入方式：

(1) 下拉菜单：“修改”|“比例”。

(2) 工具栏：单击修改工具栏图标。

(3) 命令：Scale↙。

命令输入后提示：

选择对象：(用任何一种选择方式选择对象)

⋮

选择对象：↙

指定基点：(输入一点)

指定比例因子或［参照（R)]：(键入比例值）↙

比例值小于1，是将原对象缩小；比例值大于1，则是将原对象放大。

10.5.13 拉伸命令

拉伸命令用于拉伸或移动对象。可使用该命令来拉长、缩短对象和改变对象的形状。

命令输入方式：

（1）下拉菜单：“修改”|“拉伸”。

（2）工具栏：单击修改工具栏图标。

（3）命令：Stretch↙。

命令调用后也提示选择对象，对 Stretch 命令的“选择对象：”提示，必须使用交叉窗口（即 Crossing 窗口）或交叉多边形（CPolygon 窗口）选择方法来选择要拉伸的对象。AutoCAD 可以拉伸与选择窗口相交的圆弧、椭圆弧、直线、多段线段、多线、样条曲线、“矩形”命令绘制的矩形、“多边形”命令绘制的多边形等，一次可拉伸多个图形对象。拉伸时只移动窗口里面的端点，而窗口外面的端点不变，如图 10－36 所示。多段线当做一段段直线和圆弧处理。如果对象完全被包围在交叉窗口或交叉多边形窗口内，则 AutoCAD 像使用 Move 命令一样移动选中的对象。

(a) (b)

图 10－36 拉伸示例

（a）拉伸前；（b）拉伸后

命令输入后提示：

以交叉窗口或交叉多边形选择要拉伸的对象...

选择对象：↙

指定基点或位移：（输入一点）

指定位移的第二点：（输入一点）

实际选择对象时，可不用键入选择方式的关键字（C 或 CP），而把光标移动到没有图形对象的合适位置，用鼠标指定一点，命令行出现提示“指定对角点：”，向左移动光标，就会拉出一个 Crossing 窗口，窗口区域内以及与窗口边界相交的对象都会被选中。

对“指定基点或位移：”及“指定位移的第二点：”回答还可采用如下两种方式。

（1）对“指定基点或位移：”的提示指定一个基准点后，接下来移动光标，使光标橡皮筋的方向为对象拉伸的方向，对“指定位移的第二点：”的提示输入一个数值，而后按 Enter 键确认，完成拉伸。这时光标橡皮筋的方向是对象拉伸的方向，输入的数值是没橡皮筋方向的拉伸距离。

（2）对“指定基点或位移：”的提示输入一个点（可以是直角坐标，也可以是极坐标），而对“指定位移的第二点”的提示直接按 Enter 键确认。这时 AutoCAD 把在提示“指定基点或位移：”后输入的点的直角坐标值，作为相对选中对象在选择窗口内的点的横向和纵向拉伸距离；把输入的点的极坐标值，作为相对选中对象在选择窗口内的点的拉伸距离和角度。

这两种方式的用法可参考移动命令 Move。

10.5.14 镜像命令

镜像命令用于将选定的对象作镜像复制，即绘制出关于某条直线完全对称的图形。因此，当图形对称时，只需绘制图形的一半，另一半作镜像即可，如图 10－37 所示。

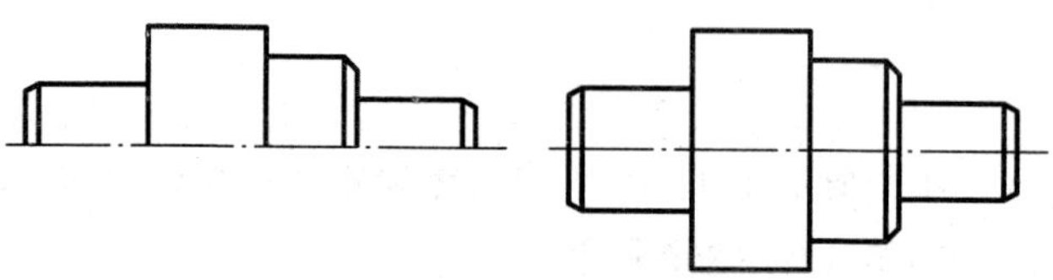

图 10－37 镜像示例

命令输入方式：

（1）下拉菜单：“修改”|“镜像。”

(2) 工具栏：单击修改工具栏图标。

(3) 命令：Mirror↙。

输入命令后，提示用户选择对象和指定镜像线上的两点。为了准确地指定镜像线上的两个点，可以结合对象捕捉，如“捕捉到端点”、“捕捉到最近点”等。

命令输入后提示：

选择对象：(用任何一种选择方式选择对象)

⋮

选择对象：↙

指定镜像线的第一点：(指定镜像线上的一点)

指定镜像线的第二点：(指定镜像线的另一点)

是否删除源对象？[是(Y)/否(N)] <N>：

对提示“是否删除源对象？[是(Y)/否(N)] <N>：”，以“N”响应，表示不删除源对象，绘制一个对称的图形，这也是默认选项；若以“Y”响应，表示删除源对象，只留镜像复制的一份对象。

在默认情况下，文字的镜像和对象一样被颠倒，但有时用户想镜像含文字的对象，而又要保证文字可读且没有被颠倒，用户可设置控制文字镜像样式的系统变量 MIRRTEXT。系统变量 MIRRTEXT 可取 1 和 0 两个值。

MIRRTEXT=1：镜像显示文字，文字被颠倒，是默认值。

MIRRTEXT=0：保持原文字的方向，即文字不被颠倒。

注意：尺寸标注不受系统变量 MIRRTEXT 的影响，镜像时不会颠倒。

10.5.15 阵列命令

使用阵列命令，可以将对象按“矩形”或“环形”方式进行多重复制。

命令输入方式：

(1) 下拉菜单：“修改”|“阵列”。

(2) 工具栏：单击修改工具栏图标。

(3) 命令：Array↙。

命令输入后打开如图 10-38 所示的对话框。

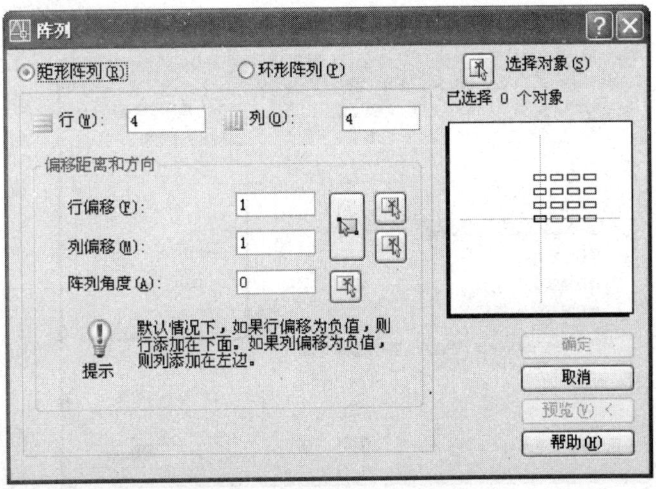

图 10-38 “阵列”对话框

1. 矩形阵列

矩形阵列的步骤如下：

(1) 选中“矩形阵列”单选选项。

(2) 单击“选择对象”按钮选择要阵列的对象，这一步也可在步骤(3)、(4)之间或之后进行。

(3) 在“行”文字框中输入行数，在“列”文字框中输入列数，行数和列数必须为整数。如果行数为 1，列数至少为 2；反之，如果列数为 1，行数至少 2 行，即至少要复制一个对象。

(4) 在“偏移距离和方向”栏中输入行间距和列间距。在“行偏移”文字框输入行间距，在“列偏移”文字框输入列间距。行间距值大于零时，向上排列复制对象；行间距值小于零时，向下排列复制对象。列间距值大于零时，向右排列复制对象；列间距值小于零时，向左排列复制对象。

(5) 如果需要进行旋转了一定角度的矩形阵列，可在“阵列角度”文字框中键入角度值，也可通过用光标指定两个点来定义旋转角度。其方法是：单击“阵列角度”右侧的按钮，对话框暂时关闭，命令行提示：

指定阵列角度：(输入一点)

指定第二点：(输入另一点)

两点间连线与 X 轴的角度就是阵列的旋转角度。两点输入后返回对话框。阵列的方向由第一点向第二点。

(6) 如果需要，可单击“预览”按钮查看效果。

(7) 单击“确定”按钮，完成阵列。

注意：不论用哪种方法输入行、列间距值，原来对象的高度包含在行间距中，宽度包含在列间距中。

图 10 - 39 所示为矩形阵列四行三列示例。

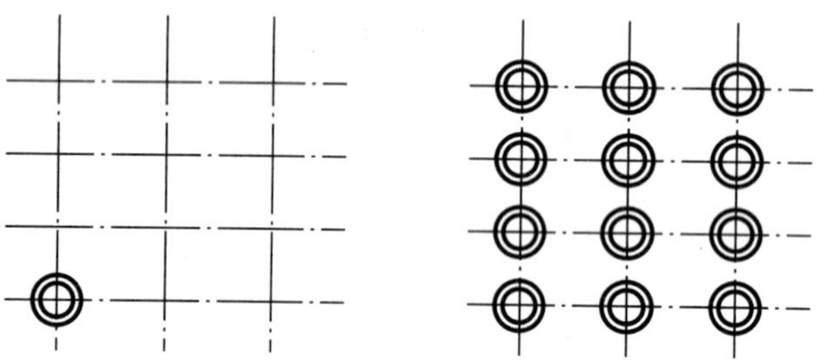

图 10 - 39 矩形阵列四行三列示例

2. 环形阵列

环形阵列的步骤如下：

(1) 选中“环形阵列”，阵列对话框变为如图 10 - 40 所示。

(2) 单击“选择对象”按钮选择要阵列的对象，这一步也可以在步骤 (3)、(4) 之间或之后进行。

(3) 在“中心点”文字框输入阵列中心的 X 坐标和 Y 坐标，或者单击其右侧的按钮，用光标在屏幕上指定一点（必要时可结合对象捕捉），这时对话框暂时关闭，命令行提示：

指定阵列中心点：(输入一点)

中心点输入后返回对话框。

(4) 在“方法和值”栏进行以下操作。

1) 首先选择阵列的方法。方法有三种：项目总数和填充角度，项目总数和项目间的角度，填充角度和项目间的角度。可单击“方法”

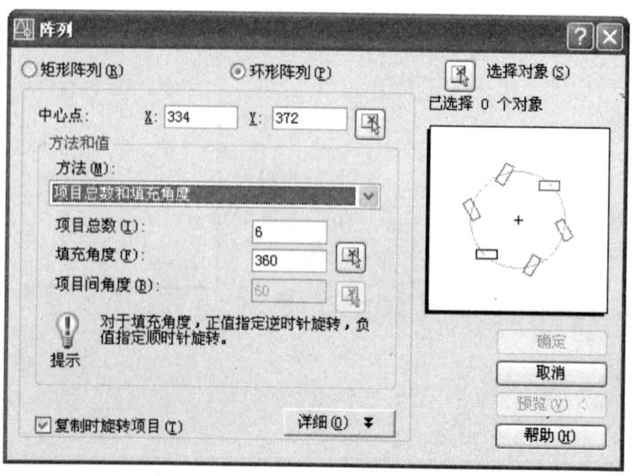

图 10 - 40 环形阵列

下拉列表进行选择。“填充角度”指定围绕阵列圆周要填充的总角度，默认的填充角度值是360°“项目间角度”指阵列后两相邻图形项目之间的角度。

2) 在“项目总数”文字框输入要阵列的图形项目数目（包括原对象）。

3) 在“填充角度”文字框输入要填充的总角度。如果指定的填充角度是一个正值，表示逆时针方向环形阵列；若负值，则按顺时针方向阵列。

4) 如果选择“项目总数和项目间的角度”及“填充角度和项目间的角度”的阵列方法，则“项目间角度”文字框有效，在其中输入阵列后两相邻图形项目间的角度。

(5) 在环形阵列的同时，如果将复制的每一个对象也旋转，选中“复制时旋转项目”复选框，这是默认选项；如果不选，表示复制后的对象不旋转，复制的对象与源对象保持相同的方向。

(6) 如果需要，可单击“预览”按钮查看效果。

(7) 单击“确定”按钮，完成阵列。

图10-41所示为环形阵列示例。

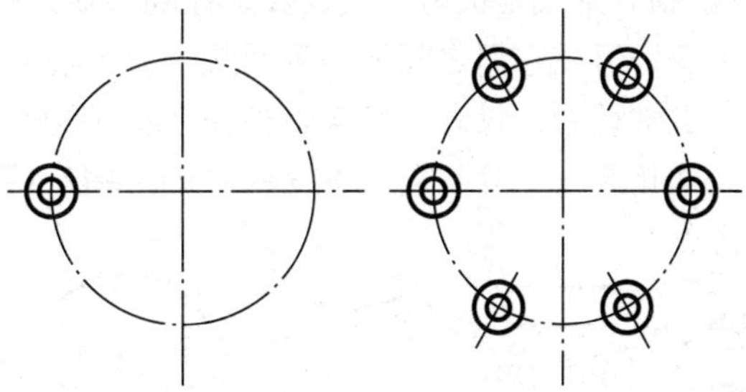

图10-41 环形阵列示例

10.5.16 圆角命令

圆角命令用于将两个对象连接的部分以光滑圆弧过渡，命令执行后在两对象之间新建一段连接圆弧。

命令输入方式：

(1) 下拉菜单：“修改”|“圆角”。

(2) 工具栏：单击修改工具栏图标。

(3) 命令：Fillet↙。

下面介绍命令的各个选项。

1. 半径（R）

进行圆角前，应该先确定圆角半径。每次设置的半径值将作为以后Fillet命令的默认圆角半径。新设置的半径值不影响已经存在的圆角。命令输入后先设置圆角半径再进行圆角的操作过程如下：

当前模式：模式＝修剪，半径＝(当前值)

选择第一个对象或［多段线（P)/半径（R)/修剪（T)］：r↙

指定圆角半径：<10.0000>：(输入圆角半径）↙

选择第一个对象或［多段线（P)/半径（R)/修剪（T)/］：(拾取第一个对象)

选择第二个对象：(拾取第二个对象)

2. 选择第一个对象

这是默认选项。如果用户不用改变圆角半径，直接进行圆角的操作过程如下：

当前模式：模式＝修剪，半径＝(当前值)

选择第一个对象或［多段线（P)/半径（R)/修剪（T)］：(拾取第一个对象)

选择第二个对象：(拾取第二个对象)

Fillet命令可将两平行直线进行圆角，即把两平行线的两端用半圆闭合，半圆的半径是两平行线之间距离的一半，半径是在用户指定两条平行线后 AutoCAD 自动计算出来的，且半圆的起点从所选的第一直线的端点开始，第二条直线被延长或修剪。

3. 多段线（P）

以“P”响应提示“选择第一个对象或［多段线（P)/半径（R)/修剪（T)]:”，可将 Pline 命令画的多段线、Rectang 命令画的多段线矩形、Polygon 命令画的多段线多边形进行圆角。

4. 修剪（T）

“修剪”选项用于确定进行圆角后是否保留原对象与圆角相对应的部分。设置为“修剪”，则对象或是被剪切或是被延伸到圆弧的端点位置；设置为“不修剪”，则原对象保持原样不变，但在它们之间加一条圆弧。命令输入后提示：

当前模式：模式＝修剪，半径＝20.0000

选择第一个对象或［多段线（P)/半径（R)/修剪（T)]：t↙

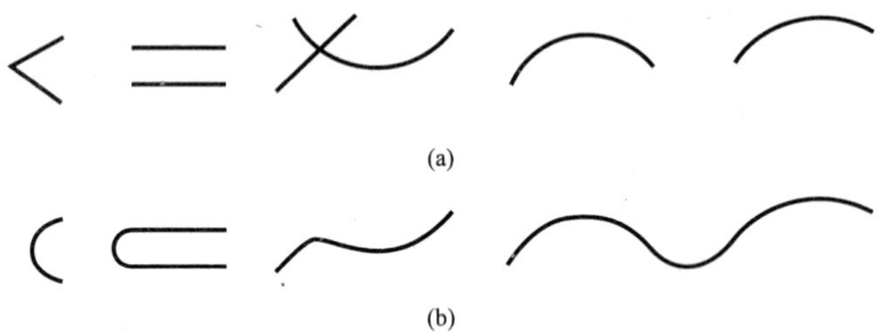

图 10-42　圆角示例

输入修剪模式选项［修剪（T)/不修剪（N)］<修剪>：（键入 N 或 T 之一后按 Enter 键，或直接按 Enter 键不改变设置）

以下又回到提示“选择第一个对象或［多段线（P)/半径（R)/修剪（T)]:”。

图 10-42 所示为圆角示例。

10.5.17　倒角命令

倒角命令可将直线类型的两个不平行的对象（直线、多段线直线、构造线、Rectang 命令画的多段线矩形、Polygon 命令画的多段线多边形等）进行倒角。所谓倒角，就是将两个不平行的对象用一条与两对象都倾斜的直线段来连接。特殊情况是将两个不平行的对象延伸或修剪来使之相交。

命令输入方式：

(1) 下拉菜单：“修改”|“倒角”。

(2) 工具栏：单击修改工具栏图标。

(3) 命令：Chamfer↙。

倒角命令的使用方式与圆角命令的使用方式相似。下面介绍倒角命令的各选项。

1. 距离（D）

进行倒角前应设置或改变倒角距离。倒角由两对象的交点分别到倒角斜线两个端点的距离（即第一倒角距离和第二倒角距离）决定。选项“距离（D)”就是设置和改变倒角距离。命令输入后提示：

（“修剪”模式）当前倒角距离 1＝10.0000，距离 2＝10.0000

选择第一条直线或［多段线（P)/距离（D)/角度（A)/修剪（T)/方法（M)]：d↙

指定第一个倒角距离<10.0000>：（输入第一个倒角距离）↙

指定第二个例角距离<第一个倒角距离>：（输入第二个倒角距离，或直接按 Enter 键确认）

第一倒角距离和第二倒角距离可设置为相同或不同值，如图 10-43（b）所示的 A、B

角。如果两个距离相等，则是45°的倒角；如果把两个倒角距离都设置为0，AutoCAD将延伸或修剪两对象使之相交于一点形成尖角。输入的倒角距离将成为以后Chamfer命令的默认倒角距离，直至将其改变。

2. 选择第一条直线

这是默认选项，选择两条直线型对象进行倒角。命令输入后提示：

（“修剪”模式）当前倒角距离1=10.0000，距离2=10.0000

选择第一条直线或［多段线（P）/距离（D）/角度（A）/修剪（T）/方法（M）］：（选择一条直线或直线型多段线）

选择第二条直线：（选择另一条直线）

选定第二条直线后，命令按当前的两倒角距离及修剪模式进行倒角。

注意：第一倒角距离在先选择的那条线上，第二倒角距离在后选择的那条线上。

3. 多段线（P）

使用Chamfer命令的“多段线（P）”选项，用户可以将一条二维多段线的所有两直线段间的角进行倒角。

4. 角度（A）

“角度（A）”选项是另一种定义倒角的方法，倒角由第一倒角距离和倒角斜线与第一条直线的夹角来定义。第二倒角距离根据夹角自动计算出来，如图10-43（b）所示的D角。

5. 修剪（T）

该选项与圆角命令的“修剪”选项一样，是确定进行倒角后是否保留原对象与倒角相对应的部分，如图10-43（b）所示的C角为不修剪。

6. 方法（M）

前面已经指出了定义倒角可使用两种方法：给定两个倒角距离或指定一个倒角距离和一个倒角斜线角度。“方法（M）”选项可实现两种方法之间切换。

图10-43所示为倒角示例。

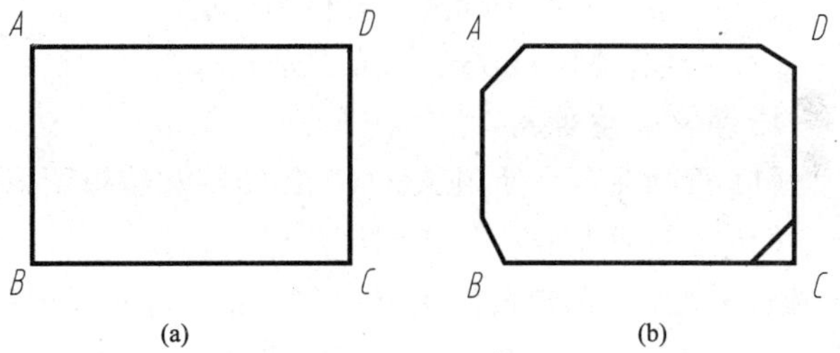

图10-43 倒角示例

(a) 倒角前；(b) 倒角后

10.5.18 分解

分解命令用于分解块参照、填充图案和关联性尺寸标注，使它们变成定义前的各自独立的状态。该命令可使多段线或多段弧线以及多线分解为独立的直线和圆弧对象。

命令输入方式：

（1）下拉菜单：“修改”|“分解”。

（2）工具栏：单击修改工具栏图标。

（3）命令：Explode↙。

10.5.19 实用命令

1. 查询距离

使用查询距离命令可以测量两点之间的距离值。两点可以在屏幕上指定，也可以从键盘上键入。

命令输入方式：

(1) 下拉菜单："工具"|"查询"|"距离"。

(2) 工具栏：单击查询工具栏图标。

(3) 命令：Dist↙

输入第一点、输入第二点后，AutoCAD显示以下数据：两点间的距离（按当前的绘图单位），第一点到第二点的方向与 X 轴之间的角（即 XY 平面中倾角），第一点到第二点的方向与 XY 平面的夹角，第二点相对第一点的 X 增量、Y 增量和 Z 增量。

2. 查询点坐标

使用查询点坐标命令可以查询某个位置点的坐标值。

命令输入方式：

(1) 下拉菜单："工具"|"查询"|"点坐标"。

(2) 工具栏：单击查询工具栏图标。

(3) 命令：ID↙。

AutoCAD在命令行显示当前用户工作坐标系中该点的 X、Y、Z 坐标值。

3. 特性匹配

可使用特性匹配命令将一个对象上的特性复制到另一个对象或更多的对象上。此项功能形象地被称为特性刷。利用特性刷可以很快地改变对象的特性。

命令输入方式：

(1) 下拉菜单："修改"|"特性匹配"。

(2) 工具栏：单击标准工具栏图标。

(3) 命令：Matchprop↙或 Painter↙。

4. 重画和重生成

(1) 重画命令。使用AutoCAD绘图和编辑图形的时候，在屏幕上指定点时会留下一些十字标记，这些信息标记表明用户已经选择的点，它们并不是图形上的对象元素。为了不影响图形的浏览，用户可使用重画命令除去这些标记并刷新屏幕。另外，当所见到的图形不完整时，也可以使用该命令。例如，两条线重合在一起并擦去了一条，好像另一条也被擦去了，这时应该使用重画命令。

使用重画命令没有提示信息，命令行只显示命令名。

命令输入方式：

下拉菜单："视图"|"重画"。

命令：Redrawall↙或 'Redrawall↙（透明使用）。

命令：Redraw↙或 'Redraw↙（透明使用）。

其中，Redraw为重画命令，Redrawall为全部重画命令，它们的功能基本相同。只是Redraw命令只刷新当前视口的图形显示，而Redrawall命令可刷新所有视口，通常用于用户定义了多个视口时的情况。

实际上，缩放命令Zoom和删格显示命令Grid等也有重画功能。

(2) 重生成命令。

1) 重生成命令。AutoCAD使用Regen命令重新生成图形来刷新当前图形。所谓重生成是指AutoCAD重新计算所有对象的屏幕坐标，并重新生成整个图形，同时对图形数据库重新索引以优化图形显示和对象选择操作。

一般地，如果使用重画命令后仍不能正确地反映图形时使用重生成命令。例如，图形放大很多倍后一些圆、圆弧对象可能显示不光滑，呈棱角显示，使用Regen可使其光滑显示。

重生成命令没有提示信息，命令行只显示命令名。

命令输入方式：

下拉菜单："视图"|"重生成"。

命令：Regen↙。

2）全部重生成命令。全部重生成命令Regenall的功能和Regen命令一样，只不过调用该命令后，AutoCAD重新生成所有视口中的图形对象并重新索引图形数据库。全部重生成命令也没有提示信息。命令输入方式：

下拉菜单："视图"|"全部重生成"。

命令：Regenall↙。

10.6 文字标注与编辑

10.6.1 文字样式

在图样中，有时需要不同形式的文字，如黑体、斜体、字母、汉字等。在添加文字、字母前，要先设置文字样式。文字样式与字体是不同的概念。在AutoCAD中，字体是用来绘制文本字符的模式，是由字体文件定义好的；文字样式就是把某种字体进行某种处理（如倾斜一定的角度、反向、颠倒等）而得到的符号形式。字体决定输入文字的文字样式，同一种字体可以定义多种文字样式。在AutoCAD中，有多种字体可供选择，字体可以选用AutoCAD的形字体文件（通常后缀为.shx），也可以使用Windows系统的真字体（如宋体、楷体）。用户要使用哪种字体应将该字体定义为一种文字样式，并将该文字样式设置为当前样式。

设置文字样式可在"文字样式"对话框（见图10-44）中进行。

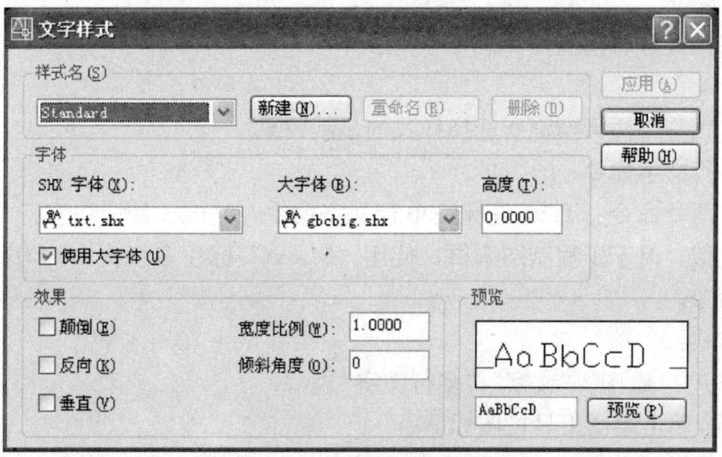

图10-44 "文字样式"对话框

命令输入方式：

(1) 下拉菜单：“格式”|“文字样式”。

(2) 命令：Style↙（该命令也可以透明使用）。

当前文字样式显示在“文字样式”对话框中“样式名”栏的文字框中。在用户没有创建新的文字样式时，对话框的“样式名”文字框显示默认的标准样式名 Standard 它使用的字体为 txt. shx 形文件，高度为 0，宽度比例为 1，如图 10－44 所示。

1. 创建新文字样式

要创建一种新文字样式，单击“文字样式”对话框中“字体”栏的“字体”下拉列表，选择一种字体，如果文字样式需要修饰效果，在“效果”栏选中或改变其中的某些项。点击“样式名”栏的“新建”按钮，AutoCAD 弹出“新建文字样式”对话框，如图 10－45 所示，用户可用其默认的样式名，也可输入自己想要的样式名。点击“确定”按钮，回到“文字样式”对话框，一种新文字样式既被创建，这时“样式名”栏文字框中显示的是新建文字样式名。

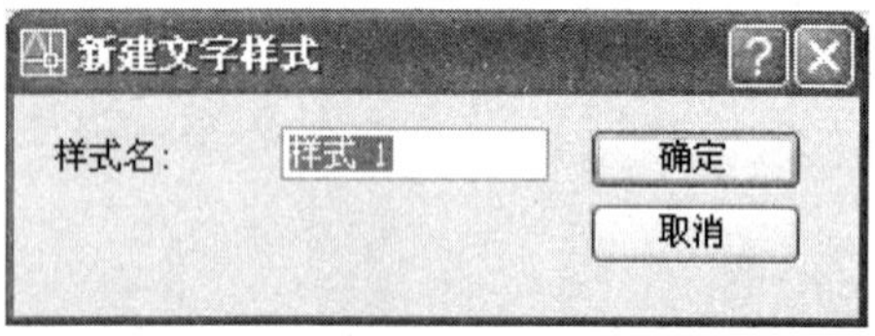

图 10－45 “新建文字样式”对话框

2. 文字样式改名

从对话框的“样式名”下拉列表中选中要改名的文字样式，使其显示在“样式名”文字框中，然后单击“重命名”按钮，弹出“重命名文字样式”对话框，输入新的名称单击“确定”按钮即可。

3. 删除文字样式

可从对话框的“样式名”下拉列表中删除一些没用的文字样式。

4. 文字高度

可在“字体”栏的“高度”框中设置文字的高度。

5. 文字效果设置

可以通过“文字样式”对话框的“效果”栏设置文字的宽度比例、倾斜角度、垂直、反向、颠倒等效果。这些效果对单行文本命令全部有效。

6. “关闭”按钮

关闭“文字样式”对话框。

7. 预览

对话框中“预览”栏可预览所选择样式的显示效果。

10.6.2 多行文字命令

标注文本有两种命令：Text 是标注单行文字命令，Mtext 是标注多行文本命令。两种命令操作方法类似，对于工程制图来讲，使用“Mtext”标注多行文本较为适宜。本书主要讲解多行文字命令。

命令输入方式：

(1) 下拉菜单：“绘图”|“文字”|“多行文字”。

(2) 工具栏：单击绘图工具栏图标 A。

(3) 命令：Mtext↙。

命令输入后提示：

当前文字样式："Standard"　　当前文字高度：2.5

指定第一角点：(指定第一点)

指定对角点或［高度（H)/对正（J)/行距（L)/旋转（R)/样式（S)/(宽度）W]：(指定对角点）

用户定义好文字边界框的位置和大小后，AutoCAD 弹出如图 10－46 所示的“多行文字编辑器”对话框。多行文字编辑器相当于一个文字处理软件，通过它可以创建或修改多行文字对象，从其他文件输入或粘贴文字。多行文字编辑器显示一个顶部带有标尺的边框和“文字格式”工具栏。

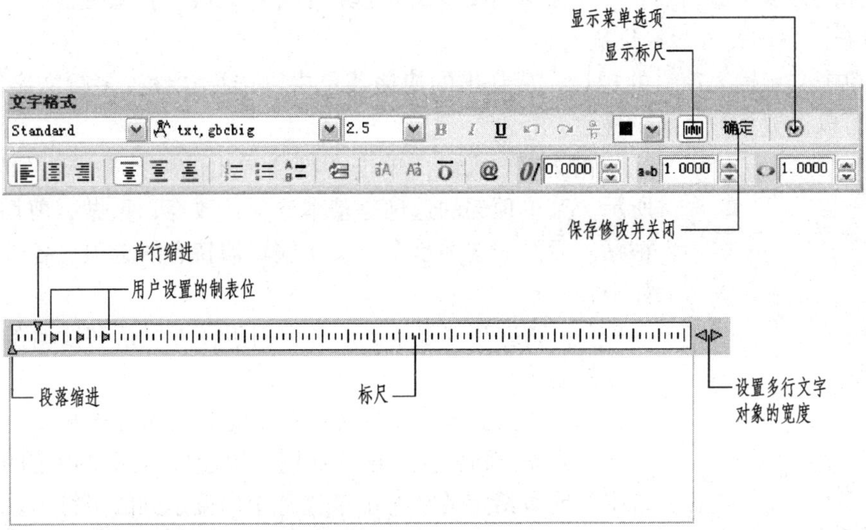

图 10－46 “多行文字编辑器”对话框

1.“文字格式”工具栏

“文字格式”工具栏控制多行文字对象的字体样式和选定文字的字符格式。如果要改变当前多行文字的格式，必须先选中所要改变的文字。选择文字字符可采用以下方法：①将光标移动到要选择文字的起始处，然后按住鼠标左键拖动到要选择文字的端点处，则光标掠过的文字被选中，被选中的文字呈高亮度显示；②双击某个字则选中该字；③连续三次点击某个段落，则选中该段文字。

(1)“文字样式”下拉列表。单击该下拉列表选择一种文字样式，该样式将显示在下拉列表的“文字样式”框中。

(2)“字体”下拉列表。从该下拉列表中选择一种字体，用于给新输入的文字指定字体，或改变所选中文字体。

(3)“字体高度”下拉列表。从该下拉列表选择一个高度值或键入一个数值，用于给新输入的文字指定字符高度或改变选中字符的高度。AutoCAD 将该值保留在列表中，直到用户改变它。字体高度的默认值取决于文字样式中设置的高度。

(4)“黑体（B)”、“斜体（I)”、“下划体（U)”按钮。用于给选中的字符加黑体、斜体修饰和生成带下划线的文字。但行字体（.shx）不支持粗体和斜体文字。

(5)“放弃”按钮。取消前一步对字符的操作，或按 Ctrl＋Z 键。

（6）“堆叠/非堆叠”按钮。该按钮用于创建堆叠文字，即将文字框中含有“^”字符的前后文字转化为上下并排形式重叠显示，将含有“/”字符的前后文字转换成分子分母的表示方式，将含有“#”字符的前后文字转换为被斜线分开的分数。堆叠方法是先选中要堆叠的文字然后单击“堆叠”按钮。

（7）“文字颜色”下拉列表。用于改变选中字符的颜色。先选中要改变颜色的文字，然后单击颜色列表，从中选择一种颜色，或选择“选择颜色”选项，打开“颜色对话框”从中选择颜色。

（8）确定。关闭多行文字编辑器并保存所做的任何修改。也可以在编辑器外的图形中单击以保存修改并退出编辑器。要关闭多行文字编辑器并不保存修改，按 Esc 键。

2. 多行文字编辑器右键快捷菜单

右键单击文字输入窗口的标尺，从弹出的快捷菜单中，选择“设置多行文字宽度...”子命令，可以设置多行文字的宽度。

图 10-47 多行文字编辑器右键快捷菜单

在文字输入窗口单击右键会弹出的快捷菜单，如图 10-47 所示。菜单顶部的选项是基本选项：放弃、重做、剪切、复制和粘贴。后面的选项是多行文字编辑器特有的选项。各选项的功能如下：

（1）缩进和制表位。该选项用于设置段落和段落的首行缩进并设置制表位。

（2）对正。设置多行文字对象的对正和对齐方式。

（3）查找和替换。该选项用于快速搜索用户指定的字符或字符串，或者给定的字符串来代替用户搜索到的字符串。

（4）全部选择。选择多行文字对象的所有文字。

（5）改变大小写。改变选定文字的大小写。

（6）自动大小。将所有新输入的文字转换成大写。

（7）删除格式。清除选定文字的粗体、斜体或下划线格式。

（8）合并段落。将选定的段落合并为一段并用空格替换每段的回车。

（9）堆叠/非堆叠。如果输入的文字包含堆叠字符，并且已经把要堆叠文字选中，单击右键，右键菜单中有“堆叠”选项，否则右键快捷菜单中没有该选项。如果输入的文字已经堆叠，并且已经把堆叠文字选中，单击右键，右键快捷菜单中有“非堆叠”选项。如果选定的文字中包含堆叠字符，则堆叠文字；如果选择的是堆叠文字，则取消堆叠。

（10）符号。符号菜单，如图 10-48 所示，用户可用它输入一些如度（°）、正负号（±）、直径（ϕ）等特殊符号。

（11）输入文字。对于已经输入到计算机中的“.rtf”和“.txt”类型的文件，可以通过“输入文字”菜单项插入到 AutoCAD 中。

（12）帮助。显示“帮助”系统中的 Mtext 主题。

10.6.3　绘制特殊字符

在书写文字或尺寸标注常常遇到一些如度（°）、正负号（±）、直径（ϕ）等特殊符号的书写，或给文字加上下划线、上下线等修饰。这些特殊符号不能从键盘直接输入。在 AutoCAD 中提供了各种控制代码来输入这些符号，控制代码由两个“%”号加上一个字符组成。

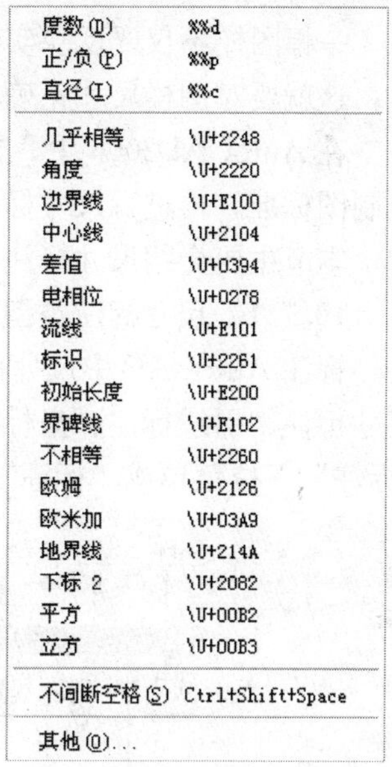

图 10－48　符号菜单

(1) %%D——度（°）。

(2) %%C——直径（ϕ）。

(3) %%U——文字下划线开/关。

(4) %%O——文字上划线开/关。

(5) %%P——正负号（±）。

说明：

(1) %%U 文字下划线开关总是成对出现，第一次出现是表示下划线开始，第二次出现是表示下划线结束。%%O 用法相同。

(2) 用户在输入这些特殊符号时，在 Text 命令结束前屏幕上原样显示控制代码，直到命令正常结束，AutoCAD 才重新生成图形显示特殊符号。例如，输入%%D 时，显示“%%D”，命令完成后，%%D 代码被特殊符号“°”所代替。

10.6.4　编辑文字对象

1. 编辑文字

与对象一样，文字对象也可以移动、旋转、删除、复制及镜像。镜相时，若系统变量 MIRRTEXT＝1，镜相后的文字反向排列；若 MIRRTEXT＝0，镜相后的文字保持原样。

2. 修改文字内容

如果仅仅是想修改文字的内容等简单特性，可使用 Ddedit 命令。命令输入方式：

(1) 下拉菜单：“修改”|“对象”|“文字”|“编辑”。

(2) 工具栏：单击文字工具栏图标。

(3) 快捷菜单：在没有命令激活状态下，先选择要修改的文字对象，然后从鼠标右键快捷菜单中选择“编辑多行文字...”选项。(快捷菜单在“选项”对话框的“用户系统配置”选项卡中选中“绘图区域中使用快捷菜单”时才能使用)

(4) 命令：Ddedit↙。

命令调用后，AutoCAD 提示：

选择注释对象或［放弃（U)］：

如果用户选择的是使用 Mtext 命令创建文字对象，则 AutoCAD 弹出的是“多行文字编辑器”，在编辑器文字框中显示选中的文字对象内容，用户可对文字的内容、使用的字体、文字高度、使用的样式、宽度等项目进行修改。

退出上述的对话框后，AutoCAD 会继续出现提示“选择注释对象或［放弃（U)］:”，选择“放弃”选项将撤消最后进行的编辑，直接按 Enter 键则结束命令提示。

10.7 尺 寸 标 注

一幅图样不仅要反映实物的形状，还要反映物体各部分的真实大小和它们之间的确切位置，这就要对图样尺寸正确、合理尺寸标注。

在 AutoCAD2006 中，首先要了解尺寸标注的类型，然后设置合理的尺寸标注样式以符合制图标准，再进行尺寸标注。

本节主要介绍尺寸标注类型、尺寸标注样式的设置、尺寸的编辑及修改。

10.7.1 尺寸标注类型

标注 AutoCAD 中尺寸标注可分为线性尺寸标注、角度尺寸标注、半径尺寸标注、直径尺寸标注、引线标注、坐标尺寸标注、连续标注、对齐标注等多种类型。用户可根据需要从“标注”下拉菜单或“标注”工具栏中选择相应的命令进行标注，如图 10-49 所示。

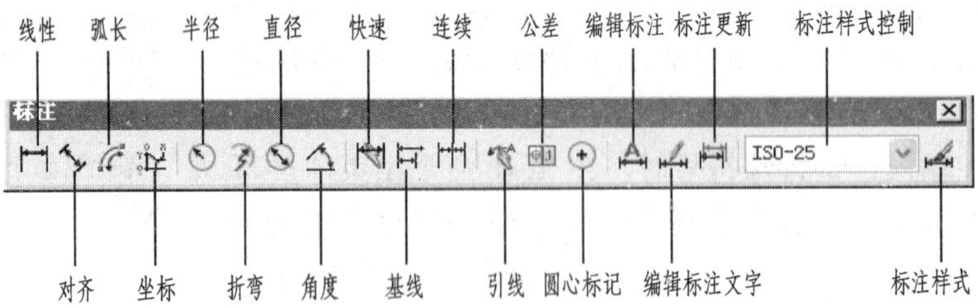

图 10-49 “标注”工具栏

1. 线性标注

线性标注指标注水平尺寸、垂直尺寸和以指定角度旋转的线性尺寸。

命令输入方式

(1) 下拉菜单：“标注”|“线性”。

(2) 工具栏：单击标注工具栏图标。

(3) 命令：Dimlinear↙或 Dimlin↙。

命令输入后提示：

指定第一条尺寸界线起点或<选择对象>：(指定第一条尺寸界线的起点或按 Enter 键)

在此提示下，可以通过指定尺寸界线起点的方式标注尺寸，也可以直接选择对象的方式标注尺寸。

(1) 指定尺寸界线起点。此方法是指定两条尺寸界线的起点。指定一个点后，AutoCAD 以此点作为第一条尺寸界线的起点。接下来提示：

指定第二条尺寸界线起点：(输入第二条尺寸界线的起点)

指定尺寸线位置或［多行文字 (M)/文字 (T)/角度 (A)/水平 (H)/垂直 (V)/旋转 (R)］：(指定尺寸线的位置或键入一个选项后按 Enter 键)

当该提示出现后，光标的一条线与尺寸线重合，移动光标，可动态地带动尺寸线、尺寸数字移动，也可使尺寸界线伸长或缩短。

如果用户指定了同一水平线上的两个点，向该水平线的上方或下方移动光标，到合适的位置按鼠标左键输入一点，则是标注水平尺寸。如果用户指定了同一垂直线上的两个点，向该垂直线的左边或右边移动光标，到合适的位置按鼠标左键输入一点，则是标注垂直尺寸。当所指定的两个点既不在同一条水平线上也不在同一条垂直线上时，是标注水平尺寸还是标注垂直尺寸由光标移动的方向确定。

图 10－50 所示为线性尺寸标注示例。

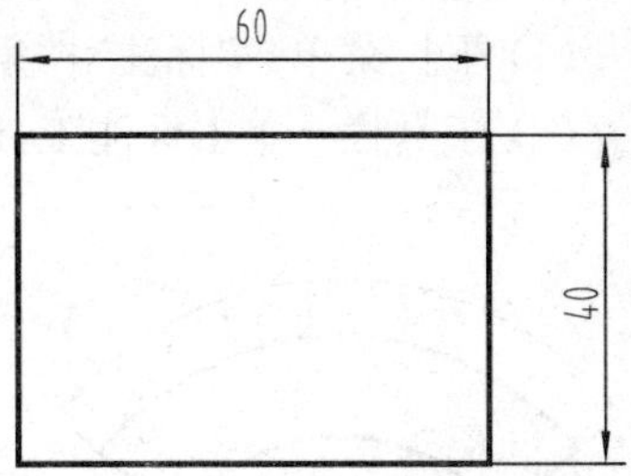

图 10－50　线性尺寸标注示例

下面对提示“指定尺寸线位置或［多行文字（M)/文字/(T) 角度（A)/水平（H) 垂直（V)/旋转（R)]:”的各项进行说明。

1）指定尺寸线位置。这是默认选项，要求确定尺寸线的位置。用鼠标在合适的位置指定一点，尺寸线通过该点且 AutoCAD 按自动测量出的长度标出相应的尺寸文字。如果在尺寸界线间有足够的空间，尺寸文字、尺寸线和箭头是在两条尺寸界线之间还是外部，视标注样式而定；如果尺寸文字在两条尺寸界线之外，则是放置其靠近第二条尺寸界线处。

2）多行文字（M)。使用该选项是打开“多行文字编辑器”来输入文字、设置和改变字体、高度等。默认情况下，编辑器的文字框里关联标注“<>”代码，该代码包含两尺寸界线间的 AutoCAD 自动测量尺寸。用户可以在“<>”代码前后键入文字给标注添加前缀和后缀；也可以删除“<>”代码输入新的文字，即不使用 AutoCAD 自动测量的数字，而改用用户输入的数字。

3）文字（T)。该选项与“多行文字”选项类似，用于输入用户自己所需的尺寸文字，只是尺寸文字是在命令行输入，且以单行的文字来替代 AutoCAD 自动测量的数字。

4）角度（A)。用于设置尺寸文字的旋转角度值。输入一个正值，尺寸文字由竖直方向逆时针旋转一个角度；输入一个负值，尺寸文字由竖直方向顺时针旋转一个角度。

5）水平（H)。该选项限定只进行水平尺寸标注，而不管尺寸线定位于什么位置。

6）垂直（V)。该选项限定只进行垂直尺寸标注，而不管尺寸线定位于什么位置。

7）旋转（R)。使用该选项，用户可以创建一个旋转特定角度的旋转尺寸标注。

(2) 选择标注对象。若在提示“指定第一条尺寸界线起点或<选择对象>:”时直接按 Enter 键，则是按选择对象的方式来进行尺寸标注。

2. 对齐标注

若要标注一个有一定倾斜角度、不平行于 X 轴或 Y 轴的对象时，应该使用对齐标注方式。对齐标注方式标注的是两个尺寸界线起点之间的真实距离，因而两条尺寸界线总是等长的。

对其标注的操作和线性标注相似。

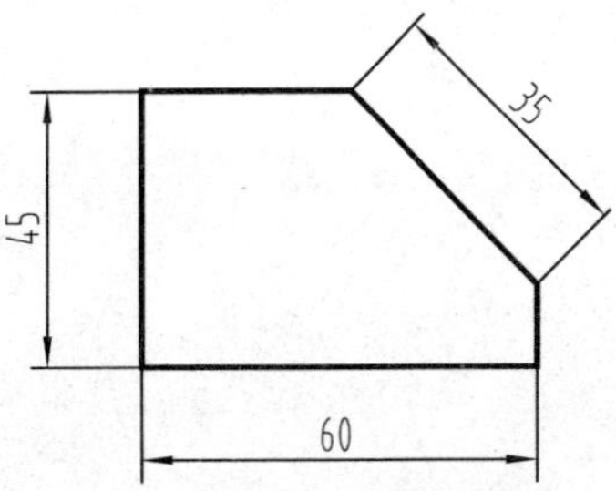

图 10－51　对齐尺寸标注示例

命令输入方式：

(1) 下拉菜单：“标注”|“对齐”。

(2) 工具栏：单击标注工具栏图标。

(3) 命令：Dimaligned↙。

图 10－51 所示为对齐尺寸标注示例。

3. 角度标注

角度标注用于标注两条非平行直线的夹角、圆弧（可以是圆上的一段弧）的角度值以及三点（一个角顶点和两个点）确定的角度。

命令输入方式：

(1) 下拉菜单："标注"|"角度"。

(2) 工具栏：单击标注工具栏图标。

(3) 命令：Dimangular ↙。

图 10－52 所示为角度尺寸标注示例。

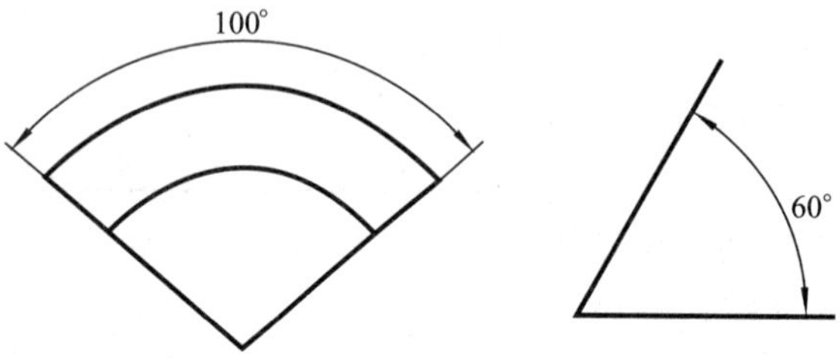

图 10－52 角度尺寸标注示例

4. 基线标注

在标注图样时，可能需要以同一个点作为标注尺寸的起点。也就是说，若干个尺寸有相同的第一尺寸界线起点，各个尺寸线相互平行，呈"并联标注"形式。

命令输入方式：

(1) 下拉菜单："标注"|"基线"。

(2) 单击标注工具栏图标。

(3) 命令：Dimbaseline ↙。

5. 连续标注

连续标注与基线标注类似，不同的是基线标注是基于相同的标注起点，而连续标注是把前一尺寸的第二条尺寸界线作为下一个连续标注的第一条尺寸界线，并且所有尺寸线在同一直线上，呈"串联标注"形式。

命令输入方式：

(1) 下拉菜单："标注"|"连续"。

(2) 工具栏：单击标注工具栏图标。

(3) 命令：Dimcontinue ↙。

6. 半径尺寸标注

半径尺寸标注用来标注圆或圆弧的半径值。半径尺寸标注由带一个箭头指向圆或圆弧的半径尺寸线和一前面带有字母"*R*"的尺寸文字组成，*R* 表示半径标注。半径尺寸标注示例如图 10－53 所示。

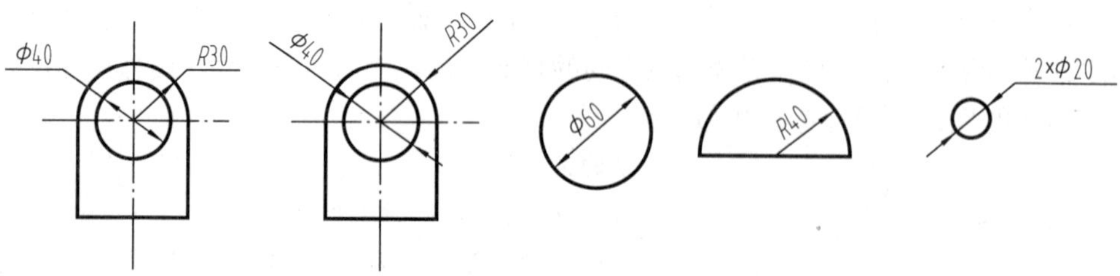

图 10－53 半径、直径尺寸标注示例

命令输入方式：

(1) 下拉菜单："标注"|"半径"。

(2) 工具栏：单击标注工具栏图标。

(3) 命令：Dimradius ↙。

7. 直径尺寸标注

直径尺寸标注用来标注圆或圆弧的直径值。直径标注与半径标注相似，只是在直径尺寸数字的前面有直径符号“ϕ”。直径尺寸标注示例如图 10-53 所示。

命令输入方式：

(1) 下拉菜单：“标注”|“直径”。

(2) 工具栏：单击标注工具栏图标。

(3) 命令：Dimdiameter↙。

8. 尺寸公差标注

在机械设计中，公差和配合将决定加工后的零件能否正确地装配，所以尺寸公差的标注也是非常重要的。尺寸公差的标注形式主要有极限偏差、极限尺寸、对称偏差、基本尺寸等。尺寸公差是随着尺寸一起标注的。

是否标注尺寸公差及公差的形式和公差值可通过“标注样式管理器”来设置。

要注意的是，如果图中带有相同公差要求的尺寸较多，应该单独设置一种公差标注样式，以便快捷标注。如果图中带有相同公差要求的尺寸不多，可以用“标注样式管理器”的“替代”按钮建立临时的标注样式。也可以不设置公差标注样式，而是在标注尺寸时直接利用标注命令“多行文字”选项，打开“多行文字编辑器”，输入尺寸及公差。对于对称形式的公差，可利用“符号”下拉列表中的“%%P”标注正负号；对于极限偏差和极限尺寸，在上下偏差（或最大、最小极限尺寸）之间键入一个“^”；先选中尺寸数字，再单击“堆叠”按钮，也能标注极限偏差和极限尺寸。

9. 快速引线标注

图形中可能有一些说明或解释，并需要用引线将其同被说明部位连接起来，快速引线命令可以实现这一功能。命令输入方式：

(1) 下拉菜单：“标注”|“引线”。

(2) 工具栏：单击标注工具栏图标。

(3) 命令：Qleader↙。

命令输入后提示：

指定第一个引线点或［设置（S）］＜设置＞：

该提示的两个选项解释如下：

(1) 指定第一条引线点。这是指定指引线的第一点（即箭头起点），是默认选项，开始进行指引线标注。接下来提示：

指定下一点：

指定下一点：

指定文字宽度＜0＞：

输入注释文字的第一行＜多行文字（M）＞：

在上述的操作中，默认的指引线为三点确定（即两折），对于“指定文字宽度＜0＞：”的提示，可以输入一个宽度值；也可以指定一点，该点到指引线的最后一点的距离为文字宽度；若直接按 Enter 键，默认文字宽度为 0，则是文字宽度“不换行”，即不限定文字宽度。

对于“输入注释文字的第一行＜多行文字（M）＞：”提示，直接输入文字则是在命令行输入文字；若是直接按 Enter 键，则弹出多行文字编辑器，可以使用编辑器输入注释文字，文字输入完毕确定后不再出现“输入注释文字的下一行:”的提示。

(2) 设置 (S)。在提示“指定第一个引线点或 [设置 (S)] <设置>:”时直接按 Enter 键或键入 S 回车，则是进行引线设置，系统弹出“引线设置”对话框，如图 10-54 所示。

下面对图 10-54 所示对话框中的各选项卡功能进行介绍。

1)“注释”选项卡。通过该选项卡，用户可设置注释文字的类型，定义多行文字选项，并指明是否重复使用前一标注文字。

2)“引线和箭头”选项卡。该选项卡用于设置引线和箭头的样式，如图 10-55 所示。

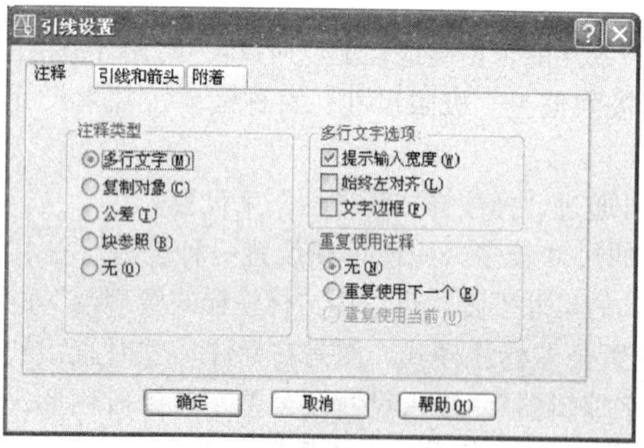

图 10-54 “注释”选项卡

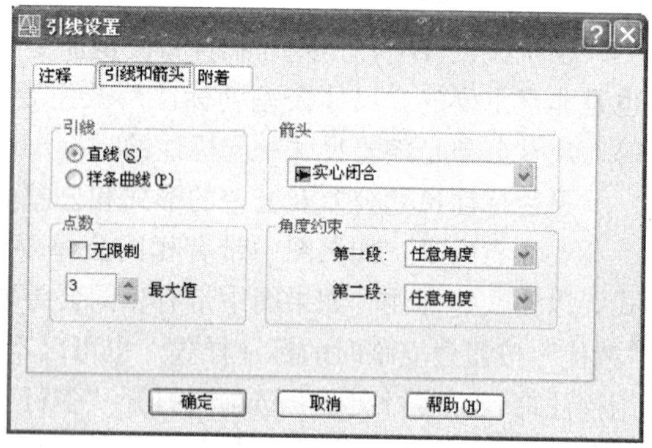

图 10-55 “引线和箭头”选项卡

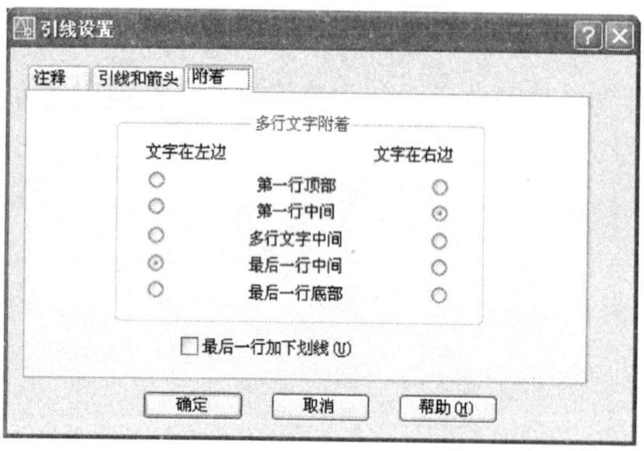

图 10-56 “附着”选项卡

3)“附着”选项卡。该选项卡用于设置引线和文字注释的位置关系，如图 10-56 所示。

10. 形位公差标注

形位公差反映零件的各部分几何形状和相对位置与其理想形状和相对位置的变动量，如果零件有要求，也必须注出。

如果形位公差的标注不包括指引线，命令输入方式如下：

(1) 下拉菜单：“标注”|“公差”。

(2) 工具栏：单击标注工具栏图标。

(3) 命令：Tolerance↙。

命令输入后，系统弹出“形位公差”对话框，如图 10-57 所示。

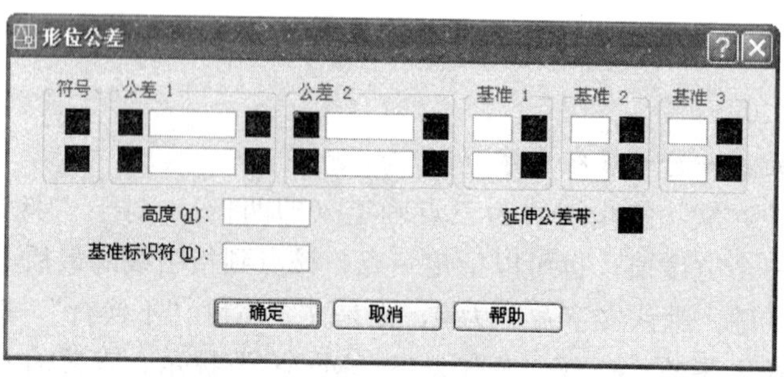

图 10-57 “形位公差”对话框

该对话框实际上是一个放大了的形位公差框，包含了一个形位公差的全部组成。其使用方法如下：

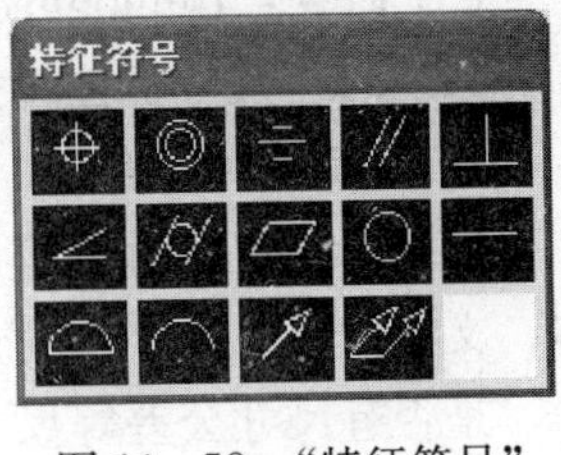

图 10－58 “特征符号”对话框

(1) 在“符号”栏选择形位公差符号，单击黑框，系统弹出“特征符号”对话框，如图 10－58 所示，在其中选择一个符号或点取其中的空白框即可关闭此对话框。

(2) 在“公差 1”栏输入公差值。单击左边黑框加入直径公差带符号。如果需要，单击右边黑框给公差添加有关符号，系统弹出“包容条件”对话框，从中选择一个符号或点取其中的空白框可关闭此对话框。对“公差 2”栏同样操作。

(3) 在“基准 1”、“基准 2”或“基准 3”框中，键入位置公差基准字母，如果需要，单击右边黑框加上基准有关符号。

下面所列“高度”、“投影公差带”、“基准标识符”选项在我国的公差标准中不使用。

11. 坐标标注

坐标标注是基于原点（称作基准点），标注图形当中任意点的 X 或 Y 坐标值，即所有标注都是相对于一个基准点而言，因而也称为数值标注。

12. 圆心标记和中心线

用户可以使用圆心标记命令来指明圆或圆弧的中心位置，或者给圆或圆弧绘制圆心标记和中心线。

13. 快速标注

所谓快速标注是指，只要进行连续简单的选择对象，就可自动地给多个对象一次性进行尺寸标注。快速标注是一个交互式、动态、自动化的尺寸标注生成器，通过命令的选项或快捷菜单可选择连续、基线、坐标、包容等标注方式。

14. 弧长标注

用于测量圆弧或多段线弧线段上的距离。其典型用法包括测量凸轮的距离或表示电缆的长度。为区别它们是线性标注还是角度标注，默认情况下，弧长标注将显示一个圆弧符号。用户可以在“标注样式”中“符号和箭头”选项卡中更改弧长标注的位置样式。弧长标注示例如图 10－59（a）所示。命令输入方式：

(1) 下拉菜单：“标注”|“弧长”。

(2) 工具栏：单击标注工具栏图标。

(3) 命令：Dimarc↙。

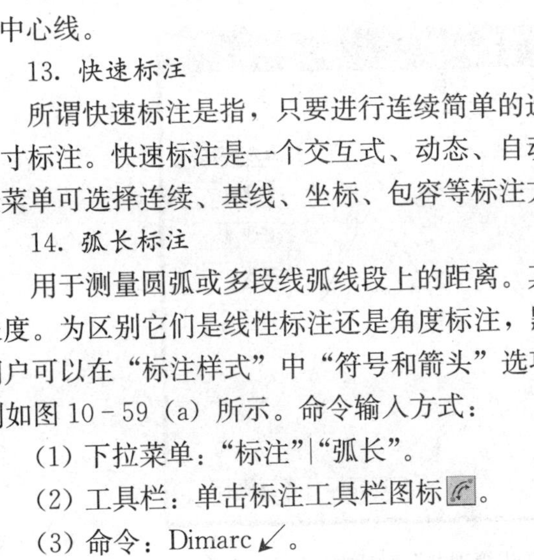

图 10－59 弧长和折弯半径标注示例

15. 折弯半径标注

当圆弧或圆的中心位于布局外并且无法显示在其实际位置时，使用者可以创建折弯半径标注（也称为缩略的半径标注），可以在更方便的位置指定标注的原点。用户可以在“标注样式”中“符号和箭头”选项卡中控制折弯的默认角度。折弯半径标注示例如图 10－59（b）所示。命令输入方式：

(1) 下拉菜单：“标注”|“折弯”。

（2）工具栏：单击标注工具栏图标。

（3）命令：Dimjogged↙。

10.7.2　尺寸标注样式的设置

1．标注样式管理器

实际标注尺寸时，应该首先设置尺寸标注样式。标注样式指使用什么样的标注文字字体、文字位置、文字高度、箭头样式和大小、尺寸界线的偏移距离以及超出尺寸线的延伸量，是否有尺寸公差等尺寸标注的特性。用户通过“标注样式管理器”对话框来设置和管理标注样式，AutoCAD 中默认的尺寸标注样式是 ISO－25。一般来说，一张图样应该设置几种标注样式。

命令输入方式：

（1）下拉菜单：“格式”|“标注样式”。

（2）工具栏：单击标注工具栏图标。

（3）命令：Dimstyle↙。

“标注样式管理器”对话框（见图 10－60）用于预览和编辑标注的各项特性。在对话框中包含样示预览窗口，对标注样式作出的更改可以实时快捷地通过“预览”窗口反映出来，方便用户操作。除此之外，使用“标注样式管理器”可以创建新标注样式、修改已存在的标注样式、替代某一标注样式、比较不同的标注样式、重新命名标注样式、删除标注样式等。

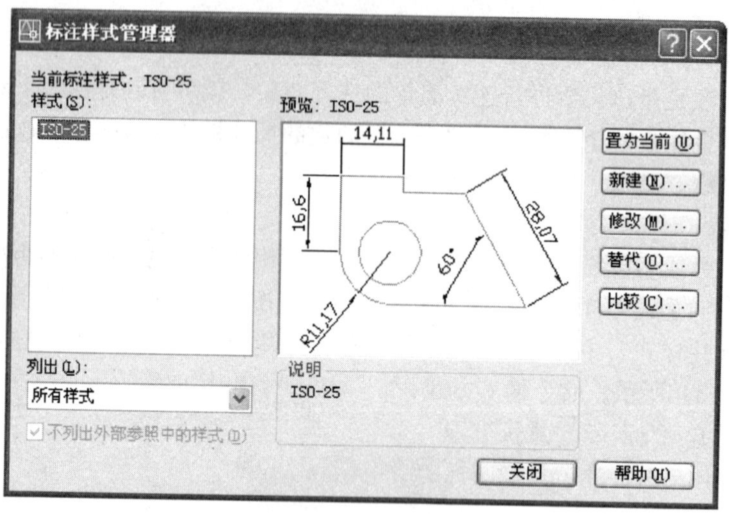

图 10－60　“标注样式管理器”对话框

下面具体介绍“标注样式管理器”。

（1）当前标注样式。即显示当前正在使用的标注样式。

（2）“样式”列表框。在“样式”列表框中显示所有的样式名称，醒目显示的是当前标注样式。若要改变当前样式，可用鼠标左键单击另外一种样式，再单击“置为当前”按钮。把光标移动到一个样式名上，单击鼠标右键，弹出快捷菜单，用鼠标左键单击其中的一项，可以实现标注样式的“置为当前”、“重命名”或“删除”。

（3）“列出”下拉列表。在该下拉列表中确定在“样式”列表框显示的样式种类，默认是显示“所有样式”，还有一种是显示“正在使用的样式”。

（4）“不列出外部参照中的样式”。该复选框控制是否在“样式”列表框中显示外部引用当中的标注样式。

（5）“置为当前”按钮。单击该按钮将选中的样式作为当前使用的标注样式。

（6）“新键”按钮。单击该按钮，弹出“创建新标注样式”对话框，如图10－61所示，可新建一种标注样式。

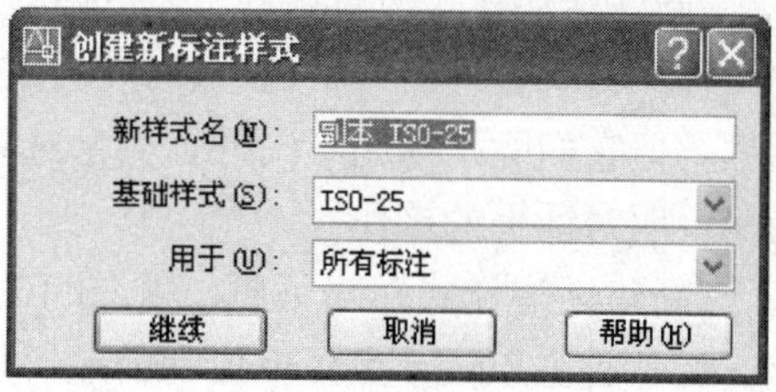

图10－61 “创建新标注样式”对话框

可在“新样式名”文字框中输入新样式的名称，默认的样式名是在当前标注样式的基础上创建新样式的副本。

注意：为方便应用，新建的标注样式名最好具有一定的意义。

在“基础样式”下拉列表中选择以哪个样式为基础创建新样式。

在“用于”下拉列表中选择新建样式应用于哪种标注类型，默认的是应用于所有尺寸标注。

完成上述操作后，单击“继续”按钮弹出“新建标注样式”对话框，如图10－62所示，可进行样式的各种特性设置。

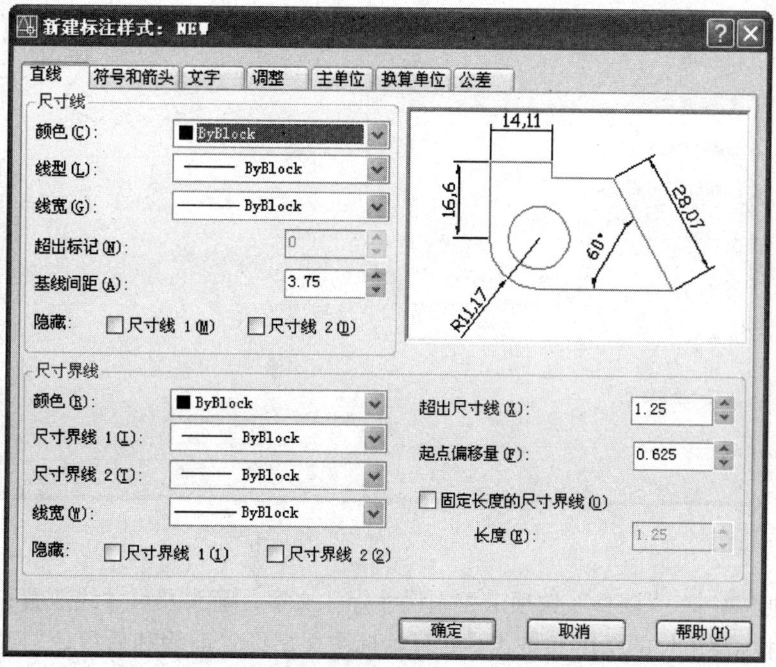

图10－62 “新建标注样式”对话框

（7）“修改”按钮。选择该按钮将显示“修改标注样式”对话框，对选中的标注样式进行修改。

（8）“替代”按钮。选择该按钮弹出“替代当前样式”对话框，创建临时的标注样式，用于临时替代当前尺寸标注样式中的相应设置，而不会改动当前所选样式中的设置。

（9）“比较”按钮。选择该按钮弹出“比较标注样式”对话框，可以比较两个已存在的标注样式特性参数的不同，或者查看一个样式的特性。

2. “新建标注样式”对话框

“新建标注样式”对话框、“修改标注样式”对话框、“替代标注样式”对话框分别是单击“标注样式管理器”中的“新建”按钮、“修改”按钮、“替代”按钮得到。虽然是三个对话框，但它们除了标题不同外，其余选项完全一致。因此，下面以“新建标注样式”对话框为例说明对话框的操作。

“新建标注样式”对话框（见图 10－62）包含有 7 个选项卡：直线、符号和箭头、文字、调整、主单位、换算单位和公差。用户可以通过这 7 个选项卡来设置标注样式的特性。

（1）“直线”、“符号和箭头”选项卡。用户可以通过这两个选项卡来设置尺寸线、尺寸界线、箭头以及圆心标记的格式和位置等特征。

（2）“文字”选项卡。通过“文字”选项卡（见图 10－63）来设置尺寸标注文字格式、放置、对齐方式等特性。

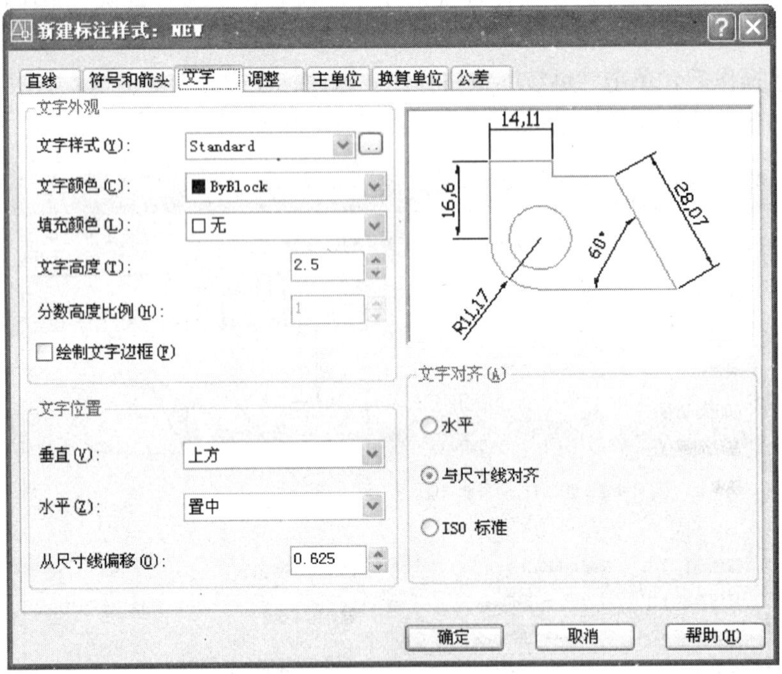

图 10－63 “文字”选项卡

（3）其他选项卡。“调整”选项卡控制尺寸标注文字、箭头及尺寸线放置；“主单位”选项卡设置尺寸标注单位的精度和格式，并可给标注文字设置前缀和后缀；“换算单位”选项卡，AutoCAD 可以对图形标注两种单位（如既标注毫米，又标注英寸），这通过“换算单位”选项卡来设置；“公差”选项卡控制尺寸标注文字公差的显示和格式。

10.7.3 尺寸的编辑及修改

已经标注的尺寸的文字位置、内容、标注样式、尺寸公差等都可以编辑和修改。

1. 编辑标注

编辑标注命令用于修改尺寸文字，恢复尺寸文字的定义位置，改变尺寸文字的旋转角度及使尺寸界线倾斜。

命令输入方式：

(1) 下拉菜单："标注"|"倾斜"。

(2) 工具栏：单击标注工具栏图标。

(3) 命令：Dimedit↙。

命令输入后提示：

输入标注编辑类型［默认（H）/新建（N）/旋转（K）/倾斜（O）］<默认>：

各项说明如下。

(1) 默认（H）。这是默认选项。如果已经改变了文字的位置，使用该选项将尺寸文字移回到标注样定义的默认位置。

(2) 新建（N）。该选项可以用新的尺寸文字替代已标注的尺寸文字。选择该选项后，系统弹出"多行文字编辑器"，输入新的文字后选择"确定"按钮关闭编辑器。

(3) 旋转（R）。该选项用于旋转已标注的文字。

(4) 倾斜（O）。该选项使长度型标注的尺寸界线倾斜一定的角度。通常，尺寸标注的尺寸界线与尺寸线相互垂直，若需要尺寸界线倾斜，可以标注完成后再用 Dimedit 命令的"倾斜"选项使尺寸界线倾斜。

若对该提示可以键入角度或输入两点，两点连线与正向 X 轴的夹角为尺寸界线的倾斜角度。

2. 编辑标注文字

编辑标注文字命令主要是用来改变尺寸文字沿尺寸线的位置和角度。命令输入方式：

(1) 下拉菜单："标注"|"对齐文字"。

(2) 工具栏：单击标注工具栏图标。

(3) 命令：Dimtedit↙。

命令输入后提示：

选择标注：

指示标注文字的新位置或［左（L）/右（R）/中心（C）/默认（H）/角度（A）］：

各选项含义如下。

(1) 指定标注文字的新位置。这是默认选项，可以给尺寸线及尺寸文字指定一个新的放置位置。在该提示出现后移动光标，可动态地拖动尺寸线及尺寸文字到一个新的位置。

(2) 左（L）。该选项将已经标注的尺寸文字沿尺寸线靠近左边一条尺寸界线对齐。

(3) 右（R）。该选项将已经标注的尺寸文字沿尺寸线靠近右边一条尺寸界线对齐。

(4) 中心（C）。该选项将尺寸文字沿尺寸线居中放置。

(5) 默认（H）。该选项是将尺寸文字移回到标注样式定义的默认位置。

(6) 角度（A）。这是旋转已经标注的尺寸文字的角度，含义同 Dimedit 中的"旋转（R）"选项。

3. 标注更新

该命令用于修改某种标注样式、列出尺寸变量等。命令输入方式：

(1) 下拉菜单："标注"|"更新"。

(2) 工具栏：单击标注工具栏图标。

(3) 命令：Dimstyle↙。

10.8 块及其属性

在 AutoCAD 中，为了方便用户对某些特定对象集合进行操作，可以将这些对象定义成一个块来操作。一旦将一个块插入，AutoCAD 将把块作为一个单一的对象来处理，用户单击块上的任何一个地方，整个块被选中，并呈现高亮显示。用户可以用删除、复制、拷贝、移动以及镜像等命令对块进行操作。另外还可以在块中再嵌套块，使作图更加方便。

块的基本操作有块的定义、将一个已有的块插入到图形中、将一个定义的块存储起来、块的嵌套等。

10.8.1 块的定义

在块应用之前必须先定义块。块可以包含一个或多个对象。要定义块，组成块的对象在屏幕上必须是可见的，即进行块定义的对象必须已经被画出。

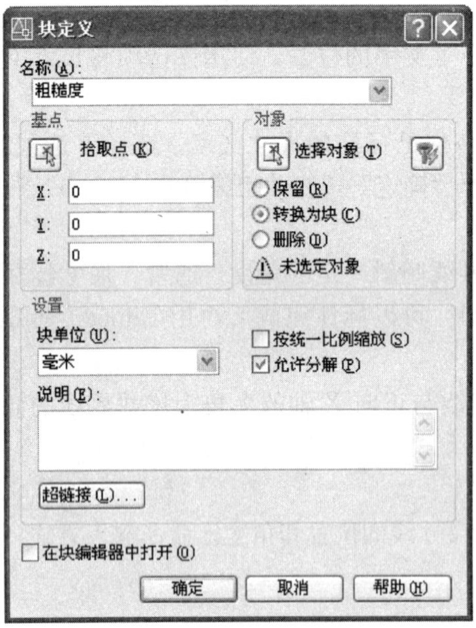

图 10-64 “块定义”对话框

命令输入方式：

(1) 下拉菜单：“绘图”|“块”|“创建”。

(2) 工具栏：单击绘图工具栏图标。

(3) 命令：Block↙。

命令输入后，弹出如图 10-64 所示的“块定义”对话框。

1.“名称”下拉列表

在此输入一个块名来定义新的块。单击其右侧的图标，可列出当前主图形中所有块名。

2.“基点”选项组

基点即块插入时的基准点，它也是块在插入过程中旋转或缩放的基点。

用户可在屏幕上指定插入点，或在对话框中的“X:”、“Y:”、“Z:”编辑框中输入插入点的 X、Y 和 Z 坐标值。如要在屏幕上指定插入点，可单击该区域中的“拾取点”按钮，AutoCAD 将暂时关闭对话框并提示：

指定插入点：

在指定了基点后，又重新显示“块定义”对话框。

3.“对象”选项组

(1)“选择对象”按钮。单击此按钮后，将暂时关闭对话框，AutoCAD 提示选择要定义为块的对象：

选择对象：(用选择对象的方式选择要定义为块的对象，回车结束选择)

对象选择完成后，回到“块定义”对话框。

(2)“快速选择”按钮。单击此按钮后，AutoCAD 将显示出“快速选择”对话框并通过该对话框来构造一个选择集。

(3)“保留”单选按钮。选中此选项后，AutoCAD在完成块定义后，仍在图形中保留构成块的对象（不是块）。

(4)“转换为块”单选按钮。选中此选项，在完成块定义后，AutoCAD将把原构成块的对象作成图形中的一个块，且仍保留在图形中。

(5)“删除”单选按钮。选中此选项，在完成块定义后，AutoCAD将把原构成块的对象从图形中删除。

4.“设置”选项组

(1)“块单位”下拉列表在该下拉列表中，可以指定从AutoCAD设计中心把一个块插入到当前主图形中时该块缩放的单位。

(2)“按统一比例缩放”选项。该选项用来指定是否阻止块参照不按统一比例缩放。

(3)“允许分解”选项。该选项是用来指定块参照是否可以被分解。

(4)“说明”编辑区。在该编辑区中，可以键入与块定义相关的描述信息。

完成所有的设置后，单击“确定”按钮将关闭对话框，块定义的操作完成。

如果新的块与已有的块重名，则AutoCAD将弹出警告对话框。

10.8.2 块的插入

块定义的目的是为了应用，使用Insert命令可以将先前定义好的图块插入到当前主图形中。插入块操作就是将已定义的块按照用户指定的位置、图形比例和旋转角度插入到图中。

命令输入方式：

(1) 下拉菜单：“插入”|“块”。

(2) 工具栏：单击绘图工具栏图标。

(3) 命令：Insert↙。

命令输入后，系统弹出如图10－65所示的“插入”对话框。

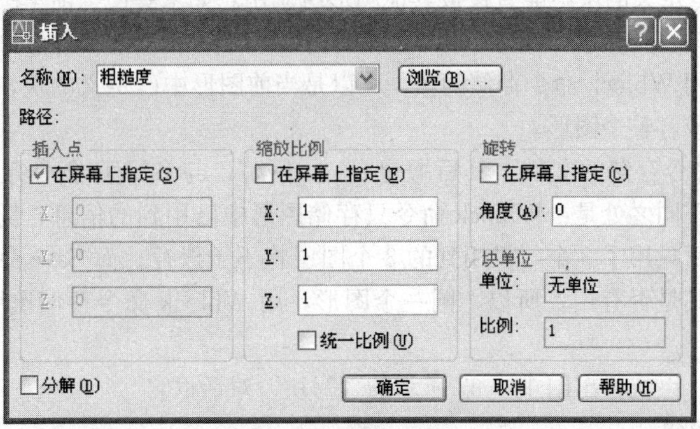

图10－65 “插入”对话框

块插入的简单过程如下：确定要插入的块或图形文件，指定插入点，确定插入块的缩放比例，确定插入块的旋转角度，单击“确定”按钮完成块插入。

下面对“插入”对话框进行说明。

(1)“名称”下拉列表。在“名称”下拉列表中，用户可以指定要插入的块或要作为块而插入的图形文件的名称。

（2）“浏览”按钮。如果插入的不是当前图形中的块，而是图形文件，则要单击该按钮，打开“选择图形文件”对话框，从中选择文件。而后文件的路径显示在“名称”下拉列表的“路径：”的后边。

（3）“插入点”选项组。该选项组用于指定块插入的基点。可以在对应编辑框中输入插入点的 X、Y 和 Z 坐标值，从而确定插入点。也可以选中“在屏幕上指定”复选框，用鼠标直接在图形区域中拾取一点作为插入点。选择此复选框后，就不能再使用指定坐标值的方法来确定插入点。

（4）“缩放比例”选项组。该选项组用于确定块插入时的缩放比例。

（5）“旋转”选项组。该选项组用于确定块插入时的旋转角度。可以在“角度”文字框输入一个正或负的角度值，也可以选中“在屏幕上指定”复选框，用光标在屏幕上指定旋转角度。0°角的方向为当前 UCS 的 X 轴方向。

（6）“分解”复选框。“分解”复选框用于将构成的对象分解开，而不是作为一个整体来插入。选择该复选框后，用户只能指定 X 方向的比例系数（也是全局比例系数）。

图 10－66 所示为块插入示例。

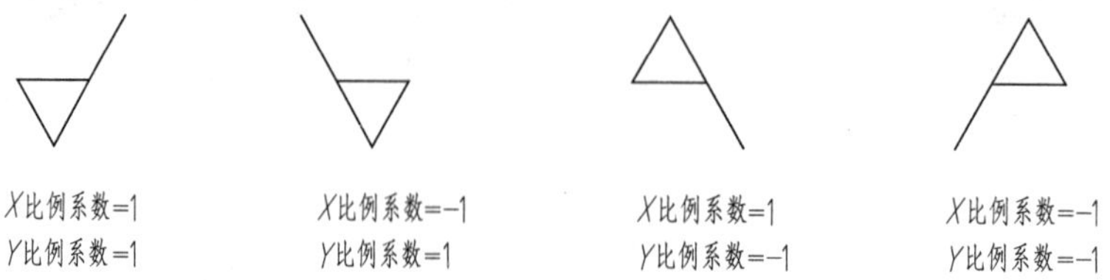

图 10－66　块插入示例

10.8.3　块存盘

用 Block 命令定义的块不能直接被其他图形所调用。如果要使当前主图形中定义的块能被图形调用，应该将其存盘。在 AutoCAD 中，可以用 Wblock 命令将对象或图形保存到一个图形文件中。用 Wblock 命令存储的块，可以是当前图形中已定义的块，也可在当前图形中选择图形对象或者整个图形。

用 Wblock 命令存储的文件，其后缀也是“.dwg”，与 SAVE 命令存储的文件格式相同。两个命令的不同之处是：Wblock 命令只存储图形中已用到的信息，例如，一个图形建立了 6 个图层，而只用了 3 个，没用到的 3 个图层将不予保存；而 Save 命令则存储图形中所有信息，不论其是否有用。所以，同一个图形，用 Wblock 命令存储比用 Save 命令存储文件容量要小。

命令输入后，系统弹出图 10－67 所示的“写块”对话框。

1.“源”选项组

在该栏中，用户可以指定要存盘的对象或图块以及插入点。其选项的功能如下：

（1）“块”单选按钮。选中该按钮是把当前主图形中已定义的块保存到磁盘文件中。可从右边的下拉列表中选择一个图块名，这时“基点”和“对象”选项组都不可用。

（2）“整个图形”单选按钮。选中该按钮是把整个当前主图形作为一个图块存盘。这时“块”右边的下拉列表和“基点”和“对象”选项组都不可用。

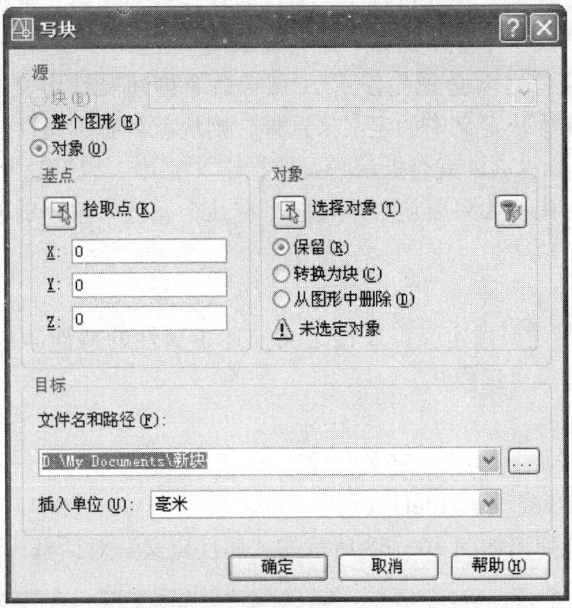

图 10-67 “写块”对话框

(3)“对象”单选按钮。从当前主图形中选择图形对象定义成块，并将其保存到磁盘文件中。这时“块”右边的下拉列表不可用，而“基点”和“对象”选项组都可用。

定义块的过程与 Block 命令一样，此处不再赘述。

2. “目标”选项组

该选项组是用于指定输出的文件的名称、位置及文件的单位。

(1)“文件名和路径”下拉列表。从该下拉列表中指定要创建的文件名和保存块或对象的路径。单击其右侧的“...”按钮，可从中选择另外的文件保存路径。

(2)“插入单位”下拉列表。从该下拉列表指定块插入时的单位。

在必要的设置完成后，单击“确定”按钮，即在磁盘上存储了一个图形块。

以上是先输入命令，后确定块图形。

实际上，用 Wblock 命令存储图块，也可以先选图形，后输入命令。

在输入 Wblock 之前，如果选中了一个图块，命令输入后显示的“写块”对话框“源”栏的“块”单选框被选中。

在输入 Wblock 之前，如果选中了若干图形对象，或没有进行任何选择，命令输入后显示的“写块”对话框“源”栏的“对象”单选框被选中。

10.8.4 块分解

在 AutoCAD 中，分解命令 Explode 可以分解一个插入的块，即使组成块的各个对象成为独立的对象，而不再成为一个整体。

10.8.5 块属性

1. 块属性概念

块属性是包含在块定义中的文字信息。属性可理解为附于块上的标签，用来描述块的某些特征或对块进行说明。

如果块带有属性，在插入块的过程中，可以对块注释文字串。依据定义属性的方式，可以自动地将预先设定的文字串显示出来，或者提示用户在插入块时写出字符串。

属性在被定义进块内之前必须先使用 Attdef 命令创建属性定义。而后，在使用 Block 命令创建块时，将其作为块定义中的定义来选择，则块就具有了属性。如果块中已包含属性定义，只要插入块，AutoCAD 就会提示为属性指定文字串。以后这个块的每个引用都可以为属性指定不同的文字串。如果要使一个块同时有几个属性，需分别创建每个属性定义，然后将它们包含在同一个块中。

2. 属性定义命令

使用 Attdef 命令创建属性定义，属性定义描述了属性的特性，包括标记、提示、值的信息、文字格式、位置及可选模式。

命令输入方式：

(1) 下拉菜单："绘图"|"块"|"定义属性"。

(2) 命令：Attdef（或 _ Attdef）↙。

命令输入后，系统弹出如图 10-68 所示的"属性定义"对话框。

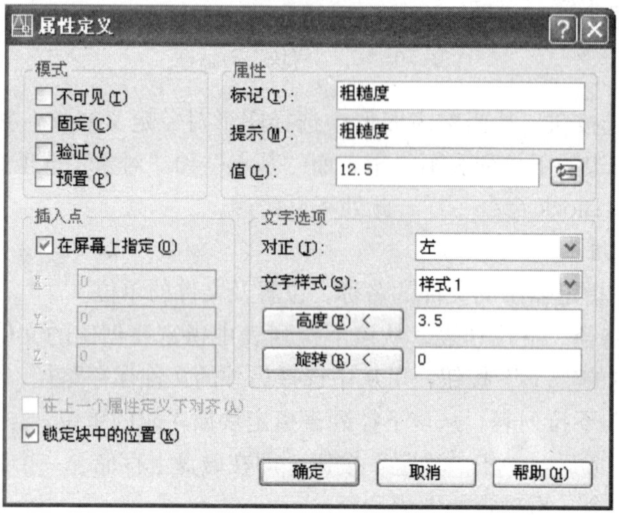

图 10-68 "属性定义"对话框

对话框各项说明如下。

(1)"模式"选项组。在对话框的"模式"选项组可选择一个或多个模式。

(2)"属性"选项组。"属性"选项组用于设置属性数据，在编辑框中输入属性的标记、提示和值。

(3)"插入点"选项组。"插入点"选项组用于指定属性位置。

(4)"文字选项"选项组。"文字选项"选项组用于设置属性文字的对正、样式、高度和旋转。

(5)"在上一个属性定义下对齐"复选框。此复选框用于在前面所定义的属性下直接放置属性标记。若没有预先定义一个属性，那么该复选框不可用。

设置好各个选项后，单击"确定"按钮，关闭"属性定义"对话框。此时，属性标记就出现在图形中。重复有关过程可以定义属性。

3. 创建一个具有属性的块

如图 10－69 所示，创建具有属性的粗糙度块的步骤如下：

(1) 用直线命令 Line 命令画图形部分。

(2) 用属性定义命令创建属性“粗糙度”。如图 10－68 所示，在“属性定义”对话框中输入属性标记“粗糙度”，属性提示“粗糙度”，输入属性默认值为“6.3”，选择文字的对正方式为“左”，文字样式为“样式 1”，文字高度为“3.5”；单击“拾取点”按钮，在图形中指定属性的插入点。单击“确定”按钮，属性创建完成。

(3) 用 Block 命令创建具有属性的块。在“块定义”对话框中，输入块名称“粗糙度”，单击“拾取点”按钮，在图形中指定块的插入点。单击“选择对象”按钮，在屏幕上把图形和属性都选中。单击“确定”按钮，名称为“粗糙度”、具有属性“粗糙度”的块创建完成。

4. 插入一个带有属性的块

插入一个带有属性的块与插入一个一般的块的方法是一样的。如果块中包含非固定值的属性，那么在插入块时，命令行将提示为每一个属性输入一个值。

如果块中有多个非固定值的属性，则在插入块时有多个要求输入属性值的提示。

若将系统变量 ATTDLA 的值设定为 1，则在命令行不再出现属性输入值的提示，而是在屏幕上弹出“输入属性”对话框，用户在对话框中输入属性值。

插入后的块见图 10－69（b）、(c)。

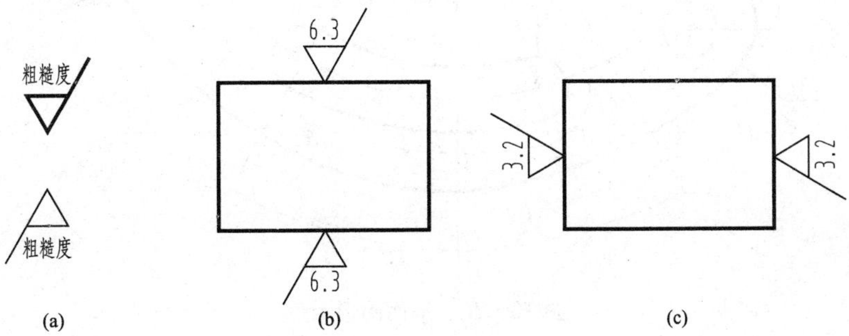

图 10－69 具有属性的块

(a) 块的图形和属性；(b) 属性值为 6.3（默认值）；(c) 属性值为 3.2

10.9 绘图举例

10.9.1 设置图层、字体，并绘制 A3、A4 图幅及标题栏

1. 设置图层

(1) 粗实线：颜色——白色，线宽——0.4mm。

(2) 中心线：颜色——红色，线宽——0.15mm。

(3) 细实线：颜色——绿色，线宽——0.15mm。

(4) 虚线：颜色——黄色，线宽——0.15mm。

(5) 剖面线：颜色——青色，线宽——0.15mm。

(6) 文字：颜色——紫色，线宽——0.25mm。

(7) 尺寸：颜色——蓝色，线宽——0.15mm。

线型按机械制图国家标准。

2. 文字设置

(1) 汉字：代号——H，字体——仿宋体，宽高比：0.7，字高——0。

(2) 数字和字母：代号——S，字体——ISOCP，宽高比——0.7，字高——0。

3. 按以上设置绘制 A3、A4 图幅及标题栏

具体要求参见表 1-1 图纸幅面、图 1-2 需要装订图样的图框格式和图 1-3 简化标题栏。

10.9.2 绘制平面图形

调用按上述设置绘制的 A4 图幅，绘制如图 10-70 所示的图形。

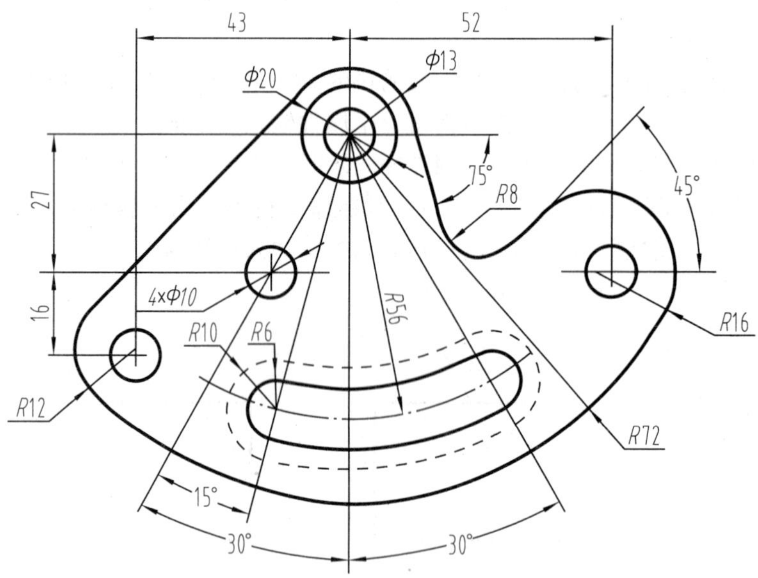

图 10-70 平面图形示例

1. 画已知线段

(1) 如图 10-71 (a) 所示，用直线命令画定位线，画斜线时可设追踪角度为 15。

(2) 用圆命令画圆。利用对象捕捉模式确定圆心，以保证 ϕ10、ϕ20、R13、R72。

(3) 用复制命令复制 ϕ10 圆，以圆心为基点，以交点为目标点。

(4) 用圆命令画 R6 圆，并用剪切命令修剪至图示样。

2. 画中间线段

(1) 如图 10-71 (b) 所示，用圆命令，以 ϕ20 圆的圆心为圆心，R60 和 R56 为半径 ($R72-R12=R60$、$R72-R16=R56$)，作两辅助圆分别与 ϕ10 中心线相交，从而得到 R12、R16 两圆弧圆心。

(2) 用圆命令分别画 R12 和 R16 圆。

(3) 用直线命令画 75°切线，起点用对象捕捉切点捕捉 R13 圆切点，终点输入@33<-75。

(4) 用直线命令画 45°切线，起点用对象捕捉切点捕捉 R16 圆切点，终点输入@33<-135。

3. 画连接线段

(1) 如图 10-71 (c) 所示，用擦除命令擦除辅助圆。

（2）用直线命令画 $R13$ 与 $R12$ 圆的公切线，起点及终点均用捕捉切点。

（3）用圆弧命令画两 $R6$ 半圆之间圆弧，用起点（S）、圆心（C）、终点（E）方式作图，应按逆时针方向选取起点、终点。

（4）用偏移命令，设偏移 4，分别选取 4 段圆弧向外复制。

（5）用圆角命令，设半径 $R=8$，连接两直线。

4. 整理并标注尺寸

（1）如图 10－71（d）所示，将中心线置换到相应层上，选取所有的中心线，在图层下拉列表中选中心线层，此时中心线将显示到中心线层，再按两下 Esc 键。用同样的方法将细虚线置换到虚线层。

（2）标注尺寸，用相应的尺寸标注命令分别标注尺寸。

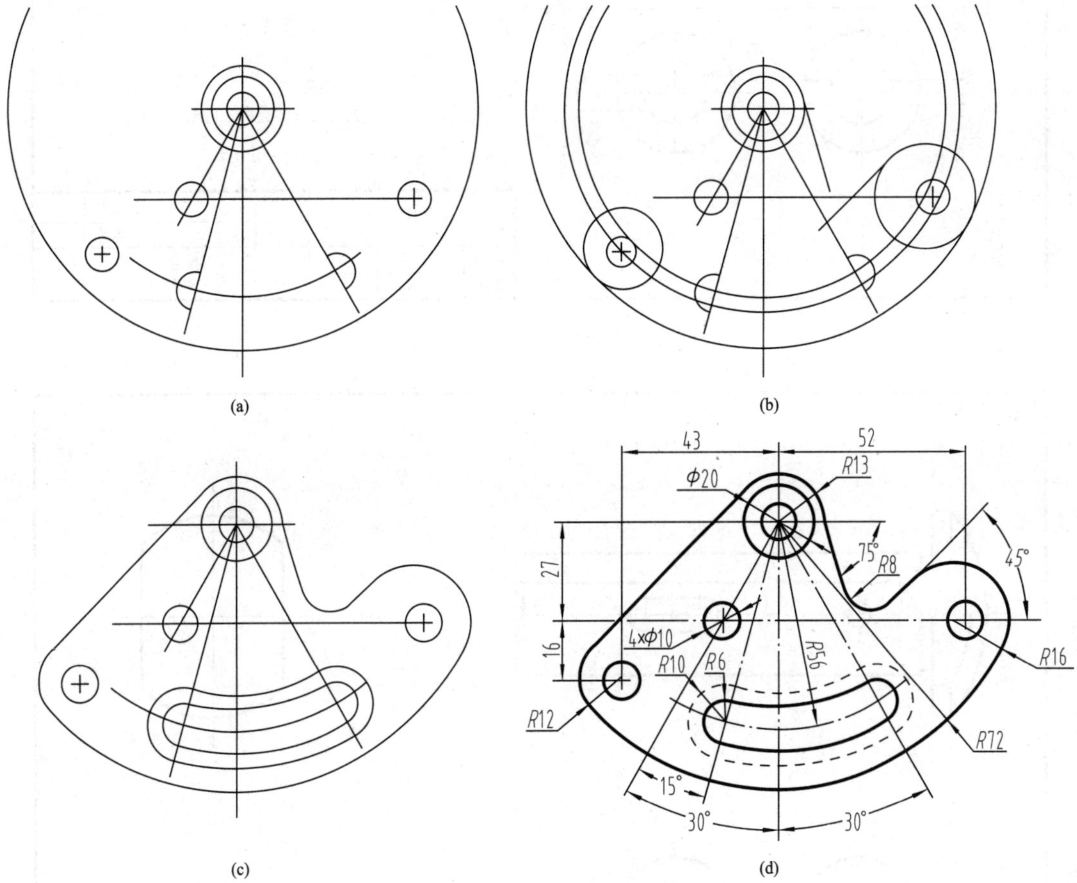

图 10－71 绘制平面图形的步骤

（a）画已知线段；（b）画中间线段；（c）画连接线段；（d）整理并标注尺寸

10.9.3 绘制轴的零件图

调用按上述设置绘制的 A3 图幅，绘制图 10－72 所示的顶杆零件图。

（1）利用绘图工具栏上的各种命令（如直线、圆、圆弧、矩形等）绘制基本图形；同时可利用修改工具栏上的各种命令（如删除、移动、复制、镜像、偏移等）对图形进行修改，画出完整的零件轮廓图，如图 10－73 所示。

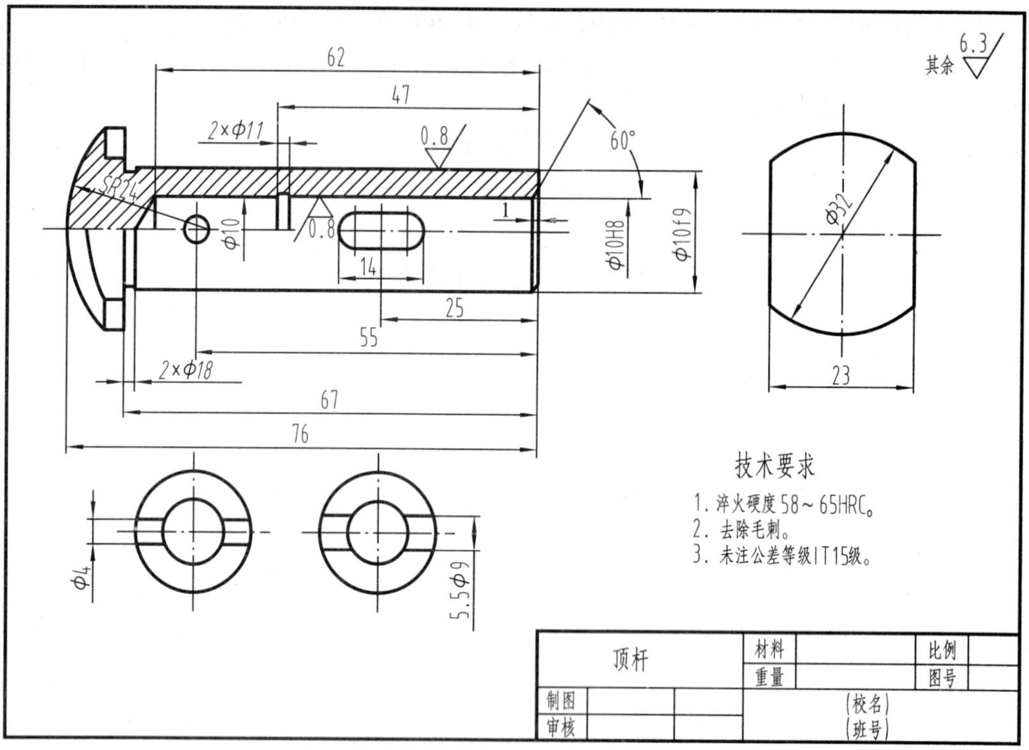

图 10-72 顶杆的零件图

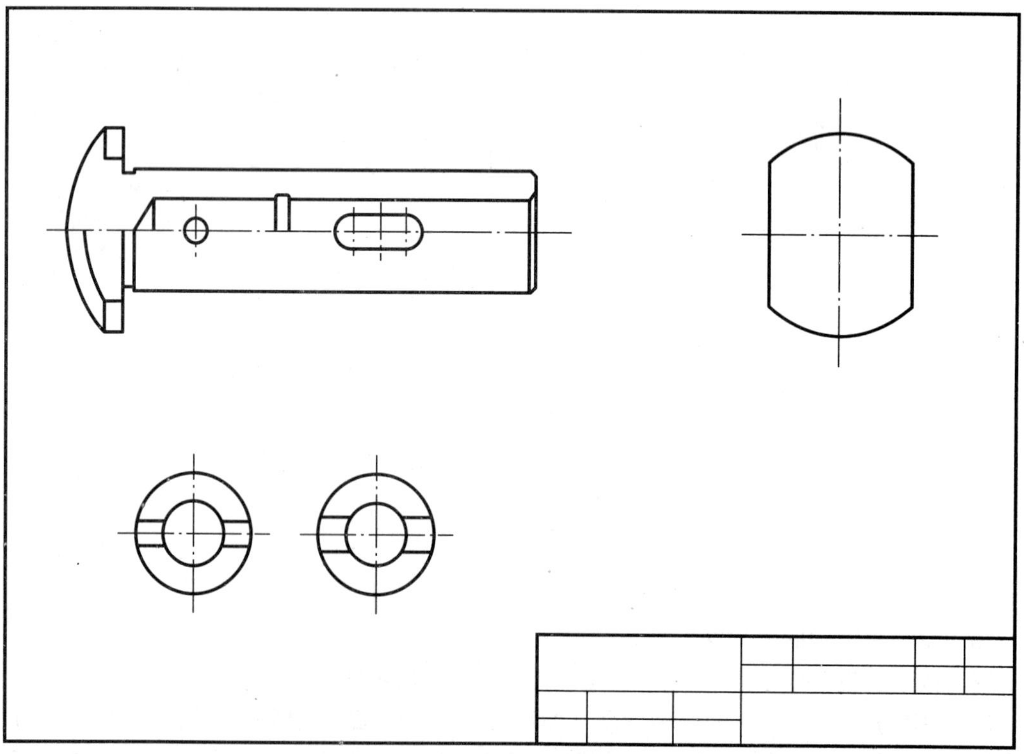

图 10-73 顶杆轮廓图

（2）利用绘图工具栏上的图案填充命令对图中的剖视部分进行填充，如图 10－74 所示。

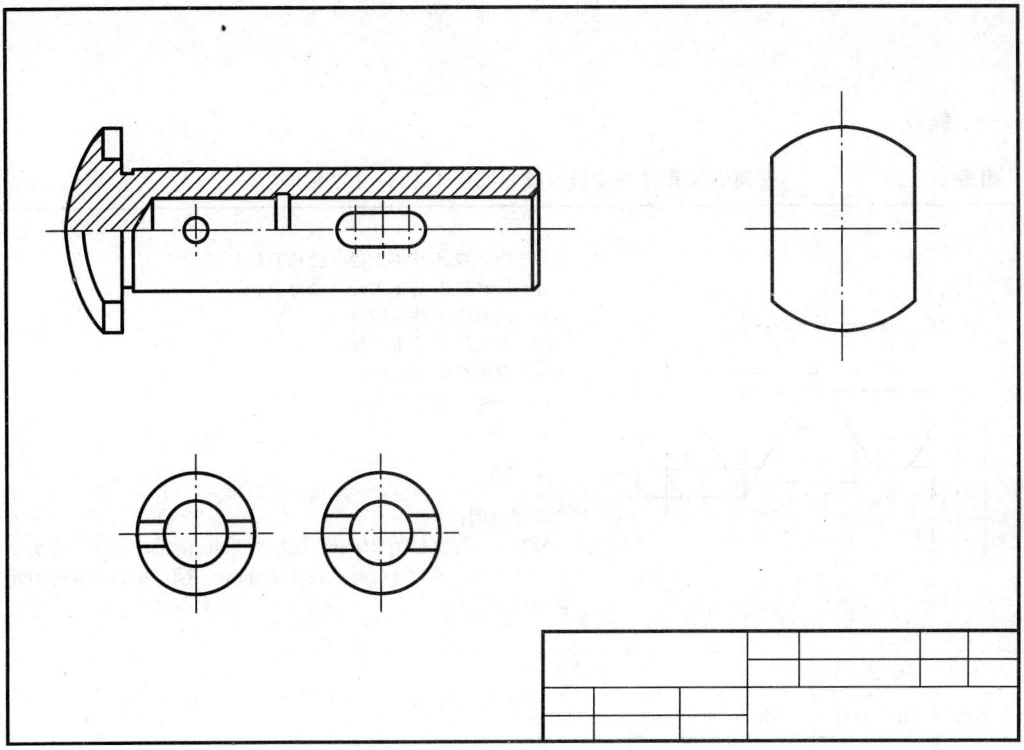

图 10－74 对剖视部分进行图案填充

（3）利用标注工具栏的各种命令和绘图工具栏上的文字命令标注零件的基本尺寸、形位公差及文字注释。对于表面粗糙度，可先定义图块和属性，然后进行标注，如图 10－72 所示。

（4）填写标题栏，保存图形或打印输出，如图 10－72 所示。

附　　录

一、螺纹

附表 1　　**普通螺纹直径与螺距**（摘自 GB/T 196～197—2003）　　mm

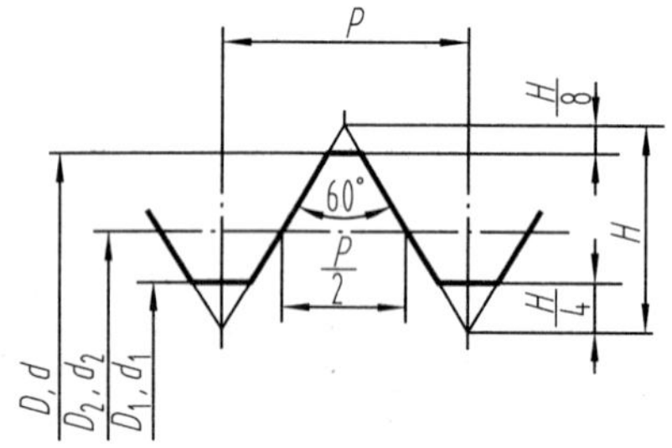

D—内螺纹的基本大径（公称直径）
d—外螺纹的基本大径（公称直径）
D_2—内螺纹的基本中径
d_2—外螺纹的基本中径
D_1—内螺纹的基本小径
d_1—外螺纹的基本小径
P—螺距
$H—\frac{\sqrt{3}}{2}P$
标注示例：
M24（公称直径为 24mm、螺距为 3mm 的粗牙右旋普通螺纹）
M24×1.5-LH（公称直径为 24mm、螺距为 1.5mm 的细牙左旋普通螺纹）

公称直径 D、d		螺距 P		粗牙中径 D_2、d_2	粗牙小径 D_1、d_1
第一系列	第二系列	粗牙	细牙		
3		0.5	0.35	2.675	2.459
	3.5	(0.6)		3.110	2.850
4		0.7	0.5	3.545	3.242
	4.5	(0.75)		4.013	3.688
5		0.8		4.480	4.134
6		1	0.75（0.5）	5.350	4.917
8		1.25	1，0.75，(0.5)	7.188	6.647
10		1.5	1.25，1，0.75，(0.5)	9.026	8.376
12		1.75	1.5，1.25，1，0.75，(0.5)	10.863	10.106
	14	2	1.5，(1.25)，1，(0.75)，(0.5)	12.701	11.835
16		2	1.5，1，(0.75)，(0.5)	14.701	13.835
	18	2.5	1.5，1，(0.75)，(0.5)	16.376	15.294
20		2.5		18.376	17.294
	22	2.5	2，1.5，1，(0.75)，(0.5)	20.376	19.294
24		3	2，1.5，1，(0.75)	22.051	20.752
	27	3	2，1.5，1，(0.75)	25.051	23.752
30		3.5	(3)，2，1.5，1，(0.75)	27.727	26.211

注　1. 优先选用第一系列，括号内尺寸尽可能不用，第三系列未列入。
2. M14×1.25 仅用于火花塞。

附表 2　　**梯形螺纹**（摘自 GB/T 5796.1～5796.4—2005）　　mm

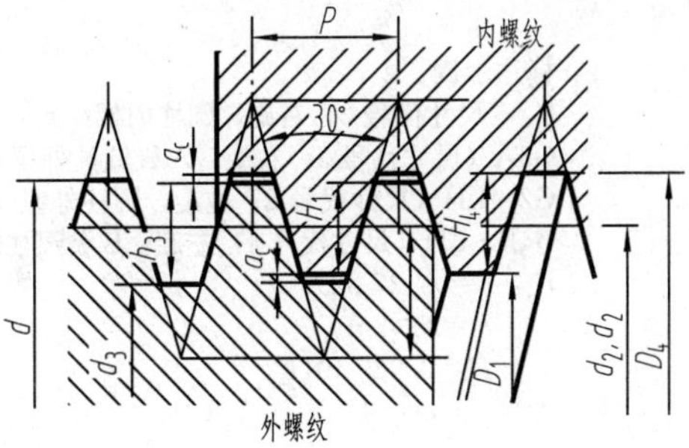

d—外螺纹大径（公称直径）
d_3—外螺纹小径
D_4—内螺纹大径
D_1—内螺纹小径
d_2—外螺纹中径
D_2—内螺纹中径
P—螺距
a_c—牙顶间隙
$h_3=H_4+H_1+a_c$

标记示例：

Tr40×7-7H（单线梯形内螺纹、公称直径 d=40、螺距 P=7、右旋、中径公差带为 7H、中等旋合长度）

Tr60×18（P9）LH-8e-L（双线梯形外螺纹、公称直径 d=60、导程 Ph=18、螺距 P=9、左旋、中径公差带为 8e、长旋合长度）

梯形螺纹的基本尺寸

d 公称系列		螺距 P	中径 $d_2=D_2$	大径 D_4	小径		d 公称系列		螺距 P	中径 $d_2=D_2$	大径 D_4	小径	
第一系列	第二系列				d_3	D_1	第一系列	第二系列				d_3	D_1
8	—	1.5	7.25	8.3	6.2	6.5	32	—		29.0	33	25	26
—	9		8.0	9.5	6.5	7	—	34	6	31.0	35	27	28
10	—	2	9.0	10.5	7.5	8	36	—		33.0	37	29	30
—	11		10.0	11.5	8.5	9	—	38		34.5	39	30	31
12	—	3	10.5	12.5	8.5	9	40	—	7	36.5	41	32	33
—	14		12.5	14.5	10.5	11	—	42		38.5	43	34	35
16	—		14.0	16.5	11.5	12	44	—		40.5	45	36	37
—	18	4	16.0	18.5	13.5	14	—	46		42.0	47	37	38
20	—		18.0	20.5	15.5	16	48	—	8	44.0	49	39	40
—	22		19.5	22.5	16.5	17	—	50		46.0	51	41	42
24	—	5	21.5	24.5	18.5	19	52	—		48.0	53	43	44
—	26		23.5	26.5	20.5	21	—	55	9	50.5	56	45	46
28	—		25.5	28.5	22.5	23	60	—		55.5	61	50	51
—	30	6	27.0	31.0	23.0	24	—	65	10	60.0	66	54	55

注　1. 优先选用第一系列的直径。
2. 表中所列的螺距和直径，是优先选择的螺距及与之对应的直径。

附表 3 **55°非密封管螺纹**（摘自 GB/T 7307—2001） mm

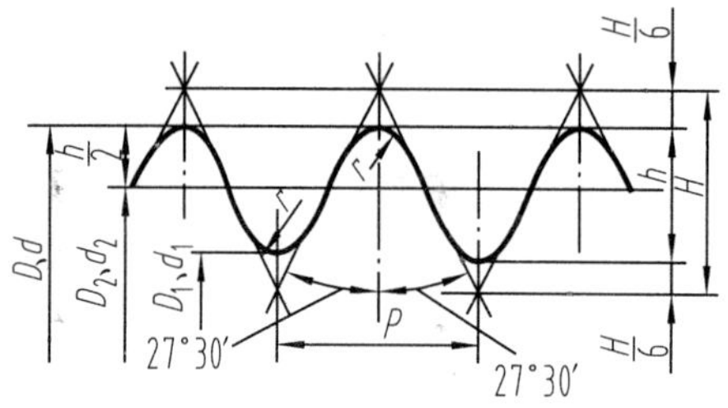

螺纹的设计牙型

标注示例：

G2（尺寸代号 2，右旋，圆柱内螺纹）

G3A（尺寸代号 3，右旋，A 级圆柱外螺纹）

G2-LH（尺寸代号 2，左旋，圆柱外螺纹）

G4B-LH（尺寸代号 4，左旋，B 级圆柱外螺纹）

注：$r=0.137\,329P$

$P=25.4/n$

$H=0.960\,401P$

尺寸代号	每 25.4mm 内所含的牙数 n	螺距 P	牙高 h	基本直径		
				大径 $d=D$	中径 $d_2=D_2$	小径 $d_1=D_1$
1/16	28	0.907	0.581	7.723	7.142	6.561
1/8	28	0.907	0.581	9.728	9.147	8.566
1/4	19	1.337	0.856	13.157	12.301	11.445
3/8	19	1.337	0.856	16.662	15.806	14.950
1/2	14	1.814	1.162	20.955	19.793	18.631
3/4	14	1.814	1.162	26.441	25.279	24.117
1	11	2.309	1.479	33.249	31.770	30.291
$1\frac{1}{4}$	11	2.309	1.479	41.910	40.431	38.952
$1\frac{1}{2}$	11	2.309	1.479	47.803	46.324	44.845
2	11	2.309	1.479	59.614	58.135	56.656
$2\frac{1}{2}$	11	2.309	1.479	75.184	73.705	72.226
3	11	2.309	1.479	87.884	86.405	84.926
4	11	2.309	1.479	113.030	111.551	110.072
5	11	2.309	1.479	138.430	136.951	135.472
6	11	2.309	1.479	163.830	162.351	160.872

二、常用的标准件

附表 4　　**六角头螺栓（一）**　　mm

六角头螺栓—A 和 B 级（摘自 GB/T 5782—2000）
六角头螺栓—细牙—A 和 B 级（摘自 GB/T 5785—2000）

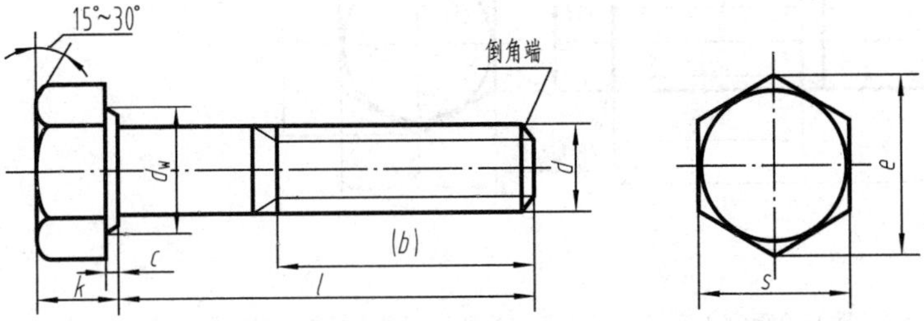

标记示例：
螺栓 GB/T 5782　M12×100
（螺纹规格 d=M12、公称长度 l=100、性能等级为 8.8 级、表面氧化、杆身半螺纹、A 级的六角头螺栓）

六角头螺栓—全螺纹—A 和 B 级（摘自 GB/T 5783—2000）
六角头螺栓—细牙—全螺纹—A 和 B 级（摘自 GB/T 5786—2000）

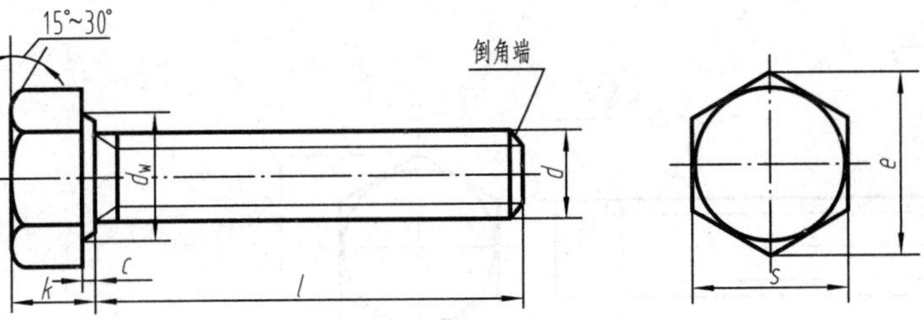

标记示例：
螺栓 GB/T 5786　M30×2×80
（螺纹规格 d=M30×2、公称长度 l=80、性能等级为 8.8 级、表面氧化、全螺纹、B 级的细牙六角头螺栓）

螺纹规格	d	M4	M5	M6	M8	M10	M12	M16	M20	M24	M30	M36	M42	M48
	$D \times P$	—	—	—	M8×1	M10×1	M12×15	M16×15	M20×2	M24×2	M30×2	M36×3	M42×3	M48×3
$b_{参考}$	$l \leqslant 125$	14	16	18	22	26	30	38	46	54	66	78	—	—
	$125 < l \leqslant 200$	—	—	—	28	32	36	44	52	60	72	84	96	108
	$l > 200$	—	—	—	—	—	—	57	65	73	85	97	109	121
c_{max}		0.4	0.5		0.6			0.8					1	
$k_{公称}$		2.8	3.5	4	5.3	6.4	7.5	10	12.5	15	18.7	22.5	26	30
d_{smax}		4	5	6	8	10	12	16	20	24	30	36	42	48
s_{max}=公称		7	8	10	13	16	18	24	30	36	46	55	65	75
e_{min}	A	7.66	8.79	11.05	14.38	17.77	20.03	26.75	33.53	39.98	—	—	—	—
	B	—	8.63	10.89	14.2	17.59	19.85	26.17	32.95	39.55	50.85	60.79	72.02	82.6
d_{wmin}	A	5.9	6.9	8.9	11.6	14.6	16.6	22.5	28.2	33.6	—	—	—	—
	B	—	6.7	8.7	11.4	14.4	16.4	22	27.7	33.2	42.7	51.1	60.6	69.4
$l_{范围}$	GB 5782	25~40	25~50	30~60	35~80	40~100	45~120	55~160	65~200	80~240	90~300	110~360	130~400	140~400
	GB 5785											110~300		
	GB 5783	8~40	10~50	12~60	16~80	20~100	25~100	35~100	40~100				80~500	100~500
	GB 5786	—	—	—			25~120	35~160	40~200				90~400	100~500
$l_{系列}$	GB 5782 GB 5785	20~65（5 进位）、70~160（10 进位）、180~400（20 进位）												
	GB 5783 GB 5786	6、8、10、12、16、18、20~65（5 进位）、70~160（10 进位）、180~500（20 进位）												

注　1. P 为螺距，末端按 GB/T 2—2000 规定。
2. 螺纹公差：6g；机械性能等级：8.8。
3. 产品等级：A 级用于 $d \leqslant 24$ 和 $l \leqslant 10d$ 或 $\leqslant 150$mm（按较小值）；B 级用于 $d > 24$ 和 $l > 10d$ 或 > 150mm（按较小值）。

附表 5 **六角头螺栓（二）** mm

六角头螺栓—C 级（摘自 GB/T 5780—2000）

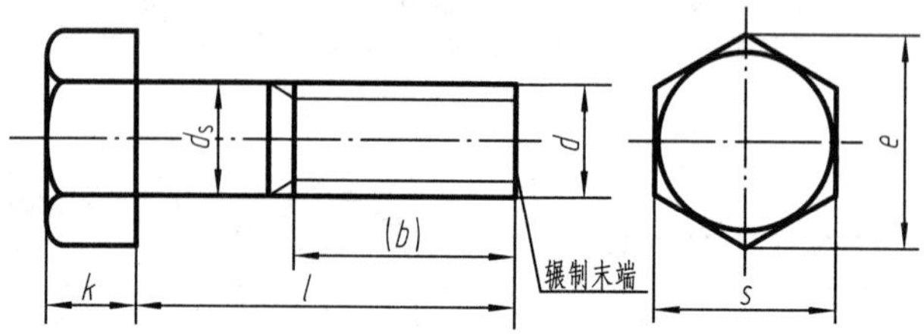

标记示例：
螺栓 GB/T 5780 M20×100
（螺纹规格 d=M20、公称长度 l=100、性能等级为 4.8 级、不经表面处理、杆身半螺纹、C 级的六角头螺栓）

六角头螺栓—全螺纹—C 级（摘自 GB/T 5781—2000）

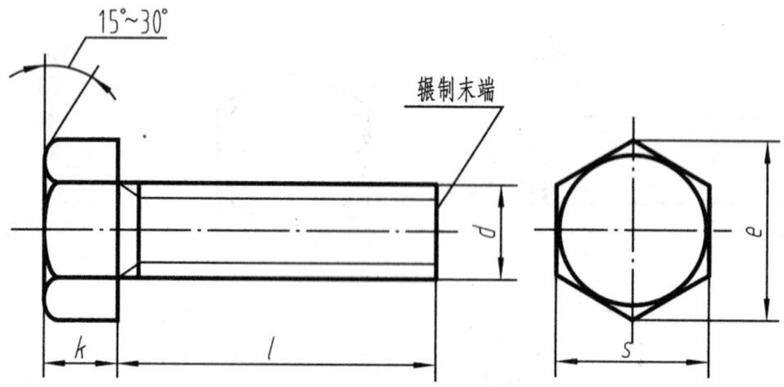

标记示例：
螺栓 GB/T 5781 M12×80
（螺纹规格 d=M12、公称长度 l=80、性能等级为 4.8 级、不经表面处理、全螺纹、C 级的六角头螺栓）

螺纹规格 d		M5	M6	M8	M10	M12	M16	M20	M24	M30	M36	M42	M48
$b_{参考}$	$l \leqslant 125$	16	18	22	26	30	38	40	54	66	78	—	—
	$125 < l \leqslant 1200$	—	—	28	32	36	44	52	60	72	84	96	108
	$l > 200$	—	—	—	—	—	57	65	73	85	97	109	121
$k_{公称}$		3.5	4.0	5.3	6.4	7.5	10	12.5	15	18.7	22.5	26	30
s_{max}		8	10	13	16	18	24	30	36	46	55	65	75
e_{max}		8.63	10.9	14.2	17.6	19.9	26.2	33.0	39.6	50.9	60.8	72.0	82.6
d_{smax}		5.48	6.48	8.58	10.6	12.7	16.7	20.8	24.8	30.8	37.0	45.0	49.0
$l_{范围}$	GB/T 5780—2000	25~50	30~60	35~80	40~100	45~120	55~160	65~200	80~240	90~300	110~300	160~420	180~480
	GB/T 5781—2000	10~40	12~50	16~65	20~80	25~100	35~100	40~100	50~100	60~100	70~100	80~420	90~480
$l_{系列}$		10、12、16、20~50（5 进位）、（55）、60、（65）、70~160（10 进位）、180、220~500（20 进位）											

注 1. 括号内的规格尽可能不用。末端按 GB/T 2—2000 规定。
2. 螺纹公差—8g（GB/T 5780—2000），6g（GB/T 5781—2000）；机械性能等级—4.6、4.8；产品等级—C。

附表 6　　**1 型 六 角 螺 母**　　mm

1 型六角螺母—A 和 B 级（摘自 GB/T 6170—2000）
1 型六角头螺母—细牙—A 和 B 级（摘自 GB/T 6171—2000）
1 型六角螺母—C 级（摘自 GB/T 41—2000）

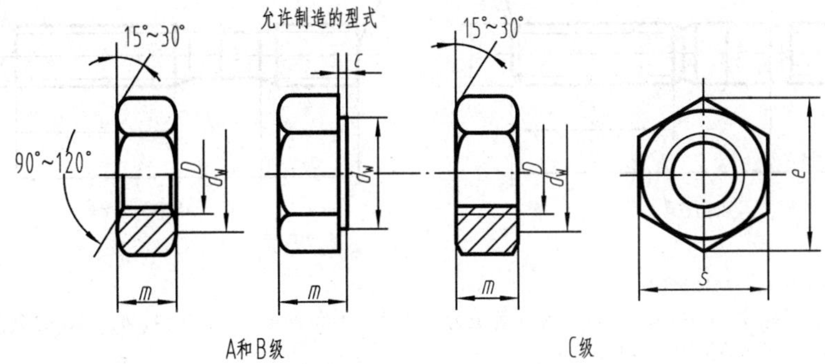

标记示例：
螺母 GB/T 41　M12
（螺纹规格 D=M12、性能等级为 5 级、不经表面处理、C 级的 1 型六角螺母）
螺母 GB/T 6171　M24×2
（螺纹规格 D=M24、螺距 P=2、性能等级为 10 级、不经表面处理、B 级的 1 型细牙六角螺母）

<table>
<tr><td rowspan="2">螺纹规格</td><td>D</td><td>M4</td><td>M5</td><td>M6</td><td>M8</td><td>M10</td><td>M12</td><td>M16</td><td>M20</td><td>M24</td><td>M30</td><td>M36</td><td>M42</td><td>M48</td></tr>
<tr><td>D×P</td><td>—</td><td>—</td><td>—</td><td>M8×1</td><td>M10×1</td><td>M12×1.5</td><td>M16×1.5</td><td>M20×2</td><td>M24×2</td><td>M30×2</td><td>M36×3</td><td>M42×3</td><td>M48×3</td></tr>
<tr><td colspan="2">C</td><td>0.4</td><td colspan="2">0.5</td><td colspan="3">0.6</td><td colspan="4">0.8</td><td colspan="3">1</td></tr>
<tr><td colspan="2">S_{max}</td><td>7</td><td>8</td><td>10</td><td>13</td><td>16</td><td>18</td><td>24</td><td>30</td><td>36</td><td>46</td><td>55</td><td>65</td><td>75</td></tr>
<tr><td rowspan="2">e_{min}</td><td>A、B级</td><td>7.66</td><td>8.79</td><td>11.05</td><td>14.38</td><td>17.77</td><td>20.03</td><td>26.75</td><td rowspan="2">32.95</td><td rowspan="2">39.95</td><td rowspan="2">50.85</td><td rowspan="2">60.79</td><td rowspan="2">72.02</td><td rowspan="2">82.6</td></tr>
<tr><td>C级</td><td>—</td><td>8.63</td><td>10.89</td><td>14.2</td><td>17.59</td><td>19.85</td><td>26.17</td></tr>
<tr><td rowspan="2">m_{max}</td><td>A、B级</td><td>3.2</td><td>4.7</td><td>5.2</td><td>6.8</td><td>8.4</td><td>10.8</td><td>14.8</td><td>18</td><td>21.5</td><td>25.6</td><td>31</td><td>34</td><td>38</td></tr>
<tr><td>C级</td><td>—</td><td>5.6</td><td>6.1</td><td>7.9</td><td>9.5</td><td>12.2</td><td>15.9</td><td>18.7</td><td>22.3</td><td>26.4</td><td>31.5</td><td>34.9</td><td>38.9</td></tr>
<tr><td rowspan="2">d_{wmin}</td><td>A、B级</td><td>5.9</td><td>6.9</td><td>8.9</td><td>11.6</td><td>14.6</td><td>16.6</td><td>22.5</td><td rowspan="2">27.7</td><td rowspan="2">33.2</td><td rowspan="2">42.7</td><td rowspan="2">51.1</td><td rowspan="2">60.6</td><td rowspan="2">69.4</td></tr>
<tr><td>C级</td><td>—</td><td>6.9</td><td>8.7</td><td>11.5</td><td>14.5</td><td>16.5</td><td>22</td></tr>
</table>

注　1. P 为螺距。
2. A 级用于 $D\leqslant16$ 的螺母；B 级用于 $D>16$ 的螺母；C 级用于 $D\geqslant5$ 的螺母。
3. 螺纹公差—A、B 级为 6H，C 级为 7H；机械性能等级—A、B 级为 6、8、10 级，C 级为 4、5 级。

附表 7 **双头螺柱**（摘自 GB/T 897～900—1988） mm

$b_m=1d$（GB/T 897—1988）； $b_m=1.25d$（GB/T 898—1988）； $b_m=1.5d$（GB/T 899—1988）； $b_m=2d$（GB/T 900—1988）

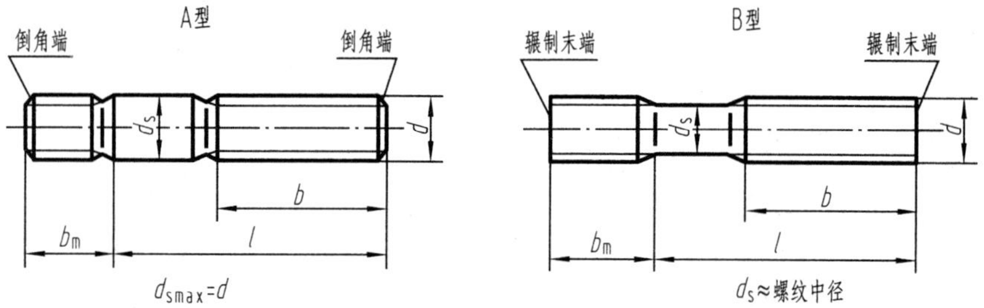

标记示例：
螺柱 GB/T 900—1988 M10×50
（两端均为粗牙普通螺纹、$d=10$、$l=50$、性能等级为 4.8 级、不经表面处理、B 型、$b_m=2d$ 的双头螺柱）
螺柱 GB/T 900—1988 AM10-10×1×50
（旋入机体一端为粗牙普通螺纹、旋螺母端为螺距 $P=1$ 的细牙普通螺纹、$d=10$、$l=50$、性能等级为 4.8 级、不经表面处理、A 型、$b_m=2d$ 的双头螺柱）

螺纹规格 d	b_m（旋入机体端长度）				l/b（螺柱长度/旋螺母端长度）
	GB/T 897	GB/T 898	GB/T 899	GB/T 900	
M4	—	—	6	8	$\frac{16\sim22}{8}$ $\frac{25\sim40}{14}$
M5	5	6	8	10	$\frac{16\sim22}{10}$ $\frac{25\sim50}{16}$
M6	6	8	10	12	$\frac{20\sim22}{10}$ $\frac{25\sim30}{14}$ $\frac{32\sim75}{18}$
M8	8	10	12	16	$\frac{20\sim22}{12}$ $\frac{25\sim30}{16}$ $\frac{32\sim90}{22}$
M10	10	12	15	20	$\frac{25\sim28}{14}$ $\frac{30\sim38}{16}$ $\frac{40\sim120}{26}$ $\frac{130}{32}$
M12	12	15	18	24	$\frac{25\sim30}{14}$ $\frac{32\sim40}{16}$ $\frac{45\sim120}{26}$ $\frac{130\sim180}{32}$
M16	16	20	24	32	$\frac{30\sim38}{16}$ $\frac{40\sim55}{20}$ $\frac{60\sim120}{30}$ $\frac{130\sim200}{36}$
M20	20	25	30	40	$\frac{35\sim40}{20}$ $\frac{45\sim65}{30}$ $\frac{70\sim120}{38}$ $\frac{130\sim200}{44}$
(M24)	24	30	36	48	$\frac{45\sim50}{25}$ $\frac{55\sim75}{35}$ $\frac{80\sim120}{46}$ $\frac{130\sim200}{52}$
(M30)	30	38	45	60	$\frac{60\sim65}{40}$ $\frac{70\sim90}{50}$ $\frac{95\sim120}{66}$ $\frac{130\sim200}{72}$ $\frac{210\sim250}{85}$
M36	36	45	54	72	$\frac{65\sim75}{45}$ $\frac{80\sim110}{60}$ $\frac{120}{78}$ $\frac{130\sim200}{84}$ $\frac{210\sim300}{97}$
M42	42	52	63	84	$\frac{70\sim80}{50}$ $\frac{85\sim110}{70}$ $\frac{120}{90}$ $\frac{130\sim200}{96}$ $\frac{210\sim300}{109}$
M48	48	60	72	96	$\frac{80\sim90}{60}$ $\frac{95\sim110}{80}$ $\frac{120}{102}$ $\frac{130\sim200}{108}$ $\frac{210\sim300}{121}$
$l_{系列}$	12、(14)、16 (18)、20、(22)、25、(28)、30、(32)、35、(38)、40、45、50、55、60、(65)、70、75、80、(85)、90、(95)、100～260 (10 进位)、280、300				

注 1. 尽可能不采用括号内的规格。末端按 GB/T 2—2000 规定。
2. $b_m=1d$，一般用于钢对钢；$b_m=(1.25\sim1.5)d$，一般用于钢对铸铁；$b_m=2d$，一般用于钢对铝合金。

附表 8　　　　**螺钉（一）**　　　　mm

开槽盘头螺钉
（摘自 GB/T 67—2008）

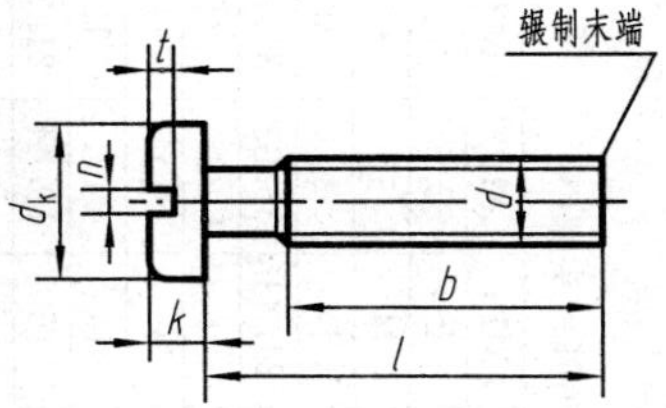

开槽沉头螺钉
（摘自 GB/T 68—2008）

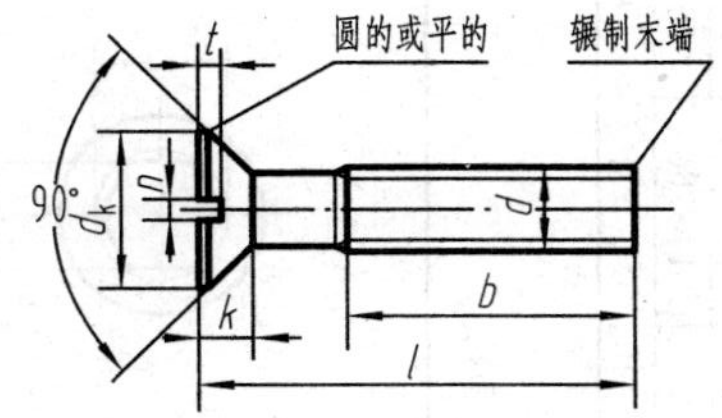

开槽半沉头螺钉
（摘自 GB/T 69—2008）

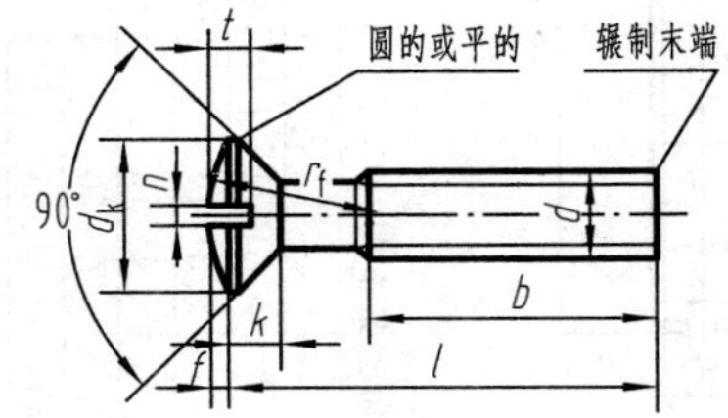

（无螺纹部分杆径≈中径或=螺纹大径）

标记示例：
螺钉 GB/T 67　M5×60
（螺纹规格 d=M5、l=60、性能等级为 4.8 级、不经表面处理的开槽盘头螺钉）

螺纹规格 d	P	b_{min}	n 公称	f	r_f	k_{max}		d_{kmax}		t_{min}			$l_{范围}$		全螺纹时最大长度	
				GB/T 69	GB/T 69	GB/T 67	GB/T 68 GB/T 69	GB/T 67	GB/T 68 GB/T 69	GB/T 67	GB/T 68	GB/T 69	GB/T 67	GB/T 68 GB/T 69	GB/T 67	GB/T 68 GB/T 69
M2	0.4	25	0.5	4	0.5	1.3	1.2	4	3.8	0.5	0.4	0.8	2.5～20	3～20	30	
M3	0.5		0.8	6	0.7	1.8	1.65	5.6	5.5	0.7	0.6	1.2	4～30	5～30		
M4	0.7	38	1.2	9.5	1	2.4	2.7	8	8.4	1	1	1.6	5～40	6～40	40	45
M5	0.8				1.2	3		9.5	9.3	1.2	1.1	2	6～50	8～50		
M6	1		1.6	12	1.4	3.6	3.3	12	12	1.4	1.2	2.4	8～60	8～60		
M8	1.25		2	16.5	2	4.8	4.65	16	16	1.9	1.8	3.2	10～80			
M10	1.5		2.5	19.5	2.3	6	5	20	20	2.4	2	3.8				
$l_{系列}$	2、2.5、3、4、5、6、8、10、12、(14)、16、20～50（5 进位）、(55)、60、(65)、70、(75)、80															

注　螺纹公差—6g；机械性能等级—4.8、5.8；产品等级—A。

附表 9 **螺钉（二）** mm

开槽锥端紧定螺钉（摘自 GB/T 71—2008）	开槽平端紧定螺钉（摘自 GB/T 73—2008）	开槽长圆柱端紧定螺钉（摘自 GB/T 75—2008）

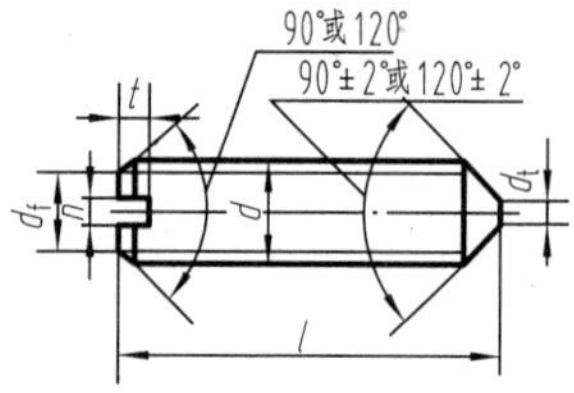

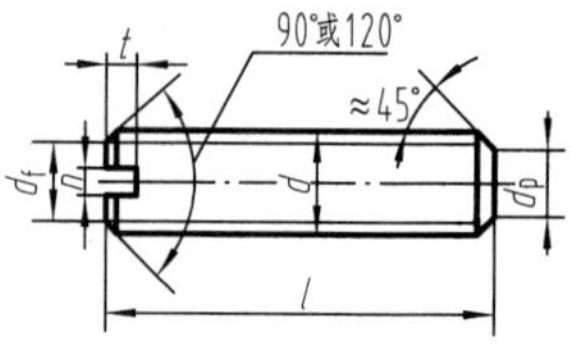

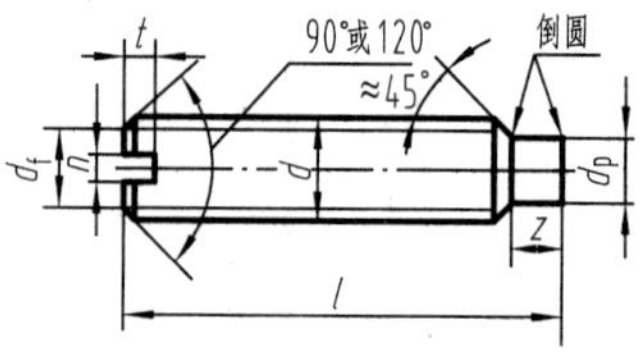

标记示例：
螺钉 GB/T 71　M5×20
（螺纹规格 d=M5、公称长度 l=20、性能等级为 14H 级、表面氧化的开槽锥端紧定螺钉）

螺纹规格 d	P	d_f	d_{tmax}	d_{pmax}	$n_{公称}$	t_{max}	Z_{max}	$l_{范围}$ GB 71	GB 73	GB 75
M2	0.4	螺纹小径	0.2	1	0.25	0.84	1.25	3～10	2～10	3～10
M3	0.5		0.3	2	0.4	1.05	1.75	4～16	3～16	5～16
M4	0.7		0.4	2.5	0.6	1.42	2.25	6～20	4～20	6～20
M5	0.8		0.5	3.5	0.8	1.63	2.75	8～25	5～25	8～25
M6	1		1.5	4	1	2	3.25	8～30	6～30	8～30
M8	1.25		2	5.5	1.2	2.5	4.3	10～40	8～40	10～40
M10	1.5		2.5	7	1.6	3	5.3	12～50	10～50	12～50
M12	1.75		3	8.5	2	3.6	6.3	14～60	12～60	14～60
$l_{系列}$	2、2.5、3、4、5、6、8、10、12、(14)、16、20、25、30、35、40、45、50、(55)、60									

注　螺纹公差—6g；机械性能等级—14H、22H；产品等级—A。

附表 10 **内六角圆柱头螺钉**（摘自 GB/T 70.1—2008） mm

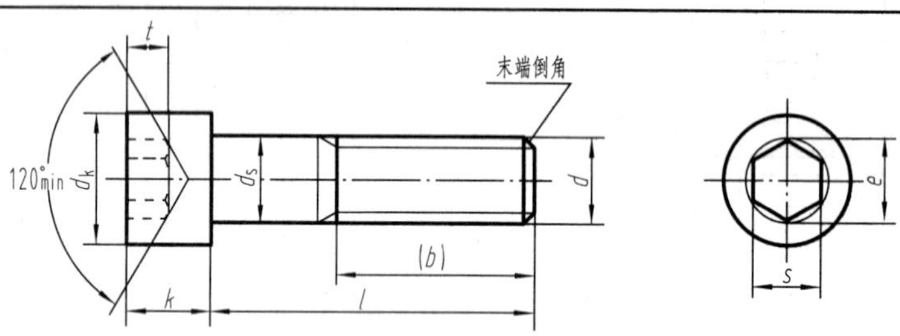

标记示例：
螺钉 GB/T 70.1　M5×20
（螺纹规格 d=M5、公称长度 l=20、性能等级为 8.8 级、表面氧化的内六角圆柱头螺钉）

螺纹规格 d		M4	M5	M6	M8	M10	M12	(M14)	M16	M20	M24	M30	M36
螺距 P		0.7	0.8	1	1.25	1.5	1.75	2	2	2.5	3	3.5	4
$b_{参考}$		20	22	24	28	32	36	40	44	52	60	72	84
d_{kmax}	光滑头部	7	8.5	10	13	16	18	21	24	30	36	45	54
	滚花头部	7.22	8.72	10.22	13.27	16.27	18.27	21.33	24.33	30.33	36.39	45.39	54.46
k_{max}		4	5	6	8	10	12	14	16	20	24	30	36
t_{min}		2	2.5	3	4	5	6	7	8	10	12	15.5	19
$S_{公称}$		3	4	5	6	8	10	12	14	17	19	22	27
e_{min}		3.44	4.58	5.72	6.86	9.15	11.43	13.72	16	19.44	21.73	25.15	30.35
d_{smax}		4	5	6	8	10	12	14	16	20	24	30	36
$l_{范围}$		6～40	8～50	10～60	12～80	16～100	20～120	25～140	25～160	30～200	40～200	45～200	55～200
全螺纹时最大长度		25	25	30	35	40	45	55	55	65	80	90	100
$l_{系列}$		6、8、10、12、(14)、(16)、20～50（5 进位）、(55)、60、(65)、70～160（10 进位）、180、200											

注　1. 括号内的规格尽可能不用。末端按 GB/T 2—2000 规定。
2. 机械性能等级：8.8、12.9。
3. 螺纹公差：机械性能等级 8.8 级时为 6g，12.9 级时为 5g、6g。
4. 产品等级：A。

附表 11　　　　**垫　圈**　　　　mm

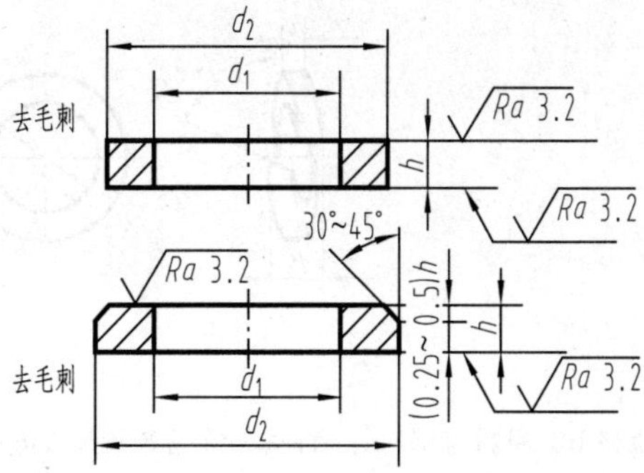

小垫圈—A 级（摘自 GB/T 848—2002）
平垫圈—A 级（摘自 GB/T 97.1—2002）
平垫圈　倒角型—A 级（摘自 GB/T 97.2—2002）
平垫圈—C 级（摘自 GB/T 95—2002）
大垫圈—A 级（摘自 GB/T 96.1—2002）
特大垫圈—C 级（摘自 GB/T 5287—2002）

标记示例：
垫圈 GB/T 95　8
（标准系列、公称尺寸 d=8、性能等级为 100HV 级、不经表面处理的平垫圈）
垫圈 GB/T 97.2　8
（标准系列、公称尺寸 d=8、性能等级为 A140 级、倒角型、不经表面处理的平垫圈）

公称尺寸（螺纹规格）d	标准系列									特大系列			大系列			小系列		
	GB/T 95（C 级）			GB/T 97.1（A 级）			GB/T 97.2（A 级）			GB/T 5287（C 级）			GB/T 96.1（A 级）			GB/T 848（A 级）		
	$d_{1\min}$	$d_{2\max}$	h	$d_{1\min}$	$d_{2\max}$	h	$d_{1\min}$	$d_{2\max}$	h	$d_{1\min}$	$d_{2\max}$	h	$d_{1\min}$	$d_{2\max}$	h	$d_{1\min}$	$d_{2\max}$	h
4	—	—	—	4.3	9	0.8	—	—	—	—	—	—	4.3	12	1	4.3	8	0.5
5	5.5	10	1	5.3	10	1	5.3	10	1	5.5	18	2	5.3	15	1.2	5.3	9	1
6	6.6	12	1.6	6.4	12	1.6	6.4	12	1.6	6.6	22		6.4	18	1.6	6.4	11	1.6
8	9	16		8.4	16		8.4	16		9	28	3	8.4	24	2	8.4	15	
10	11	20	2	10.5	20	2	10.5	20	2	11	34		10.5	30	2.5	10.5	18	
12	13.5	24	2.5	13	24	2.5	13	24	2.5	13.5	44	4	13	37	3	13	20	2
14	15.5	28		15	28		15	28		15.5	50		15	44		15	24	2.5
16	17.5	30	3	17	30	3	17	30	3	17.5	56	5	17	50		17	28	
20	22	37		21	37		21	37		22	72	6	22	60	4	21	34	3
24	26	44	4	25	44	4	25	44	4	26	85		26	72	5	25	39	4
30	33	56		31	56		31	56		33	105		33	92	6	31	50	
36	39	66	5	37	66	5	37	66	5	39	125	8	39	110	8	37	60	5
42①	45	78	8	—	—	—	—	—	—	—	—	—	45	125	10	—	—	—
48①	52	92		—	—	—	—	—	—	—	—	—	52	145		—	—	—

注　1. A 级适用于精装配系列，C 级适用于中等装配系列。
2. C 级垫圈没有 Ra3.2 和去毛刺的要求。
3. GB/T 848—2002 主要用于圆柱头螺钉，其他用于标准的六角螺栓、螺母和螺钉。

①　表示尚未列入相应产品标准的规格。

附表 12 标准型弹簧垫圈（摘自 GB/T 93—1987） mm

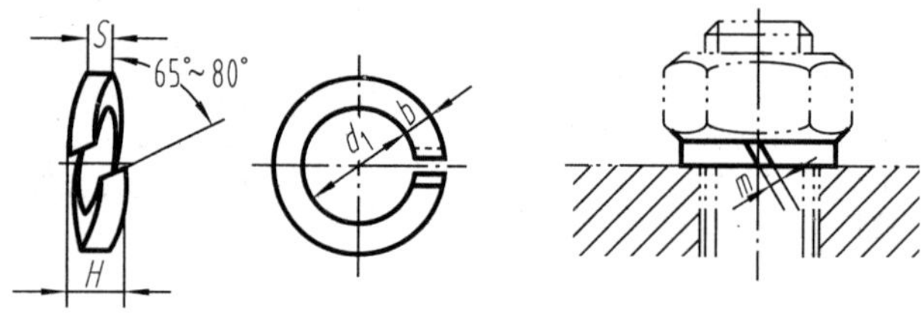

标记示例：
垫圈 GB/T 93 10
（规格 10、材料为 65Mn、表面氧化的标准型弹簧垫圈）

规格（螺纹大径）	4	5	6	8	10	12	16	20	24	30	36	42	48
d_{1min}	4.1	5.1	6.1	8.1	10.2	12.2	16.2	20.2	24.5	30.5	36.5	42.5	48.5
$S=b_{公称}$	1.1	1.3	1.6	2.1	2.6	3.1	4.1	5	6	7.5	9	10.5	12
$m\leqslant$	0.55	0.65	0.8	1.05	1.3	1.55	2.05	2.5	3	3.75	4.5	5.25	6
H_{max}	2.75	3.25	4	5.25	6.5	7.75	10.25	12.5	15	18.75	22.5	26.25	30

注 *m* 应大于零。

附表 13 圆柱销（摘自 GB/T 119.1—2000） mm

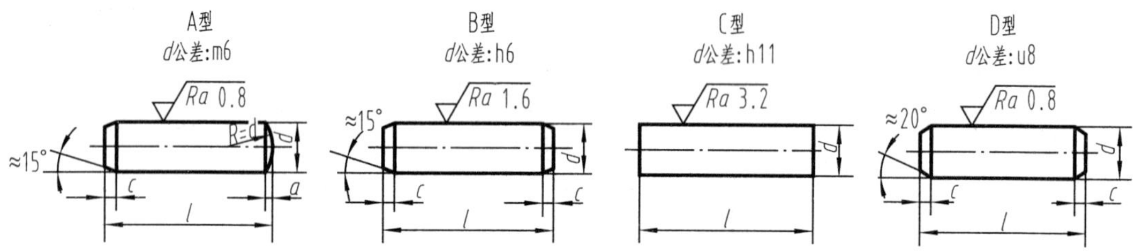

标记示例：
销 GB/T 119.1 6 m6×30
（公称直径 d=6、公差为 m6、公称长度 l=30、材料为钢、不经表面处理的圆柱销）
销 GB/T 119.1 6 m6×30 - A1
（公称直径 d=6、公差为 m6、公称长度 l=30、材料为 A1 组奥氏体不锈钢、表面简单处理的圆柱销）

d（公称）m6/h8	2	3	4	5	6	8	10	12	16	20	25
$c\approx$	0.35	0.5	0.63	0.8	1.2	1.6	2	2.5	3	3.5	4
$l_{范围}$	6～20	8～30	8～40	10～50	12～60	14～80	18～95	22～140	26～180	35～200	50～200
$l_{系列}$（公称）	2、3、4、5、6～32（2 进位）、35～100（5 进位）、120～≥200（按 20 递增）										

附表 14　　**圆锥销**（摘自 GB/T 117—2000）　　mm

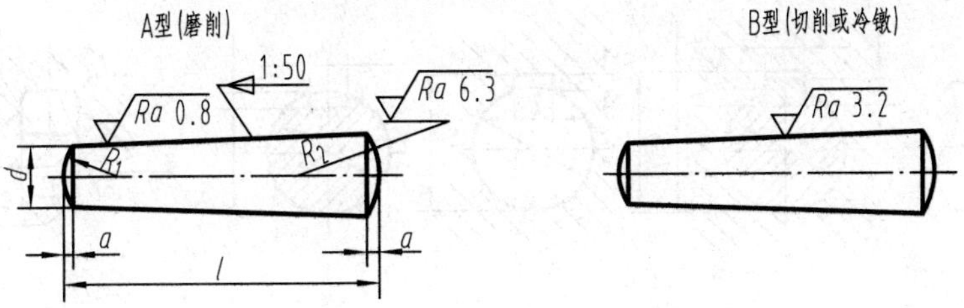

$$R_1\approx d\quad R_2\approx\frac{a}{2}+d+\frac{0.021^2}{8a}$$

标记示例：
销 GB/T 117　10×60
（公称直径 d=10、长度 l=60、材料为 35 钢、热处理硬度 28～38HRC、表面氧化处理的 A 型圆锥销）

$d_{公称}$	2	2.5	3	4	5	6	8	10	12	16	20	25
$a\approx$	0.25	0.3	0.4	0.5	0.63	0.8	1.0	1.2	1.6	2.0	2.5	3.0
$l_{范围}$	10～35	10～35	12～45	14～55	18～60	22～90	22～120	26～160	32～180	40～200	45～200	50～200
$l_{系列}$	2、3、4、5、6～32（2 进位）、35～100（5 进位）、120～200（20 进位）											

附表 15　　**开口销**（摘自 GB/T 91—2000）　　mm

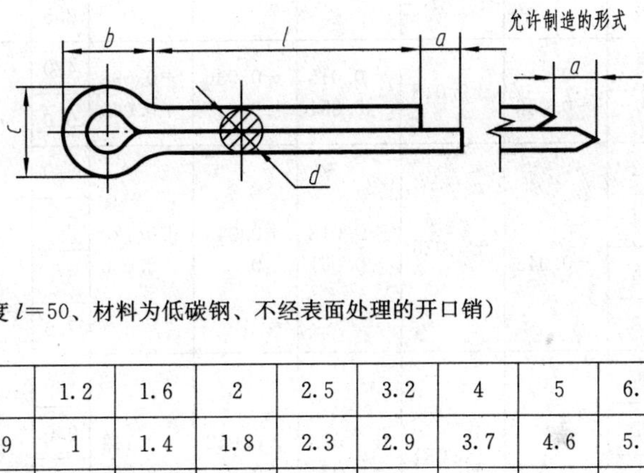

标记示例：
销 GB/T 91　5×50
（公称规格为 5、公称长度 l=50、材料为低碳钢、不经表面处理的开口销）

d	公称	0.8	1	1.2	1.6	2	2.5	3.2	4	5	6.3	8	10	12
	max	0.7	0.9	1	1.4	1.8	2.3	2.9	3.7	4.6	5.9	7.5	9.5	11.4
	min	0.6	0.8	0.9	1.3	1.7	2.1	2.7	3.5	4.4	5.7	7.3	9.3	11.1
c_{max}		1.4	1.8	2	2.8	3.6	4.6	5.8	7.4	9.2	11.8	15	19	24.8
b		2.4	3	3	3.2	4	5	6.4	8	10	12.6	16	20	26
a_{max}		1.6		2.5				3.2	4					6.3
$l_{范围}$		5～16	6～20	8～26	8～32	10～40	12～50	14～65	18～80	22～100	30～120	40～160	45～200	70～200
$l_{系列}$		4、5、6～32（2 进位）、36、40～100（5 进位）、120～200（20 进位）												

注　销孔的公称直径等于 $d_{公称}$，$d_{min}\leqslant$（销的直径）$\leqslant d_{max}$。

附表 16　　**普通平键键槽的尺寸及公差**（摘自 GB/T 1095—2003）　　mm

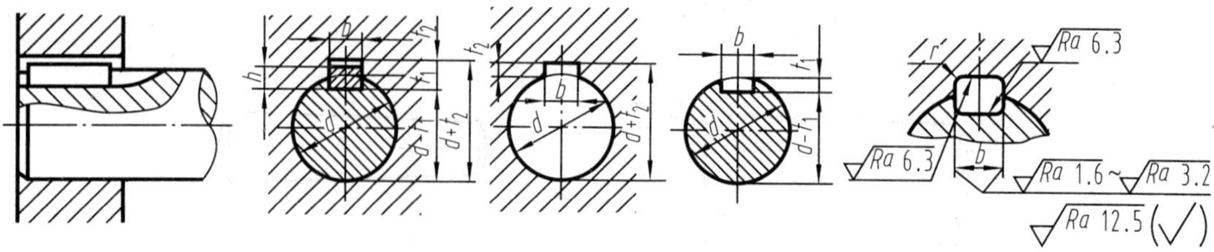

注：在工作图中，轴槽深用 t_1 或（$d-t_1$）标注，轮毂槽深用（$d+t_2$）标注。

轴的直径 d	键尺寸 $b\times h$	键槽											
		宽度 b						深度				半径 r	
		基本尺寸	极限偏差					轴 t_1		毂 t_2			
			正常连接		紧密连接	松连接		基本尺寸	极限偏差	基本尺寸	极限偏差		
			轴 N9	毂 JS9	轴和毂 P9	轴 H9	毂 D10					min	max
自 6~8	2×2	2	−0.004 −0.029	±0.0125	−0.006 −0.031	+0.025 0	+0.060 +0.020	1.2	+0.1 0	1	+0.1 0	0.08	0.16
>8~10	3×3	3						1.8		1.4			
>10~12	4×4	4	0 −0.030	±0.015	−0.012 −0.042	+0.030 0	+0.078 +0.030	2.5		1.8			
>12~17	5×5	5						3.0		2.3		0.16	0.25
>17~22	6×6	6						3.5		2.8			
>22~30	8×7	8	0 −0.036	±0.018	−0.015 −0.051	+0.036 0	+0.098 +0.040	4.0	+0.2 0	3.3	+0.2 0		
>30~38	10×8	10						5.0		3.3		0.25	0.40
>38~44	12×8	12	0 −0.043	±0.026	+0.018 −0.061	+0.043 0	+0.120 +0.050	5.0		3.3			
>44~50	14×9	14						5.5		3.8			
>50~58	16×10	16						6.0		4.3			
>58~65	18×11	18						7.0		4.4			
>65~75	20×12	20	0 −0.052	±0.031	+0.022 −0.074	+0.052 0	+0.149 +0.065	7.5		4.9		0.40	0.60
>75~85	22×14	22						9.0		5.4			
>85~95	25×14	25						9.0		5.4			
>95~110	28×16	28						10.0		6.4			
>110~130	32×18	32	0 −0.062	±0.037	−0.026 −0.088	+0.062 0	+0.180 +0.080	11.0		7.4			
>130~150	36×20	36						12.0	+0.3 0	8.4	+0.3 0	0.70	1.0
>150~170	40×22	40						13.0		9.4			
>170~200	45×25	45						15.0		10.4			

注　1. $d-t_1$ 和 $d+t_2$ 两组组合尺寸的极限偏差按相应的 t_1 和 t_2 的极限偏差选取，但 $d-t_1$ 极限偏差应取负号（−）。

2. 轴的直径不在本标准所列，仅供参考。

附表 17　　**普通平键的尺寸及公差**（摘自 GB/T 1096—2003）　　mm

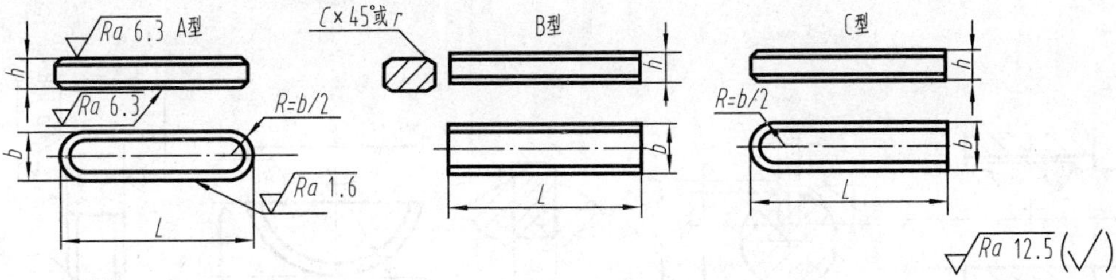

标记示例：

圆头普通平键（A 型）、b=18mm、h=11mm、L=100mm：GB/T 1096—2003 键 18×11×100

平头普通平键（B 型）、b=18mm、h=11mm、L=100mm：GB/T 1096—2003 键 B 18×11×100

单圆头普通平键（C 型）、b=18mm、h=11mm、L=100mm：GB/T 1096—2003 键 C 18×11×100

宽度 b	基本尺寸	2	3	4	5	6	8	10	12	14	16	18	20	22
宽度 b	极限偏差（h8）	0 −0.014		0 −0.018			0 −0.022		0 −0.027				0 −0.033	
高度 h	基本尺寸	2	3	4	5	6	7	8	8	9	10	11	12	14
高度 h	极限偏差 矩形（h11）	—		—			0 −0.090					0 −0.010		
高度 h	极限偏差 方形（h8）	0 −0.014		0 −0.018			—					—		
倒角或圆角		0.16～0.25			0.25～0.40			0.40～0.60					0.60～0.80	
长度 L 基本尺寸	极限偏差（h14）													
6	0 −0.36			—	—	—	—	—	—	—	—	—	—	—
8					—	—	—	—	—	—	—	—	—	—
10						—	—	—	—	—	—	—	—	—
12	0 −0.48					—	—	—	—	—	—	—	—	—
14							—	—	—	—	—	—	—	—
16							—	—	—	—	—	—	—	—
18								—	—	—	—	—	—	—
20	0 −0.52							—	—	—	—	—	—	—
22		—			标准				—	—	—	—	—	—
25		—							—	—	—	—	—	—
28		—								—	—	—	—	—
32	0 −0.62	—								—	—	—	—	—
36		—									—	—	—	—
40		—	—								—	—	—	—
45		—	—				长度					—	—	—
50		—	—	—									—	—
56	0 −0.74	—	—	—										—
63		—	—	—	—									
70		—	—	—	—									
80		—	—	—	—	—								
90	0 −0.87	—	—	—	—	—				范围				
100		—	—	—	—	—	—							
110		—	—	—	—	—	—							
125	0 −1.00	—	—	—	—	—	—	—						
140		—	—	—	—	—	—	—						
160		—	—	—	—	—	—	—	—					
180		—	—	—	—	—	—	—	—	—				
200	0 −1.15	—	—	—	—	—	—	—	—	—	—			
220		—	—	—	—	—	—	—	—	—	—	—		
250		—	—	—	—	—	—	—	—	—	—	—	—	

附表 18 **半圆键**（摘自 GB/T 1098—2003、GB/T 1099—2003） mm

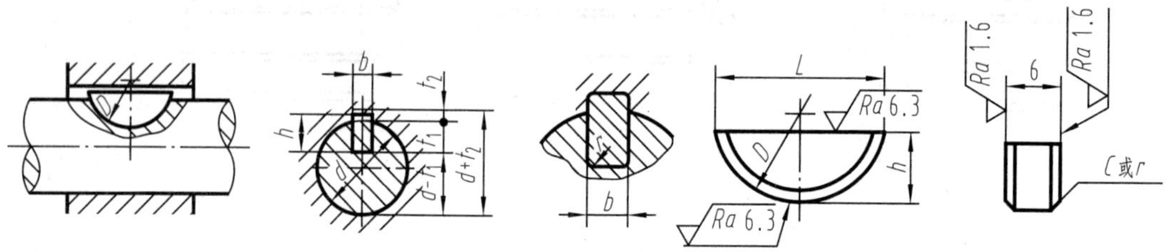

半圆键 键槽的剖面尺寸（摘自 GB/T 1098—2003）

普通型 半圆键（摘自 GB/T 1099—2003）

标注示例：

宽度 b=6mm，高度 h=10mm，直径 D=25mm，普通型半圆键的标记为：

GB/T 1099.1 键 6×10×25

键尺寸				键槽				
				轴		轮毂 t_2		
b	h（h11）	D（h12）	C	t_1	极限偏差	t_2	极限偏差	半径 r
1.0	1.4	4	0.16～0.25	1.0	$^{+0.1}_{0}$	0.6	$^{+0.1}_{0}$	0.16～0.25
1.5	2.6	7		2.0		0.8		
2.0	2.6	7		1.8		1.0		
2.0	3.7	10		2.9		1.0		
2.5	3.7	10		2.7		1.2		
3.0	5.0	13		3.8	$^{+0.2}_{0}$	1.4		
3.0	6.5	16		5.3		1.4		
4.0	6.5	16	0.25～0.40	5.0		1.8		0.25～0.40
4.0	7.5	19		6.0		1.8		
5.0	6.5	16		4.5		2.3		
5.0	7.5	19		5.5		2.3		
5.0	9.0	22		7.0		2.3		
6.0	9.0	22		6.5	$^{+0.3}_{0}$	2.8		
6.0	10.0	25		7.5		2.8	$^{+0.2}_{0}$	
8.0	11.0	28	0.40～0.60	8.0		3.3		0.40～0.60
10.0	13.0	32		10.0		3.3		

注 1. 在图样中，轴槽深用 t_1 或 $d-t_1$ 标注，轮毂槽深用 $d+t_2$ 标注。$d-t_1$ 和 $d+t_2$ 的两个组合尺寸的极限偏差按相应 t_1 和 t_2 的极限偏差选取，但 $d-t_1$ 极限偏差应为负偏差。

2. 键长 L 的两端允许倒成圆角，圆角半径 r=0.5～1.5mm。

3. 键宽 b 的下偏差统一为“−0.025”。

附表 19 **滚 动 轴 承** mm

深沟球轴承（摘自 GB/T 276—1994）

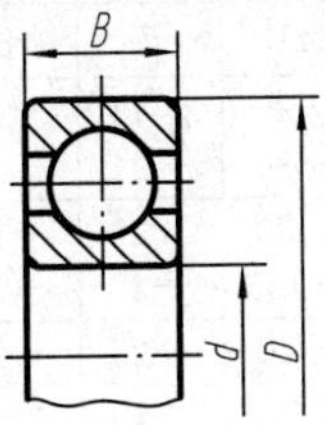

标记示例：
滚动轴承 6308 GB/T 276—1994

圆锥滚子轴承（摘自 GB/T 297—1994）

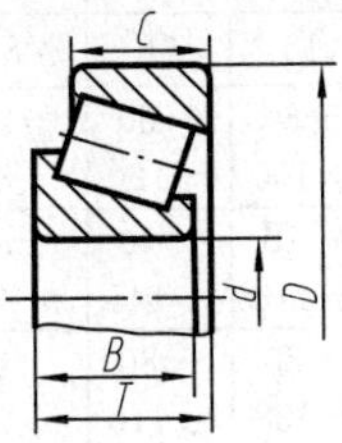

标记示例：
滚动轴承 30209 GB/T 297—1994

推力球轴承（摘自 GB/T 301—1995）

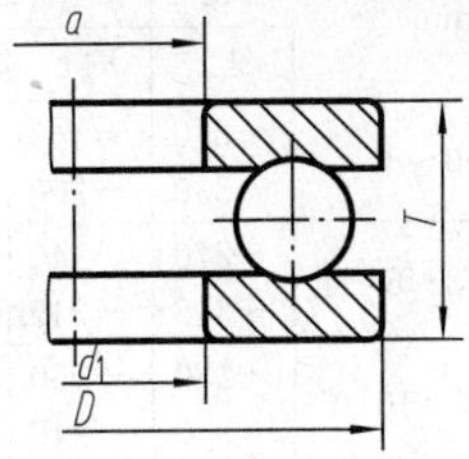

标记示例：
滚动轴承 51205 GB/T 301—1995

轴承型号	尺寸/mm			轴承型号	尺寸/mm					轴承型号	尺寸/mm			
	d	D	B		d	D	B	C	T		d	D	T	d_1
尺寸系列［(0) 2］				尺寸系列［02］						尺寸系列［12］				
6202	15	35	11	30203	17	40	12	11	13.25	51202	15	32	12	17
6203	17	40	12	30204	20	47	14	12	15.25	51203	17	35	12	19
6204	20	47	14	30205	25	52	15	13	16.25	51204	20	40	14	22
6205	25	52	15	30206	30	62	16	14	17.25	51205	25	47	15	27
6206	30	62	16	30207	35	72	17	15	18.25	51206	30	52	16	32
6207	35	72	17	30208	40	80	18	16	19.75	51207	35	62	18	37
6208	40	80	18	30209	45	85	19	16	20.75	51208	40	68	19	42
6209	45	85	19	30210	50	90	20	17	21.75	51209	45	73	20	47
6210	50	90	20	30211	55	100	21	18	22.75	51210	50	78	22	52
6211	55	100	21	30212	60	110	22	19	23.75	51211	55	90	25	57
6212	60	110	22	30213	65	120	23	20	24.75	51212	60	95	26	62
尺寸系列［(0) 3］				尺寸系列［03］						尺寸系列［13］				
6302	15	42	13	30302	15	42	13	11	14.25	51304	20	47	18	22
6303	17	47	14	30303	17	47	14	12	15.25	51305	25	52	18	27
6304	20	52	15	30304	20	52	15	13	16.25	51306	30	60	21	32
6305	25	62	17	30305	25	62	17	15	18.25	51307	35	68	24	37
6306	30	72	19	30306	30	72	19	16	20.75	51308	40	78	26	42
6307	35	80	21	30307	35	80	21	18	22.75	51309	45	85	28	47
6308	40	90	23	30308	40	90	23	20	25.25	51310	50	95	31	52
6309	45	100	25	30309	45	100	25	22	27.25	51311	55	105	35	57
6310	50	110	27	30310	50	110	27	23	29.25	51312	60	110	35	62
6311	55	120	29	30311	55	120	29	25	31.50	51313	65	115	36	67
6312	60	130	31	30312	60	130	31	26	33.50	51314	70	125	40	72

注 圆括号中的尺寸系列代号在轴承代号中省略。

三、极限与配合

附表 20 **基本尺寸小于 500mm 的标准公差** μm

基本尺寸 (mm)	公 差 等 级																			
	IT01	IT0	IT1	IT2	IT3	IT4	IT5	IT6	IT7	IT8	IT9	IT10	IT11	IT12	IT13	IT14	IT15	IT16	IT17	IT18
≤3	0.3	0.5	0.8	1.2	2	3	4	6	10	14	25	40	60	100	140	250	400	600	1000	1400
>3～6	0.4	0.6	1	1.5	2.5	4	5	8	12	18	30	48	75	120	180	300	480	750	1200	1800
>6～10	0.4	0.6	1	1.5	2.5	4	6	9	15	22	36	58	90	150	220	360	580	900	1500	2200
>10～18	0.5	0.8	1.2	2	3	5	8	11	18	27	43	70	110	180	270	430	700	1100	1800	2700
>18～30	0.6	1	1.5	2.5	4	6	9	13	21	33	52	84	130	210	330	520	840	1300	2100	3300
>30～50	0.7	1	1.5	2.5	4	7	11	16	25	39	62	100	160	250	390	620	1000	1600	2500	3900
>50～80	0.8	1.2	2	3	5	8	13	19	30	46	74	120	190	300	460	740	1200	1900	3000	4600
>80～120	1	1.5	2.5	4	6	10	15	22	35	54	87	140	220	350	540	870	1400	2200	3500	5400
>120～180	1.2	2	3.5	5	8	12	18	25	40	63	100	160	250	400	630	1000	1600	2500	4000	6300
>180～250	2	3	4.5	7	10	14	20	29	46	72	115	185	290	460	720	1150	1850	2900	4600	7200
>250～315	2.5	4	6	8	12	16	23	32	52	81	130	210	320	520	810	1300	2100	3200	5200	8100
>315～400	3	5	7	9	13	18	25	36	57	89	140	230	360	570	890	1400	2300	3600	5700	8900
>400～500	4	6	8	10	15	20	27	40	68	97	155	250	400	630	970	1550	2500	4000	6300	9700

附表 21 **轴的极限偏差**（摘自

基本尺寸 (mm)	常用及优先公差带（带												
	a	b		c			d				e		
	11	11	12	9	10	⑪	8	⑨	10	11	7	8	9
>0～3	−270 −330	−140 −200	−140 −240	−60 −85	−60 −100	−60 −120	−20 −34	−20 −45	−20 −60	−20 −80	−14 −24	−14 −28	−14 −39
>3～6	−270 −345	−140 −215	−140 −260	−70 −100	−70 −118	−70 −145	−30 −48	−30 −60	−30 −78	−30 −105	−20 −32	−20 −38	−20 −50
>6～10	−280 −370	−150 −240	−150 −300	−80 −116	−80 −138	−80 −170	−40 −62	−40 −79	−40 −98	−40 −130	−25 −40	−25 −47	−25 −61
>10～14	−290 −400	−150 −260	−150 −330	−95 −138	−95 −165	−95 −205	−50 −77	−50 −93	−50 −120	−50 −160	−32 −50	−32 −59	−32 −75
>14～18													
>18～24	−300 −430	−160 −290	−160 −370	−110 −162	−110 −194	−110 −240	−65 −98	−65 −117	−65 −149	−65 −195	−40 −61	−40 −73	−40 −92
>24～30													
>30～40	−310 −470	−170 −330	−170 −420	−120 −182	−120 −220	−120 −280	−80 −119	−80 −142	−80 −180	−80 −240	−50 −75	−50 −89	−50 −112
>40～50	−320 −480	−180 −340	−180 −430	−130 −192	−130 −230	−130 −290							
>50～65	−340 −530	−190 −380	−190 −490	−140 −214	−140 −260	−140 −330	−100 −146	−100 −174	−100 −220	−100 −290	−60 −90	−60 −106	−60 −134
>65～80	−360 −550	−200 −390	−200 −500	−150 −224	−150 −270	−150 −340							
>80～100	−380 −600	−200 −440	−220 −570	−170 −257	−170 −310	−170 −390	−120 −174	−120 −207	−120 −260	−120 −340	−72 −109	−72 −126	−72 −159
>100～120	−410 −630	−240 −460	−240 −590	−180 −267	−180 −320	−180 −400							
>120～140	−460 −710	−260 −510	−260 −660	−200 −300	−200 −360	−200 −450	−145 −208	−145 −245	−145 −305	−145 −395	−85 −125	−85 −148	−85 −185
>140～160	−520 −770	−280 −530	−280 −680	−210 −310	−210 −370	−210 −460							
>160～180	−580 −830	−310 −560	−310 −710	−230 −330	−230 −390	−230 −480							
>180～200	−660 −950	−340 −630	−340 −800	−240 −355	−240 −425	−240 −530	−170 −242	−170 −285	−170 −355	−170 −460	−100 −146	−100 −172	−100 −215
>200～225	−740 −1030	−380 −670	−380 −840	−260 −375	−260 −445	−260 −550							
>225～250	−820 −1110	−420 −710	−420 −880	−280 −395	−280 −465	−280 −570							
>250～280	−920 −1240	−480 −800	−480 −1000	−300 −430	−300 −510	−300 −620	−190 −271	−190 −320	−190 −400	−190 −510	−110 −162	−110 −191	−110 −240
>280～315	−1050 −1370	−540 −860	−540 −1060	−330 −460	−330 −540	−330 −650							
>315～355	−1200 −1560	−600 −960	−600 −1170	−360 −500	−360 −590	−360 −720	−210 −299	−210 −350	−210 −440	−210 −570	−125 −182	−125 −214	−125 −265
>355～400	−1350 −1710	−680 −1040	−680 −1250	−400 −540	−400 −630	−400 −760							
>400～450	−1500 −1900	−760 −1160	−760 −1390	−440 −595	−440 −690	−440 −840	−230 −327	−230 −385	−230 −480	−230 −630	−135 −198	−135 −232	−135 −290
>450～500	−1650 −2050	−840 −1240	−840 −1470	−480 −635	−480 −730	−480 −880							

GB/T 1008.2—2009) μm

圈者为优先公差带)

f					g			h							
5	6	⑦	8	9	5	⑥	7	5	⑥	⑦	8	⑨	10	⑪	12
−6 −10	−6 −12	−6 −16	−6 −20	−6 −31	−2 −6	−2 −8	−2 −12	0 −4	0 −6	0 −10	0 −14	0 −25	0 −40	0 −60	0 −100
−10 −15	−10 −18	−10 −22	−10 −28	−10 −40	−4 −9	−4 −12	−4 −16	0 −5	0 −8	0 −12	0 −18	0 −30	0 −48	0 −75	0 −120
−13 −19	−13 −22	−13 −28	−13 −35	−13 −49	−5 −11	−5 −14	−5 −20	0 −6	0 −9	0 −15	0 −22	0 −36	0 −58	0 −90	0 −150
−16 −24	−16 −27	−16 −34	−16 −43	−16 −59	−6 −14	−6 −17	−6 −24	0 −8	0 −11	0 −18	0 −27	0 −43	0 −70	0 −110	0 −180
−20 −29	−20 −33	−20 −41	−20 −53	−20 −72	−7 −16	−7 −20	−7 −28	0 −9	0 −13	0 −21	0 −33	0 −52	0 −84	0 −130	0 −210
−25 −36	−25 −41	−25 −50	−25 −64	−25 −87	−9 −20	−9 −25	−9 −34	0 −11	0 −16	0 −25	0 −39	0 −62	0 −100	0 −160	0 −250
−30 −43	−30 −49	−30 −60	−30 −76	−30 −104	−10 −23	−10 −29	−10 −40	0 −13	0 −19	0 −30	0 −46	0 −74	0 −120	0 −190	0 −300
−36 −51	−36 −58	−36 −71	−36 −90	−36 −123	−12 −27	−12 −34	−12 −47	0 −15	0 −22	0 −35	0 −54	0 −87	0 −140	0 −220	0 −350
−43 −61	−43 −68	−43 −83	−43 −106	−43 −143	−14 −32	−14 −39	−14 −54	0 −18	0 −25	0 −40	0 −63	0 −100	0 −160	0 −250	0 −400
−50 −70	−50 −79	−50 −96	−50 −122	−50 −165	−15 −35	−15 −44	−15 −61	0 −20	0 −29	0 −46	0 −72	0 −115	0 −185	0 −290	0 −460
−56 −79	−56 −88	−56 −108	−56 −137	−56 −186	−17 −40	−17 −49	−17 −69	0 −23	0 −32	0 −52	0 −81	0 −130	0 −210	0 −320	0 −520
−62 −87	−62 −98	−62 −119	−62 −151	−62 −202	−18 −43	−18 −54	−18 −75	0 −25	0 −36	0 −57	0 −89	0 −140	0 −230	0 −360	0 −570
−68 −95	−68 −108	−68 −131	−68 −165	−68 −223	−20 −47	−20 −60	−20 −83	0 −27	0 −40	0 −63	0 −97	0 −155	0 −250	0 −400	0 −630

基本尺寸（mm）	常用及优先公差带（带														
	js			k			m			n			p		
	5	⑥	7	5	⑥	7	5	6	7	5	⑥	7	5	⑥	7
>0～3	±2	±3	±5	+4 0	+6 0	+10 0	+6 +2	+8 +2	+12 +2	+8 +4	+10 +4	+14 +4	+10 +6	+12 +6	+16 +6
>3～6	±2.5	±4	±6	+6 +1	+9 +1	+13 +1	+9 +4	+12 +4	+16 +4	+13 +8	+16 +8	+20 +8	+17 +12	+20 +12	+24 +12
>6～10	±3	±4.5	±7	+7 +1	+10 +1	+16 +1	+12 +6	+15 +6	+21 +6	+16 +10	+19 +10	+25 +10	+21 +15	+24 +15	+30 +15
>10～14 >14～18	±4	±5.5	±9	+9 +1	+12 +1	+19 +1	+15 +7	+18 +7	+25 +7	+20 +12	+23 +12	+30 +12	+26 +18	+29 +18	+36 +18
>18～24 >24～30	±4.5	±6.5	±10	+11 +2	+15 +2	+23 +2	+17 +8	+21 +8	+29 +8	+24 +15	+28 +15	+36 +15	+31 +22	+35 +22	+43 +22
>30～40 >40～50	±5.5	±8	±12	+13 +2	+18 +2	+27 +2	+20 +9	+25 +9	+34 +9	+28 +17	+33 +17	+42 +17	+37 +26	+42 +26	+51 +26
>50～65 >65～80	±6.5	±9.5	±15	+15 +2	+21 +2	+32 +2	+24 +11	+30 +11	+41 +11	+33 +20	+39 +20	+50 +20	+45 +32	+51 +32	+62 +32
>80～100 >100～120	±7.5	±11	±17	+18 +3	+25 +3	+38 +3	+28 +13	+35 +13	+48 +13	+38 +23	+45 +23	+58 +23	+52 +37	+59 +37	+72 +37
>120～140 >140～160 >160～180	±9	±12.5	±20	+21 +3	+28 +3	+43 +3	+33 +15	+40 +15	+55 +15	+45 +27	+52 +27	+67 +27	+61 +43	+68 +43	+83 +43
>180～200 >200～225 >225～250	±10	±14.5	±23	+24 +4	+33 +4	+50 +4	+37 +17	+46 +17	+63 +17	+51 +31	+60 +31	+77 +31	+70 +50	+79 +50	+96 +50
>250～280 >280～315	±11.5	±16	±26	+27 +4	+36 +4	+56 +4	+43 +20	+52 +20	+72 +20	+57 +34	+66 +34	+86 +34	+79 +56	+88 +56	+108 +56
>315～355 >355～400	±12.5	±18	±28	+29 +4	+40 +4	+61 +4	+46 +21	+57 +21	+78 +21	+62 +37	+73 +37	+94 +37	+87 +62	+98 +62	+119 +62
>400～450 >450～500	±13.5	±20	±31	+32 +5	+45 +5	+68 +5	+50 +23	+63 +23	+86 +23	+67 +40	+80 +40	+103 +40	+95 +68	+108 +68	+131 +68

注 基本尺寸小于 1mm 时，各级的 a 和 b 均不采用。

续表

圈者为优先公差带）

r			s			t			u		v	x	y	z
5	6	7	5	⑥	7	5	6	7	⑥	7	6	6	6	6
+14 +10	+16 +10	+20 +10	+18 +14	+20 +14	+24 +14	—	—	—	+24 +18	+28 +18	—	+26 +20	—	+32 +26
+20 +15	+23 +15	+27 +15	+24 +19	+27 +19	+31 +19	—	—	—	+31 +23	+35 +23	—	+36 +28	—	+43 +35
+25 +19	+28 +19	+34 +19	+29 +23	+32 +23	+38 +23	—	—	—	+37 +28	+43 +28	—	+43 +34	—	+51 +42
+31 +23	+34 23	+41 +23	+36 +28	+39 +28	+46 +28	—	—	—	+44 +33	+51 +33	—	+51 +40	—	+61 +50
						—	—	—			+50 +39	+56 +45	—	+71 +60
+37 +28	+41 +28	+49 +28	+44 +35	+48 +35	+56 +35	—	—	—	+54 +41	+62 +41	+60 +47	+67 +54	+76 +63	+86 +73
						+50 +41	+54 +41	+62 +41	+61 +48	+69 +48	+68 +55	+77 +64	+88 +75	+101 +88
+45 +34	+50 +34	+59 +34	+54 +43	+59 +43	+68 +43	+59 +48	+64 +48	+73 +48	+76 +60	+85 +60	+84 +68	+96 +80	+110 +94	+128 +112
						+65 +54	+70 +54	+79 +54	+86 +70	+95 +70	+97 +81	+113 +97	+130 +114	+152 +136
+54 +41	+60 +41	+71 +41	+66 +53	+72 +53	+83 +53	+79 +66	+85 +66	+96 +66	+106 +87	+117 +87	+121 +102	+141 +122	+163 +144	+191 +172
+56 +43	+62 +43	+73 +43	+72 +59	+78 +59	+89 +59	+88 +75	+94 +75	+105 +75	+121 +102	+132 +102	+139 +120	+165 +146	+193 +174	+229 +210
+66 +51	+73 +51	+86 +51	+86 +71	+93 +71	+106 +91	+106 +91	+113 +91	+126 +91	+146 +124	+159 +124	+168 +146	+200 +178	+236 +214	+280 +258
+69 +54	+76 +54	+89 +54	+94 +79	+101 +79	+114 +79	+110 +104	+126 +104	+136 +104	+166 +144	+179 +144	+194 +172	+232 +210	+276 +254	+332 +310
+81 +63	+88 +63	+103 +63	+110 +92	+117 +92	+132 +92	+140 +122	+147 +122	+162 +122	+195 +170	+210 +170	+227 +202	+273 +248	+325 +300	+390 +365
+83 +65	+90 +65	+105 +65	+118 +100	+125 +100	+140 +100	+152 +134	+159 +134	+174 +134	+215 +190	+230 +190	+253 +228	+305 +280	+365 +340	+440 +415
+86 +68	+93 +68	+108 +68	+126 +108	+133 +108	+148 +108	+164 +146	+171 +146	+186 +146	+235 +210	+250 +210	+277 +252	+335 +310	+405 +380	+490 +465
+97 +77	+106 +77	+123 +77	+142 +122	+151 +122	+168 +122	+186 +166	+195 +166	+212 +166	+265 +236	+282 +236	+313 +284	+379 +350	+454 +425	+549 +520
+100 +80	+109 +80	+126 +80	+150 +130	+159 +130	+176 +130	+200 +180	+209 +180	+226 +180	+287 +258	+304 +258	+339 +310	+414 +385	+499 +470	+604 +575
+104 +84	+113 +84	+130 +84	+160 +140	+169 +140	+186 +140	+216 +196	+225 +196	+242 +196	+313 +284	+330 +284	+369 +340	+454 +425	+549 +520	+669 +640
+117 +94	+126 +94	+146 +94	+181 +158	+290 +158	+210 +158	+241 +218	+250 +218	+270 +218	+347 +315	+367 +315	+417 +385	+507 +475	+612 +580	+742 +710
+121 +98	+130 +98	+150 +98	+193 +170	+202 +170	+222 +170	+263 +240	+272 +240	+292 +240	+382 +350	+402 +350	+457 +425	+557 +525	+682 +650	+822 +790
+133 +108	+144 +108	+165 +108	+215 +190	+226 +190	+247 +190	+293 +268	+304 +268	+325 +268	+426 +390	+447 +390	+511 +475	+626 +590	+766 +730	+936 +900
+139 +114	+150 +114	+171 +114	+233 +208	+244 +208	+265 +208	+319 +294	+330 +294	+351 +294	+471 +435	+492 +435	+566 +530	+696 +660	+856 +820	+1036 +1000
+153 +126	+166 +126	+189 +126	+259 +232	+272 +232	+295 +232	+357 +330	+370 +330	+393 +330	+530 +490	+553 +490	+635 +595	+780 +740	+960 +920	+1140 +1100
+159 +132	+172 +132	+195 +132	+279 +252	+292 +252	+315 +252	+387 +360	+400 +360	+423 +360	+580 +540	+603 +540	+700 +660	+860 +820	+1040 +1000	+1290 +1250

附表 22 **孔的极限偏差（GB/T**

<table>
<tr><th rowspan="3">基本尺寸
(mm)</th><th colspan="14">常用及优先公差带（带</th></tr>
<tr><th>A</th><th colspan="2">B</th><th>C</th><th colspan="4">D</th><th colspan="2">E</th><th colspan="4">F</th></tr>
<tr><th>11</th><th>11</th><th>12</th><th>⑪</th><th>8</th><th>⑨</th><th>10</th><th>11</th><th>8</th><th>9</th><th>6</th><th>7</th><th>⑧</th><th>9</th></tr>
<tr><td>>0～3</td><td>+330
+270</td><td>+200
+140</td><td>+240
+140</td><td>+120
+60</td><td>+34
+20</td><td>+45
+20</td><td>+60
+20</td><td>+80
+20</td><td>+28
+14</td><td>+39
+14</td><td>+12
+6</td><td>+16
+6</td><td>+20
+6</td><td>+31
+6</td></tr>
<tr><td>>3～6</td><td>+345
+270</td><td>+215
+140</td><td>+260
+140</td><td>+145
+70</td><td>+48
+30</td><td>+60
+30</td><td>+78
+30</td><td>+105
+30</td><td>+38
+20</td><td>+50
+20</td><td>+18
+10</td><td>+22
+10</td><td>+28
+10</td><td>+40
+10</td></tr>
<tr><td>>6～10</td><td>+370
+280</td><td>+240
+150</td><td>+300
+150</td><td>+170
+80</td><td>+62
+40</td><td>+76
+40</td><td>+98
+40</td><td>+130
+40</td><td>+47
+25</td><td>+61
+25</td><td>+22
+13</td><td>+28
+13</td><td>+35
+13</td><td>+49
+13</td></tr>
<tr><td>>10～14</td><td rowspan="2">+400
+290</td><td rowspan="2">+260
+150</td><td rowspan="2">+330
+150</td><td rowspan="2">+205
+95</td><td rowspan="2">+77
+50</td><td rowspan="2">+93
+50</td><td rowspan="2">+120
+50</td><td rowspan="2">+160
+50</td><td rowspan="2">+59
+32</td><td rowspan="2">+75
+32</td><td rowspan="2">+27
+16</td><td rowspan="2">+34
+16</td><td rowspan="2">+43
+16</td><td rowspan="2">+59
+16</td></tr>
<tr><td>>14～18</td></tr>
<tr><td>>18～24</td><td rowspan="2">+430
+300</td><td rowspan="2">+290
+160</td><td rowspan="2">+370
+160</td><td rowspan="2">+240
+110</td><td rowspan="2">+98
+65</td><td rowspan="2">+117
+65</td><td rowspan="2">+149
+65</td><td rowspan="2">+195
+65</td><td rowspan="2">+73
+40</td><td rowspan="2">+92
+40</td><td rowspan="2">+33
+20</td><td rowspan="2">+41
+20</td><td rowspan="2">+53
+20</td><td rowspan="2">+72
+20</td></tr>
<tr><td>>24～30</td></tr>
<tr><td>>30～40</td><td>+470
+310</td><td>+330
+170</td><td>+420
+170</td><td>+280
+170</td><td rowspan="2">+119
+80</td><td rowspan="2">+142
+80</td><td rowspan="2">+180
+80</td><td rowspan="2">+240
+80</td><td rowspan="2">+89
+50</td><td rowspan="2">+112
+50</td><td rowspan="2">+41
+25</td><td rowspan="2">+50
+25</td><td rowspan="2">+64
+25</td><td rowspan="2">+87
+25</td></tr>
<tr><td>>40～50</td><td>+480
+320</td><td>+340
+180</td><td>+430
+180</td><td>+290
+180</td></tr>
<tr><td>>50～65</td><td>+530
+340</td><td>+380
+190</td><td>+490
+190</td><td>+330
+140</td><td rowspan="2">+146
+100</td><td rowspan="2">+170
+100</td><td rowspan="2">+220
+100</td><td rowspan="2">+290
+100</td><td rowspan="2">+106
+6</td><td rowspan="2">+134
+80</td><td rowspan="2">+49
+30</td><td rowspan="2">+60
+30</td><td rowspan="2">+76
+30</td><td rowspan="2">+104
+30</td></tr>
<tr><td>>65～80</td><td>+550
+360</td><td>+390
+200</td><td>+500
+200</td><td>+340
+150</td></tr>
<tr><td>>80～100</td><td>+600
+380</td><td>+440
+220</td><td>+570
+220</td><td>+390
+170</td><td rowspan="2">+174
+120</td><td rowspan="2">+207
+120</td><td rowspan="2">+260
+120</td><td rowspan="2">+340
+120</td><td rowspan="2">+126
+72</td><td rowspan="2">+159
+72</td><td rowspan="2">+58
+36</td><td rowspan="2">+71
+36</td><td rowspan="2">+90
+36</td><td rowspan="2">+123
+36</td></tr>
<tr><td>>100～120</td><td>+630
+410</td><td>+460
+240</td><td>+590
+240</td><td>+400
+180</td></tr>
<tr><td>>120～140</td><td>+710
+460</td><td>+510
+260</td><td>+660
+260</td><td>+450
+200</td><td rowspan="3">+208
+145</td><td rowspan="3">+245
+145</td><td rowspan="3">+305
+145</td><td rowspan="3">+395
+145</td><td rowspan="3">+148
+85</td><td rowspan="3">+135
+85</td><td rowspan="3">+68
+43</td><td rowspan="3">+83
+43</td><td rowspan="3">+106
+43</td><td rowspan="3">+143
+43</td></tr>
<tr><td>>140～160</td><td>+770
+520</td><td>+530
+280</td><td>+680
+280</td><td>+460
+210</td></tr>
<tr><td>>160～180</td><td>+830
+580</td><td>+560
+310</td><td>+710
+310</td><td>+480
+230</td></tr>
<tr><td>>180～200</td><td>+950
+660</td><td>+630
+340</td><td>+800
+340</td><td>+530
+240</td><td rowspan="3">+242
+170</td><td rowspan="3">+285
+170</td><td rowspan="3">+355
+170</td><td rowspan="3">+460
+170</td><td rowspan="3">+172
+100</td><td rowspan="3">+215
+100</td><td rowspan="3">+79
+50</td><td rowspan="3">+96
+50</td><td rowspan="3">+122
+50</td><td rowspan="3">+165
+50</td></tr>
<tr><td>>200～225</td><td>+1030
+740</td><td>+670
+380</td><td>+840
+380</td><td>+550
+260</td></tr>
<tr><td>>225～250</td><td>+1110
+820</td><td>+710
+420</td><td>+880
+420</td><td>+570
+280</td></tr>
<tr><td>>250～280</td><td>+1240
+920</td><td>+800
+480</td><td>+1000
+480</td><td>+620
+300</td><td rowspan="2">+271
+190</td><td rowspan="2">+320
+190</td><td rowspan="2">+400
+190</td><td rowspan="2">+510
+190</td><td rowspan="2">+191
+110</td><td rowspan="2">+240
+110</td><td rowspan="2">+88
+56</td><td rowspan="2">+108
+56</td><td rowspan="2">+137
+56</td><td rowspan="2">+186
+56</td></tr>
<tr><td>>280～315</td><td>+1370
+1050</td><td>+860
+540</td><td>+1060
+540</td><td>+650
+330</td></tr>
<tr><td>>315～355</td><td>+1560
+1200</td><td>+960
+600</td><td>+1170
+600</td><td>+720
+360</td><td rowspan="2">+299
+210</td><td rowspan="2">+350
+210</td><td rowspan="2">+440
+210</td><td rowspan="2">+570
+210</td><td rowspan="2">+214
+125</td><td rowspan="2">+265
+125</td><td rowspan="2">+98
+62</td><td rowspan="2">+119
+62</td><td rowspan="2">+151
+62</td><td rowspan="2">+202
+62</td></tr>
<tr><td>>355～400</td><td>+1710
+1350</td><td>+1040
+680</td><td>+1250
+680</td><td>+760
+400</td></tr>
<tr><td>>400～450</td><td>+1900
+1500</td><td>+1160
+760</td><td>+1390
+760</td><td>+840
+440</td><td rowspan="2">+327
+230</td><td rowspan="2">+385
+230</td><td rowspan="2">+480
+230</td><td rowspan="2">+630
+230</td><td rowspan="2">+232
+135</td><td rowspan="2">+290
+135</td><td rowspan="2">+108
+68</td><td rowspan="2">+131
+68</td><td rowspan="2">+165
+68</td><td rowspan="2">+223
+68</td></tr>
<tr><td>>450～500</td><td>+2050
+1650</td><td>+1240
+840</td><td>+1470
+840</td><td>+880
+480</td></tr>
</table>

1800.2—2009)　μm

圈者为优先公差带)

G		H							Js			K			M		
6	⑦	6	⑦	⑧	⑨	10	⑪	12	6	7	8	6	⑦	8	6	7	8
+8 +2	+12 +2	+6 0	+10 0	+14 0	+25 0	+40 0	+60 0	+100 0	±3	±5	±7	0 −6	0 −10	0 −14	−2 −8	−2 −12	−2 −16
+12 +4	+16 +4	+8 0	+12 0	+18 0	+30 0	+48 0	+75 0	+120 0	±4	±6	±9	+2 −6	+3 −9	+5 −13	−1 −9	0 −12	+2 −16
+14 +5	+20 +5	+9 0	+15 0	+22 0	+36 0	+58 0	+90 0	+150 0	±4.5	±7	±11	+2 −7	+5 −10	+6 −16	−3 −12	0 −15	+1 −21
+17 +6	+24 +6	+11 0	+18 0	+27 0	+43 0	+70 0	+110 0	+180 0	±5.5	±9	±13	+2 −9	+6 −12	+8 −19	−4 −15	0 −18	+2 −25
+20 +7	+28 +7	+13 0	+21 0	+33 0	+52 0	+84 0	+130 0	+210 0	±6.5	±10	±16	+2 −11	+6 −15	+10 −23	−4 −17	0 −21	+4 −29
+25 +9	+34 +9	+16 0	+25 0	+39 0	+62 0	+100 0	+160 0	+250 0	±8	±12	±19	+3 −13	+7 −18	+12 −27	−4 −20	0 −25	+5 −34
+29 +10	+40 +10	+19 0	+30 0	+46 0	+74 0	+120 0	+190 0	+300 0	±9.5	±15	±23	+4 −15	+9 −21	+14 −32	−5 −24	0 −30	+5 −41
+34 +12	+47 +12	+22 0	+35 0	+54 0	+87 0	+140 0	+220 0	+350 0	±11	±17	±27	+4 −18	+10 −25	+16 −38	−6 −28	0 −35	+6 −48
+39 +14	+54 +14	+25 0	+40 0	+63 0	+100 0	+160 0	+250 0	+400 0	±12.5	±20	±31	+4 −21	+12 −28	+20 −43	−8 −33	0 −40	+8 −55
+44 +15	+61 +15	+29 0	+46 0	+72 0	+115 0	+185 0	+290 0	+460 0	±14.5	±23	±36	+5 −24	+13 −33	+22 −50	−8 −37	0 −46	+9 −63
+49 +17	+69 +17	+32 0	+52 0	+81 0	+130 0	+210 0	+320 0	+520 0	±16	±26	±40	+5 −27	+16 −36	+25 −56	−9 −41	0 −52	+9 −72
+54 +18	+75 +18	+36 0	+57 0	+89 0	+140 0	+230 0	+360 0	+570 0	±18	±28	±44	+7 −29	+17 −40	+28 −61	−10 −46	0 −57	+11 −78
+60 +20	+83 +20	+40 0	+63 0	+97 0	+155 0	+250 0	+400 0	+630 0	±20	±31	±48	+8 −32	+18 −45	+29 −68	−10 −50	0 −63	+11 −86

续表

基本尺寸(mm)	常用及优先公差带（带圈者为优先公差带）											
	N			P		R		S		T		U
	6	⑦	8	6	⑦	6	7	6	⑦	6	7	⑦
>0~3	−4 −10	−4 −14	−4 −18	−6 −12	−6 −16	−10 −16	−10 −20	−14 −20	−14 −24	—	—	−18 −28
>3~6	−5 −13	−4 −16	−2 −20	−9 −17	−8 −20	−12 −20	−11 −23	−16 −24	−15 −27	—	—	−19 −31
>6~10	−7 −16	−4 −19	−3 −25	−12 −21	−9 −24	−16 −25	−13 −28	−20 −29	−17 −32	—	—	−22 −37
>10~14	−9 −20	−5 −23	−3 −30	−15 −26	−11 −29	−20 −31	−16 −34	−25 −36	−21 −39	—	—	−26 −44
>14~18												
>18~24	−11 −24	−7 −28	−3 −36	−18 −31	−14 −35	−24 −37	−20 −41	−31 −44	−27 −48	—	—	−33 −54
>24~30										−37 −50	−33 −54	−40 −61
>30~40	−12 −28	−8 −33	−3 −42	−21 −37	−17 −42	−29 −45	−25 −50	−38 −54	−34 −59	−43 −59	−39 −64	−51 −76
>40~50										−49 −65	−45 −70	−61 −86
>50~65	−14 −33	−9 −39	−4 −50	−26 −45	−21 −51	−35 −54	−30 −60	−47 −66	−42 −72	−60 −79	−55 −85	−76 −106
>65~80						−37 −56	−32 −62	−53 −72	−48 −78	−69 −88	−64 −94	−91 −121
>80~100	−16 −38	−10 −45	−4 −58	−30 −52	−24 −59	−44 −66	−38 −73	−64 −86	−58 −93	−84 −106	−78 −113	−111 −146
>100~120						−47 −69	−41 −76	−72 −94	−66 −101	−97 −119	−91 −126	−131 −166
>120~140	−20 −45	−12 −52	−4 −67	−36 −61	−28 −68	−56 −81	−48 −88	−85 −110	−77 −117	−115 −140	−107 −147	−155 −195
>140~160						−58 −83	−50 −90	−93 −118	−85 −125	−127 −152	−119 −159	−175 −215
>160~180						−61 −86	−53 −93	−101 −126	−93 −133	−139 −164	−131 −171	−195 −235
>180~200	−22 −51	−14 −60	−5 −77	−41 −70	−33 −79	−68 −97	−60 −106	−113 −142	−105 −151	−157 −186	−149 −195	−219 −265
>200~225						−71 −100	−63 −109	−121 −150	−113 −159	−171 −200	−163 −209	−241 −287
>225~250						−75 −104	−67 −113	−131 −160	−123 −169	−187 −216	−179 −225	−267 −313
>250~280	−25 −57	−14 −66	−5 −86	−47 −79	−36 −88	−85 −117	−74 −126	−149 −181	−138 −190	−209 −241	−198 −250	−295 −347
>280~315						−89 −121	−78 −130	−161 −193	−150 −202	−231 −263	−220 −272	−330 −382
>315~355	−26 −62	−16 −73	−5 −94	−51 −87	−41 −98	−97 −133	−87 −144	−179 −215	−169 −226	−257 −293	−247 −304	−369 −426
>355~400						−103 −139	−93 −150	−197 −233	−187 −244	−283 −319	−273 −330	−414 −471
>400~450	−27 −67	−17 −80	−6 −103	−55 −95	−45 −108	−113 −153	−103 −166	−219 −259	−209 −272	−317 −357	−307 −370	−467 −530
>450~500						−119 −159	−109 −172	−239 −279	−229 −279	−347 −387	−337 −400	−517 −580

注 基本尺寸小于1mm时，各级的A和B均不采用。

参 考 文 献

[1] 李俊武. 工程制图. 2 版. 北京：机械工业出版社，2006.
[2] 金大鹰. 机械制图. 2 版. 北京：机械工业出版社，2008.
[3] 王槐德. 机械制图新旧标准代换教程. 修订版. 北京：中国标准出版社，2004.
[4] 刘力. 机械制图. 3 版. 北京：高等教育出版社，2004.
[5] 黄德浩. 机械制图与计算机绘图. 北京：机械工业出版社，2001.
[6] 高培森. AutoCAD 2005 中文版基础教程. 北京：机械工业出版社，2004.
[7] 薛炎，盛太和. 中文版 AutoCAD 2005 基础教程. 北京：清华大学出版社，2004.